自然百科

大讲堂
双 色
图文版

刘凤珍◎主编　王嘉◎编著

中国华侨出版社
北京

图书在版编目（CIP）数据

自然百科大讲堂 / 王嘉编著 . —北京：中国华侨出版社，2016.12
（中侨大讲堂 / 刘凤珍主编）
ISBN 978-7-5113-6504-0

Ⅰ . ①自… Ⅱ . ①王… Ⅲ . ①自然科学 — 普及读物
Ⅳ . ① N49

中国版本图书馆 CIP 数据核字（2016）第 285980 号

自然百科大讲堂

编　　著 / 王　嘉
出 版 人 / 刘凤珍
责任编辑 / 笑　年
责任校对 / 王京燕
经　　销 / 新华书店
开　　本 / 787 毫米 × 1092 毫米　1/16　印张 /24　字数 /443 千字
印　　刷 / 三河市华润印刷有限公司
版　　次 / 2022 年 2 月第 1 版第 2 次印刷
书　　号 / ISBN 978-7-5113-6504-0
定　　价 / 48.00 元

中国华侨出版社　北京市朝阳区静安里 26 号通成达大厦 3 层　邮编：100028
法律顾问：陈鹰律师事务所
编辑部：（010）64443056　　64443979
发行部：（010）64443051　　传真：（010）64439708
网　址：www.oveaschin.com
E-mail：oveaschin@sina.com

前　言
Preface

　　目前人类唯一的生命家园——地球是怎样形成的？生命是如何起源的？人类的伙伴——已知的数量庞大的250多万种生物，为什么会进化出各种令人叹为观止的特点和习性呢？为什么许许多多生物能在不同的环境，甚至是极地和沙漠这样极端的环境中生存下来呢？……生命自出现以来，就在大自然中不断地生息繁衍，从结构最简单的病毒到结构极复杂的陆地动物，从针眼大小的浮萍到高达百米以上的北美海滨红杉，从只有百十微米大小的原生动物到体重达190吨的蓝鲸……自然界呈现出的不可思议的生物多样性以及生物之间、生物与环境之间复杂而又紧密的联系，都使得我们这个星球色彩斑斓而又生机盎然。

　　探寻大自然的奇趣与奥秘，不仅可以加深读者对大自然的认识，还可以陶冶情操，激发想象力，并使人们更加热爱自然，自觉地保护自然。为此，我们特编辑出版了这本《自然百科大讲堂》以献给广大的读者朋友。

　　本书分为四大部分，第一部分是"地球家园"，主要介绍地球的概况，探索我们这个星球的形成、生命的起源，以及自那以后的不可预知的、在各种栖息地创造出无限多样性的生命形式的进化过程，同时探究了各种生命形式灭绝的原因。这部分内容可以让读者从更广阔的视角认识自然和我们自身。第二部分是"生物世界"，介绍了自然界的五大生命领域——动物、植物、真菌、原生生物和细菌。科学家们已经识别出了超过250万种生物，这一部分介绍的各种生物将引导读者进入奥妙无穷的生命世界，并领悟与自然和谐共处的益处。第三部分是"野生生物栖息地"，通过描述地球上支持生命存在的许多不同环境，带领读者进行一次非同寻常的旅行：从酷寒的高山之巅到漆黑一片、水压极大的海洋底部，以及有生物存在的世界任何角落。阅读这一部分，读者能从中感受到生命演绎的伟大和自然的神奇。第四部分是"千奇百怪的自然之最"，分为"能力之最""运动之最""生长之最""家族之最"，讲述了自然界 150 种最奇特、最奥妙无穷的生物，以及它们离奇的行为方式，以激发读者的求知欲，一起去探究自然的奥秘。

全书体例清晰、结构严谨、内容全面，语言风格清新凝练，措辞严谨又不失生动幽默，并且在编写过程中充分吸纳了最新的自然研究和发现成果，让读者在充满愉悦的阅读情境中对全书内容有更深的体悟。此外，本书配以大量精美绝伦的图片，结合简洁流畅的文字，将自然的风貌演绎得真实而鲜活，使人产生身临其境之感。同时，本书还穿插了大量说明性的图表和精心设计的"物种档案"等相关栏目，使读者能更全面、深入、立体地感受自然的奇趣。本书的这些突出特色和亮点，为读者呈上了一场思想和视觉的双重盛宴。

目 录
Contents

 地球家园

 生物世界

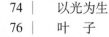

野生生物栖息地

千奇百怪的自然之最

地球家园

　　从太空观看，地球和月球的外观差异非常明显。月球显得干燥而贫瘠，而地球被涡状的云层所包裹，表明有大气层的存在。从月球上看，我们所生活的地球，是一个拥有美丽蓝衣的圆形球体。太阳系中，地球是唯一有这样外观的星球，也是我们目前所知的唯一的生命家园。

地球概况

尽管已经经过了很多年的探索，但天文学家们仍然没有在宇宙的其他任何地方发现与地球相似的星球。我们居住的星球是太阳系八大行星之一，但是据目前所知，地球是唯一有生命存在的星球。

与太阳系的其他行星相比，地球很小。木星的直径超过140000千米，其体积是地球的1300倍。水星、金星和火星在体积上与地球较为接近，但是它们不是受到太阳的炙烤就是被包围在严寒中。只有地球处于合适的温度范围内，因此拥有了水和生命。

太阳系的八大行星中，按距日距离由近及远依次是：水星、金星、地球、火星、木星、土星、天王星、海王星。冥王星不属大行星行列，它是矮行星。

水的世界

正是水让地球变得独一无二。水也存在于太阳系的其他星球上，但几乎都是以冰的形式存在的。而在地球上，大部分的水都是以液态形式存在的。它慢慢地循环，传播太阳的热量，蒸发形成云，然后形成降雨。如果没有水，地球的表面就会像月球表面一样积满灰尘且没有生命。

地球上97%的水存在于海洋中，2%的水存在于冰川和极地冰雪中。剩下的1%几乎都为淡水了。其中只有0.001%的水蒸发在空气中。

大　气

在月球上，天空看起来是黑色的。而在地球上，天空是蓝色的。这是因为地球被大气包围

着，大气可以分散来自太阳的光线。事实上，大气的作用远远不止这一点。它保护地球上的生物不受有害辐射的危害，同时帮助保持地球的温度。此外，大气中含有生物必需的气体。

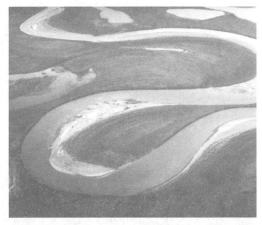

氮气几乎占据了大气的 4/5，所有的生物都需要这种气体，但是只有微生物可以直接从大气中获取该种气体——它们将氮气转化成植物和动物可以使用的化学物质。氧气是更为重要的气体，因为生物需要靠其来释放能量。氧气占据了大气的 1/5，由于其可溶于水，所以在地球上的江河湖泊中都含有氧气。在这里需要介绍的第 3 种气体是二氧化碳，这种气体的含量很少，只占大气的 0.033%，但是世界上的所有植物和很多微生物的生长都离不开它。

在太阳热能的作用下，地球上的水不断地循环。雨水汇入陆地上的河流，同时也渗入泥土和多孔岩石中。地表径流和地下径流最终汇入大海。

多变的地球表面

地球表面的平均温度约为 15℃，比较舒适。但是在地球内部，却至少有 4 500℃。地心的热量涌到地表，熔化了岩石，引起了火山爆发，并使得大陆板块处于不断的移动中。其中的一些变动危及了地球上的生命，但是也为它们创造了很多机会。

如果没有这些变动，地球上的生命或许不会像现在这样多种多样。

地表大气的厚度大约为 400 千米，但是大部分的水分蒸发过程发生在 12 千米的低空中，该领域被称为对流层。当锋面经过地球表面时，那里的大气状况就处于经常性的变动中。

地球是怎样形成的

与整个宇宙相比，地球仍然很年轻。大约在46亿年前，气体和尘土在重力的作用下聚集形成了地球。

最初形成的地球与我们现在所知道的地球是完全不一样的，它没有空气也没有水，像月球上那样完全没有生命的存在。但是随着时间的推移，地球的内部开始出现热能，整个星球也开始出现变化。重元素比如铁等开始沉淀到地心部位，而轻的元素漂流到地球表层。随着地表温度的降低，矿物质开始结晶，形成了地球的第一层固体岩石层。热能的流动也引发了火山爆发，同时为生命的出现铺平了道路。

地球形成后，其表面渐渐冷却，这使固体岩层得以形成。地球的核心部位由于压力和自然的放射性而一直保持着高温。需要大约几亿年的时间才能完全消耗掉这些热量。

空气和水

地球的岩石层形成于大约45亿年前，当时的火山比现在要活跃多了，地球表面到处都散布着火山爆发冷却后沉积下来的岩石层。与此同时，火山爆发释放出大量的气体和水蒸气。较轻的气体比如氢气便上浮到宇宙空间，而较重的空气则由于地球引力作用而留在了近地球的适当位置。这样便形成了早期的大气，其中含有大量的氮气、二氧化碳和水蒸气，但是几乎没有氧气。

在大约40亿年前，地球温度降低，使得部分水蒸气开始聚集起来。最初，水蒸气形成小水滴，整个地球上空覆盖起了云层。但是随着水蒸气聚集到一定程度，便形成了第一次降雨。有些倾盆大雨甚至持续了几千年，大量的降水渐渐形成了大海，随后大洋也开始出现了。而这里正是生命诞生的地方。

频受撞击

年轻的地球常常遭到来自宇宙的碎片的撞击。大部分碎片是由尘土构成的，但是极具破坏力的陨石也会一次次地撞击地表。

在地壳形成后不久，可能曾有另一个星球撞击进入地球之中，使地球的重量增加了一倍，这也几乎把地球撞成两半。

一些科学家认为，月球很有可能是在这次撞击中形成的。根据这种理论，撞击过程中有大量的岩石散到宇宙中，之后又因为地心引力作用而聚集到一起。另一种可能性是，月球是作为一个完整的球体，在靠近地球时被其俘获的。

岩石的循环

在月球上，陨星撞击留下了永恒的环形山，因为没有什么可以将之消磨夷平。然而，地球的表面却长期接受着风、雨和冰雪的洗礼改造。火山爆发则带来更加巨大的变化，其不仅促成了山脉的形成，而且使得大陆板块一直处于移动状态。这些变化从海洋和大气最初出现时就已经开始了，岩石也因此被分解成细小的颗粒，并被冲刷到河流中，最后被带入大海。在这个过程中，岩石颗粒沉积下来，构建起海床。几千年以后，这些沉积物转变成坚固的岩石。如果这些岩石被向上抬升，就可以形成干旱的陆地，则岩石的循环就将再一次进行。

在世界的很多地方，地壳就像一个很大的三明治，由很多几百万年前沉积下来的岩石构成。这些岩石层记录着地球的历史，并显示岩层形成时的状况。

岩层中的化石也可以告诉人们，在那一时期地球上存在着哪些生命。

氧气的形成

地球最初形成的岩石层已经看不到任何痕迹了，因为它们早已经被破坏掉了。迄今为止发现的最早的岩石层大约形成于 39 亿年前，这些岩石中不存在化石。尽管如此，科学家们还是相信，当这些岩石形成时，生命已经开始起步了。这些原始生命存在于地球上氧气非常稀少的时候。但是在接下来的 20 亿年中，大气中的氧气含量开始渐渐上升，直到其达到 21% 的比例——这也正是如今氧气在大气中的含量。神奇的是，这种变化完全是由生命体带来的，负责该项转化工程的生物是微小的细菌：通过阳光、水和二氧化碳，细菌渐渐形成一种生存的方式，即光合作用——细菌从空气中获取二氧化碳，而将氧气作为副产品释放出来。每一个细菌释放的氧气量都很小，但是经过万亿代的努力，大气中开始出现大量的氧气。没有这些早期的细菌，空气根本不适宜呼吸，动物类生命更不可能存在于地球上了。

在美国的"科罗拉多大峡谷"，河水将岩石向下冲刷出 1740 米的深度，这是地球上可以看到的具有最大深度的峡谷。峡谷底部最古老的岩石大约形成于 20 亿年前。

生命是如何起源的

　　没有人确切知道生命到底是如何起源的，或者这个神奇的事件到底发生在什么地方。但是，每年科学家都在向真相靠近一步。有两点几乎是肯定的：一是生命的产生出现在很久以前；二是最初的生命形式远远比如今任何一种生物都简单。

　　有些人相信，生物是被特别创造出来的，其最初产生仅在几千年前。但是几乎全世界的科学家们都不同意这一观点，他们认为生命开始出现于几十亿年前，当时的地球还刚刚形成不久。他们也相信生命经历了偶然的化学反应，最后形成了生物。这个过程可能不仅发生在地球上，在宇宙中的其他星球上也可能发生，并存在着生命。

核心材料

　　生命的形式具有不可思议的多样性，但是追根溯源，它们都用了相同的方法得以存活下来。它们都是由细胞构成的，每个细胞中都含有一套完整的基因。细胞就像是微小的泡泡，外面有一层特殊的膜将之与外部世界隔离开来。细胞可以利用其周边环境中的能量，进行繁殖和生长。基因是更为重要的物质，其中包含了构成细胞并使之运作的所有信息，它们可以自行复制，在细胞繁殖时可以将信息传递下去。

　　为了弄清楚生命的起源，科学家们试着猜测细胞和基因的由来。由于这两者的结构都是非常复杂的，因此它们的形成几乎不可能是出于偶然。它们可能是从更简单的构造一步一步发展而来的。经过很长一段时间和随机的化学反应，可能就构建起生命所需的基本材料。

神秘的世界

　　50多年前，有一位美国的化学家斯坦利·米勒进行了一个实验，旨在模拟早期地球上的情况。经过完全随机的反应后，一些以碳元素为基础的化学物质开始生成，这些化学物质在现今的生物体内也可以找到。米勒的实验结果轰动一时，不过此后，科学家们有了更多引人注目的发现。含有碳元素的化学物质被发现存在于陨星和彗星中，甚至在宇宙间也发现了这类物质。这些物质远远简单过任何一种基因，虽然它们是完全没有生命的，但它们是构成生命体的一种化学元素。

　　最近，有一些研究人员指出，来自宇宙的化学物质可能曾经激活了地球上生命起源的历程。也有些研究人员甚至提出，有生命的微生物很有可能就是来自于地球以外的宇宙空间。　但是大部分科学家倾向于认为地球上的生命是土生土长的。随着含碳的化学物质变得日益多样和复杂，生命在一个受庇护的环境中逐渐形成了。

在早期的地球上，到处分布着火山，陆地上一旦有结构比较复杂的化学物质生成，也很快被火山爆发毁灭了。相较而言，海洋是比较安全的地方，海水适宜溶解化学物质，并使得它们可以产生反应。在几百万年的历程中，雨水将化学物质冲进了大海，于是很多含碳物质开始渐渐形成，酝酿出通常被称为"原始汤"的物质。

在海底，火山气体从热液喷口中以气泡形式散发出来。这类喷口很有可能是生命体最早出现的地方。

化学工场

广阔的大海有利于化学物质的混合，但并不是适宜复杂分子形成的理想场所。很多科学家认为，海床上或者岩石的洞穴中是较为合适的地方。岩石晶体成为了化学工场，使得大分子得以形成。与此同时，溶解的矿物质也可能为它们原子之间的连接提供了所需的能量。在这些矿石中有大量的热液喷口，这也使生物学家们相信这里可能是生命的摇篮。

在生命确切出现之前，即前生命时代的很长一段时间中，大量随机的化学反应制造了各种含碳元素的分子。有些分子可能充当了催化剂的角色，使得化学反应加速了几千倍甚至几百万倍。在某一时刻，一项重大的事件发生了——出现了一个可以自行复制而且可以存活足够长的时间来进行"繁衍"的分子。从这一刻起，生命就开始起步了。

共享过去

至此的所有内容都只是猜测，没有一点是可以被证明的。但是在生命出现以后，有证据显示其很快就遍布了整个海洋。称为"叠层"的细菌堆化石，被认为

活的叠层石在澳大利亚的鲨鱼湾沿线分布。叠层石是地球上最为古老的生命迹象之一。

形成于 34 亿年前。虽然其全盛期已经过去很久了，但是现今仍然存在活的叠层石。

生命在久远历程中，进化出了几百万个不同的物种，但是它们都拥有相同的细胞膜，它们的基因也具有完全相同的化学编码。这几乎可以肯定，如今的生物在远古时代有着同一个祖先——很久以前在海洋中形成的生命。

生物圈（上）

在过去的37亿年中，生物遍布了整个地球。它们的家——生物圈，环绕着整个地球。

地球的直径大约是12 000多千米，但是生物圈从顶部到底部不过25千米。如果地球是足球一样大小，那么生物圈的厚度不会超过一张纸。但正是在这个圈中，包括了地球上的所有生物——从最高的树、最庞大的动物，直到最小的微生物。这个圈里有些生物因为生存条件的理想而数量繁多，也有部分生物因为过热或者过冷的环境使其难以生存，数量也就非常少了。

高空生命

如果从宇宙开始向地球探测，那么最先发现生命的地方是在离地面2万米的高空。没有一种生命会在这个高度度过其整个一生，但是微生物、孢子和花粉却常被风带到这里。一旦它们被带到这里，就需要好几天甚至好几个星期的时间才能落回地面。

在海拔1 000米的地方，开始出现飞行生物。生物圈的这一部分是昆虫和鸟类的家，天空是它们的交通要道。鸟类是飞行生物中的强者，但是昆虫在数量上超过鸟类很多倍——一群蝗虫可能就含有7万吨的虫体，扇动着几十亿张薄膜般的翅膀。

陆上生命

探测向陆面方向继续推进，几乎立即就能发现生命的存在。事实上，在生物圈的有些部分活跃着大量生命，根本无须等到探测到地面。在赤道附近，树木在明亮的阳光、大量的雨水和整年的高温条件下长势旺盛，结果便形成了茂密的热带丛林，这是地球上最为肥沃的动植物生活地之一。

2

逐渐远离赤道，生物圈内变得越来越不拥挤，居住环境也渐渐发生变化。根据地球的气候类型，从热带雨林过渡到灌木地，之后过渡为沙漠。在沙漠地区，特别是年降水量少于5厘米的地区，分布的生命数量很少。进一步向南和向北推进，在地球的温带地区，气候比较湿润，在生物圈的这一部分，生长了大量的动物和植物——虽然在物种数量上比在温度更高地区要少。

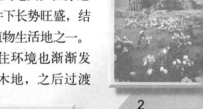

1

在极地和高山，强风和严寒使得生命很难存活。干旱也使得生存更为艰难，比如在南极洲的"干谷"中，已经有100多万年没有下过雨或者雪了。这些荒凉的地方是生物圈中生命最为稀少的地方，也是地球上最接近火星表面环境的地方。

地下生命

生物圈并不止于地面，相反，它在地下仍得以继续。肥沃的泥土中有大量帮助生物遗体残骸循环的动物、真菌和微生物。生物也大量存在于洞穴中，一些细菌生存在充满水的很深的地下岩缝中，实验钻在地下2000米的地方发现这些细菌，而有些专家认为生命还可以存在于更深的地下。

下面这张地表图显示了生物圈的一个片断以及生活在陆地上不同环境下的生物。

1. 蚯蚓生活在土壤中，它们可以帮助植物遗体的再循环。土壤是陆地上生物圈的重要组成部分，因为大量的植物需要在土壤中生长。

2. 在沙漠中，有些植物只有在下过雨后才会活过来。而有些植物则是通过在它们的根或者茎中储存水分存活下来。

3. 在山里，黄嘴乌鸦生活在海拔6000多米的地方。鸟类擅长在海拔较高的地方生存，因为它们有羽毛可以帮助保持温暖。

4. 花粉来自于花朵。它们又小又轻，有些外形特殊，并能借助空气飘到较远的地方。

5. 温带丛林分布在地球上气温不会变得太高或者太低的地区。这些树的大部分都会在秋季落叶，然后在第二年春天长出新的叶子。

6. 草原是陆地上大型群居哺乳动物的生活地。最大的草原分布在地球的温暖地带。

7. 生活在土壤中的变形虫吃其他微生物以及一些体形较大的生物的残骸。

❀ 生物圈（下）

如果你在世界地图上随意一点，点到海洋的概率几乎是点到陆地的两倍。海洋占据了生物圈的很大部分，而几乎在海洋的各个角落，从海面到10千米深的水域，都能发现生命的存在。

地球有四大洋和很多面积相对较小的海。不像陆上栖息地，各个海和洋之间都是连通的，而且水处于不断地流动中。在靠近水域表面，水可以流得像河水那样快速，而在深海，水体几乎静止。因为各个海洋之间是连通的，水生物可以分布到世界的各个角落。即便如此，海洋中也像陆地上一样，划分出不同的生活环境。

大陆架和暗礁

地球上所有的海岸线加起来至少有50万千米长。在有些海岸，岩石会突然变得很陡峭，因此即使在离海岸很近的水域也会有几千米的深度。而在有些地方，比如在澳大利亚和新几内亚之间中段的海床只有70米深。这些浅水水域是由大陆架——向海洋伸出的巨大的在水面以下的大陆边缘——构成的。大陆架仅仅占据了海洋面积的很小部分，却是很重要的生物栖息地。海底居住的鱼类以生活在海床上的生物为食，这使得大陆架成为了世界上最为丰产的渔场。热带珊瑚礁中甚至生活着更多的生物。这些都是生物圈中生物最为活跃的部分。

海洋中的层级

虽然海水处于不停地流动状态，但也还是可以划出界线的。比如可以划出水表光照区和底层永久黑暗区；另一种界线可以划分出温跃层，即随着潜水深度的增加，水温陡然降低的区域。这两种界线距海面都不深，而且还常常是重合的。这样，它们可以一起把海洋分成两层。

上一层只占据地球上咸水量的2%，但所有需要日光才能生存的水生生物都生活在这里。在生物圈的这个重要部分，微生藻类利用阳光进行光合作用，从而得以生长。而在漆黑的深海中，生活着所有不需要光便能生存的生物，在这里，动物生活在一个高压且常年寒冷的环境中。唯一温暖的地方就是热液喷口，从那里源源不断地涌出高温液体。

2

1

深入到海底

处于海洋中部深度的一些区域是生物圈中最为"空荡"的部分。然而，在非常深的水域中，有很多生物生活在海床上。这是因为来自上层水域的很多残骸最后都沉淀下来。这些残骸形成了有黏性的海洋沉积物，水生动物在其中进进出出寻找食物。

海底沉积形成得很慢，但其可以达到500米的厚度。甚至在这些沉积物下，细菌仍然可以在海底岩石几千米深度的裂缝中存活——也正是在这里，生命的分布和生物圈都到了尽头。

下面这张生物圈图显示了海洋生活环境以及居住在其中的一些生物。地球的火山热量不断地创造和毁坏海洋板块，因此海洋处于不断的变化当中。大约2.5亿年前，地球上只有一个海洋，但是其面积等于现今所有海洋的面积之和。

1. 离海岸较远的岛屿常常会有独特的陆生植物和动物，而在其周边海域中也常会有一些特别的野生动植物。
2. 海洋表面繁衍着大量的微生藻类，以及以这些藻类为食的动物。两者构成了浮游生物——随着水流漂流的很大一个生物群落。
3. 岩石海岸线，尤其是可以阻挡捕食者的有陡峭悬崖的区域，是海鸟和海洋哺乳动物的重要繁殖地。
4. 珊瑚礁常在浅海区，深度在200米以内的、干净温暖的水域中。地球上很多种类的鱼都生活在珊瑚礁中。
5. 有些海床上生活着大量的海蛇尾，这类动物用它们纤细的手臂获取食物。
6. 细菌生活在热液喷口周围以及海底以下很深的含水裂缝中。

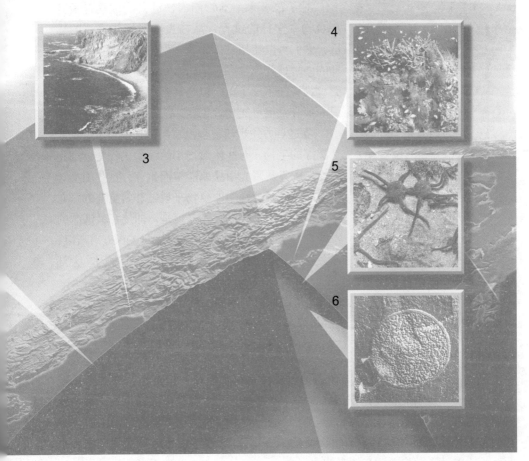

水中世界

生命起源于水中，并且自那以后生物便开始遍布在世界上所有有水的地方。如今，大型水生动物活动在海洋里，而微生物在池塘和湖泊里面繁衍。在这些环境中，物种之间的生存竞争是很激烈的。

所有生物都需要水，对很多生物来说，水同时也是它们的生活环境。水生动物多种多样，从体形微小、结构简单的，到世界上最长且生长速度最快的皆有。那么，为什么水会成为让那么多生物为之向往的家呢？一个原因是，水中的生活环境比干燥的陆地要稳定。另一个原因是，地球上有如此多的水——单是海洋就含有 14 亿立方千米的水，使其成为迄今为止世界上最大的生物居住地。

巨型海藻是世界上最长且生长速度最快的水草——可以在 60 多米深的海床上发芽生长，一直到露出水面。海藻宽阔的叶子内含有大量气体，这使得其可以直直地向上生长。

漂浮的食物

对于很多水生动物而言，进食的过程包括其在食物中穿行的过程。从拖曳的触须到多孔的嘴巴，它们可以使用身体的所有部位来帮助自己在游动的同时捕获食物。对于栉水母来说，其每天捕获的食物可能不足 1 克，但是对于一头鲸来说，其每天的捕获量很可能超过 1 吨。

靠这种方式生活完全没有问题，因为水中到处是漂浮的生物。有些体形很小的浮游生物是单细胞藻类，依靠从阳光中获取能量而生存。这些藻类对于生活在广阔海洋中的生物来说是非常重要的，它们是很多水生动物的食物。但是，即使在最清澈的水域，阳光也只能照射到大约 250 米的深处，所以，水藻生活在近水面的水域中也正是这个原因，大部分水生动物都生活在这附近。

淡水水域通常比较浅，因此阳光可以照射到水底。到了夏天，淡水中生活着大量的微生物，所以此时的池水看起来总是很绿。

保持漂浮状态

陆地上的动物为了抵抗地球引力需要耗费很多能量。但是在水中，生活就容易多了——淡水的密度是空气密度的 750 多倍，非常有利于浮起生物。很多软体动物通常只是随着水流漂浮，这是在陆地上无论如何也找不到的悠闲生活。

一些水生植物和动物也有可调整的"浮箱"，这些浮箱可以确保它们向着水面生长，或者使得其漂浮在适当的水层中。

水还有其他一些好处：由于水的比热容比较大，所以升温和降温所需的时间很长，不会出现突然的温度变化，这对水生生物来说是有利的；此外，要让水运动需要耗费很多能量，虽然我们经常可以看到河流从山上奔腾而下，海洋也经常因为暴风雨而掀起狂澜，但是地球上的大部分水的流动都是很缓慢的，这使得水生环境通常都是很平静的。

但是水的比热容较大也有一些不利之处：与空气相比，水"又稠又黏"，因此在水中行进需要耗费很多能量，所以涉水前行是件比较辛苦的事情。自然界中游泳速度最快的动物都是流线型的，因为光滑的体态可以帮助减少水对它们的阻力。

关键成分

由于水很容易溶解物质，因此在自然界中很少能见到纯水。当水流经地面时，它将矿物质溶于其中；当水从空中降落时，它又将空气溶于其中——这对于水生动植物来说是个好消息，因为它们需要依靠溶解在水中的物质存活。

红色（40 米）
橘黄色（50 米）
黄色（60 米）
绿色（250 米）
蓝色（125 米）
靛蓝（130 米）

当阳光穿过水时，其强度会逐渐减弱。阳光中的红色和橘黄色部分被最先吸收，而蓝色光可以照射得最远。在海洋和深的湖泊中，250 米以下的水域是漆黑一片的。

溶解物质中最重要的一种是氧气，它是通过空气进入水中的。溶解在水中的氧气是看不见的，但对于大多数生物来说却是至关重要的。水温越低，或者搅动越厉害，溶解的氧气量就越多。水中的另一种重要物质是盐，淡水中的盐含量很小，但是每千克海水中的含盐量大约为 35 克。如果把海水中含有的盐平铺在海床上，厚度可以达约 56 米。有些水生动物可以同时生活在淡水和盐水中，但是大部分水生动物要么生活在淡水中，要么生存在咸水中，如果互换生活环境则会致其死亡。

海洋中大型动物都是过滤水中的食物来生存的。这是一头长约 10 米的姥鲨，是世界上第二大鱼类，它的牙齿很小，利用其腮作为滤网来捕获食物。

生活在陆上

几乎所有的开花植物和大量的动物都生活在陆地上，此外陆地上还生活着很多种类的微生物。与生活在水中相比，在陆地上生存的艰难程度是令人吃惊的。

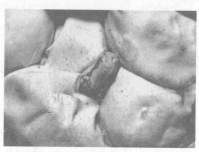

一只小绿树蟒从卵中孵化出来，这是它第一眼看到这个世界。爬行动物是最早进化出防水的卵的动物，这使得它们在干旱的地方也能继续存活。

由于我们人类生活在陆地上，所以很容易将陆地想象成一个理想的居住环境。但事实却与之相去甚远：在陆地上的生活是艰辛的，需要生物拥有特殊的适应能力才能存活下来。地表环境变换多样，因此陆地的居住者们得以发展出多种多样的生活方式。

承受重力

当宇航员从宇宙返回时，他们需要一段时间来适应地球的重力作用。同样的情况也发生在远古时代——当生物第一次从海洋中来到陆地上的时候。重力作用对水生生物的影响很小，却可以使陆上生物垮掉。

动植物为了避免这种厄运，都建立起了自己的一套特殊的"加固"体系。就植物而言，它们利用木质茎——一种坚韧但有弹性的材质，可以支撑起世界上最高的生物。动物则依靠更为坚硬的物质——一套骨架来支撑躯体。昆虫骨架就像一个容器裹住身体，但是对于多骨的动物来说，其骨架通常是支撑在身体内部的。一些恐龙骨架曾经支撑起50多吨的体重，可以表明这套系统是多么成功。骨架要强硬，并不意味着骨架一定要大——一种来自非洲的鼩鼱，脊骨非常强壮，可以容许一人踩在其背上而不断。

非洲象是如今生存在陆地上体形最大的动物。对于体重如此大的动物来说，躺下去要花费很长时间。浸在泥沼里或者洗澡是它们日常生活中较为常见的活动。

干旱时节

重力不是陆生生物需要应对的唯一问题，干旱问题对于它们来说同样严重。解决的方法之一是生活在潮湿的地区——青蛙和蟾蜍，还有一些生活在泥土中的动物采用的策略。但要找到一个潮湿的环境并不总是那么容易，即使找到了，这些湿地也总会渐渐变得干涸。动植物要在陆地上成功生存的真正要诀在于：需要掌握如何保持自身含有的水分不流失的技巧。

在动物中，鸟类和爬行动物靠皮肤来实现这一目的——它们的皮肤就像是翻过来的雨衣，可以阻止水分逃到外部的空气中去。

每天，我们需要饮用水来保持体内水分，但是很多沙漠动物可以从食物中获取所需的水分。昆虫则更善于此道，因为它们的整个身体就是一个储水桶，很多昆虫都是食用干粮，一生中从来没有喝过一滴水。

植物是不动的，但它们可以在湿润的时候将水储存起来，在干旱的时候使用。仙人掌中储存的水分足以装满一个浴缸，而在猴面包树中储存的水分甚至可以填满一个小型游泳池。

陆上繁殖

最后一点也是最重要的一点，不论植物还是动物都需要繁衍后代，以使种族得以延续。开花植物的种子外有种皮，可以用来抵御严寒、酷暑和干旱。很多陆生动物产下防水的卵，而大多数哺乳动物则有更为特别的繁殖方式——它们的后代生活在母体中满是水的子宫内，从而让其远离来自外部世界的危险。

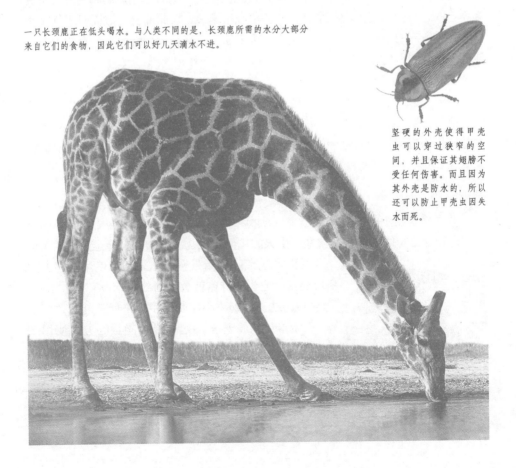

一只长颈鹿正在低头喝水。与人类不同的是，长颈鹿所需的水分大部分来自它们的食物，因此它们可以好几天滴水不进。

坚硬的外壳使得甲壳虫可以穿过狭窄的空间，并且保证其翅膀不受任何伤害。而且因为其外壳是防水的，所以还可以防止甲壳虫因失水而死。

生命能量

每天，太阳都照射着我们的地球，带来的能量足以使一辆汽车不停地行驶1万亿年。这些能量引起了天气的变化，使地球变得温暖，然而更为显著的作用是使地球上的生命充满活力。

就像机器一样，生物也需要能量来运转，它们用能量来催动细胞，一旦细胞活跃运作起来，就可以产生生长、移动等所有行为。但是，这种能量只能从外部获得，在用尽后必须要得到补充替换。从生命开始起，不同的生物发展出两种不同的获取能量的方式：有些是直接收集能量，通常是通过阳光；其他生物，包括人类，是通过消化食物这种间接的方式获得能量的。

补充能量

许多人喜欢沐浴在温暖的阳光中，但是我们的身体对于光能的利用是没有更多作为的，我们利用光看这个世界、获取维生素D，仅此而已。然而对于许多细菌和几乎所有的植物而言，光能是至关重要的。细菌和植物就像有生命的太阳电池板一样，利用光能获取能量，这一过程叫作光合作用。

到达地球的光能中，植物收集了大约其中的1/100。虽然听起来这个数字不是很庞大，但这是全世界所有发电站发电量的300倍以上。这些能量产生了上亿吨的植物物质，包括根、叶、花和种子。一些能量耗费在植物的生长中，更多的则是转化为植物本身。这种嵌入式的能量再通过动物采食植物而传送给了动物。完成这一步骤之后，能量又在一种动物捕食另一种动物时产生传递。

进食阶段

为了将食物中的能量释放出来，动物必须将食物"粉碎"。这需要氧气的介入，这和促使物体燃烧，也就是产生火的化学变化是一致的。火能迅速释放大量能量，并足以产生危险的后果——如果动物使用这种方式获取能量，它们的身体就会从内部开始被煮熟。因而，它们通过一系列小心控制的步骤来释放能量，不至于产生大量热量。这种释放能量的方式使用氧气，发生在细胞内部，所以称为

在以植物残渣为食物的生物中，可以长到28厘米的千足虫无疑是其中的庞然大物了。它们爬行缓慢而且是冷血动物，这两种特点使得千足虫对于能量的需求非常有限。

细胞呼吸。动物并不是唯一会呼吸的生物——动物消化食物时，所有活着的细胞就发生呼吸作用。植物细胞也会呼吸，它们通过光合作用制造食物，再在能量供应水平较低时分解它们，以获得能量。

动物世界中，对于能量的耗用率是不同的。鼩鼱的生命节奏就很快，它们不停地运动，不停地进食，几乎从不休息。蛇和鳄鱼则不同，它们大多数时间都相当懒散，在饱餐一顿之后可以休息几个星期之久。

这种差别的原因在于动物的新陈代谢水平不同。新陈代谢是生物体中化学反应的总和。鼩鼱的新陈代谢率非常高，它们需要消耗大量能量以保证它们微小的身体处于温暖状态。蛇和鳄鱼是冷血动物，它们的新陈代谢就比较缓慢，只需要较少的能量来维持生命。人类和大多数哺乳动物一样，处于中间水平。动物的代谢率还取决于它的状态：当动

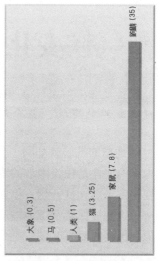

这张图显示的是不同种类的哺乳动物每单位体重所用的能量（设人类为1个单位）。小动物消耗能量较快，因为它们的身体热量散失更为迅速。

物在运动中时，代谢速度就上升；当它们睡眠时，代谢速度就减缓。当动物冬眠时，它们的代谢速度更是大幅减缓——冬眠中的蝙蝠需要的能量是运动中蝙蝠的1/40，所以它们身体中的营养物质储备足以维持很多个星期。

能量累积的底层

能量不仅在生物间流转，在死去的残骸，比如动物的尸体、腐败中的植物、形形色色的自然废物如动物粪便和落叶中也都存在。许多生命依赖这些能量源，其中就包括将这些作为食物的"清扫"动物、真菌及细菌。这类生物被称为分解者，它们分解并处理掉这些废物。

分解是十分可靠的获取能量的方式，因为一切有生命的东西终究都会死亡。分解也是相当彻底的，因为一旦分解完成，所有可用能量都会得到彻底地释放。当没有能量可以继续流转时，分解也就完成了。

化学戏法

如果没有阳光使植物得以生长，人类不可能存活很久，其他动物和大多数的真菌及细菌也难逃这一劫。

然而，在一些边缘地点比如暗礁和深海中，细菌依靠收集溶解矿物质，再使其发生化学反应获取能量。与世界上其他生物不同，这些微小的生命根本不需要太阳能。这些细菌被称为无机营养菌，其英文"lithotrophs"字面意思为"食岩者"，其中有些依靠吸收锰或铁，另外一些则以硫为生。无机营养菌对于科学家而言具有重大意义，因为其他星球上也有可能像地球一样存在着无机营养菌。

❋气候变化

过去 50 年来，我们的地球处在不断升温之中。但是气候变化并不是什么新鲜的事物，整个地球的历史，就是生物适应气候变化的历史。

地球的气候就如同一台极其复杂的机器，分为上亿个不同的部分，预测气候未来的变化是相当困难的事情。不过回顾气候史就相对比较简单，这得感谢气候变化留下的大量证据，包括树木年轮的厚度和在极地冰层中获得的古代空气的成分。这些证据显示了地球气候的多变，而且许多重大变化的发生速度比科学家们原来预测的要快得多。

冰河期

2 万年前的地球是与现在完全不同的一幅景象。北半球的大部分被无边的冰川覆盖，南至现在的伦敦和纽约，甚至像新几内亚这样的地方，高山上都覆盖着冰川。所以大量的水都封存在冰川之中，因此当时的海平面要比现在低 100 米。对于植物和动物而言，这种寒冷的环境对它们产生了深远的影响。积极的一面是，那时的陆地面积要比现在大得多，许多现在的海底在那时候都是又高又干的陆地，这样，动植物的传播就更为容易——它们可以在现在被海洋分割开的地方之间迁徙传播。但消极的一面是，对于生命而言，这种极端冷酷的环境是个巨大的挑战。为了保暖，冰河期的哺乳动物都有着厚厚的脂肪层和长而粗的毛发。

气候变化的原因

这次冰河期不是地球经历的第一次，也不可能是最后一次。科学家们发现：

极地冰就像世界气候的日记本一样，它能捕获当时的尘埃、花粉和空气。科学家们可以通过深钻冰层获得几千甚至 80 万年前的冰芯样本。

地球的气候在被称为间冰期的暖期和更为寒冷的时代之间摇摆。许多专家认为气候的变化主要是由于地球轨道的变化，但是也涉及其他因素，比如火山爆发和大陆板块漂移等。

大陆板块从形成开始就一直处于移动之中。火山活动的热能为这种移动提供了能量，每年的移动速度为几厘米。这种运动非常缓慢，人类无法察觉。不过，经过几百万年的时间，这种移动可以完全改变地球的外貌。由于板块的移动，海洋的形状也处于变化之中。

在气候的变化中，海洋因为存储了来自太阳的热能而扮演着至关重要的角色。大部分的热量被存储在热带海域，再通过温暖的洋流传送到南北半球。但是如果板块的移动阻隔了洋流，南北两端就会开始变冷，这种情况足以触发一次可以持续几十万年的冰河期。

地球上的气候形成受多方面的影响，其中之一就是云层。云层将阳光反射回宇宙空间，同时它们也像毯子一般维持着地球的热度。

岁月的变迁

上一次冰河期大约在 1 万年前结束，地球开始变暖，冰川开始消融。从那时起，全球气候就一直相当稳定，不过也并非一成不变。地球平均温度起起落落，降雨量也一直在变化之中。在一些地方，比如撒哈拉沙漠，这些变化带来了一些戏剧性效果：现在的撒哈拉地区是世界上最干燥最贫瘠的地方，但是在 5 000 年前，撒哈拉地区的气候相当湿润，在那时，大象和羚羊生活在开阔的林地中，河马繁衍在河湖地区。接下来的 3 000 年间，撒哈拉的气候变得越来越干燥，沙漠开始扩张，动植物的生活范围不断缩小以至于消失。不过并不是全然消亡——在撒哈拉地区的山脉中，气候稍湿润一些，油橄榄树和淡水鱼就生存了下来。

❀ 季节和天气

　　地轴不是垂直的，而是向着太阳以一定角度倾斜的。这个倾斜度很小，却给地球上的生物带来了很大的影响，因为这是四季产生的原因。

　　在赤道上，中午的太阳几乎是直射的，每天的日照时间基本都是 12 个小时。但是从赤道向南或者向北，太阳变得越来越低，地球的倾斜带来的影响也就越来越大。在冬季，地轴远离太阳倾斜，因此白天短，气温低；在夏季，地轴靠近太阳倾斜，因此白天长，气温高。在极地附近，天气一直是寒冷的，但夏季白天的时间很长，因为太阳从不降落。

一年一次的大降水

　　在热带，根本没有冬季，所以动物和植物不用面对真正的寒冷。但是它们需要应付多变的天气，因为季节常在干旱和多雨之间变换。在多雨季节，降雨量可以大得令人难以置信，比如，在印度东北部的乞拉朋齐，有过一月内降雨量达到9000 多毫米的纪录，这是伦敦一年降水量的 15 倍还多。但是在极度干旱的时节，像乞拉朋齐这样的地方甚至滴雨不下。

　　热带植物和动物需要适应这种极端变化的天气。食草动物可以在潮湿季节里吃得饱饱的，因为这时候的植物长得最茂盛。但在干旱季节，生活就变得很难，因为很多植物停止生长，叶子都凋零了。食肉动物和食腐动物刚好相反，在干旱

这些在雨中的角马可能看上去很可怜，但是它们正是依靠雨季的大量降水来生存的。如果降水太少，那么就不会有足够的食物供它们食用一年。

季节比在多雨季节生活得更好，因为它们的猎物此时由于饥饿或口渴而难以逃脱它们的猎捕。

四季变化的世界

　　在地球的温带地区，可以将季节分为春季、夏季、秋季和冬季。在春季，白

春季，随着白天的变长，这棵英格兰橡树突然开始生长。它的嫩芽猛然张开，长出数千片嫩绿的叶子。

到了仲夏，橡树叶子开始变成深绿色，并且停止了生长。在叶子中间，橡子开始成形。

在秋季，叶子的颜色不再是绿色，而且开始掉落。橡子基本成熟——很快它们也将开始掉落在地上。

在冬季，树叶已经全部凋零，这样它就不会受到寒冷的伤害。橡树将保持这种状态直至第二年春季的来临。

天迅速变长，植物生长旺盛。对于动物来说，这也是个繁忙的季节，几百万候鸟迁徙并开始繁殖后代。到了仲夏，大多数植物停止生长而开始产出种子。秋季是准备的季节，因为白天变得越来越短，气温开始下降。当冬季到来的时候，候鸟已经飞走，大部分树的叶子已经凋零。

温带地区不会太冷或者太热，但是天气总是变幻多端，很难预测——干旱的夏季可能突然出现大量降雨，而温暖的春季常常有霜和雪不期而至。动物和植物需要为这些变化做好准备，这样它们才能够在任何一种天气环境下生存下去。很多动植物根据日照时长的变化来决定自己应该生长还是冬眠。与天气不同，日照时长通常是与所处的季节相符的，因此这是确保自己跟上季节的节拍的绝好办法。

极昼和极夜

沿着南北极圈，仲夏日太阳不降落，仲冬日，太阳不升起。南北极圈之间的地区，春季和秋季变得越来越短，夏季和冬季的区别越来越分明。而在南北极，太阳连续不断地照耀6个月，剩下的6个月便是冬季了。在仲冬，月亮通常也是在地平线以下的，因此唯一的光来自于星星。除了应付黑暗和严寒，极地生物还需要忍受极度的强风——在世界上风力最大的地方，也就是南极洲的海岸上，风力可以超过300千米／小时，有时一刮就是好几天。幸运的是，大部分极地动物都生活在海洋中，从而避开了冰冷的狂风。

北极圈内极昼时拍摄的24小时内太阳的运动轨迹图。在半夜的时候，太阳基本降到地平线的位置，但是不会真正降落。

❈抵御灾难

　　自然界的灾难随时都可能降临。与人类不同，植物和动物不能请求外部援助——相反，它们需要靠自己来抵御灾难。

　　1883 年，印度尼西亚岛上发生了历史上最大的火山爆发——喀拉喀托火山爆发。在附近的岛上，森林消失在 75 米厚的火山灰下，而在喀拉喀托火山上，则是寸草未留。所幸的是，对于地球上的野生动植物来说，这么大的灾难是比较罕见的。但是每年，生物需要抵御各种其他类型的危险——从极端的天气情况到森林大火。

致命风暴

　　当一场暴风来临时，大气压就会下降。有些野生动物可以感知到，但是除非它们可以飞翔，否则根本没有逃生的机会。对于植物来说，情况则更为糟糕，因为它们是被固定在一个地方的。那么当一场强大的暴风袭来时，在野生动植物身上到底发生了什么？

当洪水涨起的时候，食草动物发现它们已经身陷困境了。野生的哺乳动物可以游到安全的地方，但是这些农场饲养的动物需要被营救才能存活下来。

　　回答是，它们令人惊讶地存活了下来。动物本能地会去寻找庇护之所，从而避开恶劣的天气——与人类不同的是，它们不会冒险到外面去，直到风暴结束。洪水是更为严重的问题，因为要找到地势高的地方并不是一件容易的事。对于植物来说，柔韧易弯曲是得以存活下来的一项关键技能——一些棕榈树可以被风吹弯到几乎与地面平行却不会断成两截。暴风

结束后，它们就能渐渐地恢复，长出新的叶子代替那些被吹走的叶子。

地震和火灾

对于人类来说，地震可以是致命的，因为它来得毫无先兆，还能使建筑物倒塌。尽管这种力量很可怕，但是对于野生动植物来说，威胁相对较小，这是因为地震对于野外空旷地面的损害并不大。

火灾是更为严重的灾难，所以大部分野生动物一旦闻到烟味就会采取紧急行动：食草动物逃离火灾现场；穴居动物则躲到地下；蜜蜂在放弃其巢穴前，会从中搬走尽可能多的蜂蜜。

与动物相比，植物相对更能够顶住火灾的袭击——虽然它们的叶子可能被烧尽。在干燥环境比如说灌木地，一些植物实际上是依靠火来抑制其他物种的生长的。

干旱中的"硬汉"

自然灾害并不都是突然到来的。干旱是最为严重的灾难之一，有时可以持续几个月甚至几年时间。大部分生长在干旱地区的物种，比如仙人掌和骆驼，都善于收集和储存水分，但是如果补给断绝了，它们也不可能永远持续下去的。其中耐旱冠军是一种体形微小、可以自行脱水的动物，这种动物被称为"水熊"或者"缓步动物"，它们可以在干旱中生存。

制胜法则

即使经历了像喀拉喀托火山爆发这样的大灾难，野生动植物最后也能恢复过来。在之后的 5 年中，喀拉喀托火山爆发后的幸存物开始慢慢复苏，现在整个小岛已经再次覆盖起了繁茂的树林。动物和植物之所以可以恢复得如此之快，是因为它们擅长于繁衍后代，而且它们的后代能够广为传播。对于生物来说，大量繁殖是最好的保险措施，因为它使得每个物种都有最大的延续机会。

在这个位于美国加利福尼亚州的野生动物保护区内，湖泊在夏季常常都会干涸，因此动物们需要事先做好准备。很多淡水动物将它们的蛋埋在泥土下——当湖水回涨时，这些蛋也就被孵化出来了。

生命的进化

　　通过研究化石，科学家们可以看到在遥远的过去地球上的生命情况。这些研究表明，生物是随着时间的推移而渐渐地变化或者说进化的。

　　生物进化的速度非常慢，所以很难在短期内看着这种变化的发生，但是它却留下了大量的证据和线索。化石是最重要的线索之一，因为其告诉人们如今已经灭绝的物种及其发生变化的方式。今天存活着的生物也可以提供线索，因为进化在生物从骨架到基因的各个特征中都留下了痕迹。

伟大的辩论

　　200多年前，大部分自然主义者相信，生命只有几千年的历史。他们也认为生物或者物种总是保持在一种形式上。但是科学家研究了地球上的化石，渐渐发现我们这个星球已经很老了，并且有大量曾经存在，但是后来灭绝了的生物曾生活在这里。1859年，英国的一位叫查尔斯·达尔文的自然学家出版了一本书，使得上述发现有了极大的意义。这本书叫作《物种起源》，它提出了生物进化的依据，也解释了进化发生的原因。

　　从此以后，进化成为了辩论的焦点。一方面，一些人反对整个进化理论，因为这与他们的信仰不符。另一方面，包括大部分的科学家在内的人基本都确信生物进化的确发生了。

变化和适应

　　达尔文的《物种起源》一书发表两年后，在一个德国采石场的工人们发现了世界上最为著名的化石之一，这块化石被称为"始祖鸟"化石，它长有翅膀和羽毛，但是它也有牙齿，四肢上有爪，还拖着长长的带骨的尾巴。始祖鸟是一种早期鸟类，但是它的牙齿、四肢和尾巴使得其与现今的鸟类大不相同。化石研究专家们认为，关于始祖鸟的分析，极大地支持了达尔文的进化论，它很明显是从爬行动物进化而来，但其特征又显示它

一件化石不仅显示生物的外貌，还可以告诉我们其生活的年代。这位化石研究专家正在研究雷龙化石。这只恐龙大约死于6600万年前。

就像一架坠毁的飞机，始祖鸟各个器官化石散落在一块石灰岩中。这件著名的化石是经典的"中间"物种，连接了几种不同的生物。

并非爬行动物。当物种进化时，相应的调整使得动物能够更好地适应特定的生活方式。对于始祖鸟而言，羽毛是关键的适应点，因为这使得它们能够滑翔或者飞行。同时，羽毛也可以保持身体温暖，甚至还可能被用于铲起蜻蜓或者其他种类的昆虫等，作为始祖鸟的食物。

胜利者和失败者

适应性是进化过程中的关键。它们可以在生物中形成各种特性——从生物的外观到其行为方式。但是，达尔文注意到，这种进化并不是在一代生命中就可以完成的，而是需要经历很多代，通过一种叫作"自然选择"的过程来实现的。进化过程是如此的缓慢，但是只要积累到一定时间，进化的效果就显现出来，新的物种也就诞生了。

从生命起源的那一瞬间，进化就开始了，生物就开始彼此竞争以求生存。这个过程至今仍起作用，形成新的适应性，从而帮助生物获得成功。物种灭绝也是进化的一部分，因为它将适应过程中的"失败者"清除掉，给新的和适应能力更好的生物带来更多的发展机会。

世界上 99% 的物种，包括始祖鸟，现在都已经从这个世界上消失了。虽然始祖鸟已经灭绝，但是其他长有羽毛的飞行类动物生存了下来——它们的后代现在都自由地翱翔在天空中。

生命时间线（上）

如果说整个地球的历史可以浓缩成一天的话，那么，第一个生命符号在第一缕曙光出现之前很早就产生了。不过直到大约晚上 9：30 才开始出现类似今天存活着的动物。

为了了解地球漫长的历史，科学家将过去分为不同的阶段。最长的阶段被称为"代"，代又分为不同的"纪"，纪有时被分为更短的阶段，称为"世"。生物在这些不同的阶段之间进化，在它们死亡后留下了化石。在这篇文章中，你可以了解从 2.45 亿年前的古生代末期开始的漫长地球史中生物的进化演变过程。

太古代

地球的这部分历史始于 38 亿年前——目前发现的最早岩石的年龄。这一时期持续了 13 亿年，刚超过地球全部历史的 1/4。生命出现在太古代早期，最初的生命迹象是目前在 37 亿年前的岩石中发现的化学物质遗迹。这些化学物质是一些类似于今天的细菌的单细胞微型有机生物体留下的。

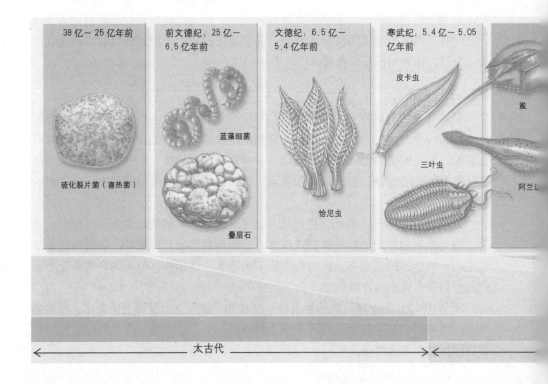

38 亿～ 25 亿年前

硫化裂片菌（喜热菌）

前文德纪：25 亿～6.5 亿年前

蓝藻细菌

叠层石

文德纪：6.5 亿～5.4 亿年前

恰尼虫

寒武纪：5.4 亿～5.05 亿年前

皮卡虫

三叶虫

鲎

阿兰达

太古代

元古代

"元古代"一词的英文"proterozoic"指的是"早期的生命"。在这个时代中，微生物通过收集光能进化。其中比较著名的是蓝绿藻，它们的后裔一直延续至今。蓝藻细菌主要生活在浅滩海域中，有些形成了称为叠层石的大面积堆积物，在元古代的岩石中留有化石。

大约在 10 亿年前，生命向前迈进了一大步，出现了第一种动物。起初，它们非常微小，但是相较于早期的生命形式却更为复杂，因为它们体内存在许多细胞。到了元古代末期的文德纪，动物开始多样化，这些早期的动物包括一种生活在海底的一簇羽毛状的恰尼虫。

古生代

"古生代"的英文"paleozoic"指的是"古代的生命"。古生代共分为六个纪。第一个称为寒武纪，是地球历史中非同寻常的一个阶段。在这一阶段中，动物开始进化出壳和其他坚硬的身体部分，这场生物学革命创造出了许多新生命形式。这些动物包括三叶虫及其他节肢动物、软体动物和皮卡虫之类的早期脊索动物。脊索动物体内有一根坚固的主干，它们是包括人类在内的所有脊椎动物的祖先。

海洋生物在奥陶纪继续扩张。其中最大的一些动物包括鹦鹉螺——这种软体动物与现在的章鱼和乌贼有关联。奥陶纪末期，鲨及其他节肢动物非常常见，一些动物开始踏出了它们迈向陆地的第一步。

志留纪的海蝎子是 3 米长的庞然大物。莫氏鱼等鱼类在志留纪也比较常见。

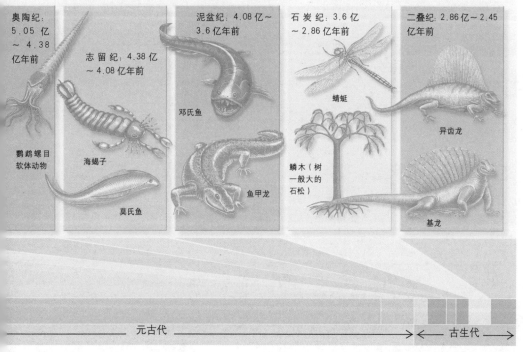

奥陶纪：5.05 亿～4.38 亿年前

志留纪：4.38 亿～4.08 亿年前

泥盆纪：4.08 亿～3.6 亿年前

石炭纪：3.6 亿～2.86 亿年前

二叠纪：2.86 亿～2.45 亿年前

鹦鹉螺目软体动物

海蝎子

莫氏鱼

邓氏鱼

鱼甲龙

蜻蜓

鳞木（树一般大的石松）

异齿龙

基龙

元古代　　　　　　　古生代

早期鱼类没有颌，在志留纪中，鱼类进化出了带关节的颌，这就使它们异于早期鱼类，能将食物咬碎。

到了泥盆纪，鱼类成了最大的海洋动物。4米长的邓氏鱼有着板状的牙齿，可以将食物一撕为二。然而，这一阶段的陆地上，生命有着更为多彩的发展——从鱼类进化而来的有四肢的两栖动物——鱼甲龙是最早习惯脱离了海洋环境的生物之一。

石炭纪中，无边无际的森林中出现了最原始的飞行昆虫，包括蟑螂和巨大的蜻蜓。最早的爬行动物也始于此时。到了二叠纪，它们就成了陆地主宰。异齿龙和基龙是体形最为庞大的爬行动物，两者背上都有"帆"，可以用于调节体温。二叠纪晚期还出现了大量的兽孔目动物，这些类似爬行类的动物是哺乳动物的祖先。但最终这些动物以大量死亡并灭而告终。

生命时间线（下）

在过去的2.45亿年中，动植物留下了一个巨大的化石宝库。包括爬行动物时代那些令人惊叹的遗迹和早期原始人类——最终演变为人类的人猿——留下的化石。

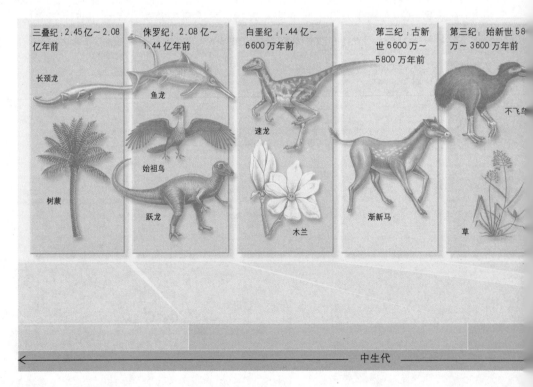

三叠纪：2.45亿~2.08亿年前
长颈龙
树蕨

侏罗纪：2.08亿~1.44亿年前
鱼龙
始祖鸟
跃龙

白垩纪：1.44亿~6600万年前
速龙
木兰

第三纪：古新世6600万~5800万年前
渐新马

第三纪：始新世5800万~3600万年前
不飞鸟
草

中生代

与 26 页的时间线相比，本页中显示的时间线较短。如果说整个地球的历史被压缩为一天的话，这里显示的仅仅约一小时。不过在这一阶段，进化出了大量的生物，包括开花植物和到目前为止地球历史上最大的动物。这段时间线涵盖了两个地质时代：结束于 6600 万年前的中生代和延续至今的新生代。

中生代

中生代又被称为"爬行动物时代"。这个时代也存在许多其他生物，但是爬行动物成为了海洋、空中和陆地上的最大主宰。科学家们将中生代分为三个纪。第一个叫作三叠纪。三叠纪之前就是发生了一场灾难，并导致地球上 3/4 的物种灭绝的二叠纪。

在三叠纪开始时，大部分陆地都是相连在一个被称为"泛大陆"的超级大陆之上，气候温暖，树蕨、针叶树和苏铁科植物是比较常见的植物。三叠纪的爬行动物包括一些早期滑翔脊椎动物。生命在进化过程中也产生出了一些奇怪的动物，比如长颈龙，它们可以在岸上利用它们超长的脖子捕鱼。

恐龙的进化在三叠纪进入了末期，不过侏罗纪标志着它们统治的最高峰。由于气候变得更为潮湿，有些以植物为食的物种的体积达到了令人难以置信的地步，这些食草动物同样成了体积巨大的食肉动物的捕猎对象。跃龙就属于这些食肉动物，体重可以达到 3 吨。鸟类由带羽恐龙进化而来，最早可以追溯到侏罗纪时代。

第三纪：渐新世 3600 万～ 2300 万年前

第三纪：中新世 2300 万～ 530 万年前

第三纪：上新世 530 万～ 160 万年前

第四纪：更新世 160 万～ 1 万年前

第四纪：全新世 1 万年前～现在

雷兽

恐象

南方古猿

剑齿虎

爱尔兰麋

现代人

家狗

新生代

白垩纪出现的开花植物引发了大量昆虫的进化。飞行的爬行动物——翼龙，通过皮质的翅膀在空中翱翔。其中一种称为羽蛇神翼龙，翼展可达 12 米，是最大的飞行动物。在恐龙中，小型的猎手有速龙，当时最庞大的陆地食肉动物则是霸王龙。但在 6600 万年前，地球被一颗巨大的流星撞击，使爬行动物时代遭到了灾难性的终结。

新生代

在这一时代中，生命从白垩纪的大量灭亡中恢复了过来。哺乳动物开始填补爬行动物退出留下的空白，使新生代成功演进为哺乳动物的时代。

最原始的哺乳动物以昆虫和其他小动物为食，到了第三纪进化出了大型的食草动物。第三纪早期，各种草本植物得到了很好的发展，使得一些哺乳动物可以适应在草原和热带稀树草原上的群集生活方式，这些动物包括今天的马类和其他一些大型动物如雷兽以及原始象的祖先。鸟类也得益于恐龙的消失。体形较大且不会飞的不飞鸟成了当然的食肉动物，巨大的钩状喙可以将猎物撕成碎块。在第三纪末期，非洲出现了被称为南方古猿的原始灵长动物，其中一种类人猿动物成了我们人类的直接祖先。

第四纪早期，气候变冷，开始了较长一段时间的冰河期。哺乳动物适应了这些变化，有些高度特化的物种开始形成，其中包括剑齿虎，它们可以用长达 18 厘米的锯齿状牙齿杀死猎物。人类最早出现在大约 50 万年前。最初，人类依靠采集野生食物和打猎为生，到了冰河期末期，也就是 1 万年前，人类开始驯养猎物和种植植物。从那时起，我们这个物种就改变了这个世界。

进化过程是如何进行的（上）

化石显示了生物经历的进化过程，但是却不能解释进化过程是怎么发生的和为什么发生。正如查尔斯·达尔文发现的那样，这两个问题的答案可以通过仔细地观察自然世界来得出。

在 19 世纪中期，当查尔斯·达尔文写下《物种起源》时，他提出生物世界中存在着进化，也解释了进化发生的原因。达尔文的突破来自于其意识到——生物之间都在为

因为生存处处都存在危险，所以自然界中的生物通常都繁殖出大量的后代来应付。一株蒲公英可以长出 30 个种头。每个种头中含有的种子足以生长出 100 株以上新的植株。

了生存而竞争，而在这场竞争中，有些比另一些更善于生存和繁衍后代。因为这些"胜利者"留下了更多的后代，它们拥有的特征也就会变得更加的普遍。换句话说，它们的物种将慢慢地发生变化。

艰难前行路

一只普通的雌蛙可以产下1 000个左右的蛙卵，而当这些卵孵化出来以后，残酷的生存竞争也就开始了。有些蝌蚪在孵化出来才几个小时就死亡了，因为它们遭到水生真菌的攻击，或者不能找到足够的食物。其他蝌蚪，如果被鱼类或者其他食肉动物吞食，死亡也就降临了。到了蝌蚪变成青蛙时，只有几十只能够存活下

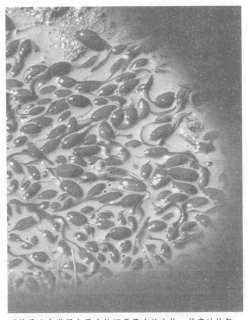

不管是这个世界上最大的还是最小的生物，其度过的每一天都是一场生存的竞争。对于这些小蝌蚪而言，生命是以非常艰难的方式开场的，因为这个池塘已经开始干涸了。

来。但是，即使对于这些幸存者来说，生存仍然不是那么简单的：一些死于饥饿，而有些因为离水太远而干旱致死。即使它们能够逃过这些厄运，也需要面临被狐狸或者鸟捕食的危险。经过3～4年后，只有少数青蛙能够最终存活下来，从而开始繁衍下一代。

那么，谁是竞争中的胜利者呢？答案很简单——那些具备生存所需条件的"最适应者"。

传承下来的变化

对于人类来说，一只普通的青蛙看上去跟另一只青蛙没什么两样。其实几乎所有生物都是这样。但是因为大部分生物都有父母双方，它们继承的便是两组基因的混合。这使得生物拥有不同的特性，在生存竞争中也有了不同的优势和弱势。有用的基因会被继续传承下去，因为这些基因的所有者作为竞争中的胜利者更有机会繁殖后代。另一方面，无用的基因被传承下去的机会很少，因为这些基因的所有者可能根本没有机会繁殖后代。

虽然达尔文对于基因一无所知，但是他了解生物中发生的变化。他意识到这些变化是可以被继承的，有用的变化可以随着时间发展而渐渐明显和稳定下来。变化——也就是那些帮助生物生存下来的特性导致了适应。长久以来，随着这些新的适应稳定下来，物种的进化也就实现了。

自然选择

在生存竞争中，大自然偏好那些不仅能够照看好自己，而且善于繁衍后代的生物。达尔文把这个过程称为"自然选择"。自然选择是自发进行的，不受任何控制。有些自然选择留下了那些特别强壮或者速度特别快的个

雌蝎把自己的后代背在身上，直至它们能够独立生长。照料整个家庭会使生活变得很辛苦，但是这样可以提高后代的存活率。

体。比如猎豹，正是因为其速度而被大自然选择留下来——猎豹行动迅速，可以帮助它成功捕获猎物。但是强壮和快速并不绝对给动物带来成功。很多昆虫也很成功，恰恰是因为它们体形很小——它们成功躲避外敌通常是靠静止不动，而不是快速逃跑或者飞走。

自然选择也可能同时偏好不同的繁衍后代的方法。很多物种——从橡树到青蛙——把自己所有的能量都用来繁殖最大量的后代，而不是帮助自己生存。哺乳动物则相反，它们的家族比较小，父母总是尽量给后代创造一个成功的生命开端。

在一棵倒下的树的残骸旁边，一颗椰子正长出它的新叶。像所有的生物一样，椰子生存的概率取决于两个方面——基因和运气。

新的物种

自然选择在各种生物的细微变化中不断进行着。从短期来看，这些变化很小，很难看出其带来的影响。但是随着时间的积累，它们可以带来非常巨大的变化，比如：完全改变一种生物的生活方式。

达尔文很偶然地发现了这方面一个很著名的例子。1835年，他去加拉帕戈斯岛，发现大量不同种类的雀类，但是同时又拥有很多的相似性。此时，达尔文意识到，这些雀类都是从很久以前的同一个祖先进化而来的。

进化过程是如何进行的（下）

与人类设计师不同，进化过程从来不是从草稿开始。相反，它会带着已经存在的特性去适应新的生活方式。结果，每种生物中都会留下自己过去的痕迹。

人类是伟大的计划者，在我们做任何事情前，都会先决定应该怎么做，需要达到怎样的效果，从而选择最佳的材料。但是进化却是以非常不一样的方式进行的，因为推动进化的是自然选择，而大自然不会事先做好计划。因此，进化是循着一条无法预测的道路行进下去的——它可以将一种适应转换成很多种新的适应，也可以走回头路，把其已经创造出来的东西抛弃掉。

进化的速度是多种多样的。这种腔棘鱼在过去的 6500 万年中只发生了微小的变化。进化速度很慢的物种现在被称为"活化石"，其中有植物、微生物，也有动物。

脊椎动物的四肢构造

脊椎动物是进化过程机动性的一个很好的例子。脊椎动物是长有脊椎的动物，它们的四肢形式包括腿、鳍状肢、鳍和翅膀等多种。从外观来看，这些肢体的差别非常大，并且以不同的方式运作。但是脊椎动物的四肢有着相同的构造，用科学术语来说，这就称为"同源性"。意味着它们拥有从久远时期的同一个祖先继承下来的相同的骨架，不管它们的四肢是长还是短，是肥胖还是扁平。同源结构为"不同的生物有亲缘关系"的理论提供了强有力的证据。

海豹

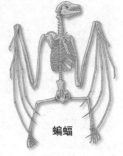

蝙蝠

虽然从外观上看，海豹和蝙蝠有着巨大的差别，它们的骨架从外形到大小也相距甚远，但是它们的骨架都是按照相同的基本构造而形成的。这种骨架上的相似性说明两者是从同一个远古祖先进化而来的。

同效结构是指那些可以实现相似的功效，但却有着不同构造的部位。比如，鸟类和蜜蜂都能飞，但是鸟的翅膀是由骨头和羽毛组成的，蜜蜂的翅膀则是由一种被称为角素的薄片状物质组成。这两种不同的构造表明，鸟类和蜜蜂是没有亲缘关系的。

"适应"的消失

在进化过程中，当一种适应不再有用时，自然选择就会开始与之作对，直至

与一些不能飞的鸟不同，鸵鸟还是使用它们的翅膀的——它们张开或者放低自己的翅膀以调节身体的温度。雄性鸵鸟还通过张开翅膀来吸引雌性鸵鸟。

其最后被淘汰。虽然一种适应的完全消失需要经过很长时间，但是其最终是会完全停止运作的。

　　鸵鸟和其他不能飞行的鸟类正是经历了这个过程。几百万年前，鸵鸟的祖先是能够飞行的，但是随着时间的推移，它们渐渐减少了在空中活动的时间，鸵鸟的先辈们开始在空旷的非洲草原上生活，遇到危险时不再靠飞行来躲避，而是更多地依赖快速奔跑。经过很多代的进化，自然选择使得它们长出了健硕的腿部肌肉，而翅膀上的肌肉则渐渐萎缩了。今天，鸵鸟翅膀上的肌肉已经变得无力了，用于飞行的羽毛也变得柔软稀松，不再坚硬了，就算张开了翅膀，鸵鸟也不可能飞上天空了。

一些蜥蜴逐渐失去它们的腿，从而适应挖地生活。大型的无腿石龙子来自非洲南部，可以挖到55厘米深的地下。这只雌性石龙子身边还带着两只幼年的石龙子。

精确的工程

　　自然界中有大量的适应现象促使生物体的部分组织结构进化得更适于生存环境的需要，如一些爬行动物没有脚，而很多穴居动物只有很小的眼睛。人类也有很多进化中的残留物，比如我们的一些头皮肌肉最初是被用来移动我们的耳朵的。

　　但是，构造比较复杂的器官，比如眼睛和耳朵，最初是如何进化的？自然选择能够创造出像上述这类精巧的器官吗？对于这个问题，大部分生物学家是持肯定回答的。像所有其他适应一样，眼睛和耳朵也是经过一连串很小的步骤进化而来的，在每一个进化阶段都会产生一个有用的特征。看看如今动物的眼睛我们会发现，各种动物的眼睛有着极大的差别，有些仅仅能在黑暗中感知光线。但是在长远的未来，自然选择可以将这些眼睛进化得像人类的眼睛一样复杂。

基因和脱氧核糖核酸 (DNA)

当科学家们最初研究进化时，不明白生物是怎么从父母处继承其特性的。如今，经过50年的潜心研究之后，我们已经知道，关键在于基因和DNA。

不需要成为一个科学家你也同样知道猫会生出小猫，而母鸡会孵出小鸡，而不是猫会生出小鸡，母鸡会孵出小猫。但是，是什么使得动物或者植物的幼体与它们的母体很相像呢？为什么有些特征，比如说眼睛的颜色，会代代遗传下去而不会变成混合色？直到20世纪50年代，这些问题都始终难以得到解答，因为没有人知道细胞是怎样储存制造生命所需的"指示"的。1953年，科学家们拆开了DNA分子，问题也就迎刃而解了。

DNA 是怎样运作的

DNA 是一种非常重要的物质，它是唯一可以自行复制的化学物质，也是少数可以储存信息的分子之一。DNA 存在于所有生物的细胞中，当细胞分裂时，它会进行自我复制，这样它所含有的信息可以被传递下去。

大部分化学物质都有着相似的结构，换句话说，它们的原子都是按照相同的方式排列的。但是 DNA 不同，它的分子有两条主要的螺旋形结构链，由被称为"碱基"的化学物质连接起来。这些螺旋形链是相同的，但是上面的碱基类型可以分为四种，可以被按照任何顺序排列起来。这些碱基就像是只有四个字母的字母表，拼出分子上的指令。在细胞分裂前，这两条链会松开，每一条会重新构成新的配对链。通过这个方法，这些指令就得到了传递。

遵循指令

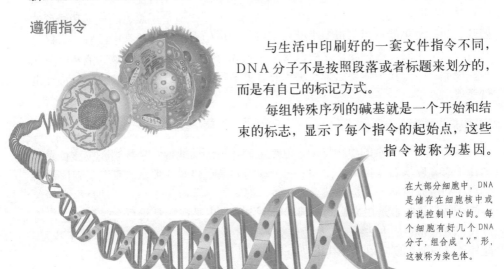

与生活中印刷好的一套文件指令不同，DNA 分子不是按照段落或者标题来划分的，而是有自己的标记方式。

每组特殊序列的碱基就是一个开始和结束的标志，显示了每个指令的起始点，这些指令被称为基因。

在大部分细胞中，DNA 是储存在细胞核中或者说控制中心的。每个细胞有好几个 DNA 分子，组合成"X"形，这被称为染色体。

在一个DNA分子中，可能会有几千个基因的存在，整套基因中含有了构建一个生物，并使其运转所需的所有信息。

由基因编排起来的指令是多种多样的：有些基因决定物理特征，比如皮肤或者眼睛的颜色；很多基因则控制化学过程的速度；另外一些则作为"控制性"基因，激发或阻断其他基因的功效。一小部分基因只在有紧急情况出现时才会运作起来，比如当细胞遭到病毒的侵害时，自杀基因便会使细胞进行自我毁灭。

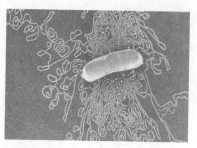

与大多数细胞不同，细菌细胞只有单一的、线圈形的DNA分子。这个细菌被经过特殊处理后，其DNA被散发到细胞之外。DNA分子非常纤细，可以达到几厘米之长。

自然变化

如果两种动物或者两种植物有着相同的基因，它们几乎在各个方面都是完全相同的。在自然界中的确有这样的情况发生，但并不常见。相反，大部分生物会继承下一套独特的等位基因而不是相同基因。"等位基因"与"相同基因"在意思上还是有细微差别的。所以，生物都会形成各自的特性。这种变化是很重要的，因为它使得物种得以进化。

动物从它们的父母双方中分别继承下一套基因。这只猫继承了条纹毛色和绿色眼睛两大特征。当它生育后代时，会将这两个特征传递下去。

这只猫继承了高黑素的毛色特征。黑素是一种黑色的色素，在动物皮毛、羽毛和皮肤中很常见。

基因变化主要出现在有性生殖当中。在这种生殖方式中，来自于父母双方的等位基因结合混淆在一起，创造出新的混合体，并且传承下去。比如，一只猫可能从双亲之一中继承了黑色的皮毛和绿色的眼睛，同时也可能从祖父母辈中继承下白色的爪子，虽然其双亲中没有一只猫是具有白色爪子的。这种现象之所以发生是因为有些等位基因可能被其他基因所掩盖，没能在下一代中体现出来。隔代或者更多代以后，这一掩盖被去除，特性也就显现出来了。

基因之外的因素

基因掌握着大量的生物特征，但是它们并不确切地规定生物到底应该长成什么样子或者应该怎样生活。比如，一个动物如果吃得好，那么它可以长到该种动物可能的最大体形。但是如果天天挨饿，那它肯定是瘦骨嶙峋的。动物也会继承本能行为，这些也是由它们的基因编排决定的。但是很多动物也会学习一些行为方式，这依靠的是生活经验。植物就更不具定性了，它们的外形部分取决于基因，此外还在很大程度上取决于其生活的环境条件。

为生存而适应（上）

世界上有 200 多万种生物，却没有两种是完全相同的。因为每种生物都遵循着它自己的进化路线，所以进化出很多各自不同的适应环境的本领。

银字草进化到使自己能够适应海拔较高地区的生活——在那里光照非常强烈。正是这种适应能力使得其可以生活在其他生物不能生存的环境中。

如果生物的各个方面都已经可以让其生活很完美了，它们也就不需要做出什么改变了。但是在自然界中，没有什么是完美的。相反，自然选择始终在进行着，极大地推动了任何可以帮助生物在生存竞争中获得优势的特征的发展。这样的过程已经经历了 30 多亿年了，因此已经积累了足够的时间来形成大量的适应特征。在自然界，到处可以找到这种适应现象，有些很显眼也很容易明白，有些就比较难以发现，并且其原理也是令人非常意想不到的。

因为阳光

在铺满灰烬的火山坡上和岩石海岸下的涡流中都是再艰难不过的生存环境了，因此这里的动物和植物进化出特殊的性征。

在夏威夷群岛，银字草生活在地球上最高的火山上，它的叶子上覆盖着一层柔软的细毛，这可以帮助其不被耀眼的阳光烧焦。但是在加利福尼亚州的险滩下，一种被称为巨藻的海藻却存在相反的情况——为了获得阳光，它需要从 50 米深的海水下努力向上生长。它是怎样做到的呢？原来是海藻叶子中的充气气囊帮助其在生长时一直保持向上。

动物的适应性

在动物世界里，进化甚至更具创造力。与植物不同，动物可以移动，可以吃食物，因此自然选择需要发展出一

巨藻的每片叶子上都有一个内在的、用于储存气体的气囊。这些气囊支撑起长达好几十米的植株。

些非常特殊的适应来满足它们各种不同的生活方式。我们的手指就是一个例子，它们使人类可以以无数种不同的方式将东西捡起来或者拿在手上。但是说到手指功能，人类甚至都不能与指猴相比。栗鼠猴是一种外貌奇特的灵长类动物，生长在马达加斯加岛的丛林中。与人类一样，栗鼠猴也有5个手指，其中一根为大拇指，但是它的中指比其他手指要长出很多，也要纤细很多，栗鼠猴把它用来当鼓槌，在其爬树的时候敲打树枝，如果敲打发出的声音听起来是中空的，它就把树枝拧下来，挖出生活在里面的昆虫幼虫作为食物。

伪装术

自然选择创造出各种各样不同寻常的身体部位——从瘦瘦的手指到可以像鱼叉一样使用的口器。另一方面，自然选择也可以创造出全身效果的适应本领。在动物世界中，到处都是具有惊人的伪装能力的生物，这些都要感谢其特殊的体腔、外壳和皮肤。一些生物可以混入它们生活环境中的背景中，而有些则可以将自己模仿成不可食用或者含有危险物质的事物。

动物的伪装术是自然选择产生适应性的很好证据，而要探其进化的究竟也不是一件难事：如果一种动物比它的亲缘种类更善于躲藏，那么它被发现和吃掉的可能性也就相对较小，从而可以有机会繁殖出更多的后代。就下一代而言，其中最善于躲藏的个体也就是最容易生存下来的个体。上述过程经历几千次甚至几百万次以后，形成了今天我们所见到的动物非凡的伪装能力。

动物的盔甲

在生命的长河中，盔甲动物已经进化了很多代了。今天，这类动物包括穿山甲、犰狳和龟类等。在过去，盔甲动物还包括体形更大的种类，比如雕齿兽，外形就像坦克一样。

动物的盔甲进化如此频繁，科学家称，这体现了这类生物有强大的适应能力。换句话说，这种适应性赋予动物很好的成功生存和延续的机会。

但与盔甲多种类、经常性地进化不同的是，有些适应性只表现在少数几种动物中，或者甚至只表现在一种动物身上，指猴的中指就是一个例子。一种被称为海笋的软体动物的外壳也是一个例子，其外壳有锐利的锋口，海笋将之作为钻头，在木头或者岩石中钻出一条道来。人类也一直在使用钻头，但是通过海笋我们可以看到，是大自然率先使用了这项技术。

在其"便携式"盔甲的保护下，一只犰狳正在空地上溜达。这种盔甲是由小小的骨片组成的，除了其身体下侧以外，几乎覆盖了犰狳的全身。

为生存而适应（下）

　　适应性并不只是影响生物的外貌。在动物中，一些最重要的适应性是那些有关动物习性方面的。

　　与长腿或者利齿不同，习性似乎并不是一种适应性，你不能将之拿来检测，而且在动物死后，它也不会以化石的形式保留下来。但习性是可以被继承的，这就意味着它也会随着时间发生变化或者进化。这种习性被称为本能，它是由动物的基因决定的。像所有其他的适应性一样，本能也已经发展了几百万年了，它也帮助动物在竞争中生存下来。

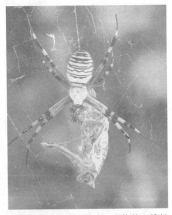

蜘蛛使用复杂的习性来织出蜘蛛网捕捉猎物。这只圆蛛已经捕获了一只昆虫，并将之用丝包裹起来使其停止挣扎。

习性

　　在动物发展的初期，它们的习性很简单，也就是寻找食物，同时远离危险。但是慢慢地，动物开始变得越来越复杂了，它们的习性也随之复杂起来。动物进化出感觉器官感知周边环境，而各种习性给它们带来的是生存的机会。

　　几百万年以后，这些习性或者说本能仍然为如今的动物所拥有且使用：蜘蛛会奔向挣扎中的苍蝇，但是如果遇到什么危险，它们就会躲到黑暗的地方中去；蜜蜂会因为鲜花的香味而飞去，但是一旦闻到燃烧的烟味就会远远躲开；在秋季，很多动物都要进行冬眠——一种可以持续到来年春天的深度睡眠。动物并不需要学习这些习性，因为它们是与生俱来的。

鲸鱼肺容量大，呼吸一次可储存许多空气。当它到水面换气时，肺中的强大气流冲出头顶上的鼻孔时将周围的海水带至空中，形成"水柱"。

冬眠是一种适应性习性。它帮助动物熬过天气寒冷、食物匮乏的冬季。

就像其他适应性一样，习性通常也能展示物种过去的生活的一些片断，比如，宠物狗在躺下来前总会先绕圈走一下，这是从其祖先那里继承来的习性，目的是将地上的植物摊平，从而铺成一个舒适的窝。

习性和身体部位的关系

在动物世界里，习性和身体部位通常是同时进化的，这是有原因的——没有合适的生活习性，很多身体部位将毫无用处。复杂的习性用来控制腿和翅膀，而其中最让人难以理解的习性是用来捕捉食物的：比如蜘蛛会使用不同的丝来编织蜘蛛网，但是它们不需要学习哪一种丝应该织在哪里，因为这一切都是出于本能；当它们捕捉猎物时，它们可以通过猎物的动作来判断猎物的类型，本能地区分苍蝇和会放刺的蝗虫。有时候，进化也会为动物通常的身体部位创造出新的使用方法，比如威德尔海的海豹：大约 1500 万年前，它们的祖先迁移到南极洲附近的海洋中生活，当时的气候比现在要温暖得多。随着南极洲渐渐变冷，越来越广的海域被冰雪覆盖，威德尔海海豹能够在如此寒冷的环境中生存下来，全得益于其牙齿——它的牙齿可以帮助它从厚厚的冰块中刨出用于呼吸的孔。没有这些习性上的适应，大部分威德尔海海豹都将死亡。

有时，动物的习性可以使其创造性地利用周边的新环境。鹳最初只在树上筑窝，但是在欧洲，它们通常是在屋顶上筑窝。很多其他鸟类，包括燕子和雨燕等，都能够在建筑物的内部筑窝。

建筑才能

进化也影响了动物的建筑能力。最早期的动物不懂任何建筑，但是随着时间的发展，它们的祖先进化出特殊的建筑才能。今天的动物可以建造出各种各样的窝、巢甚至陷阱。就像身体的各个部件那样，这些建筑技术也是慢慢进化而来的。比如，当鸟类最早出现时，几乎都是将蛋下在地上的（就像现在大部分的爬行动物那样），但随着时间的推移，鸟变得越来越敏捷，其中一些开始离开地面筑巢。时至 1 亿多年后的今天，有的鸟已经是世界上数一数二的建筑能手了。

❋趋同进化

在生物世界里，具有相似的生活方式的物种通常会进化出相似的适应性。这就会在不同物种的外观之间产生很多惊人的相似性——有时甚至连科学家也会一不小心就弄混淆。

仔细看看本页中间的两种植物：两者都有着桶状的外形，而且外表都有尖刺保护着。除非你是沙漠植物专家，否则你就会认为这两种植物之间是近亲关系。事实上，它们相差甚远：一种是来自墨西哥的仙人球，另一种是来自非洲南部的晃玉。它们看上去很相像，那是因为它们采用了相似的生活方式。

自然的效仿者

就像一个想法不断的发明家一样，进化最擅长创造适应性，它甚至可以给两种非常不同的物种带来同一种适应性——这种情况通常发生在当两个不同的物种具有相似的生活方式的时候，此时自然选择在它们身上产生了同样的效果。这个结果被称为趋同进化——一种使得两个物种显得越来越相像的进化过程。

仙人球和晃玉就是两个物种趋同进化的很好例子——虽然它们的生活地区相距几千千米之遥。它们圆桶形的外形可以帮助它们储存水分，而它们脊上的刺可以让饥饿的动物退却。它们还有其他相似性，比如两者都有长长的根，而且都不长叶子。这些适性应帮助它们得以在极其干旱的栖息地中生存——这些栖息地的干旱期通常一次就长达好几个月。

晃玉（左上图）和金琥仙人球（右下图）惊人的相似。但是，前者来自非洲南部地区——根本没有野生仙人球生活的地方，它的体形粗短，但是它的一些生活在湿润地区的近亲却可以长成灌木甚至高大的树木。

隐藏的历史

世界上有很多趋同性物种，有些趋同物种看上去只有一点点相似，而有些则是非常相似，以致人类经常会将之混淆。比如，鲸和海豚看上去很像鱼，一方面因为它们都有着流线型的身躯，另一方面它们身上长着鳍状肢而不是腿。几个世纪前，很多人认为它们与鱼属同类物种，但事实上，它们的趋同物种是不同的，因为它们和鱼是从不同的祖先进化而来的：鱼是冷血动物，它们通过鳃呼吸来获取氧气，但是鲸和海豚的祖先都是陆生热血动物，后来才进入到海洋中生活。经

一只海豚（上图）和一只金枪鱼（下图）都有着流线型的裹满肌肉的身躯，而且两者都是在海洋中以鱼类为食的动物。但是海豚是海洋中较新出现的生命，其需要到海面上呼吸空气说明了它们的祖先曾经生活在陆地上。

过几百万年后，鲸和海豚都适应了它们新的生活环境，慢慢地进化出像鱼一样的外形。然而，进化并不能掩盖它们的过去。这就是为什么鲸和海豚仍然是用奶来哺育它们的后代，而且仍然需要到水面上来呼吸空气的原因。

导致混淆

当科学家们试图为生物划分种类时，趋同进化会带来一些问题。要分辨出海豚是一种哺乳动物并不是一件难事，但是要弄清有些动物的真正归属则需要更具说服力的证据。比如，成年藤壶是附着在岩石上生活的，而且它们长有锐利的壳，从而保护它们不受海浪的侵袭。藤壶看上去很像软体动物，而且早期的科学家们也认为其就是软体动物，但是，它们的幼体在广阔的海洋中生活，

而且长有很多腿。仔细观察就会发现，藤壶事实上是一种甲壳类动物，换句话说，它们应该是龙虾和螃蟹的亲戚。

当有亲属关系的物种朝同一方向进化时，就更容易让人混淆了，因为它们本身就具有很多相似性。为了准确认定它们的祖先，科学家们不能单靠观察其外表，而是需要通过检测它们的 DNA 来画出它们的进化轨迹。

趋同进化在过去和现在

趋同进化并不只是表现在如今的物种之间，它已经有很长的历史了。在史前，有一种被称为豫裂兽的动物的外形就很像大象。更早的时候，一种被称为"盾齿龙"的爬行动物看上去很像海龟，因为它们都进化出了圆形的、布满片甲的外壳。不过，最好的趋同进化的例子出现在有袋哺乳动物身上：来自南美的剑齿类有袋动物与剑齿虎长得很像，而一种被称为南美袋犬的有袋动物则与狼和熊惊人的相似。上述趋同的有袋食肉动物中，灭绝的最晚的是一种被称为"塔斯马尼亚狼"或者"袋狼"的有袋动物，其灭绝于 20 世纪 30 年代，这种不同寻常的动物是存活到现代的最大的有袋食肉动物。

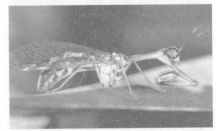

螳螂（上图）和螳螂蛉（下图）都有一对可以用来捕获和刺伤猎物的前腿，但是它们并不是近亲。它们这对相似的前腿是通过趋同进化而各自得来的。

物种灭绝

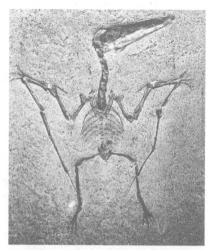

有些生物死亡后，其后代会继续生存下去。但是当一个物种中的最后一名成员也死亡时，这个物种就从此消失了。灭绝是进化过程的一个部分，已经灭绝的物种数量与现存的生物数量比大约是100∶1。

1.3亿年来，翼龙是世界上最大的飞行动物，它们的翼展可以达到12米之宽。尽管它们曾经是整个天空的主宰，但这些长着皮质翼的爬行动物还是在6600万年前与恐龙一起灭绝了。

在地球上生命的发展历程中，几百万个物种经历了进化过程，也有几百万个物种已经灭绝。灭绝通常是一个缓慢的过程，因此有足够的时间来进化出新的物种。但是，偶然的灾难或者气候急剧的变化，会导致大量生物同时死亡。今天，灭绝是一个很热门的话题，因为人类活动正在使地球上的生物以越来越快的速度灭绝。

最后的出局者

在19世纪早期，袋狼是很普通的动物，这种像狼一样的有袋动物生活在澳大利亚的塔斯马尼亚岛，以小袋鼠、鸟类和其他野生动物为食。但是，当岛上开始大规模地发展畜牧业后，袋狼开始捕食绵羊。农民为了保护自己的牲畜而开始猎杀袋狼。在19世纪80年代，袋狼已经很稀有了，而1933年已经到了危急关头：袋狼的数量已经降至1只——生活在霍巴特动物园。3年后，当这只唯一的幸存者死亡后，塔斯马尼亚袋狼也就灭绝了。

在北美，候鸽则遭遇了更富戏剧性的命运。1810年，候鸽还是世界上数量最多的一种鸟，大约有20亿只还多。这种大型鸟群穿越大陆两端迁徙寻找食物，当候鸽扎根下来或者安下巢来，它们的重量可以压断一根树枝。但是它们很容易成为目标，大面积的捕猎也随之而来——最后一只候鸽死于1914年。

这两个故事说明物种灭绝是多么容易的一件事情！袋狼和候鸽都具有很强的适应环境的能力，但是在几十万年后还是灭绝了。进化没能帮助它们准备好迎接一个新的敌人——持枪的人类。

逐渐萎缩

在自然界中，物种迅速灭绝的现象很少，大多数物种的数量都是慢慢减少的，这样会给具有更强适应性的动物留出取代它们的时间。

比如大象家族，在过去的5000万年中，进化出很多新的、之后又灭绝了的

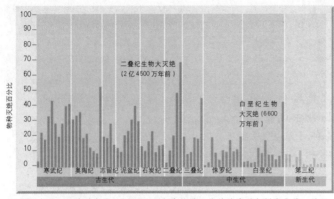

种类，其中包括猛犸象和乳齿象，以及一种只有 1 米左右高的矮小的大象。最新近灭绝的象种是长毛猛犸象——大约在 6000 多年前。它是从上个冰河世纪期间进化出来的，但是没能适应温暖时期的回归。

这张图表显示了在过去的 5 亿 4500 万年中物种灭绝的速度是怎样变化的。并不是所有的大规模灭绝都是突然发生的，有些可能需要经过几万甚至几十万年的酝酿。通常，海洋中的物种比陆地上的物种更容易受到影响。

有些物种生活在面积较小的区域内，一旦人类改变了它们的生活环境，它们的生命就陷入了危机。这种命运曾经降临在了渡渡鸟身上：渡渡鸟是一种体形巨大的不会飞行的鸽类，生活在毛里求斯岛上，它们一方面被人类大量猎捕，另一方面其后代又被当地引进的动物——比如猫——等捕食。1681 年，渡渡鸟便灭绝了。生活在内陆地区的"孤岛"物种也面临上述威胁。比如在哥斯达黎加，一种金蟾蜍曾经生活在山上的一小块森林中，在繁殖季节，几百只金蟾蜍会聚集到森林的池塘中，但是到了 20 世纪 90 年代，这个物种消失了。

大规模灭绝

金蟾蜍灭绝的两种可能的原因是疾病和水污染。但是在地球历史上，更大的灾难曾经扫荡了生物世界的很大一块领域，其中最有名的大规模灭绝发生在 6600 万年前——一个直径在 1 万米左右的陨石砸向了地球，恐龙和翼龙全部灭绝，从而也为哺乳动物和鸟类带来了新的生存机会。

更大规模的灭绝发生在大约 2 亿 4500 万年前。地球上几乎 3/4 的物种灭绝了。这场灭绝可能是由几个因素引起的，包括：火山爆发、气候突变和海平面突降。地球上的生命最后恢复了过来，但已经历了几百万年的时间。

虽然灭绝的危机常常发生，但是生物世界也有一些令人称奇的幸存者——科学家们在 1983 年惊讶地发现一条活的腔棘鱼，这种鱼被认为在几百万年前就已经灭绝了。在植物世界中，一种被称为"水杉"的树种被发现于 1944 年，这是"灭绝物种重现"的又一个例子。

成群的雄性金蟾蜍围绕在一只雌性金蟾蜍周围争夺交配权。这张照片是在 20 世纪 80 年代的时候摄于哥斯达黎加的蒙特韦尔德云林中。几年以后，这个物种就神秘地消失了。

生存危机中的野生生物

如今的植物和动物生活在瞬息万变的世界里。人口越来越多，人类对生物的影响也越来越大，很多物种的生存变得越来越艰难。

50 年前，大约有 10 万头黑犀牛生活在非洲大陆上，如今只剩下 3 000 头左右。在 1900 年，地球上生存着 8 个不同种类的虎，如今大约只剩下 5 种。总的来看，5 000 多种动物正濒临灭绝，而濒临灭绝的植物种类也至少是这个数量，并且只会多不会少。这些数据是很可怕的，这也是很多人开始担心地球上的野生生物和我们人类需要紧急行动起来的原因。

在英格兰，凤蝶曾经在沼泽地极为繁盛。但是当沼泽地被抽干变成农田时，这些凤蝶的数量就开始下降。

越来越小的家园

野生生物面临的最大威胁是生活环境的变化。森林被砍伐，沼泽地正在变干，而旷野正在为越来越多的建筑物和马路所覆盖。地球表面的 1/3 已经被上述行为所改变，每年还有更大面积在被吞噬。在整个世界上，像这样的变化已经严重地影响到了动物和植物的生存。像蝴蝶那样的小型动物，很容易受生活环境变化的影响，但是真正失落的是像角雕那样的动物——它们需要大面积的生活空间。角雕的体形很大，到了繁殖期每一对角雕需要至少 250 平方千米的森林来满足它们的捕食需要。随着越来越多的热带丛林被砍伐，这么大的空间是很难找到的。

野生动物买卖

人类，以及动物和植物都需要生活空间。随着人口数量的增加，我们需要更多的农田来生产更多的食物。但是生活环境变化不是野生动物需要面对的唯一问题，很多物种还面临着野生动物买卖的威胁：有时，受害者是活的动物，它们被作为娱乐动物或者宠物买卖，但更多的情况下，被买卖的是野生动物的身体部

角雕以猴子和树懒为食，它们只能生活在不受干扰的热带丛林中，并在很高的树上筑巢。

位，包括从角到骨、从皮到卵的各个部位。

一度，斑点猫是捕猎的热门目标，因为它们的皮毛被大量用来制成外套。幸运的是，现在皮毛服装已经受到众多动物保护组织的抵制，但是人类对动物身体部位的需求每年仍然在夺去大量动物的生命：黑犀牛大量被杀，因为人类想要它们的

野生动物保护工作人员正在检查一头被偷猎者杀死的黑犀牛。偷猎者已经开始切割这头犀牛的角，但是没来得及完成就因工作人员的到来而逃跑了。

角；大象也大量被捕猎，因为人类想要它们的牙；虎骨、熊掌、海马和蛇在东方国家都是重要的药材；鸟蛋为蛋类收集者所购买。大部分的野生动物买卖都是非法的，我们应该加强监督并禁止此类买卖行为。

动物侵略者

通常，偷猎者和收藏者在交易野生动物时都能意识到自己的行为是犯法的，但是当人类将动物和植物在地球上的不同地方间"合法"转移时，野生动物也常因意外原因而受到伤害：当大约 200 年前，欧洲定居者将猫、兔子和狐狸引进到澳大利亚大陆时，就发生过类似的情况——这些哺乳动物入侵者很快繁衍开来，给澳大利亚的小型有袋动物的生存带来了破坏性影响。

很多非土著动物是被有意引进的，但是有些物种是搭了顺风车而来的。在北美，有一种被称为"斑马贝"的条纹小型软体动物是一个问题分子。1985 年，它们随着去五大湖的船只来到了北美，当船只清理其压载箱的时候，它们也就被冲入了湖水中。从此，斑马贝开始在五大湖大量繁殖，堵塞发电站的入水口，沉没浮标，还淹没鱼类的聚食场。如果它们再进一步蔓延的话，科学家相信，一些淡水鱼类可能会因此而灭绝。

濒危植物

与动物相比，植物成为新闻头条的情况比较少，但事实上也有很多植物种类濒临灭绝。相较而言，植物甚至是生物圈中更为重要的，因为很多动物都是依靠特定的植物为生的。植物的威胁来自砍伐和收集，同时，一种植物也可能受到其他种类植物的威胁。在偏远的地方，比如夏威夷群岛，从岛外引进来的植物的确很漂亮，但它们对原来的植物却存在着致命威胁。95% 的夏威夷原生植物都是独一无二的，在地球上的其他地方都是不能再找到的，但是已经有一些处于灭绝边缘了，因为其他植物侵略者正在抢夺它们的家园。

拯救濒危物种

当一个物种处于灭绝边缘的时候，采取相应的紧急行动有时能将之救回。这需要做大量的工作，世界上有很多志愿者已经参与到这项拯救工程中来了。

1980 年，地球上只剩下 5 只查塔姆岛黑知更鸟。幸运的是，剩下的唯一一只雌知更鸟很善于下蛋。今天，查塔姆岛知更鸟的数量已经恢复到 250 只左右，至少现在这个物种已经逃离了灭绝的边缘。没有别的物种能够从这么少的数量重新复兴起来，倒是更多物种的数量已经下降到几十只或者几百只了——当一个物种的数量变得如此之小时，要将之从灭绝边缘拯救回来，则需要给予更多的关注和照料。

拯救鸮鹦鹉的冒险实验

今天，几乎有 200 种鸟被归为濒危鸟类，鹤、鹮、鹰都排在濒危动物的前几名，但是其中最为珍稀也最为奇异的是一种被称为"鸮鹦鹉"的鹦鹉。鸮鹦鹉来自新西兰，是世界上唯一一种不会飞行的鹦鹉。由于生活在地面上，幼年鸮鹦鹉和卵都很容易成为白鼬和猫的美食。

在 20 世纪 70 年代，几十只鸮鹦鹉被圈养起来，但是没有一只能够存活下来的。20 世纪 80 年代，所有存活下来的鸮鹦鹉被转移到四面环海的岛屿上，那里没有引进的动物，因此这些鸟可以在不受任何威胁的环境中生活。这次的孤注一掷似乎生效了，因为之后虽然也经历了数量上的起伏，但最终，这种鹦鹉的存活量已经达到 80 只左右

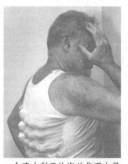

一个澳大利亚的海关代理人展示了一件专门被设计用来走私鹦鹉蛋的汗衫。这样的汗衫可以在走私过程中对卵起到保暖作用。

了。但是，每只鸮鹦鹉保护工作者都知道，这种鸟类并没有真正脱离灭绝的危险，因为一个物种只有在能够依靠自己存活的时候才是真正安全的时候。

前途难卜的大熊猫

拯救一个物种涉及很多艰难的抉择——将鸮鹦鹉转移到岛上，给其带来的危害可能更大于帮助。因此，拯救行动需要一步一步进行。对于其他濒危动物而言，可以采取的策略之一是将之圈养起来，最后再放养。在有些时候，这种方法还是能够取得巨大成功的，比如，现在大约有 200 只加利福尼亚秃鹫，与 20 世纪 80 年代的 27 只相比，数量大大增加了。但是，并不是所有动物都能习惯被圈养起来的——大熊猫在圈养条件下很难繁殖，科学家们为了提高它们的数量已经努力了 40 多年了。今天，在中国大约只有几百只野生的和 150 只被圈养的大熊猫。很

左图中，两只日本鹤正在结冰的湖面上翩翩起舞。20世纪50年代，当大量湿地环境被破坏时，这种日本国鸟几乎灭绝。今天，日本建立了特殊的保护区来帮助这种鹤生存。

大熊猫常常会生下双胞胎，但是很少有两只都能存活下来的。

多大熊猫被寄养到国外，希望能够在那里生出熊猫幼仔，因为大熊猫很受关注和欢迎，这样做也能帮助其筹集起资金。但是，专家认为，保护大熊猫的最好办法是保护好它们的生活环境，这样它们就可以在野外自行生长和繁殖。

鲸的危机与保护

鲸在野生动物保护史中占据了特殊地位。几百年以来，鲸遭到了残忍的捕杀，在1904年至1939年之间，仅在南半球就有超过50万头蓝鲸、鳍鲸和驼背鲸被宰杀。随着鲸的数量的急剧下降，关于捕鲸的配额制度被通过了，最后在1986年，一份完全禁止商业捕鲸的禁令生效了。从此，这些世界上最大的鲸又开始复兴起来，但也引发了对于下一步措施应该如何进行的争论——很多国家认为应当对鲸实施永久保护，但是另一些国家却迫切要求撤销捕鲸的禁令。对于一些鲸来说，就算颁布类似的禁令可能都已经太晚了，比如说北部的脊美鲸，现在的数量已经降到只有300头左右了。由于鲸的繁殖速度很缓慢，大多数专家怀疑脊美鲸是否能继续生存下来。

全球范围的野生生物保护

大多数人都在为濒危的哺乳动物和鸟类感到担忧，但是受到威胁的野生动物中还包括一些不是那么迷人的物种，比如说蜗牛、蝾螈和蕨类植物等。在世界的各个角落，保护工作者们正在努力保护这些动植物，他们的工作常常是默默无闻的。他们为什么要做这项工作？因为这些生物都是大自然的一个部分，就像世界上的所有物种一样。自然资源的保存不仅是要保护我们喜欢的，或者说那些看上去非常漂亮或可爱的物种，而应涵盖所有濒危物种，因为这项工作关乎整个自然界。

生物世界

这是一张放大了 2 万多倍的细菌图。它们看上去好像没有什么危害，事实上可以带来严重的肺部感染——军团病。没有人知道这种细菌生活在野外的什么地方，但是它们在水池和空调机中大量存在。当含有这些细菌的水滴散到空气中后就会传染到人类身上。幸运的是，这种细菌暴发的情况很少出现。

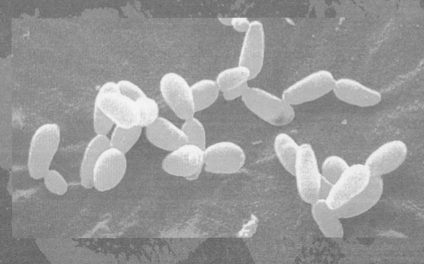

生物的分"界"

为了了解自然界，科学家们将生物世界划分成不同的群体。最小的群体是"种"，最大的则被称为"界"——生命王国中最大的划分单位。

在科学发展的早期，大多数自然学家认为所有生物不是动物就是植物。但是，当微生物被发现后，我们知道，生命世界其实要丰富得多，单是划分成两个"界"是不够的，从此，"界"的数量增加到 5 个。但是，这可能还不能穷尽整个生物世界。

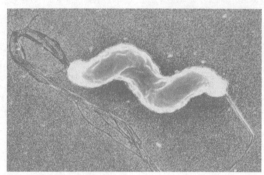

很多细菌都是将自己固定在同一个地方度过一生的，但是有些可以滑行和游泳。这个螺旋形的泳者是一种弯曲杆菌——一种可以导致人类食物中毒的细菌。

小型生命

世界上最小的生物是细菌，它们的结构比任何其他的生命都要简单，正是这个原因，科学家们把它们单独列为一个"界"。每种细菌都只有一个细胞，其中仅含有生存所需的最基本物质，在细胞外是一层坚硬的物质，可以保护细胞不受外部世界的伤害。与其他生物相比，细菌并不是那么多种多样的，但是它们的数量很大，远远超过地球上所有其他生物的数量之和。另一个"界"涵盖了原生生物，也包括微小的生命，此外还包括一些可以用肉眼看得到的体形较大的种类。与细菌一样，大多数原生生物也只有一个细胞，但是它们的构造上相对要复杂得多，其中含有各种不同的"工作部门"，就像人类的身体一样。原生生物通常生活在水中，有些种类的举止与微型动物相仿，而有些则与小型植物相仿。

已经发现的原生生物大约有 10 万多种，它们的种类如此之多，以至于一些科学家认为，可以将之区分成不同的界而不是仅仅归入同一个界中。

有些真菌类会长出蘑菇和伞菌，但是很多真菌属于微型生物，以肉眼看不见的方式通过它们的食物传播。

真菌和植物

接下来的两个"界"包括真菌界和

植物界，这两个界之间有很多相像之处。它们大多从地上开始发芽，然后通过孢子或者种子传播。但事实上，真菌和植物是完全不同的两种生物，真菌是通过分解其周围的物质来获取生存所需的养分的，而植物则完全不需要食物——直接通过叶子吸收阳光，通过光合作用来获取能量。科学家们已经发现了10万多种真菌，而植物则至少有40万个不同的种类。

植物对于生命来说是至关重要的，因为它们为其他生物带来了食物。有些植物，比如上图中的仙人球，可以在几个月不降水的条件下生存。

动物世界

5个界中的最后一个是动物界，这是一个种类繁多、生活方式各异的生物群体。像植物一样，动物也是多细胞生物，但是需要食物来存活。动物的食谱几乎像它们自身的种类那样丰富，很多动物以植物或其他动物为食，但是动物界中也包括一些食腐动物，它们以自然界中的残骸和遗体为食。很多生物不能动，但是动物可以比其他生物运动得更快更远。一些动物几乎在同一个地方度过一生，但是有些则需要不停地迁徙来寻找食物，它们利用各种令人眼花缭乱的身体部位，包括强壮的吸管、有关节的腿以及长满羽毛的翅膀，在地球上的各个栖息地上爬行、奔跑、游泳或者飞行。迄今为止发现的动物大约有200万种。很多科学家认为，动物的实际总数可能是已知数量的5倍甚至10倍之多。

两只假眼使得上图这只飞蛾幼虫看上去很危险。这种伎俩在动物世界很常见，很多都是借此来避免成为其他动物的美食。

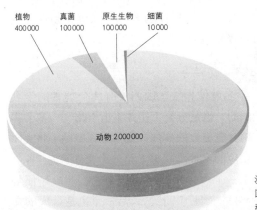

植物
400000

真菌
100000

原生生物
100000

细菌
10000

动物 2 000 000

没有人知道世界上到底有多少种生物，但是左上图这张圆饼图显示了迄今为止已经被发现的各界生物的种数。动物占据了其中的最大部分，因为它们已经进化出了非常多的生活方式。

将生物分类

在接下来的25年中，一组科学家准备拟出世界上所有生物的数据库。这将是一项庞大的工程，因为没有人知道世界上到底有多少个物种。

在科学出现之前，人们就已经意识到各种生物可以划分成不同的群体，比如说鸟类——长着羽毛和翅膀，而昆虫通常有6条腿。科学分类继续了这项工作，只是更为准确和有序而已。一旦一个物种被归类后，科学家就可以看到其与相似物种间的联系，及其到底属于生物世界的哪个部分。

冠 名

当一个新的物种被发现时，科学家会将之与已知物种进行比较，以确定这是否是一个真正的新物种。在经过上述比较，答案为"是"后，就要给它取一个学名了。与我们日常生活中的姓名不同，学名都是用拉丁文表述的，而且有两个组成部分：第一部分是这个生物所属的种或者种群；第二部分是代表该物种本身的名称。比如，北美敏狐的科学名称为"Vulpes velox"，第一部分"Vulpes"意思是"狐狸"，而第二部分"velox"意思是"快速的"。

像这样的名字有时候看起来觉得太长而且复杂，但是这也有其好处：一方面，这样的名字是唯一的，不会将两个物种相混淆；另一方面，可以为世界各地的科学家所识别出来——不管他们说哪种语言。最后一方面，这些科学名称就像是标志一样，显示了生物之间的相互关系，使用因特网，我们就很容易明白是怎么回事了：搜索"Vulpes"，与世界上所有典型的狐狸相关的链接都会显示出来；在植物世界，像"Quercus"那样的名称可以链接到世界上各个种类的橡树。

通过比较不同物种之间的DNA，科学家可以发现这些物种之间的亲缘关系的远近。DNA这个化学证据可以帮助确定不同的物种是怎样进化而来的。

生命的"文件系统"

学名就像指纹，因为没有两个物种的学名是相同的。但是分类工作并不止于此——多个物种被组合成更大的群体，就像是在电脑上将文件归入相应的文件夹一样。第一个文件夹是"种"，然后下一个被称为"属"，接下去按照顺序便是"科""目""纲""门"，最后一个也是最大的文件夹——"界"。有些文件夹中只含有一个物种，

世界上至少有 2 万种蟋蟀和蚱蜢，甚至还可能更多。这个博物馆收集展示的只是生活在中美洲雨林中的一小部分蟋蟀和蚱蜢标本。

而昆虫文件夹中含有至少 80 万个物种。

　　这个文件夹体系是非常重要的，因为它显示了物种之间的亲疏远近关系。如果两个物种在同一个文件夹中，这意味着它们历史的某一个阶段有着同一个祖先，换句话说，它们是从生物世界的同一个分支进化而来的。

变化的轨迹

　　如果科学家可以看到过去，他们可以绝对准确地将世界上所有的生物进行划分归类，但这是不可能的——他们需要依赖各种不同的证据，包括化石和生物特征。越来越多的证据检测结果和发现使得生物分类情况不断地得到更新。

✿ 微生物

地球上99%以上的生物都是肉眼看不见的，这些生物组成了拥挤而纷乱的微生物世界。

人类肉眼可以看到的最小事物的直径至少为0.2毫米（大约是人类头发的1/5粗细），这可能对于我们来说已经够小了，但这实际上比很多生物都要大得多。这些小型的生命形式被称为微生物。有些微生物只有粉尘那么大，而有些微生物则只有经过放大几千倍以上后才能被看见。但是，"小"并不意味着简单，微生物中包括了一些拥有惊人复杂结构的种类，也是地球上最基础的生物。

谁是谁

在生物世界中，到处都生活着微生物，而体形微小通常是它们唯一的共同点，细菌是其中最小而数量最多的群体，随后的便是体型较大一些的、单细胞的原生物。

0.1～1毫米　　　　藻类（团藻）

0.01毫米　　　　原生动物（栉毛虫）

0.001毫米　　　　人类血红细胞

0.0001毫米　　　　细菌（链球菌）

0.00001毫米　　　　病毒（感冒病毒）

本图表显示的是一些微生物和其他一些活的细胞的平均大小。从上往下，每一种的大小都是其下一种的10倍。团藻是可以用肉眼看见的。

微生物世界还包括微小的真菌，以及几千种微小的动物和植物。

虽然通常说细菌是体形最微小的生物，但事实上还有比其更加微小的事物也表现出生命的特性，这就是病毒——通过攻击活细胞来存活的化学物质团。但与其他微生物不同的是，病毒不能生长也不能繁殖，除非进入一个合适的寄主细胞中。正因如此（当然也有其他的一些原因），大部分科学家都不将它们作为完全的有生命的生物来对待。

大小的问题

提到大小问题，不同的微生物常常出现一些重合的现象，比如轮虫这种世界上最小的动物虽然有着复杂的身体构造以及很多可以移动的身体部位，但仍然要比最大的细菌小得多。轮虫生活在淡水和海洋中，如果要铺满这一页的纸面，至少需要5000多只这样的小虫。

另一方面，有些原生动物（像动物一样的原生生物）体形如此之大，使得它们根本不适合被称为微生物。如今还生存着的大型原生动物中有一种水生变形虫，可以用肉眼很容易地看出来。但是，这

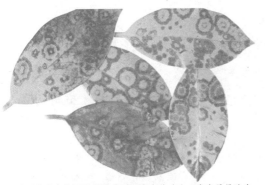

叶子上的这些圈说明其遭到了病毒的攻击。病毒是最让农夫和园丁头痛的问题了，因为它们可以感染到很多植株。有些病毒仅是使植物变虚弱，而有一些会最终将之杀死。

种变形虫也不是原生动物体形的最大纪录，因为在几百万年前，一些单细胞原生生物可以长到像柚子那么大。

微型生活环境

体形微小的一大优势是：可以生活的栖息地几乎无处不在。不管是多么遥远或者多么难以企及的地方，都难不倒微生物。在人类的屋子里，它们也无处不在。不过，大多数微生物生活在水中或者潮湿的地方。它们最喜欢的生活环境之一是泥土，尤其是含有大量动植物尸体的泥土。其他栖息地还包括较大体形生物潮湿的体表和体内。就动物而言，微生物喜欢的环境包括皮肤、嘴和牙齿，以及整个消化道——吸收水分和消化食物的管道。

对于动物来说，很多微生物都是无害的，有些甚至是有益的。当动物的健康状况处于良好状态时，居住在动物体表或者体内的细菌被合称为"微生物菌丛"。但是微生物中也包括那些对生物有害，或以生物为食的种类，这些侵略者通常是病原体，它们通常会导致疾病的产生。几百万年来，动物进化出了抵抗这些微小侵略者的特殊防护能力，如果没有这些能力，动物很快就会被全线击溃。

生活在微生物世界里

对于微生物来说，它们所居住的世界与我们人类所居住的世界是大不相同的，比如，重力对于它们来说基本没有任何影响，因为它们的体重那么小，地球引力的作用对它们微乎其微。

如果一个微生物动起来，它几乎可以直接达到最大速度，而当需要时，它完全可以做到立即停止。在陆地上，微生物有时会被吹到空气中去，由于它们是如此之轻，所以通常要经过几天甚至几个星期才能回到地面上。上述情况也意味着很难确保一个地方完全不存在微生物。在的确需要清除微生物的地方，比如手术室，空气通常保持低压状态，防止微生物随气流飘进去。

几百万年的冬眠者

微生物从来不安家，因为它们那么小，没有什么可以将之与外部世界明确地隔离开来。然而，很多微生物有自己的一套有效的生命体征来帮助自己在世界上生存下去。它们常常通过自我"关闭"来度过艰难的时期，而且这个"关闭期"可以长达好几个月。有些微生动物可以保持睡眠状态10年甚至更久，而细菌在这方面则更为擅长：在适当的条件下，它们的冬眠孢子可以存活几百万年之久——比整个人类的历史都要长。

细菌

单以坚韧和耐力而言，细菌可以打败其他一切生物。在可以想到的任何地方，包括温泉、深海泥和人类牙齿表面等，都有细菌的存在。在适合的环境下，它们的繁殖速度超过其他所有生物。

由于有些细菌可以导致疾病的发生，所以细菌们都背负着恶名。但是如果细菌突然全部消失，大多数生物，包括人类自身，都很难存活。这是因为细菌是自然再循环的主要作用者。许多细菌以动植物尸体为生，

这些棱状芽孢杆菌通常情况下存在于土壤中，是无害的，然而，一旦它们进入人体，会置人于死地。因为这种细菌会释放出一种目前已知的最强劲的神经毒剂。

越是温暖，它们工作的效率就越高。当它们分解食物后，释放出来的营养物质就是其他生物所必需的。

细菌是什么

细菌是极其微小的生物，也是地球上最为古老的生命形式。每个细菌都由一个单细胞组成，通常呈圆形、杆形或者螺旋形。细胞外围有一层坚固的壁，表面是一种胶或者黏性的毛，可以帮助细胞固定在某处。大部分细菌可分裂成两半进行繁殖，最快速度下，通常在几分钟内，单个细菌就可以分裂成百万个之多。

谋 生

和其他生命形式相比，细菌的生活方式有些不同：一些细菌通过阳光获得能量；另外一些则依靠岩石中的化学物质存活——地球上原始时期生命的一种存活方式。但是，绝大部分的细菌都是从无机质中吸取养分而存活，这些无机质包括从动物尸体到残留食物的任何物质。致病细菌有些不同，它们侵入活体生物，这种入侵被称为"感染"，通常会致病。

单个细菌是极其微小的，不过肉眼可以发现菌落。这个皮氏培养皿中的薄薄的营养物质——冻胶——上包含着许多菌落。

病 毒

病毒是有生命特征的最小生物。比起细菌来，它们要简单得多，而且只能依靠其他生物存活。病毒传播能力极强，很难被控制。

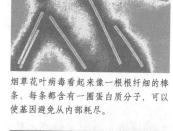

烟草花叶病毒看起来像一根根纤细的棒条，每条都含有一圈蛋白质分子，可以使基因避免从内部耗尽。

绝大多数病毒在体形上要远远小于细菌，与其说它们是生物倒不如说它们是一种机器。与细胞不同，病毒由一整套精密的化学成分组成，通过特定的方式组合成一体。病毒并不需要进食，而且也不能自我繁殖，它们"劫持"活细胞并强迫细胞复制病毒。病毒攻击所有的"主人"，包括细菌、植物和动物，而且许多病毒都会致病。

艾滋病毒看起来像一排蘑菇，它们即将从寄主细胞中逃脱出来。艾滋病病毒会导致艾滋病的发生，这种疾病从20世纪80年代开始已经横扫了人类世界。

病毒内部

病毒的构造类似一个容器，只不过它们并不存放普通物质。病毒内部是基因的组合——构成生物体并使其正常运作的一系列化学指令。通常，病毒的基因是关着的，但是当病毒接触到正选细胞时，它们就会迅速转变。

首先，病毒会将其基因植入细胞，留下空病毒"容器"本身。然后，病毒基因就被接通了，并且开始控制细胞。在几分钟之内，寄主细胞停止其正常工作，开始聚集病毒。一旦这一过程完成，细胞就会破裂，使新产生的病毒得以逃出。病毒不能移动，所以它们需要依靠外援来"旅行"。有些通过接触传播，还有一部分，比如流感病毒就通过人类的咳嗽或者打喷嚏传播。

这些奇形怪状的病毒是噬菌体，是攻击细菌的病毒。它们可以帮助抑制细菌。

半活状态

病毒是不可能避免的，大部分生物每天都会受到病毒的攻击。幸运的是，大多数病毒只造成很小的危害，但也有一些病毒可以造成重大疾病的发生——就人类而言，包括黄热病和艾滋病。究竟病毒是从何而来的，人们并不清楚。一种理论认为病毒是从活体生物中逃脱的"背叛"基因，并开发出了它们自己的"生活方式"。

❀ 原生动物

尽管体形很小，原生动物却包括了世界上最贪婪的肉食者。大多数原生动物生活在水中，但也有一些存在于其他生物体内。

在显微镜下观察，原生动物常常看起来像一种处于危险的高速运行中的只有几分钟生命的动物，许多都会绕开障碍物并远离危险，之后再迅速集合在可能发现食物的地点。原生动物并不是动物，它们没有眼睛、嘴巴甚至没有大脑，是一种真核单细胞微生物，只有一个细胞。和藻类不同，原生动物需要进食，它们通过不同方式获得食物。许多原生动物都是积极的掠食者，另外一些则待在一处不动，依靠漂流到其附近的任何可食用物质为生。有些原生动物寄生于比它们大得多的生物体内，不过仅有少数会致病。

运动中的生命

原生动物体形过小，没有四肢，但即便如此，它们仍然十分擅长四处活动。阿米巴虫通过变化体形移动，这种能力对于穿过狭窄的缝隙（比如土壤颗粒之间的缺口）而言，尤其有用。

当阿米巴虫追踪到猎物时，会将其包围并吞噬，整个过程就像猎物被一个有生命的果冻给吞咽掉了。即便阿米巴虫用尽全力，其时速也不会超过2厘米。但是，在池塘和湖泊中的有些原生动物的移动速度是阿米巴虫的30～40倍，其中最快的是草履虫——一种拖鞋状的生物，其表面覆盖有丝状"皮毛"。与真皮毛不同的是，草履虫的这些皮毛被称为纤毛，可以活动，划水

黏菌阿米巴虫是微观世界最为孤僻的居民，它们在大多数时间都过着独居生活，在繁殖时会集聚在一起，超过5万只阿米巴虫可以形成一根"鼻涕虫"（上左图）。当黏菌"鼻涕虫"发现一个合适的地点，它们就开始变形，有些变成一根纤细的茎，在茎顶部分制造孢子（上右图），最终，这些孢子扩散到空气中。当它们着陆时，它们就发育成新的阿米巴虫，又开始新的一轮循环。

前行。事实上，草履虫的移动速度相当快，以至于在显微镜下很难看到——除非将水增稠，从而减缓其移动速度。

原生动物的伙伴

大多数原生动物生活在海洋里或者陆地上有水的环境中，它们通常是食物链中

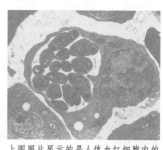

在这场致命的战斗中，一种称为栉毛虫的掠食原生动物（褐色物体）向其最喜爱的食物——草履虫（青绿色物体）发起进攻。栉毛虫可以将自身拉伸成一个气球的形状，从而将大于其体型的猎物吞咽下去。

放射虫（左图）是一种生活在海洋中的原生动物，它们的骨骼类似于一个多刺的雕塑。活的放射虫会从骨骼中伸出胶冻状的细丝，捕捉附近的漂流微生物。

上图照片显示的是人体血红细胞内的一窝疟疾寄生虫，这些寄生虫通过蚊子传播——蚊虫在吸血时，将这些寄生虫带入动物体内。

极其重要一环的浮游生物的组成部分。还有一些原生动物的居住环境比较特殊——食草动物的肠内，在这里，它们帮助它们的主人分解食物。在后一种情况下，原生动物的数量是惊人的，比如一头大象体内就有几十亿个原生动物生活在其巨大的肠道内。

生活在生物体内有许多有利因素——原生动物可以获得连续不断的食物供应以及安全而温暖的环境。不过它们也面临一个大难题：就像河中之水一样，它们的食物处于不断移动之中，最终原生动物就在"下游"被冲走。许多都以被主人消化而告终，还有一些则安然无恙地离开了生物体。

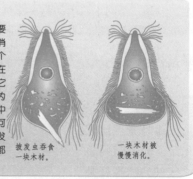

披发虫：隐形助手

大多数食草动物需要依靠微生物帮助它们消化，披发虫就是这样一个隐形的助手，它们生活在蟑螂和白蚁的肠中，以它们主人吞下的小木屑为食。披发虫在这一过程中产生了很多化学物质，可以供主人使用。离开披发虫，大多数蟑螂和白蚁都将饿死。

披发虫吞食一块木材。

一块木材被慢慢消化。

原生动物寄生虫

原生动物伙伴对于动物而言是有益的，但是寄生类原生动物就不那么受欢迎了。寄生类原生动物经常游到动物的饮用水中，或者通过昆虫叮咬，被"注射"入动物体内。几乎所有的野生动物都受到原生动物寄生虫的影响，但许多只是带来一般的危害。不过也有一些危险品种，比如引起疟疾这种严重疾病的原生动物寄生虫能影响人类和许多其他的哺乳动物，还会危及爬行动物和鸟类。

藻 类

只要有水和阳光的地方，藻类就可以安家。这些微小的植物的个体也许不起眼，但其数量多到有时甚至可以从很高的上空看到它们的身影。

大部分藻类都是陆地水系中的绿色小植物，它们比真正的植物要简单，但是运作的方式却是相同的——都通过吸收光才能存活。尽管个头很小，藻类对于水中的生命而言却是至关重要的，因为它们能制造出许多动物依赖的食物。

团藻是一种生活在池塘中的淡水藻，形状类似一个凹陷的球，含有许多细胞，内部还有许多小团藻后代。团藻最终会破裂，里面的小团藻就会被释放出来。

水中的"绿色精灵"

远在真正的植物出现在地球之前，藻类已经占据了河流、湖泊和海洋。今天，它们仍充斥在许多人造栖息地比如池塘、沟渠和充满雨水的瓶子中，在理想条件下，它们可以快速繁殖，将水变成亮绿色。藻类属于原生生物，许多种类都只有一个细胞。但是，不同于原生动物，藻类细胞通常集结在一起组成一个"群"。藻群就像一个微型的太空站，看上去像大量缩小的硬币或者是缠在一起的黏性卷毛。

繁衍后代

藻类不会开花，也没有任何一种藻类有种子，小藻通常分裂成两半来繁殖。这种繁育技术既快又高效，可以在一定时间内迅速增多。藻类在春天分裂繁殖最为迅猛，那时光照比较充足，光照时间也比较长。结果就是鱼类和其他动物获得了额外的几百万吨食物。

藻类的体形越大，其包含的细胞就越多，分裂繁殖的困难也就加大了。

腰鞭毛虫：危险的海洋流浪者

大部分藻类都是无害的，除了一个特殊的群体——腰鞭毛虫。腰鞭毛虫包括了一些最致命的种类，许多都会产生剧毒，足以杀死任何靠近的生物。当条件适宜时，数以亿计的腰鞭毛虫可以堵住温暖的海岸，形成赤潮。除了将动物直接毒死之外，赤潮中的腰鞭毛虫死亡腐烂时，还会使鱼类和海底生物因为缺氧而死亡。

腰鞭毛虫的一些种类通常带有锋利的"武装"，比如图中的角甲藻。它们的刺格外长，使得动物很难吞咽它们。就像所有藻一样，角甲藻也是依靠纤毛游泳的，一个推着一个，循环往复，就像一粒微缩的步枪子弹穿过海洋。

为了解决这个问题，体形较大的藻类通过孢子来繁殖。孢子类似种子，但个头小得多，它们可以随水漂流或通过空气到达遥远的地方。一种叫作团藻的浮球型藻像一个飘浮的育儿室，含有很多小团藻，它们可以在大团藻内部游动，直到它们准备出来独自生活。

移动中的藻类

藻类也许结构简单，但是它们有一种卓越的天赋——许多都会游泳。

这些微型移动者和原生动物一样，都是通过滑动纤毛，拨水前行的。由于体形较小，它们很难游得很远，但它们可以将自己带到阳光最为明亮的地方——强光意味着更多的能量，这种简单的生理反射帮助藻类大量繁殖。

许多藻类也有内置式的浮动装置，通常是微小的油气泡，这些浮动装置能使藻类漂向水面——最佳的沐浴阳光的地方。这些水体表面的漂流者组成的浮游植物群落成为了原生动物的"营养汤"和动物的大餐。

在盒子中生活

多数藻类都有坚硬的细胞壁，不过有的还有"盒子"保护着，这些盒子极小，但是包含了一些微观世界中最为复杂和美丽的物体。一种称为硅藻的藻类能将"盒子"平分，一半紧贴着另外一半，就像一个有搭扣盖子的盒子一样。硅藻从硅石中提取材料合成盒子，

许多硅藻都是扁平的，但是这种叫作马鞍藻的硅藻却是螺旋状的。在海洋中的某些地方，死去的硅藻可以形成几米厚的软泥。

硅石这种材料也被用于制造玻璃。不过，和熔化并浇铸成硅石模不同，硅藻是自己生长成型的。硅藻从它们周边的水中吸收硅石，它们的收集能力是相当惊人的，有时候，水中硅的含量不到百万分之一，但是硅藻还是能成功地收集到。

海洋中的巨藻

海藻的世界也包括一些不是微型生物的种类，这些海藻看起来像植物。和真实的植物不同的是，海藻没有根或者叶子，它们依靠一个橡胶状的夹子将自己固定在一个地方。海藻通过皮质叶状体吸收阳光。有些海藻相当脆弱，另外一些却十分强大，比如漂积海草和巨藻，它们生活在暴风雨频繁的海区，因此必须经受得住海浪的冲击。有些海藻只有几厘米长，另外一些则可以达到几米。最长的海藻是巨藻，生长在北美洲的西海岸，这些巨大的海藻是世界上生长速度最快的生物之一。有纪录的最长的一个海藻达268米——在这种深度的海底，阳光强度要比海面弱50万倍。

真　菌

当人们提到真菌时，第一个浮现在脑海的通常是蘑菇或毒蕈，但是这些丰富多彩的蘑菇和毒蕈只不过是真菌世界中极小的一部分。

这些蘑菇萌芽于地下真菌，它们使得真菌能够到处传播。而地下部分的真菌则专心于收集食物。

除了细菌和原生生物，真菌是地球上最为常见的生物了。大多数真菌都很小，但是科学家们也发现过极其巨大的单个真菌。从森林到沙漠，甚至海底和人类皮肤上，都有它们的身影。真菌可以在黑暗环境中生存，但是它们必须依靠食物存活。大多数以死去生物的残留物为能量来源，但也有一些喜好活的东西。虽然这样，真菌很少为人们所注意，只有很少的种类才有常用名，这主要是因为大多数真菌都生活在它们的食物体内，只有在繁殖时才可见。

自然的失调

真菌的繁殖和其他生物相比，显得格外不同。蘑菇和毒蕈已经是十分奇特了，但是其他真菌似乎更胜一筹——有些像鸟巢、一簇绒毛或者是人类耳朵的完美复制品。真菌通常从地表或者树上长出，它们的工作就是传播孢子。

几个世纪之前，自然科学家认为真菌是植物，尽管它们并没有叶子。不过，科学家们之后有了进一步的发现：与植物相比，真菌与动物的关系更近。

进食线

有代表性的真菌并不存在，它们的形状和大小总是那么多变。但是真菌都有一个特点——它们通过吸收食物存活。

真菌和动物不同，它们并不吞咽食物并消化，而是反其道而行之。真菌会当场消化并吸收食物释放出来的营养。担任这一任务的是像极细的线的菌丝，会蔓延于真菌的整个食物之上。

菌丝虽然极细，却可以长到惊人的长度，通常能从地面一直延伸到树顶，并且在土壤中形成无边的菌丝网络，有些食木菌甚至可以沿着一条街道挨家挨户传播。

橙皮菌通常长在砾质土上。

药材和毒药

　　有些真菌味道鲜美，另外一些则有难闻的化学气味，甚至含有致命毒物。人们需要技术和经验才能分辨哪些是有毒的，因为安全的和危险的真菌有时非常相似。而且，有毒的真菌也并非世代相传，有些真菌既有安全的种类又包括有毒的种类。世界上大部分的毒蕈是一种叫作"死亡之帽"的毒蘑菇，它们分布于北半球林地中，这种蘑菇外形类似于食用真菌，但是每一个中的毒素都足以杀死一个成年人。更糟的是，死亡之帽中含的毒素，一般需要12个小时后才会发作，到人感觉到不舒服的时候，通常已经回天乏术了。

　　奇怪的是，有些对于人类而言是剧毒的真菌对一些动物却是无害的，比如鼻涕虫就十分钟爱毒蕈，它们大量食用这种有毒真菌却一点都不受到影响。

真菌的战争

　　科学家们并不清楚为什么有些蘑菇和伞菌是有毒的，但是他们知道为什么毒素会通过一些霉菌产生——这些真菌通常需要和细菌竞赛，用以阻止它们的微观对手接管其食物。这些真菌产生的毒素就是抗生素，是最有效的天然化学武器。

　　第一个抗生素发现于1928年，当时，苏格兰生物学家亚历山大·弗莱明发现，在实验室的一个培养皿中的霉菌有些异常：这个培养皿通常用于培育细菌，但是霉菌使得周围的细菌全部死亡了。从这个霉菌中，科学家们成功地分离出了一种化学物质，称为青霉素，可以用来杀死细菌。目前，青霉素仍然是世界上最为重要的药物之一。

酵母是由单细胞组成的微观真菌。上图中显示的是烘焙酵母，主要用于酿造红酒和啤酒以及发面。

鸟巢菌通常只有5毫米宽，它的孢子类似微型的一窝窝蛋。当下雨时，雨滴进入"巢"内，可以将这些"蛋"溅入空气中达1米之高。

真菌如何进食

　　真菌不能移动，但是它们非常擅长在暗中发现食物，它们的食谱十分丰富，从水果、腐木到羽毛和人类皮肤，无所不包。

　　对于真菌而言，进食是一个漫长的过程，它们并不捕获食物，而是在它们身上安营扎寨。它们的进食管道，或者叫作菌丝，布满整个食物，吸取其中的营养。真菌的菌丝通常是隐藏的，不过偶尔也有很大的。有些真菌以活的植物和动物，包括我们人类为食物来源，还有一些则在土壤中觅食。有时，真菌也会长在其他地方。

消化酶

　　当动物进食时，它们通常会吞咽下食物再行消化，之后则吸收食物的营养。真菌则不同，因为它们根本无法吞咽食物。真菌释放出消化酶，当场将食物分解。在酶将食物分解之后，真菌就开始吸收它们需要的营养物质。真菌的酶是特别针对它们的食物而分泌的，许多真菌分泌的酶含有一种能分解纤维素——植物生长最重要的材料——的物质，还有一些则可以消化木质素——一种更能促进树木生长的物质。真菌酶也包含可以分解脂肪和蛋白质的化学物质，使得它们可以攻击动物及其尸体。另外，还有一些高度特化的真菌能分泌一种可以分解角蛋白的酶。角蛋白是一种格外硬的蛋白质，是构成动物毛皮、羽毛、爪和指甲以及外层皮肤的主要物质。幸运的是，我们的皮肤能很好地抵御霉菌侵袭，即便角蛋白菌真正侵入，也很少能造成持续性的伤害。

内部攻击

　　真菌不是快速的食客，但是一旦它们开始生长，它们的食欲就显得很惊人。它们进食时常常会改变食物的外观，它们会将成熟的果实变软、变湿润，也会将落叶转化成糊糊状。真菌甚至会互相进攻，使得蘑菇和伞菌腐烂。当真菌开始在枯木上活动时，它们会迅速使枯木腐烂而折断——最初，木材会出现裂痕，随着木质素的逐渐被破坏，最后（一般需要几年）就彻底瓦解，枯木变成了大量的尘埃。

　　食木菌进行的是一项很重要的工作，将枯木和枯枝分解，以使其中的营养物质再被循环利用。不过，一旦这些食木菌进入住宅，将造成十分严重的破坏。有一种声名狼藉的真菌称为干腐菌，它们以潮湿木材为食物来源，它们长长的菌丝可以穿过砖块和混凝土，就像一双无形之手搜寻着食物。干腐菌在世界上某些地区已经成为了一个公共问题，不过奇怪的是，在野外几乎从来没见过这种真菌的身影。

致命陷阱

这只线虫的头部嵌在了真菌套索之中，它已经没有机会逃脱了，它的身体将被真菌消化、吸收，成为真菌的猎物。

许多真菌还侵袭活的动物，通常以它们的皮肤为进攻对象。然而世界上某些最强大的真菌实际上可以捕获并杀死它们的食物。这些真菌猎手大部分生活在土壤中，它们的对象就是微小的蠕虫。为了抓住这些蠕虫，真菌会使用一种特别的套索——形状像小环，每个环都由3个弯曲的细胞组成，对触动十分敏感。如果一条蠕虫偶然间进入一个环中，环细胞会立即有所反应，它们会膨胀，夹住蠕虫，使它不能逃脱。一旦蠕虫死亡之后，真菌就进入它们体内并消化掉它们。猎食真菌并不仅仅生活在土壤中，有些生活在淡水中，通过黏稠的诱饵捕获鱼类。如果动物试图吃掉这些诱饵，它们就会被诱饵粘住，一旦动物死亡之后，真菌就会消化它们。

地　衣

真菌通常是依靠自己生存的，不过当它们与其他生命体合作时，会更成功地生存下去。最常见的伙伴就是微型藻类。真菌和藻类的组合带来了一种比任意单个伙伴更强的混合生物——地衣。有些地衣看起来像矮树丛，不过大多数都是匍匐在地的，而且像一个有生命的甲壳一般四处蔓延。和植物不同的是，地衣没有根或者叶子，它们也不会开花。

地衣的种类超过1万种，它们的分布地域非常广泛，有些生长在树干、枯枝或者篱笆桩上，还有一些生长在大风横扫的山坡上或者海岸边。许多种类的地衣生长在沙漠地区的裸岩上，在城镇也有它们的分布，主要生活在铺路用的薄片石、混凝土和砖块上。个别几种还生活在离南极点仅几百米远的山脉之中，在那里，风速可达每小时150千米，冬季的温度可以低至 −60℃，其他动植物在这种环境下基本不能生存。

地衣如何生活

地衣中的两个伙伴的工作方式是不同的：真菌负责收集矿物质和其他营养物质，并且将地衣固定在地表，与此同时，藻类从阳光中获取能量，白天它们进行光合作用，产生可供真菌食用的物质。大多数地衣依靠风和雨传播它们的小型颗粒进行繁殖。

地衣的生长速度极其缓慢，不过寿命却惊人的长——在某些极端环境中，比如南极洲，它们的寿命可以达几百年之久，每年的生长速度不到0.1毫米。

裸岩上的地衣常常能保持彻底干燥状态达几周或者几个月之久——一般的植物是难以做到这点的。当下雨时，这些地衣就像吸墨水纸一样，几乎立即就可以吸收水分，重新苏醒过来。

真菌如何繁殖

墨帽菌的菌帽能够自我消化, 变成墨汁般的黑色液体。在这幅图中, 最高的墨帽已经快将自己消化完了。

真菌在繁殖时并不生成种子而是对外散射出微型的孢子。孢子就像种子一样, 但是更小而且结构更为简单, 它们可以穿过空气达到遥远广阔的地方, 或者通过其他方式传播, 比如可以搭上昆虫脚这样的顺风车。

和动植物相比, 真菌可以说是最多产的——只要不要过早采摘, 一棵普通的蘑菇可以产生 100 亿个孢子。还有一些真菌则更为多产——马勃菌可以产生超过 5 万亿个孢子, 如果首尾相连, 足以绕地球 1 周了。但是, 地球为什么没有到处都是真菌呢? 答案是: 每个孢子幸存的机会很渺茫。

孢子工厂

一棵蘑菇就像一座活的工厂一般, 在一定的时间内运转, 只要短短 1 周, 它就可以从地下冒出, 使孢子成熟, 将孢子运到空气中。孢子通过微风飘向附近的地方, 有些会旅行好几万米再降落。食用真菌的孢子在被称为菌褶的薄片中制造, 人们可以方便地在翻过来的蘑菇上看到菌褶。在充分张开后, 它们可以在 1 分钟内释放出 50 万个孢子。菌帽类似一把雨伞, 可以使得菌褶保持干燥。在那么多孢子一起活动的情况下, 保持互相之间不碰撞或者不黏结在一起就显得很重要了——科学家们发现孢子都带有电荷, 就像磁极相同的磁铁一样, 互相之间会有所排斥。

马勃菌的 "神奇球袋"

真菌传送孢子的方式各不相同: 蘑菇向下发射它们的孢子, 马勃菌则给它们以高速的起飞速度, 让其向上飞入空气中。马勃菌新长出来时, 摸起来硬且有弹性, 像一个球一般。当它的孢子开始成熟时, 马勃菌彻底变干, 顶部开裂, 形成一个孔, 孢子就可以被释放出来了。如果马勃菌受到了雨水的冲击, 球形的 "袋子" 就受到了挤压, 因而吹出一团云状的孢子。大部分马勃菌和高尔夫球一般大小, 但也有一些达到了巨型的标准。已知最大的一个的马勃是在 1877 年的纽约

每次下雨, 这些热带的马勃菌就会放出大量孢子。在世界各地的林地和草原中都可以发现这种常见的马勃菌。

成熟的水玉霉菌实体向着阳光方向弯曲，并且挤压其内部结构（上左图）。孢子囊起飞，射向2米高的空中（上右图）。

州发现的，它的直径超过1.6米。大马勃菌在成熟时开裂，将孢子送入微风中，有时候一块块的孢子团会一起脱离，就像海绵碎片般吹散在风中。

考古学家也在古代遗迹中发现有大马勃菌的存在，也许很久以前，古人就用它们传递火种，因为大马勃菌点燃之后可以缓慢燃烧几个小时之久。

真菌炮兵

为了存活并生长，孢子必须降落在靠近食物的地方，这种机会发生的概率是极其渺茫的，大部分孢子都在它们的旅程中死亡了。不过，有些真菌用特殊的方法提高生存概率——水玉霉菌生活在牛粪中，通过空气将成包的孢子传播开。这些成包的孢子粘在附近的草叶上——牛正好可以觅食的地方。当孢子被一头牛吞下后，会不受任何损伤地穿过它的体内，当牛排出粪便时，它们就找到了极佳的安家之所。

"潜伏"在粪便上

动物粪便是真菌非常喜欢的栖息地，许多种类的真菌以这类食物为生。它们中的很大部分都可以释放出特殊孢子，在开始生长前需要通过动物的体内。有一种真菌生长在老鼠粪便上，它们产生一种带有长黏丝的孢子囊，一旦老鼠经过附近，这些黏丝就会粘在老鼠胡须上，当老鼠吞咽时，它们就可以进入其体内了。

用味道吸引传播者

蘑菇有着令人愉快的味道，但是有些真菌却是臭气熏天。最难闻的是鬼笔菌，这些林地真菌有着长茎，顶端布满了浅绿色的黏液。臭味吸引了苍蝇，并粘住它们的脚和口部，之后，孢子就被苍蝇带走了。地菌也是用气味来传播它们的孢子的，不过它们的味道很不相同，很吸引人类。这些林地真菌生长在地下，需要动物帮助它们传播。成熟的地菌会吸引野猪将它们挖出，从而传播它们的孢子。几个世纪以来，地菌一直受到厨师们的推崇，在欧洲，专业的地菌掘手会使用经过特别训练的狗或者猪帮助他们找到地菌。

这些苍蝇正在享用鬼笔菌顶部分泌的黏液，当它们下次飞到地上之时，这些孢子就可以安家了。

真菌和动物

这些雌性树蜂正在树上钻孔产卵。它们还带来了真菌。不过，它们通常会挑选已经受到真菌感染的树木。

对于动物，真菌既可能是有帮助的盟友也有可能是致命的敌人。某些真菌能提供动物食物，还有一些则扮演秘密侵入者的角色——攻击动物并从内部开始消化它们。由于它们通过孢子传播，所以这些致命的真菌几乎可以攻击位于任何地方的动物。

如果没有真菌，我们还是会想念它们。但是和植物相比，真菌在人类生活中的戏份并不是很多。而对于有些动物而言，真菌对于它们的生存则是至关重要的——蘑菇和伞菌是鼻涕虫和昆虫幼虫的食物来源。不过，真正的真菌专家是培养真菌作为食物的动物们——它们收获真菌，同时也通过保护和帮助它们传播而成为合作伙伴。不幸的是，对于动物而言，并非所有的真菌都是有益的，有些真菌会侵入动物体内，它们可以很快就像霉菌穿过一片面包那样穿过动物的身体，而这对动物往往是致命的。

真菌园丁

在某些温暖的地区，白蚁会啃食在它们前进道路上的一切植物，每年都会往地下搬运几百万吨食物。就像大多数动物一样，白蚁并不能自己消化所有种类的食物，它们会依靠住在它们肠道内的微生物来帮助它们消化，这种微生物叫作披发虫。

有些种类的白蚁效率更高，因为它们已经进化出一种额外的方式可以从它们的食物中获得营养。在地下巢穴中，白蚁吞咽它们的食物，又收集它们自己的粪便，这些粪便包含一些只有部分消化的残渣。白蚁将这些残渣变成一个直径超过 60 厘米的类海绵体——这就是白蚁的地下花园，也是白蚁食用的某些真菌的完美栖息地。只要白蚁好好照料这些真菌，它们就会

这些白蚁兵蚁正在保卫一个深埋在地下巢穴中的菌圃。这些白色的物体是白蚁食用的部分真菌。

一直待在这个地下家庭中。不过，当白蚁废弃它们的巢穴时，这些真菌就会长出地表，生出蘑菇，从而传播开来。

发霉的隧道

许多昆虫幼虫在木头中产下卵，幼虫出生后可以将木头作为食物。随着内部蛀空的隧道变长，它们就开始食用进入木头中的真菌。对于幼虫而言，真菌就像配菜一样，和木头一起成了一顿丰盛的大餐。一些木材蛀虫更进一步地将真菌作为它们的主要食物，木头反而退居次席——树蜂的幼虫就是这样长大的，它们通常在针叶树中钻洞。林业工人非常讨厌这种昆虫，它们损害树木并导致树木十分虚弱。它们活动的隧道里排列着真菌形成的"皮毛"，幼虫就在真菌上游荡，仿佛在树林中穿行一般。当成年树蜂从它们的洞中爬出时，它们会带上一些真菌，雌树蜂在产卵时，新的树木就会受到真菌感染，这样，它们的幼虫出生后又衣食无忧了。

昆虫杀手

人类有时也会遭受真菌的侵袭，比如人们很容易染上脚癣。脚癣是一种以人类表皮为食物的真菌引起的感染，在汗脚和偏小的鞋导致的温暖潮湿环境下会大量滋生。尽管需要花时间清理，这种感染通常没什么危害。对于野生动物，真菌的威胁相对严重，它们可以杀死哺乳动物、鸟和鱼，对于昆虫尤其致命——可以驱赶窗玻璃或者草丛上的昆虫，如果昆虫不跑或者不飞走，那么它们也许已经是真菌侵袭的牺牲品了。当单个孢子进入昆虫体内时，这种攻击活动就开始了。一旦孢子融入昆虫身体，它就开始在内部散播，将昆虫的内脏消化掉。昆虫受到感染之后，真菌常常会改变昆虫运动的方式，它会使昆虫停留在野外开阔处——这些致命孢子的最佳传播场所。

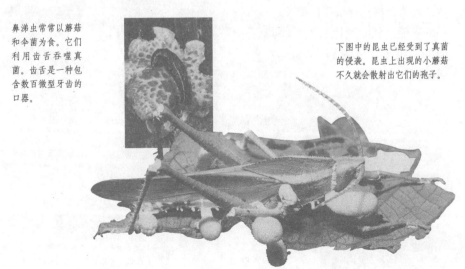

鼻涕虫常常以蘑菇和伞菌为食。它们利用齿舌吞噬真菌。齿舌是一种包含数百微型牙齿的口器。

下图中的昆虫已经受到了真菌的侵袭。昆虫上出现的小蘑菇不久就会散射出它们的孢子。

✿ 真菌和植物

　　很多树的生命最后都葬送在真菌手上；此外，真菌也会攻击其他种类的植物。但是真菌也不总是植物的敌人，没有真菌这个伙伴，很多植物都会很难生存下去。

　　对于真菌来说，植物是很具吸引力的目标，因为它们从上到下都是真菌的美食，而且不会逃跑。真菌攻击植物的地上部分和地下部分，不论何处，只要有机可乘。它们闯入植物的根部，通过树皮上的伤口或者叶子上微小的气孔进入植物体内。一旦真菌进入植物体内，一场严重有时甚至是持久的战争便开场了。有些真菌只破坏植物的部分器官，让植物奄奄一息但是生命尚存，而有些真菌则比较危险，因为它们最终将夺取植物的生命。

你死我活的战争

　　对于植物来说，种子发芽时就开始了与真菌的战争。有一种腐霉属真菌，通常就在泥土中等着植物发芽。一旦植物的嫩芽萌发出来后，这种霉菌就迅速地融入植物的细胞中。不到 1 个小时，这个芽就会像腐烂的树一样瘫倒——生命刚开始就已经结束了。

　　而另一种情况——真菌和植物之间的战争可能要持续几年之久，这是因为有些树有很多自我保护的功能，从而制止从天而降的孢子进入它们活的树干中。如果

真菌不仅攻击活的树，还在树死后分解其枝干。图中的蘑菇正从腐烂的树枝上生长出来，这是发生在亚马孙热带雨林中的常见一幕。

这道防线被突破，树还可以使用化学武器——黏黏的树脂，让真菌难以扩散。即使真菌已经进入了树的体内，也需要很长一段时间后树才会死亡——每年，树都会做出一些妥协，直至完全死亡。

当战争最终结束，树最终死亡后，不同的真菌就会进驻其中，它们慢慢地分解树的残骸，使之摇摇欲坠，直至最后倒下。树干和树枝

在森林中，很多伞菌与周围的树有着联系，因为它们的给食线路在地下分布很广，连通了树的根系。

也就慢慢地腐烂变成泥土，它们的营养物质也进入到泥土之中，以供后用。

真菌肆虐

对于农夫和园丁来说，真菌始终是个问题——他们种植的植物遭到几百个不同种类的真菌攻击，其中包括霉菌、锈菌、萎蔫菌、担子菌等等。它们的名字可能听起来很滑稽，但是它们的"功效"可是一点都不好笑。尽管已经研制出了多种现代杀真菌剂，但是这些真菌仍然可以摆脱控制，同时给作物带来极大的损害。真菌甚至可以改变某一地区的整体景观，比如 20 世纪 20 年代，一场真菌疫病几乎杀灭了北美洲的所有栗子树，而在 20 世纪 80 年代，荷兰榆树病则使不列颠群岛的榆树几乎灭绝。

时间再往前推，真菌疾病曾经造成过更严重的灾难，其中一场发生在 19 世纪 40 年代，一种被称为晚萎菌的真菌袭击了爱尔兰的土豆作物，由于失去了这种重要的食物来源，当时有 100 多万人死于饥饿。

地下同盟

有了上述这些纪录，使得真菌听起来完全是植物的一大敌人，但是，真菌和植物有着一种很奇怪的关系，有些真菌事实上还帮助了植物的繁荣。这些"好"真菌生活在泥土中，它们与植物团结合作，协助植物根部相互间的连通。它们不仅不进攻植物，还将其从泥土中获取的矿物营养提供给植物——这是真菌非常擅长的工作，因为它们的输送线分布得非常之远。作为对这种服务的回报，植物向真菌提供一些其产出的甜性食物。

几百年来，这种私下交易被证明是非常成功的。兰花与真菌之间的关系非常密切，前者基本是依靠后者才得以生存的。很多树也依赖于真菌。即使那些并不是依靠真菌存活的树种，也会在与真菌结成地下同盟后长势更好。这也就解释了为什么一些蘑菇和伞菌生长在特定的树种附近，因为它们结成了自然界中最为高效的团队。

✿ 植 物

如果有外星人从宇宙探测地球，植物将会是最为明显的生命征兆。植物依靠光而生存，也是形成生物世界的基石。

植物是藻类的远亲，它们都是通过从阳光中获取能量而生存的。大部分植物生长在陆地上，它们适应了从沙漠到极地附近的冻原的所有生活环境。植物最早出现在4亿年前，长期以来的进化使其成为地球上颜色最为丰富的生物。

植物的发展

世界上最早的陆生植物只高到现代人类的足踝。苔藓植物还是像早期植物那样生活着，它们要在潮湿环境中生长。随着时间的推移，植物变得越来越高、越来越坚硬，种类也越来越多。新式的植物包括巨型木贼和桫椤，生活在广阔的湿地森林中。之后，当植物开始产生种子时，便有了突破性的发展：种子是大自然最伟大的发明之一，使得植物可以分布到地球上最干燥和最寒冷的地区。

如今，种子植物包括了针叶树——其种子长在木质的球果中。但是，大部分植物都是靠其花来产生种子的。世界上大约有25万种开花植物，很多可以开出极为引人注目的花朵，它们不是草本植物，就是阔叶树种。

一位旅行者正从一株巨大的美洲杉中空的树干往里看。这种针叶树是世界上最重的树种，可以达到2500吨。它们防火的树皮可厚达30多厘米。

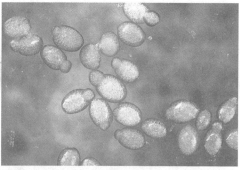

浮萍是世界上最小的开花植物，其最小的种类可以穿过针眼，这种浮萍的花则只有通过显微镜才能看到。

蚂蚁植物生活在东南亚，其茎上多孔，被蚂蚁用来安家。这种植物远离泥土生长，从蚂蚁的粪便中而不是从泥土中获取养分。

绿色工程

因为植物不能动，所以它们需要特殊的装备以生存下去——它们的根深深地扎入泥土，尽可能地获取水分，而叶子则尽量展开去获取阳光。植物的茎承担着非常重要的工作，即把从根部获取的水分输送到叶子，从而使叶子可以发挥功效。如果一株植物的茎被切断或者损坏，叶子就会很快枯萎和死亡。有些植物的茎是短而粗硬的，有些却可以高达50多米，这些高大的茎就是树干，是陆生生物有史以来装配起来的最重的"工程部件"。

植物仅仅通过水和空气就能构成其让人惊叹的身躯，这项神奇的技术被称为"光合作用"，是由来自太阳的能量推动的。植物并不是唯一使用这一技术的生物，但在陆地上，只有植物大规模地采用光合作用。光合作用产生的养分惠及植物的各个部分——从几千吨重的树干到比灰尘还小的种子。

工作伙伴

几百万年来，动物和植物成为了亲密的伙伴。很多开花植物都需要依靠动物来传播花粉，而动物则更离不开植物。没有植物的话，食草动物都会饿死，那么食肉动物也就没什么可以掠食的了。不仅是野生动物，人类也需要植物，没有植物提供食物和原材料，我们人类将根本无法生存。

天堂鸟花是由鸟类协助授粉的。如果一只鸟停在蓝色的茎秆上，它的脚同时就沾上了花粉，然后将之带给了下一朵花。

植物利用其叶子获取阳光，获取量大约占每年到达地球的阳光的1%。这些能量几乎支撑着植物的整个生命。

❋ 以光为生

植物是世界上利用太阳能的最佳能手，阳光为其提供生存和生长所需的所有能量。

每3秒钟，太阳向地球输送的能量就等同于全人类一天所需的能量之和。我们才刚刚开始探索这种巨大的能量源，但是植物从进化初始就在利用了，它们的秘密是：光合作用——一个捕获阳光，而后加以利用的过程。

收集阳光

阳光是纯能量，它不能被食用也不能被贮藏，但是可以被收集和利用——正是植物所为。通过它们的叶子，植物可以吸收阳光中的能量，用来为化学反应提供动力。这些化学反应就像是消化过程的反向运动，从非常简单的物质开始，将之构建成复杂的成分。这个过程就是"光合作用"，字面意思就是"用阳光来合成"。

植物需要首先将阳光中的能量收集起来，这样化学作用才能被启动。它们通过一种被称为叶绿素的物质来实现光的收集。叶绿素非常擅长于收集阳光中的蓝光和红光，但不善于收集绿光，这种未被利用的绿光不是从叶子表面反射回去就是穿透叶子，所以我们看到的整个植物世界是绿色的。

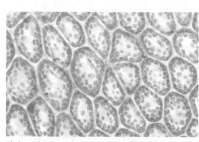

放大500倍后，我们可以从叶子的切片中看到植物活细胞中的叶绿体。细胞中含有的叶绿体越多，其能够收集的阳光也就越多。

核心成分

除了光之外，在进行光合作用前，植物还需要另外两种简单的物质，其中一种是水——一般来自于土壤。水从植物的根部马不停蹄地经过茎部来到叶子。另一种重要的成分是二氧化碳，这种气体存在于空气之中，植物可以利用其叶子来获取。这种气体一进入叶子，便渗入到细胞之中，光合作用正是发生在这里。这些叶子细胞就像很多小工厂，里面满是绿色的液泡，这些液泡被称为叶绿体，是进行光合作用的场所。叶绿体内部是一堆透明的膜，膜内部填满了叶绿素分子，当阳光穿透薄膜时，叶绿素便开始捕捉其中的能量。

完美的合作

在阳光中的能量的帮助下，植物获取了水和二氧化碳，并将它们转化成一种被称为葡萄糖的糖分。葡萄糖中含有能量，这就意味着植物可以将之作为生命的燃料。但更为重要的是，这是形成植物生长所需的几百种其他物质的基石。

大部分化学反应都会产生一些废物，光合作用也不例外，但光合作用产生的废物是纯氧，会自行进入到空气中。这就使得植物成为了动物的理想拍档，因为动物正是需要氧气才能存活。动物呼吸时会释放出二氧化碳，又正好为植物的光合作用所用。

植物的生长

为了生长，植物也需要可以应付恶劣环境的"建筑材料"。在植物世界，最主要的"建筑材料"是一种被称为纤维素的物质。植物通过将葡萄糖分子组成长的分子链来获得纤维素，一条纤维素分子链可能含有5000多个葡萄糖分子。

为了利用这些分子链进行"建筑"，植物需要将之按照特殊的方式编排起来。它们将纤维素分子链组成纤维，然后按照"十"字形叠放编织。这种结构轻而坚韧，而且正是为植物保持细胞形状所需的。

贮存能量以生存

植物需要能量以熬过没有阳光的夜晚、干旱或者寒冷的时节。很多植物通过将葡萄糖转化成一种被称为淀粉的粉末状物质以贮存能量。它们将淀粉储藏在根部或者茎部，有些植物甚至还储藏在它们的种子中。储藏在种子中的淀粉可以为后代的发芽和生长提供足够的能量。

人类不能消化纤维素，但是淀粉却是我们食物中的重要组成部分。小麦、玉米和土豆中都含有淀粉。当我们食用上述食物时，我们就从中获取了大量利用阳光合成且由植物贮存的能量。

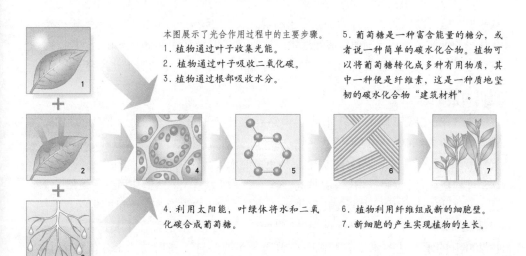

本图展示了光合作用过程中的主要步骤。
1. 植物通过叶子收集光能。
2. 植物通过叶子吸收二氧化碳。
3. 植物通过根部吸收水分。

4. 利用太阳能，叶绿体将水和二氧化碳合成葡萄糖。

5. 葡萄糖是一种富含能量的糖分，或者说一种简单的碳水化合物。植物可以将葡萄糖转化成多种有用物质，其中一种便是纤维素，这是一种质地坚韧的碳水化合物"建筑材料"。

6. 植物利用纤维组成新的细胞壁。
7. 新细胞的产生实现植物的生长。

叶 子

叶子的存在很好地回答了在自然界生存所需解决的一个技巧性问题——如何最有效地收集阳光？叶子需要经得住各种环境的考验——从炙热的高温到倾泻的雨水。

叶子的功能就像太阳能板，它们的工作就是收集植物所需的阳光。有些植物的叶子只有几毫米长，而最大的棕榈叶却可以盖住一辆公共汽车。叶子有的像一张纸巾一样柔软细致，有的像塑料一样坚硬，有的还有锯齿状的叶边、锋利的叶尖、大量危险的刺，这些都是经过几百万年才进化而来的，它们使得植物可以适应各种生活环境，并构建起各种不同的生活方式。

当叶子对着阳光展开的时候，它们的叶脉就清晰可见。叶脉有两个功能，它们支撑着叶子，同时也将水分输送到细胞中。从放大的图片中可以看到紫杉树叶子上的一个气孔。晚上，这些棕色的守卫细胞就会将气孔关闭，从而避免叶子过度失水。

叶子是如何工作的

不管叶子的外形看起来如何，它们的工作原理都是相似的：它们从阳光中收集能量，用来合成自身生长所需的物质。叶子是通过光合作用来工作的，光合作用需要有二氧化碳和水以及阳光，因此叶子中必须含有这些物质才能使光合作用得以启动。这些物质是通过两种不同的途径来到叶子中的。

叶子从空气中获取二氧化碳，通过被称为气孔的微型小孔进入叶子中，而这些气孔被一些可以控制其开合的细胞所包围着。二氧化碳通过这些气孔进入到进行光合作用的细胞中。与此同时，氧气逸出。这听起来似乎有点像呼吸作用，但是植物进行这种气体交换不需要付出任何努力，因为叶子很薄，气体的进出非常容易。

随时可用的水

与二氧化碳不同的是，水的运输路径就比较长了——它进入植物的根部，通过一套极其细微的管道系统从茎输送到叶柄，最后进入叶脉。水分到达叶子后，大部分都通过气孔被蒸发掉了，这也促使更多的水被运输到叶子以弥补失去的水分。这个过程被称为"蒸腾作用"。气温越高、越干旱、风力越大，蒸腾作用就越强烈。

仙人掌一天之中只需要使用很少量的水分，因为它们适应了干旱的生活环境。但是大部分植物吸收的水分远远超过仙人掌——一株玉米植物在生长过程中能吸收 200 升的水，这些水足以灌满一个普通大小的浴缸。树所需的水分就更多了：一棵大橡树可以在一天之内吸收 500 升的水；白杨树吸收的水分可以使泥土干涸到收缩，以致地上的建筑物裂开或者倒坍。

特殊的外形

要收集阳光，最理想的造型是大而扁平，就像太阳能板那样。但是叶子不是金属制成的，也不像太阳能板那样被拴定在地面上，它们需要结合力量与轻巧于一体，还需要能够在各种环境下运作——无论是狂风大作的山腰还是光线微弱的雨林地区。这也是为什么叶子造型多样的原因之一。世界上没有两种植物的叶子是完全相同的。

大部分植物的叶子都是单叶，也就是一个叶柄上只有一片叶子。复叶则不同，它们分成与自身相像的多片小叶子。更为复杂的是小叶子复合生长在一起，在一根叶柄上组成群叶。草的叶子很容易辨别，因为它们一般都是长长的、窄窄的，叶脉是平行的，但是在其他植物中，叶脉分布得像一张网。

叶子的寿命

不同种类的叶子不仅外形和大小有区别，而且叶面上也有所不同——有些叶子平滑有光泽，有些却是黏黏的或者摸起来像覆盖着一层软毛。有些叶子人在触摸时甚至会有危险，比如荨麻叶子上覆盖着棘手的绒毛，而毒葛叶子上则带有可以沾到皮肤和衣服上的毒脂。这些特性可以帮助叶子抵挡日晒、雨淋以及干燥的强风，也可以阻挡以叶子为食的动物的进攻。在非洲西南部，千岁兰植物只有两片叶子，可以持续存活几百年之久。但是大部分植物叶子的寿命是很短的，一旦它们的使命完成了，植物便切断了对这些叶子的水供应，叶子慢慢凋零，化作泥土。

叶子的生命循环

每年，常青树的叶子是逐步地掉落的，而落叶树的叶子则是同时凋零的。到了秋天，到处都可以看到落叶，但是到了来年春天，大部分落叶都消失了。这种消失的秘密在于细菌和真菌的作用——它们以死去的叶子为食，将之变成极小的碎片，最后归入泥土。这些叶片残骸使土地变得更为肥沃，帮助更多的植物和叶子的生长。

热带植物通常长有大大的、松软的叶子，因为它们生活在高温、潮湿且平静的环境里。而在世界其他一些地区，植物如果长有这样的叶子就会被风撕扯成碎片。

❀ 花 朵

　　人类都为花而着迷，我们给花作画，给花照相，还常常把它们放在家里。但花的生长不仅仅是供人类欣赏的，它们承担着重要的使命——实现植物的繁衍。

　　很难想象这个世界如果没有了花会怎么样。

　　花生长在陆上各种自然环境中，少数甚至在海底盛开。花儿装饰了我们的花园，也点缀了马路的两边，有些小花甚至坚强地开放在繁忙的人行道的裂缝中。花有着多种多样的形状和颜色，但是它们承担着一个相同的重要使命：当雌性细胞接受到雄性花粉后，花中便结出植物的种子。

剖析花朵

　　了解花的最好方法是采用极端手段，从外部开始将花"拆开"。在大部分花中，最先除去的是绿色的小片，被称为花萼，它可以在花还处于花蕾阶段时起保护作用。接下来便是花瓣，这也是一朵花中最为吸引人的部分，它们的作用是吸引动物前来，

西番莲花的花瓣向后折起，吸引了很多昆虫前来。它的花形确保了昆虫在进食的时候能够沾上花粉。

1. 清晨，随着花萼的脱落和花瓣的张开，罂粟花开放了。

2. 鲜红色的花朵吸引昆虫前来，同时也带来了其他罂粟花的花粉。

3. 花瓣掉落，留下一个子房，内有数百个发育中的种子。

从而使得花粉在不同的植株间传播。

在除去花萼和花瓣后，剩下的中心部分内首先是一圈雄蕊，这是花朵的雄性器官，它们的功能是产生花粉。最中心的是花朵的雌性部分，或者称为雌蕊，它们的功能是从其他花朵上收集花粉，然后形成种子。

传播花粉的使者

简而言之，上述内容也就是讲述了大多数花的构成方式。因为有那么多种类的开花植物，所以也就有几千种不同的花朵。大多数花都像活橱窗一样，用食物吸引动物的靠近。这种食物通常就是甜美的花蜜，但也有些花是以其他部分来回报的，比如花粉。这些花需要被注意，所以它们总是有着亮丽的颜色和诱人的芳香。但并不是所有花都是这样的，很多植物不需要吸引动物，因为它们是靠风来传播花粉的，它们的花朵通常是小小的呈绿色的，很容易被忽略。

开花结果

动物通常不是雌的就是雄的，但是在植物世界中，事情就不是那么简单了。由于大多数花都具有雄性和雌性器官，所以它们的主人同时既是雄性的又是雌性的。这类植物通常是与其邻居相互传播花粉的，但是某些情况下它们可以自花授粉——如果它们独自生长，附近没有伙伴的话。

但是很多其他植物，比如南瓜，有着不同的雄花和雌花，它们的花生长在同一个植株上，但是只有雌花才能结果生子。此外，还有一些植物像动物一样，有雄性植株和雌性植株之分，奇异果就是其中一种——要产出奇异果，农民需要在地里同时种植它的雄性和雌性植株，这样才能实现授粉。

授粉

与动物不同的是，植物不会配对来繁殖后代，它们是通过另一个方式——交换微小的花粉粒来实现结合的。

对于植物来说，繁殖后代是一项颇有诀窍的工作——需要雄性和雌性细胞，如果可能的话，这两种细胞需要来自于不同的植株。但是因为植物不能动，所以两个植株永远都不可能碰面。正是这个原因，花粉出现了，这种粉末状的物质含有植物的雄性细胞，又小又轻，便于在不同植株间传播。当花粉到达花的雌性部分时，便使得雌性细胞受精，一旦这一关键步骤完成后，雌性细胞便开始产生出种子。

花粉像指纹一样独特，每种植物可以产生自身特有的花粉种类。科学家有时仅仅观察花粉就能分辨出植物种类。

传播中的花粉

花粉是由雄蕊或花的雄性部分产生的。一旦花粉成熟，花就会将其释放出去，这样，花粉就可以在不同的植株之间旅行。这个旅程可能只是到邻花便结束了，但也可能一直走到千米之外。每种植物都有自己的花粉"品牌"，也只能在同种植株中授粉。

花粉是通过两种不同的方式传播的，有些植物仅仅是将花粉抖散在空中，于是，花粉便随风飘散，幸运的话，其中一些就会落到同种其他植株的雌性器官上。这种方式被世界上所有的草类以及很多阔叶树所使用，此外，也为针叶树所使用，区别在于：针叶树的花粉藏在球果中，而不是在花中。

风传播的命中率很不确定，因此需要耗费大量的花粉，在暖暖夏日的早晨，风媒类花朵向空气释放出几百万粒花粉。花粉很小，肉眼看不见，但是

蜂鸟是唯一可以在进食时帮助传播花粉的鸟类——花粉沾到它们的脸上，之后便被传播到下一朵花中去了。

会让很多花粉过敏的人不停地流鼻涕和流眼泪。

花粉携带者

世界上最早的种子植物都是由风传播花粉的。但是当开花植物出现后，它们找到了更为聪明的传播方式——植物进化出可以吸引动物的花朵。作为对花朵提供食物的回报，这些动物充当了私人快递员的角色，将花粉带到了目的地。

最早帮助花粉传播的动物很有可能是甲壳虫，因为它们常在花中进出以寻找食物。如今，传粉动物包括各个不同种类的昆虫、鸟、蝙蝠以及有袋动物。在长时间的合作伙伴关系中，花和传粉动物已经融洽得像锁和钥匙一样般配了。当一种动物来到一朵花时，花的雄性部分或者雄蕊就会将花粉沾到动物身上，于是花粉就被带到了下一朵花中，在那里，花的雌性部分正等待着花粉的到来。一旦花粉被送达目的地，便会经一条细长的管道一直通到花的子房，里面装的正是花的雌性细胞。一粒花粉就可以使一个雌性细胞受精，此后，这个细胞就生长成一粒种子。

动物传粉

单是观察一朵花，通常就能很容易地说出其是由哪类动物传播花粉的：靠昆虫传播花粉的花通常有着明亮的颜色和香甜的气味，因为昆虫会被这种艳丽的颜色和甜甜的气味所吸引；形状较平的花朵通常是由苍蝇和黄蜂传播花粉的；管状花朵则一般是由蝴蝶或者蜜蜂传播花粉的，因为它们有着长长的舌头，所以可以触到花的底部，那里等待着它们的正是甜美的花蜜；靠蛾类传播花粉的花，比如金银花，有着类似的管状外形，它们在夜间散发出一种芬芳，而此时正是蛾类活跃的时候。

因为大部分昆虫的体形都很小，因此靠昆虫传播花粉的花朵一般也是外形较小的，鸟类或者蝙蝠常把花朵作为落脚的地方，因此这些花必须强壮一些。一只鸟或者蝙蝠吸食的花蜜远远多于一只蜜蜂的吸食量，因此这些靠鸟类或者蝙蝠传播花粉的花朵会一次连续好几天产生花粉，以确保有足够的吸引力。

合作者

很多传粉昆虫会在多种植物的花中逗留，但是也有一些只喜欢在一种花中活动，这些昆虫从植物中获取自身所需的所有食物以及繁殖后代所需的场所。作为回报，它们向植物提供私人运输服务，在世界上的温暖地区，无花果树就是以这种方式传播花粉的——世界上有1000多种不同的无花果树，但神奇的是，每种花朵都有其专门的传粉蜂类。

香蕉花散发出一种麝香般的香味，在天黑后可以吸引蝙蝠的到来。此处，一只短鼻水果蝙蝠正在舔花蜜，同时身上也被撒满了香蕉花粉。

头状花

对于植物来说，吸引动物的最好办法是进行一场令其印象深刻的表演，所以很多植物都是成群地绽放自己的花朵。

莲属植物有很大的单朵花。就像世界上最早的花一样，它们的花瓣也是简单地排成圈，因此它们的各个器官部分清楚可见。头状花则要复杂得多，每朵花通常都隐藏起自己的真面目。

单单一朵花是很难被发现的，想象一下，如果在一大片地里寻找一朵罂粟花是多么困难的一件事。但是如果一株植物有成百上千朵花，那么，这样壮观的场面是不会被忽视的。有的植物通过同时绽放或者成簇地生长大量花朵——也就是常说的"头状花"——来进行一场盛大的表演。如同花朵本身一样，头状花多种多样，世界上很多有名的"花朵"事实上是头状花伪装而成的。

群 花

要寻找最为常见的头状花，到最近的一块草地上看看就会发现了，那里是雏菊最喜欢的生活环境。雏菊是世界上最为成功、分布最为广泛的野草。雏菊植物看上去好像有单朵的花，但事实上每朵花是由很多"小花"组成的。在这种头状花中，小花好像是被排列在一个盘子上，处于中间的小花产生花粉和种子，而围列在周围的每朵小花都有一个特别大的花瓣，使得头状花颜色很鲜明，很容易被发现。

雏菊属于一个很大的植物家族，至少有 25 000 个不同的品种，它的近亲包括蒲公英、婆罗门参、蓟和向日葵，以及很多花园植物。该家族每个品种都是独特的，但是它们的头状花都有着相同的布局。

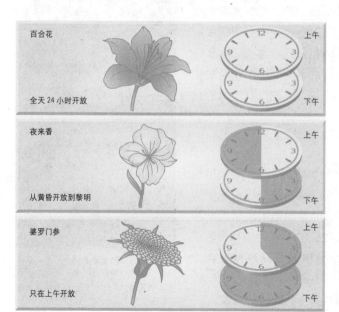

百合花		上午
全天 24 小时开放		下午
夜来香		上午
从黄昏开放到黎明		下午
婆罗门参		上午
只在上午开放		下午

尖顶形和伞形

雏菊的小花比人类

不同的花通常有着不同开花时间。在图中，12 小时制的钟里的浅色部分表示该种花的开放时间。百合花 24 小时不闭合。而通过蛾类传粉的夜来香只在夜里开放，白天闭合。婆罗门参的头状花是开放时间很短，它们在日出前后开放，中午就已经闭合了。

的头发宽不到哪里去，但是有些头状花的小花非常大，小花之间的空间也比较大，比如毛地黄，它的小花像顶针一样大，最方便大黄蜂在里面进出了。

在毛地黄的头状花中，最底层的小花最早开放。因此当一只大黄蜂落到花上寻找花蜜时，它是从头状花底部开始，一直向上工作。毛地黄很好地利用了这一点，因为其最先开放的底层小花中只含有成熟的雌性器官，这些花收集起蜂身上带有的花粉，从而发育出种子。往上的小花更嫩，其中只有雄性器官是成熟的，它们把花粉撒到蜂身上，蜂便带着满身的花粉飞向了另一株毛地黄。

还有很多其他植物的小花都排列成尖顶形，但是胡萝卜属植物的小花都是排列成伞形，每把"伞"都有自己的一套轮辐，轮辐顶端长的便是一组小花。对于昆虫来说，这些头状花使得它们的进食更为方便了，此外也是它们晒太阳的好地方。食蚜蝇最喜欢这种伞形头状花了，而且还严密地守卫自己的这块领地，一旦发现有外敌入侵，即会直冲上前将其赶走。

头状花之最

世界上最高的头状花属于一种生长在玻利维亚被称为"莴氏普亚凤梨"的植物，它的头状花可以高达 10 米，其中含有近 1 万朵白色的小花。莴氏普亚凤梨植株可以存活 100 多年，但是一生中，花只开放 1 次，开放时间长达 3 个月，然后便是死亡。如果从大小和气味结合的角度考虑，没有一种植物可以与泰坦魔芋花（或者被称为"魔鬼的舌头"）相比，这种植物生活印度尼西亚苏门答腊岛上的雨林中，它的头状花是从一个巨大的地下块茎绽放开来的，看上去像一个肉质的、柔软的尖顶矗立在一个革制的杯子中。与莴氏普亚凤梨的花头不同的是，泰坦魔芋花只能开放 4～5 天，而且会散发出一种强烈、类似于烧焦的气味和腐鱼的气味混合在一起的臭味。苍蝇很喜欢这种气味，但是会让人类觉得实在恶心，甚至能让人昏厥过去。泰坦魔芋花的每朵小花都很小，而且隐藏得很好，唯一可以看清楚的方法是先深吸一口气，屏住呼吸靠近它，往其内部看去。

当向日葵开花时，它们的外圈小花首先绽放。因为它有很多小花，所以可以持续开放很多天。

种子和果实

　　每一粒种子内部都是一个植物的幼体，等待着生长的机会。种子保护着这个幼体，而果实则帮助种子传播得更广、更远。有些种子比尘粒更小、更轻，但世界上最大的果实却几乎可以达到半吨重。

　　种子天生就能持久，它们是整个植物世界中最为坚韧的物体：如果干燥保存，它们可以存活好几年；如果冷冻保存，它们可以存活一个世纪甚至更久。但是只要外部条件合适，种子就会萌芽，也就意味着内部的胚芽开始生长。果实是包裹种子的容器，它在种子发育的时候保护着种子，通常还帮助种子的传播。

牛筋草果上长有小小的钩子，可以钩在动物的皮毛上。当动物经过擦到时，这些果实很容易就折断而钩在动物身上。

种子还是果实

　　种子和果实是完全不同的两个植物器官，却很容易被混淆。种子通常是又小又硬，每一粒中都包含有一个植物的胚芽。

　　大多数种子内部还有预存的"食物"，可以为胚芽提供养分，直至其发芽。此后，"食物"仍然帮助幼苗生长，直至其能自己合成所需的养分为止。

　　我们日常生活中看到的果实一般都是柔软、多汁、美味可口的。但是对于科学家来说，果实就是由一朵花产生而来的、包裹着种子的植物器官。也就是说，果实不仅包括苹果、橘子和葡萄，也包括黄瓜、椰子、番茄甚至豆荚和罂粟果等多种。世界上最重的果实是南瓜，其体重最大的纪录是 481 千克。

储藏的种子

　　虽然种子看上去总是又小又脆的，但是它们却可以应付可能杀死成年植物的各种环境。它们不需要阳光，可以在几乎没有水和空气的环境中生存。而且，种子不惧怕寒冷，低温只会减缓化学反应，所以把种子放在冰箱中可以起到保鲜的作用。

　　一旦把它们取出，加热加湿，它们就能够奇迹般地活过来。冷冻保存常为很多自然资源保护管理学者用来保护世界上的濒危植物。在过去的 10 年当中，几千种珍稀植物的种子被收集、晒干，储存在世界各地的特殊的种子银行中。它们被保存在大约 −200℃ 的环境中，基本等同于极度深寒。在这些寒冷的条件下，种子可以保存很长时间。现在保存起来的大部分种子都将一直存活到2100年，甚至更长久。

发芽

种子需要有合适的温度和湿度才能发芽，但是为保险起见，它们会寻找合适的时间来结束自己的"冬眠"。在冬季寒冷的地区，大部分种子一直要等到春霜后几个星期才会发芽。也就是说，种子基本是在冬季完全结束时才复苏过来，而不是在缓和期。在沙漠中，很多种子都会被一场突然而至的暴雨唤醒，而在灌木地，种子常是被丛林大火产生的自然化学物质而激活的，这套神奇的系统是这样运作的：当大火结束，地面上覆盖起一层肥沃的灰烬，种子便开始生长了。

图中显示的是小麦种子的发芽过程。因为需要水分，因此它们的首要任务是长出根部，从而可以从泥土中吸水。

对抗威胁

种子尽管坚韧，但是每一粒种子生长成成年作物的机会还是很小的：有些发育到幼苗时就遭遇了灾难，或者尚未脱离母体时就被动物吃掉，此外，很多种子还躲藏在地下时就遭遇了相同的命运；小型鸟类常以种子为食；种子也会受到疾病和霉菌的攻击。在上述重重危险下，它们生存概率如此之小也就不足为奇了。

为了弥补这些"伤亡"，植物大量地产出种子：一株草类植物可以产出几百粒种子，而一棵橡树可以在一年中产出10万多个橡子。与草类不同的是，一棵橡树可以将上述产子状态保持两个世纪甚至更久。

这是一种攀缘植物的翅果，被称为"翅葫芦"，生长在东南亚雨林中。在总长达15厘米的"翅膀"的帮助下，它可以"飞行"1分多钟后才慢慢落到地上。

但是说到产子冠军还是要算高高盛开在热带树木上的兰花，其每个植株上都能产出1000万粒以上的种子。这些兰花种子是世界上最小也是最轻的种子，几乎10亿粒种子才能抵得上1颗豌豆的重量。

移动中的种子

　　幼年植物需要离开它们的母体，以获得充足的阳光和水分。几百万年来，植物已经进化出很多令人吃惊的方法来将其种子传播得更远、更广。有些植物是完全由自己来完成这样的任务的，而很多植物则是依靠外部世界的力量。

　　虽然植物不能动，但是它们的传播能力却强得令人难以置信，它们能够很快占据新的土地，不管这是谁家的后院或者是遥远海上的一个小岛。植物还会在其他植物上安家，有些甚至在城市的高墙和屋顶上扎根。植物之所以能够到达这些地方，是因为它们的种子是天生的旅行家，没有什么地方可以阻挡它们的脚步。

弹射和炸裂

　　世界上最重的种子叫海椰子，来自于一种生活在塞舌尔群岛上的罕见的棕榈树，它的种子可重达 20 千克。成熟的时候，海椰子就会掉到地上，滚出几米远，然后停下来。但是很多种子走得远远不止于此，它们依靠果实来传播，这些天然的种子容器本来就是用来帮助种子的传播的。

　　植物的果实变干后常常可以帮助种子飞得很远，比如罂粟果可以像一个小型胡椒盒一样，当风吹过时，把种子散播出去。而豆荚则更像一个弹射器，当豆荚被太阳晒干后，就会突然裂开，将种子撒在地上。

　　有一种比较特别的果实被称为喷瓜，它可以像一个小型炸弹一样，当其成熟时，果实就会炸开，种子

榛睡鼠正在食用黑莓大餐，与此同时，它也将种子带到了其活动的各处。像这种软软的果实在成熟时会变颜色，告知动物它们已经可以食用了。

当风滚草停止开花后，它们的根开始枯萎然后断开。死去的植株被风吹走，把种子撒到了所到之处。

和果汁可以被喷射出几米远。

漂流者和漂浮者

弹射和炸裂已经可以很好地帮助种子的传播了，但是如果依靠漂流或者漂浮，那么种子则可以传播得更远。世界上最为成功的草类，包括蒲公英和蓟，果实多毛，可以被风吹得很远。每个果实中都含有一粒种子，降落伞造型的毛可以帮助它"飞行"。在森林中，植物通常都能产出带有"翅膀"的果实，可以像直升机一样"飞翔"，而后降落在地面上。

有些"翅膀"只有指甲那么大，但是有些——比如翅葫芦果实的"翅膀"——则大得像鸟类的翅膀。

海岸植物，比如椰子树，通常能产出可以在水中漂流的防水果实。如果一个椰子被水流带走，它可以穿越整个海洋，在另一个遥远的海岸上发芽生长。生活在加勒比海岸上的一种被称为"海豆"的植物就具有上述功能，它的种子呈心形，常常穿越整个大西洋，有时甚至被水流带到遥远的北极圈附近。

动物助手

前述这些传播途径实在已经很令人吃惊了，但更多的还在后面。就像植物利用动物来传播它们的花粉一样，植物也利用动物来传播它们的种子。很多果实都有钩子，可以钩挂到动物的皮毛上，有些果实还善于粘到人类的袜子和鞋子上，这样，它们可以被带到其他地方。幸运的是，大部分这种搭顺风车的果实都是小小的，但也有较大的——生长在非洲的魔鬼爪长有 8 厘米长的钩子，刚好可以钩到羚羊的角上去。

多汁的果实也利用动物来传播，但是它们通常采用比较迂回的方式——当果实成熟后，通常颜色很鲜亮，这就吸引了动物前来寻找食物。动物吃东西比人类简单多了，它们直接将果实连同种子整个儿吞下。这样，果肉很快被消化掉了，但是消化种子就要难得多。除非动物在食用果实的时候进行了咀嚼，否则这些种子会完好无损地被排出体外。消化液常常能帮助种子发芽。因此，没有动物，有些植物的种子就很难发育生长。

食用果实的动物包括各种鸟类和哺乳动物，甚至一些鱼类。它们中的大部分是很好的种子传播者，因为它们的活动范围很广。对于植物来说，这种方式传播种子是事半功倍的，因为种子不仅被带走，而且被播撒到了事先预备的肥料——动物的粪便中。

这些非洲乌木苗生长在一堆象粪中。非洲乌木的种子通常先被动物吞下，然后再被排出体外，从而在粪便中发芽生长。

无花植物

不管你如何努力，你都不可能找到一种开花的苔藓或者蕨类，这种植物就像是地球上最早出现的植物一样，不需要通过开花来繁殖。

直到恐龙时代结束，都没有出现开花植物，没有草类（也属于开花植物），也没有阔叶树类，所有的植物都通过播撒孢子或者产生原始的种子来繁殖后代。在此之后，世界发生了翻天覆地的变化，恐龙灭绝了，无花植物被开花植物逼上了绝境。但是无花植物还是存活了下来，有些还非常成功。

苔藓和地钱

如今要观察无花植物，最佳地点之一是在激流边上——奔流的水形成了凉爽、潮湿的生活环境，这正是苔藓植物最为繁盛的地方。苔藓是很初级的植物，没有真正的叶子和根，它们看上去就像鲜绿色的垫子，有些生长在水下的则像是摇曳的头发。与开花植物不同的是，它们一般都很小，而且生长得很紧密。世界上最高的苔藓品种生长在澳大利亚，但也只有 60 厘米高。

为了生长，苔藓必须保持湿润，很多苔藓自身都能像海绵一样保持水分。虽然它们喜欢像河滨和沼泽这样的地方，但是它们也并不是必须永远地保持潮湿状态——一些苔藓生长在岩石和墙上，在那里它们可以保持干燥状态几个星期甚至几个月。这些脱水的苔藓看上去呈灰暗色，好像已经死了，但是当雨水来临时，它们又很快地复苏过来。

河滨地带也是世界上结构最为简单的植物——地钱

地钱通过孢子传播，可以长出杯子状的器官用来存放这些小型的"蛋"。这些"蛋"被雨水击中后会从"杯子"中跳出来——与鸟巢菌的传播方法不谋而合。

苔藓的孢子生长在其纤细的荚膜孢蒴中，这些荚膜孢蒴通常只有几厘米高。图中，一个荚膜孢蒴已经打开，孢子都被撒到空中。

的首选生长环境。有些地钱看起来像是小型的舌头，而有些则像是长着小叶子的丝带。地钱是分成两枝、横向爬行生长的，而不是像苔藓那样向上生长。很多地钱都是生长在潮湿的岩石上，但是在热带雨林中，它们也可以在其他植物的叶子上生长，地钱并不会将这些植物置于死地，但是的确会窃取一些阳光。

膜蕨因为其叶子只有细胞膜那么厚而得名。这些外形精致的植物只能在非常潮湿的地方生长，因为它们很容易变干。

蕨类植物

世界上有 11 000 多种蕨类植物，是最大的无花植物群。最小的蕨类植物可以放入到一个蛋杯中，而最高的种类——树蕨可以高达 25 米。大多数蕨类植物都在地上扎根，但是有些也会攀缘到树干上，少数的则漂浮在池塘水面上。有些蕨类植物属于珍稀种类，但是有一种叫作欧洲蕨的种类，是一种让人烦恼的野草。

与苔藓和地钱相比，蕨类植物更像开花植物——它们有真正的根、茎和叶子，也有内部的输送管道，可以将根部从泥土中吸收的水分运输到叶子。但是蕨类植物没有花，而且是通过孢子而不是种子传播并繁殖后代的。它们的生命循环介于两种不同的植物之间。

针叶植物和它们的近亲

有种子的植物一般就能开花，但是在植物发展的历史上，却是先出现了种子，这也就解释了为什么针叶植物有种子却没有花。世界上有大约 550 种针叶植物，与 250 000 种开花植物相比，它们的数量是很小的。但是在干旱和严寒的地方，这些针叶植物仍是很成功的，在地球极北地区，它们形成了北温带森林——世界上面积最大的森林。

针叶植物也有近亲，但是很少见到，其中包括铁树目裸子植物——一种外形很像棕榈树的树种，以及银杏树（或者称为铁线蕨）——来自于远东地区的"活化石"，它们叶子的外形像是鲜绿色的扇子。针叶植物的另一种近亲被称为千岁兰，可以说是世界上最为奇特的植物之冠，它生长在非洲西南部的沙漠地区，看上去像是一堆垃圾而不是什么有生命的东西。

针叶植物有两种球果：雄性球果可以产生花粉，而雌性球果则用来产生种子。图中是来自落叶松的雌性球果，它们还很柔软，但是随着其慢慢成熟，就会慢慢变硬，形成木质。

植物的生命周期

生长在中国中部的竹子，每个世纪会大规模地开花、结子 2 ～ 3 次，然后死去。然而，这种生命的最后绽放也并非出于偶然——这只不过是植物生命存在的一种方式。

旷野上的罂粟是典型的一年生植物，生命周期一般只有几个星期。它们的植株虽然不能存活很长时间，但是它们的种子可以在泥土中存活很多年。

与动物相比，植物的生命长短差别大得令人吃惊。有些植物只能存活几个星期，而比如狐尾松却可以存活 5 000 年以上。石炭酸灌木可能已经度过了其 10 000 岁的生日，因为每一丛都会在老灌木丛死后继续繁衍。有一些植物，包括很多竹子类的植物，一生只开一次花，此时也正是其生命的终点。但是不管它们的生命周期有多长，植物都是按照一定方式来划分自己的生命阶段的。

生命的速战速决

对于很多杂草来说，速度是一生中的重要方面。这些植物通常生长在时常被滋扰的土地上，它们需要在其他体形更大的植物将它们挤出去之前完成开花和结种。它们把所有的能量用在开花上，然后死亡，它们并不将能量储存起来以备环境恶劣时使用。这些植物被称为一年生植物，因为它们在不到一年的时间中完成了整个生命过程。一年生植物包括罂粟和其他路边生草类，以及那些在沙漠中遇到雨水方能复苏的植物。

龙舌兰的头状花可以高达 15 米。像这样高大的花序需要大量能量才能生长，所以它们只开一次花，随后便死亡了。

生命的两个阶段

在冬季比较寒冷的地区，很多植物依照一个特别的时间表来度过一生，它们可以生存两年：第一年，集中生长和储存养分；第二年，它们利用储存的所有养分来为开花提供能量。随后，它们的生命通常也就走到了尽头。这些植物被称为两年生植物。

两年生植物通常将养分储存在根部或者块茎处，因为这些器官藏在地下，不容易被动物吃掉。胡萝卜是两年生植物，它们总是在第一年就被挖起，否则第二年它们就会开花和结子了。

多年生植物

一年生和两年生植物都属于"暂时性"植物。它们出现得很快，但是从来不在同一个地方生长很久，因为它们要与其他"永久性"植物竞争。这些"永久性"植物被称为多年生植物。其中包括那些每年枝叶都会死去，但是来年又从根部发出新芽的植物，比如世界上所有的灌木和乔木。与一

毛蕊花属于两年生植物。在第一年（上图），这种植物长得很矮，有着莲座形的叶丛。第二年（下图），它使用所有能量长出了一个很引人注目的头状花，高度可以超过2米。

年生和两年生植物相比，多年生植物打的是持久战，它们生长缓慢，需要很多年才能长成成年植株。但是，一旦长成后，它们把那些生长快速的植物遮在其阴影下。

与它们的小型竞争对手不同的是，大部分多年生植物每年都会开花。

终场演奏

99%以上的植物都是遵循前述三种生命周期中的一种，例外的是植物世界中的真正怪胎，它们把所有的能量都用在一生一次的开花上。这些植物包括很多不同种类的竹子和龙舌兰属植物和凤梨科植物，以及有名的贝叶棕榈树——贝叶棕榈树会一直生长75年左右，然后它会摆出世界上最大的鲜花造型。虽然这些树在开花后会死去，但是这个终场演奏也并不是不值得，因为可以收获大量的种子。

这棵澳大利亚圣诞树属于木本多年生植物。只要有足够的水，它就可以连年生长。到了圣诞节期间，它会展示出壮观的开花场面。

蕨类植物的生命周期

成年蕨
（孢子体）

配子体

雌性细胞

雄性细胞

蕨类植物有着复杂的生命周期，涉及两种不同的植株。成年蕨类植物会释放出孢子，可以发芽长成被称为"配子体"的植株。这些植株中的雄性和雌性细胞结合到一起产生成年蕨类植物的下一代。蕨类植物的"配子体"只有纸张那么薄，通常比一张邮票还要小。

❀ 树

树是迄今为止在地球上存在过的最高、最重的生物。几千年来，它们为人类提供木材和食物。如今，在世界的偏僻角落，仍然有新的树种不断地被发现。

人类在谈到树和植物时，似乎总是把它们作为两个概念来提，原因很简单，因为树可以长到令人吃惊的大小。但树仍然是属于植物，虽然它们涵盖的种类相当广。让树显得特别的方面在于它们有木质的树干和树枝：木材是植物世界中最为坚硬的"建筑材料"；木材的形成需要大量的时间和能量，但这使得树木可以在其他植物中鹤立鸡群，从而在争夺阳光的战争中具有不可比拟的优势。

直入云霄

世界上最高的树种为海滨红杉，生长在美国加利福尼亚州的北部地区。在温和多雾的沿海气候的影响下，这些高大的针叶树可以长到 110 米高，在过去，甚至还有过比这个更高的纪录：1885 年，在澳大利亚发现一棵已经倒下的花楸的巨型树干，当这棵树还活着的时候，它的高度可能超过 140 米。但是一些树木专家相信，史前的树木可能高达 175 米，也就是说大约有 25

来自肯尼亚卡塔梅加森林的这棵巨大的无花果树，被蜿蜒在地上的巨大的板根支撑着。无花果树是阔叶树类，主要生活在世界上的温暖地区。

树的记录（下图）

花楸 学名：Eucalyptus regnans		143 米	澳大利亚

测量记录的最高值（1885 年）。现存的活花楸高达 98 米，是世界上最高的阔叶树。

花旗松 学名：Pseudotsuga menziesii		126 米	北美

测量记录的最高值（1902 年）。世界上最高的活花旗松刚过 100 米。

海滨红杉 学名：Sequoia sempervirens		112 米	北美

最高的活针叶树，目前是世界上最高的树。它的亲戚——巨杉是世界上最重的树。

蜡棕榈树 学名：Ceroxylon quindense		40 米	南美

世界上最高的活棕榈树，拥有最长的直立无分支的树干。

层楼那么高。当建筑师设计摩天大厦的时候，他们确切地知道建筑的最终高度，但是一棵树会不停地往上长，直至外力阻碍了它或者使之倒下。树面临的威胁主要包括闪电、干旱和狂风。树长得越高，它们也就越危险。

这是一幅橡树树干深处细胞的放大效果图。

树的分类

除了极少的例外，世界上所有的树都属于植物界树种的两个分类。第一类是针叶树，也就是种子长在球果中的树，这类树大部分都是常青树，长着鳞片形或者针形的叶子。针叶树生长很快，通常有很直的树干，使得其成为非常有用的木材树。世界上只有大约 550 种针叶树，与植物种类的庞大总数相比是非常少的，但针叶树很常见，而且因为它们是被种来获取木材的，所以种植面积更趋广大。

第二类是阔叶树。并不是所有被称为阔叶树的树都长有阔叶，但是它们都会开花。一些树的花是由风传播花粉的，但是很多树开有引人注目的花，从而吸引动物前来。在热带地区，阔叶树通常是常青的，但是在有干旱季节或者寒冷冬季的地区，这些树每年都会有几个月片叶不长。阔叶树的种类非常之多，生活在世界上各个环境中——从沙漠到海滨泥沼。已经发现的阔叶树有 1 万多种，但是其总数到底有多少，没有人能真正说得清。

阔叶树都开花，但是它们的花粉传播方式各不相同。橡树 (1) 利用风实现授粉，南欧紫荆 (2) 和七叶树 (3) 通过昆虫实现授粉。

树木如何生长

　　树木能生长几百年之久，所以它们必须长得十分结实。大多数树木在它们的生长过程中变得强大起来，树龄越高、树木越大，它们也就越强壮。

　　在热带，一些树木可以每年长5米之高，这一速度是人类十几岁时生长速度的100倍。在世界其他地区，树木的生长速度要慢得多，但在每年春天仍然能长高1米以上，对于树木而言，生长是一项繁杂的事务，而且需要细心管理。因为每长高1米，它们被风吹倒或者折断的风险也就增加了一分。

边材和心材

　　树木并不是只向上生长，大多数树木还会向边上生长，这些向外生长的部分是由树木的形成层构成的。所谓形成层是指只有细胞厚薄的一层活组织。形成层就位于树皮之下，就像一层覆盖整棵树木的无形薄膜。

榕树芽根可以变成额外的树干。世界上最大的一棵榕树有1700多棵树干，覆盖面积超过了一个足球球门大小。

　　当形成层的细胞开始分裂时，树木就开始生长。在形成层的内表面，细胞产生出新木材供树干生长和树枝扩张。形成层的外层生成新的树皮，向外推张，使旧树皮裂开或者脱落。这两种方式能使树木长大，给予树木生长所必需的力量。由于形成层靠近树皮表面，这里的木材是一棵树中最新的，它们被称为"边材"。有时候，充满了树液，切开后会感觉十分光滑湿润。当每年的边材变老后，它逐渐开始停止传输树液，其中的细胞和树脂与油脂粘在一起并结块，从而变成又重又硬的心材。心材就像骨骼一般，使

在山里，树越是高，生长速度越是慢。树线标记着树木能够适应的生活环境的最高限。

树干和树枝变得更为强壮。不过和骨骼不同的是，心材并不会生长，其中所有的细胞几乎都是死的。

年　轮

在终年温暖潮湿的地区，树木一年到头都可以生长。但是，在冬季十分寒冷的地区，树木生长的高峰期就集中在春天和初夏。这些生长峰期会在树木中留下年轮，当树木被砍伐时就可以看到。通过计算年轮，很容易就可以推算出树木的年龄。实际上，年轮能反映的信息远不止这些：当生长条件优越时，年轮较厚；在恶劣的年份，年轮就会比较窄，这就能显示出过去的天气变化。通过考察世界上最老树木的年轮，树木年轮专家已经能够拼凑起过去5000年来全世界的气候纪录了。

针叶树通常有着短树枝，在生长过程中会保持向上姿态。

棕榈树没有树枝。它们会长高，但是树干却不会变粗。

大部分阔叶林树在长大后会改变形状，形成一个圆形的树冠。

棕榈树

大多数树木的形成层是环绕式的，但是棕榈树和其亲族的形成层却大相径庭：它们只有一个单一的位于树干顶端的生长点。生长点形成树干，当树干向上生长时，生长点以下的生长就停止了。如果棕榈树的顶部被砍掉，那么它就会停止生长并死亡。

这种罕见的生长方式使得棕榈树在长高时树干不会变粗，这就是为什么它们总是如此的优雅。棕榈树并没有真正的树皮，也就是说它们的切口不会愈合。人类在采摘椰子时就是利用了这一点。他们在椰子树上切割出的用于攀爬采摘椰子的阶梯终其一生都会存在。

改变形状

棕榈树没有树枝，但其他树木都有，而且新的树枝会遮住底下的旧树枝。为了处理这一问题，树木通常会自行手术——离地面最近的树枝会自己脱落。这种外科手术发生在幼树时期，会持续多年，最后，剩下的树枝就越长越高，整棵树就变成一个皇冠形状。世界上最大的树生活在热带森林中，这里，最高的树木最后长成30米高的平滑且无分支的树干，直插云霄，就像林地上的柱子一般。

树木用其他方式对环境做出反应：当比较拥挤时，它们就长得比较高，而且会顺着盛行风的方向生长；在阴暗的地方，它们的叶子一般比较大。这些不同的生长模式就解释了为什么没有两棵树木是完全一致的。

在露天地方长大的树木通常外形不对称，这是因为盛行风会将树木迎风面的芽全部摧残掉，使得树木只能顺着风的方向生长。图中的被风吹扫的形状保护了这棵树的生长。

植物的自我保护

毒葛中含有一种叫作"漆酚"的化学物质，它可以导致皮肤发炎。这种有毒物质可以通过粘在衣料上或者在植物燃烧后的烟雾中进行传播。

遇到饥饿的动物时，植物完全没有反击的余地，但是它们也有大量的武器可以防御动物的进攻，甚至将之杀死。

在动物王国中，素食者和肉食者的比例至少是10∶1，从小虫子到大象，加起来有几十亿张嘴，饥饿地等待着自己的食物。如果没有任何保护，世界上的植物将是非常无助的，它们的最后一丝痕迹也终将从地球上消失。但是，植物却实现了自身的繁衍，那是因为进化赋予了它们创造性的，有时甚至是痛苦的自我保护能力。

秘密的防御工具

植物世界中最为常见的武器通常要通过显微镜才能看得见，那就是细小的绒毛，这些只有几毫米长的细小绒毛像小型森林一样覆盖了很多植物的表面。有些绒毛是带有分叉的，可以在被折断后钩挂住虫子的嘴巴；有的能够产生黏性物质，可以困住蚜虫和其他吸汁鸟类，从而抵御入侵。绒毛对于保护新长的茎干和叶子至关重要，因此它们通常摸上去会有柔滑的或者黏性的感觉。

为了抵御体形较大的动物，较大的武器是不可缺少的。在荨麻的茎干和叶子上，长有中空的由二氧化硅组成的绒毛，可以像人类的皮下注射器一样使用。如果动物或者人类触碰到其中的一根绒毛，绒毛顶端就会折断，同时注射出一种有毒的化学混合物，其中也包括甲酸（蚁酸）——这种物质在被蚂蚁叮咬后也有出现。

普通荨麻的刺带来的伤害只持续几小时后就会逐渐消失，但是有些种类的则不然，比如新西兰荨麻的刺就要厉害得多，能够使家畜死亡。然而这些刺却因为个头过大而威胁不了昆虫，这就是

多刺仙人掌脆弱的茎干上覆盖有大量的刺（上图）。如果有动物触碰到这类植物，其茎干会自动断落，同时附着在其触及的皮肤上面。

动物经常会通过伪装术来躲避攻击，但是这类手段对植物来说很难。不过西南非洲沙漠地区发现的这些"活石头"就可以在石块遍布的生活环境中将自己伪装成鹅卵石。

为什么许多毛虫以荨麻叶为食，并饱食终日。

刺和棘

在一些干燥的地区，动物靠植物补充水分、充当食物。在这些地方，植物通常通过恶刺来自卫。刺槐的刺是木质的，能够长达 15 厘米，不过最麻烦的还是仙人掌刺——有些仙人掌的刺层层叠叠，如果一根仙人掌刺扎入动物的皮肤，往往会使其很痛苦，要剔出那些刺往往很困难。如果这些还不足以自卫，仙人掌还有另外一种防卫手段，它们的刺是生在一簇细毛中的，这些毛看似无害，实际上很容易脱落。一旦进入皮肤，会造成持续数天的刺激。

刺给予动物一种即时的警告，使它们立即远离。但是棘常常有反效果，因为棘是弯曲的，它们常常会钩住动物的皮毛，使动物很难逃逸。当动物挣扎着逃脱时，就领受了一次痛苦的教训。运气好的话，这种记忆让这个动物一生都不会再来碰它第二次。

化学武器

如果一种动物确实突破了植物的外部防线，那么植物就可能动用那些会让侵犯者感到不快的存货——许多植物都会使用化学武器使自己避免沦为动物的口中之食。比如，有一种普通的园林灌木叫作"桂樱"，可以在其叶子中产生氰化物，通常情况下，这种叶子是无害的，因为它们只是含有制造氰化物的成分，而不是这种毒药本身。但是如果动物开始食用它的叶子，氰化物就会开始合成了——它那恶心的香甜气味警告着动物：食用它的叶子就是在自找死路。

大部分植物毒素要在吞咽或者吸入后才会生效，但是也有一些植物即使是皮毛接触也有危险。毒葛就是最著名的，它会产生一种有毒树脂，能粘在衣服和鞋子上。即使是数月之后，它的毒害效果仍然会残留。

对于植物而言，动物既可以是盟友，也可以是敌人。这些南美蚂蚁生活在号角树内部，为了报答号角树提供的居所，这些蚂蚁会进攻一切食用号角树树叶的生物。

✿ 食肉植物

对于一只不留神的苍蝇而言，捕蝇草似乎像是一个合适的停靠位置，但这是一个致命的错误，因为捕蝇草是食肉的，苍蝇就是它的食物。

植物利用阳光生长，但是它们也需要一些简单营养物质，就像人类需要盐和其他矿物质一样。大多数植物都是从土壤中获取这些物质的，但是食肉植物是通过捕捉并消化动物获得的。进化使它们有着复杂的陷阱和独特的诱饵，大多数都以昆虫为目标。

开和闭

捕蝇草只有足踝高低，却是世界上最奇怪的植物之一，它的每一片叶子都分为两片平坦的裂片，边上布满了卷须。裂片在合叶处连接，在正常情况下，它们是张开到最大的，为路过的苍蝇提供了一个降落平台。这个平台有着特殊的吸引力，它会分泌出含糖的蜜汁，昆虫可以将其作为食物。但是，一旦一只苍蝇飞落并享用这些蜜的话，就会触动特殊的绒毛，捕蝇草陷阱就开始运作。在半秒钟内，裂片就会迅速关闭，长卷须就将苍蝇锁在内部了。不管如何挣扎，它注定难逃一死，在 1 个小时之后，苍蝇就会死去。一旦捕蝇草成功捕获猎物后，其消化酶就开始工作，它们会分解苍蝇的身体，使植株可以吸收其身体所含的各种营养成分。几天之后，残渣就被排出，陷阱又会准备好下一次的捕猎。

紧紧粘住

捕蝇草是非常敏感的，它们可以分辨出美味可口的昆虫和偶然掉落在陷阱里的、不适于食用的物体。

不过世界上大部分的食肉植物的捕猎方式都是不同的，有些诱惑昆虫后，将其粘住使其难以脱身。这些植物中最常见的就是

一只苍蝇被捕蝇草捕获后正在被慢慢消化。每个陷阱在枯萎前可以捕捉四只昆虫。

茅膏菜，世界各地，特别是山地和沼泽地区都有它们的分布。茅膏菜的叶子表面覆盖着一层黏稠的绒毛，上面有类似液体的胶。如果一只昆虫在茅膏菜叶子上着陆，那么这些绒毛就会将昆虫折叠起来，昆虫就无法逃脱了。

溺死猎物

　　昆虫经常被芳香的"饮料"吸引，有时它们就会掉在这些"饮料"中淹死。猪笼草就是用这招来捕获猎物的。猪笼草的种类有很多，分布地也比较广，从沼泽地到热带森林都有它们的身影。尽管它们属于不同的科，它们"陷阱"的工作原理却大同小异：每棵猪笼草都像一个花瓶，有一个滑滑的边，散发着腐臭气

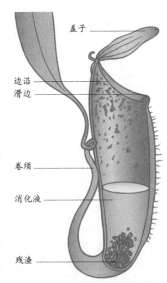

猪笼草叶子的底部有陷阱，每个陷阱都有一个盖子和一个漏斗。消化液池中通常会有猎物的残渣。

味，如果昆虫顺着气味进入，它就会滑倒并跌到"瓶底"。猪笼草的底部有一个消化液池，昆虫就在那里被变为它的大餐。有些猪笼草只有几厘米高，它们的"陷阱"就在地表。世界上最大的猪笼草种类分布在东南亚和澳大利亚，可以长达6米，沿着树木或灌木向上生长，其中最稀有的一种叫作拉贾猪笼草，生长在西北婆罗洲的雨林中，它的猪笼可以装下1升液体，如此大的陷阱据说甚至装下过老鼠并将其淹死。

死胡同

　　大多数猪笼草都有类似于一把伞的片，可以阻止雨水进入。但一种分布在美国加利福尼亚州和俄勒冈州的眼镜蛇百合却是以伸出的"舌头"来代替"伞"的作用的。这种舌头上可以分泌出蜜汁，以吸引觅食的苍蝇。当苍蝇停靠后，它沿着舌头就进入了陷阱之中，在这里有许多很小的窗口，苍蝇对着窗口，却无法飞出去，当它精疲力竭时，就会掉落到底下的致命液体中。

水下猎人

　　捕蝇草的反应相当之快，但是还有反应更快的猎手·将它们的陷阱设在池塘和湖泊中，这些植物被叫作狸藻，它们以水中的蠕虫、水跳蚤之类的微小动物为食。狸藻在水面上漂浮，除了向上的茎之外，它们还有十分类似根的水下茎。这些在水下的茎负责装置这种植物的打猎设备，每个都带着多个看起来像小气球一般的陷阱。每个陷阱都有一个小型的活板门，这个活板门在正常情况下是紧闭着的。在准备制造陷阱时，这种植物会排出一些水，这样植株内部的压力就会比外面的低。如果小动物游近陷阱的话，它就会碰到门上的一组刚毛，门就会立即打开，涌入的水就会将小动物也带入，门就再次合上。当猎物被消化之后，陷阱就会再度备战，等着下一次的捕猎行动。

附生植物和寄生植物

大部分植物都是依靠自己存活下来的，不过也有一些植物利用了它们的邻居。这些植物包括了无害的"乘客"和一些有害或者致命的"寄生虫"。

在植物世界中，光是生存下去的关键因素。单株植物会尽其所能吸收阳光，但竞争会很激烈——特别是周围有许多树木时。一些被称为附生植物的植物就进化出一种方法来应对这一问题——它们会爬上其他的植物以获取光照。寄生植物则更加残忍，它们会攻击它们的主人，窃取它们的水和食物。

附生植物

附生植物是离地生活方面的专家，它们中的大部分都生长在其他树木上，那里提供了坚固的树干，可以供它们安全地生长很多年。在北美洲和欧洲等温带地区，最常见的附生植物就是苔藓和蕨类植物。在热带地区，树干和树枝上经常也可以看到有花植物的覆盖。这些高高在上的开花植物包括世界上最美丽的一些兰花和一些带刺的凤梨科植物，它们可以长到超市手推车那般大小，并超过一个成年人的重量。

世界上大约有 2 万种兰花，其中一半以上是生长在其他植物之上的附生植物。这株澳大利亚昆士兰的国王兰花就长在一个树干上。

尽管存在许多差异，附生植物在它们独特的生活方式方面还是有着许多有趣的相似之处——它们依靠特别的根或者茎悬吊在树上，当下雨时也可以吸收水分，还可以从大气尘埃或者掉落在它们身上的枯叶中吸取养分。

寄生植物

附生植物对于被附生物并不产生任何伤害，但过多的附生植物有时候会压断树枝。

寄生植物是不同的，它们以牺牲寄主为代价而生存。这些奇奇怪怪的生活方式也有程度上的不同：有些只是从它们的寄主那里窃取一些养分；有些直接长在寄主身上；还有一些则干脆躲在寄主的体内。

澳大利亚圣诞树就是寄生植物抢劫其寄主的一个典型例子——它的根会侵入附近的植物，以吸取它们的水分和树液。它最常见的入侵对象是草，不过它也会侵入任何类似根的物体，包括地下电缆。

由于根部被隐藏了起来，人们很难确认在地下窃取养分的寄生植物。地面上的寄生植物比较容易发现，人们最常见到的一种寄生植物叫作菟丝子，世界上许多地方都有它的分布，它那绝缘管似的茎可以覆盖寄主植物，通过小型的吸盘窃取寄主茎中的水分和营养物质。菟丝子从地上生长出之后不久它的根就会枯萎。它可以从一个寄主爬到另一个寄主上面，创造出一个绵延数米的菟丝子网。

这棵老白杨树受到了许多槲寄生的攻击。那么多寄生植物窃取其营养，使得树木很难生长了。

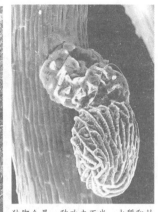

独脚金是一种攻击玉米、水稻和甘蔗等农作物的寄生植物。本图中的独脚金种子正在发芽，并开始攻击寄主植物了。

植物入侵者

许多人都听说过槲寄生这种寄生植物，它们常常会聚集出现在圣诞节期间。它生长在树上，通过生长含有黏性种子的浆果传播——鸟类食用这种浆果时，种子常常会粘在它们的喙上，当鸟类在树枝上摩擦以清洁喙时，种子就留下了。北美洲的矮子槲寄生会以一种爆炸性的方式迅速传播，它的浆果在成熟后会迸裂，时速可达100千米的种子便四散开来了。世界上给人印象最为深刻的寄生植物是生长在苏门答腊岛森林中的大王花，它们会攻击藤类植物，它们的花是世界上最大的。不过这些我们见到过的只是部分，因为许多寄生植物都隐藏在不幸的寄主植物内部。

大王花没有根和叶子，却有巨大的花。它们的种子是由包括大象在内的大型森林动物传播的。

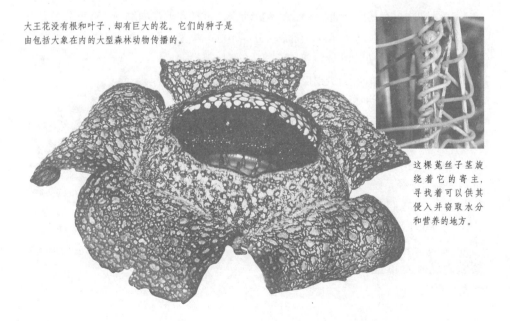

这棵菟丝子茎旋绕着它的寄主，寻找着可以供其侵入并窃取水分和营养的地方。

❈ 动 物

　　世界上到处都是动物，从热带森林到极地冰区，它们生活在地球上的各个角落。迄今为止，科学家们已经确定了大约 200 万种动物，但是还有数百万甚至更多的动物有待我们去发现。

　　世界上没有典型动物一说，因为动物的种类是如此丰富多彩：有些软如冻胶，几乎不像是动物；还有许多则有着复杂的身体结构和坚硬的骨骼，有着敏锐的感觉和牙齿、爪或刺等武器。

动物特征

　　世界上结构最简单的动物是肉眼勉强可以看到的扁盘动物，它们的形状像缩小的薄烤饼，它们薄如蝉翼的身体只有 2 毫米厚。扁盘动物生活在水中，它们没有眼睛、鳍，甚至嘴。扁盘动物穿行于岩石和沙粒之间，它们通过完结自己的生命、自我分裂来繁殖。

　　15 000 只扁盘动物首尾相连，完全展开的长度刚好是一头蓝鲸的长度。蓝鲸这种海洋中的哺乳动物是现存最大的动物，体重可达 190 吨。尽管存在体形上的巨大差别，扁盘动物和鲸还是有一些共同点的：和一切动物一样，它们的身体都是由许多细胞组成的，都必须进食而且都能移动。

细胞和骨骼

　　扁盘动物只有几百个细胞，而大多数动物，包括人类在内都由几百万甚至是几十亿个细胞组成。在动物体内，细胞被分成不同的类型，每一种都有自己独特的功能，有些负责保护动物的身体抵御外来的进攻，有些帮助动物消化吸收食物。大多数动物还有神经细胞，可以保证它们身体的协调。肌细胞使动物可以运动。感觉器官属于神经系统的一部分，它们能让动物不断跟踪周边环境的变化，帮助它们脱离险境或者发现食物。

纽虫是世界上最长的动物。有记录的最长的一条从其头部到尾部长达 55 米，是最大的蓝鲸体长的 1.5 倍。

和植物细胞不同，动物细胞柔软而灵活，因为它们没有细胞壁。不过有些动物细胞会合成一种坚固的物质来保护自己，这些物质包括白垩矿物质——贝壳和骨骼的材料，还有甲壳质——用于昆虫身体。甲壳质看起来和摸起来都像塑料，它坚硬、防水而且极轻。

食物和进食

不管如何生活，在哪里生活，所有的动物都需要食物，食物提供了能量和它们生长所需要的各种物质。大部分动物以植物或者其他动物为食。也有一些饮食习惯比较独特——食用排泄物和死体动物，比如，红缘皮蠹就以在光照下干透的动物尸体为食。这些食腐动物对于自然界而言十分重要，不过对于博物馆中保存的标本而言，它们就是大敌了。

敏锐的视力和锋利的爪子使得雀鹰成为当之无愧的高效猎手。这只雀鹰正在食用被其捕获的一只鸟。

因为动物并不需要阳光生存，所以它们的分布地域就比植物要广，许多动物生活在土壤、洞穴或者海底深处等这些黑暗的地方。大量动物都是夜行动物，那样可以减少被发现和受到攻击的概率。

运动中的动物

和其他生物相比，动物是运动专家。它们可以奔跑、爬行、掘洞或者游泳，有些还可以飞或者滑翔。鲸、鸟和蝴蝶每年运动的里程可以达几千千米，即使是很慢的运动者，比如蜗牛，在其一生中也走过了很长一段里程。有些动物耐力很强，可以连续几天都在运动之中，比如，3～4岁之前的褐雨燕可以通过在飞行中进食和睡眠而保持不间断地飞行。在地面上，许多食肉动物的运动都是短途的，因为它们依靠速度和出其不意捕获猎物。

动物并不是唯一可以运动的生物，许多微生物也能运动。但动物是目前自然界中最大和最快的旅行者。当然，动物界也有许多生物终其一生都固定在一个地方，这些动物包括珊瑚、藤壶和巨蛤——由于它们生活在水中，只能在那等待食物漂近并食用而生存下去。

哺乳动物支配着陆地，不过它们只占地球上所有动物种类的3％还不到。这些大羚羊是干旱地区的住户，它们可以从食物中获取水分。

动物的种类与动物分类法

　　动物是自然界的重要组成部分之一。据统计，现在全世界约有150万种动物。人们在谈到动物的时候，通常想到的仅仅是哺乳动物，其实，动物还应包括鸟类、爬行动物、两栖动物、鱼类以及种类繁多、数量庞大的无脊椎动物。事实上，无脊椎动物占了动物总数的90%以上。有些科学家认为，自然界中可能还存在着大约1500万种未被发现的无脊椎动物。

　　面对如此庞大的动物家族，人们有必要按照一定的尺度将它们分门别类。科学家按照动物的形态结构，先把动物分成两大类：脊椎动物和无脊椎动物。然后将具有最基本最显著的共同特征的生物分成若干群，每一群叫一门。目前动物界一共有20余门，主要包括原生动物门、海绵动物门、腔肠动物门、扁形动物门、线形动物门、环节动物门、脊椎动物门等。门以下为纲，它是把同一门的生物按照彼此相似的特性和亲缘关系所分成的群体。比如脊椎动物亚门中又分为鱼、鸟、哺乳等纲。同一纲的生物按照彼此相似的特征分为几个群，叫做目，如鸟纲中有雁形目、鸡形目、鹤形目等。目以下为科，是同一目的生物按照彼此相似的特性所形成的群体，如鸡形目有雉科、松鸡科等。再往下分便是属，是同一科的生物按照彼此相似的程度结合形成的群体，如猫科有猫属、虎属等。属下面是种，又叫物种，是最小的类群，也是动物分类最基本的单元，

　　动物分为脊椎动物和无脊椎动物，其中脊椎动物有34个动物门类，无脊椎动物有33个动物门类。许多无脊椎动物生活在海洋中，但某些种类，例如昆虫，却生活在陆地上，较多见。下列四图是无脊椎动物的分类局部示意图。

陆栖无脊椎动物

淡水类无脊椎动物
污染是淡水生态系统的最严重的问题之一，是无脊椎动物大量消失的主要原因。

地下无脊椎动物　　　　　　　　　　海洋无脊椎动物生态系统

如猫是猫属中的一种。此外，随着科学技术的发展，人们还运用胚胎学、生物化学、数学等方法对动物进行分类，以便更好地研究自然界。

　　动物是按照从低等到高等的顺序逐步进化的。相对于高等的脊椎动物而言，无脊椎动物是低等的，但却形成了一个令人难以置信的多样化的物种体系。它们没有什么共同特征，仅仅靠一点血缘关系互相结合。有些无脊椎动物是为人们所熟知的，如昆虫、蜗牛等；有些则是难以觉察的，生物学家甚至无法给它们命名。理论上讲，世界上的任何地方都生活着无脊椎动物，但是无脊椎动物通常集中在海洋里。它们有的十分微小，随洋流漂泊；有些则具有庞大的躯体，如巨型枪乌贼有 18 米长。除海绵外，几乎所有的无脊椎动物的躯体都具有对称性，有的呈辐射对称，有的呈双边对称。另外，许多无脊椎动物的躯体是由一些分离的环节构成的，这就使得它们能改变自己的形状，并以复杂的方式运动。如蚯蚓在每一环节里都有分离的肌肉，它可以通过协调肌肉的收缩使自己在土壤里自由蠕动。

　　节肢动物是动物界中最大的群系，主要包括昆虫、千足虫、蜘蛛、螨、甲壳以及造型古怪的鲎和海蜘蛛。所有的节肢动物的躯干都是由一排节环构成，外面由一层外生骨骼或角质层覆盖着，并长有带关节的腿。

　　脊索动物中的海鞘、柱头虫、文昌鱼等，兼有无脊椎动物和脊椎动物的特点，属于中间类型。

　　尽管脊椎动物只占动物界的一小部分，但却是最高等的一个类群，主要包括圆口类、鱼类、两栖类、爬行类和哺乳类。最初的脊椎动物是从 5 亿年前生活在海底泥层中的一种像虫一样的小型动物进化而来的。典型的脊椎动物都是由脊柱、四肢、感觉器官和大脑组成的。脊椎从颈部延伸至尾部，由许多相互连接的块状椎骨组成，可以保护从脑至全身的神经组织。感觉器官集中在头部，其作用是帮助动物察觉危险，寻找食物和配偶。多数脊椎动物有四肢，有的四肢演化成鳍，有的则演化成腿、上肢或翅膀。包括蛇类在内的许多脊椎动物已经没有了外肢的痕迹。脊椎动物的大脑一般都比较发达，尤其是哺乳类动物，如大象的脑高度发达，具有类似于人类大脑的思考和记忆能力。

　　脊椎动物按照不同的标准，可以分成不同的类别。如以变温和恒温来区分，鸟类和哺乳类等恒温动物属于高等动物，爬行类以下的变温动物属于低等动物；如果以在胚胎发育中有无羊膜来看，则圆口类、鱼类和两栖类为低等动物，其他的为高等动物。在大多数情况下，高等动物专指哺乳动物，鸟类以下的为低等动物。

　　将动物按照一定的特性划分为不同的门类，反映了动物发展演化的漫长历史。一般而言，同一类群的动物具有比较近的血缘关系；而不同类群之间的动物，有的亲缘关系比较近，有的则比较远。例如海绵这种最简单的有机生物，它们的躯体是由两层细胞构成的，变形细胞很多，体壁细胞具有多种功能。虽然它属于多细胞生物，却有着与单细胞生物相似的行为特征，因此可以说它们具有较近的亲缘关系。而那些形态差异比较大的生物，其亲缘关系就比较远。动物的亲缘关系，实际上就是动物的演化关系。有人曾根据亲缘关系的远近，将各门动物的关系排列成"系统树"，树的上方是高级的哺乳类动物，下方则是原生的单细胞生物，从这棵树上人们可以清楚地看到物种进化的历史步伐，有助于我们了解自然界的奥秘。

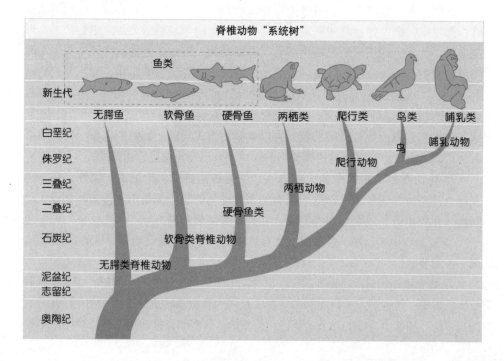

动物的求偶

　　动物为了延续自己的种族，不断繁殖后代，必须与异性进行交配，而它们"求爱"的方式也是多种多样的。

鸵鸟的"求婚舞"

　　在繁殖的季节，雄鸵鸟们在选择配偶时，彼此间免不了要进行一番激烈的较量。这时雌鸵鸟会在一旁观战，只有获胜者才能赢得雌鸵鸟的青睐。胜出的雄鸵鸟的身旁经常聚集着 3～4 只雌鸵鸟，它就从中选择中意的做自己的"新娘"。

　　婚戏时刻来临了。雄鸵鸟便扑打着翅膀，诱使或者驱赶自己选中的雌鸟离群，这一对便开始配合、协调动作。雄鸵鸟装出啄食的样子，实际上是观察对方的反应。如果对方没有和它一样也低头啄食，它们便友好地"分手"，雄鸵鸟返回鸟群重新选择。如果对方也低头啄食，雄鸵鸟就跳起优美的"求婚舞"：雄鸵鸟在雌鸵鸟面前蹲下，展开双翅并发出奇特的叫声，头部伸直并向后仰，双脚来回跳动，双翅不停地摆动，舞姿非常迷人。而雌鸵鸟则翅膀拖地，围着雄鸵鸟转圈儿。当雄鸵鸟突然跳起时，它便立即伏在地上，雄鸵鸟便扑着翅膀与之进行交配。

以"聘礼"订婚的企鹅

　　企鹅实行"一夫一妻"制，不过它们只在繁殖期成对地待在一起。一般说来，雌企鹅只愿意与"原配"丈夫进行交配，并通过叫声和动作辨认对方。

　　企鹅在繁殖期常常是以歌求偶，并伴以滑稽可笑的动作。一会儿互相扇动着翅膀，一会儿将扁平的长嘴一齐指向天空。有时，雄企鹅在求爱前需要准备一些卵石作为"聘礼"，虔诚地奉献给雌企鹅，然后退几步站在一旁观望。一旦双方结为夫妇，它们便会用这些卵石在雪地的背风处筑起洞房，形影不离地生活在一起，开始产卵育儿。

相亲相爱的企鹅夫妇

形状和骨骼

　　世界上所有的动物都需要保持它们自己的形状。它们中有些像果冻一样柔软，不过绝大部分都有坚固的骨架，可以支撑起它们的身体。

　　地球上最简单的动物都是软体的，它们大部分都生活在海洋中，水可以使它们浮起来。在陆地上，作为软体动物就比较困难了，因为重力会使得柔软的物体塌陷下来。这就是为什么大多数动物有坚硬的骨骼的原因。这些骨骼可以将它们的身体撑起来，这样它们就可以以一定的形状出现，并且可以来回运动。骨骼还让一些动物更难以被攻击。

扁虫（上左图）和海葵（上右图）的身体都是软的。和许多其他软体动物一样，它们也能移动，不过速度很慢。扁虫在水中慢慢滑行，海葵则在岩石上缓慢爬行。

压力下的动物

　　软体动物并不罕见，它们包括许多海滨动物，比如海葵和水母以及陆上常见的蚯蚓。蚯蚓没有坚硬的身体部分，但在土壤中穿梭却一点都不困难。如果被抓起来，蚯蚓可以以惊人的力量挤过人的手指。这些软体动物是如何做到这些的呢？答案就是蚯蚓的身体是由许多间隔组成的，就像一个轮胎，每一个都处于压力之下，这种压力来自于一种液体，这种液体向蚯蚓的皮肤方向施加压力，以保持其形状。当蚯蚓需要移动时，它就使间隔伸展和收缩。通常，这样就可以使自己向前移动了，同时它们也能轻易地反向运动。

多孔的骨骼

　　动物骨骼在进化时，出现了不同的骨骼种类，其中最特殊的一种是海绵。这些原始动物没有头或者大脑，不过它们都有由硅石微粒和其他矿物质组成的内部支架。这些微粒被称为骨针。有些骨针是直的，有的像吊钩，甚至是星星的形状。单个海绵是由几百万的骨针组成的，它们之间通常是由纤维连接。擦身海绵完全是骨骼，没有海绵的活体细胞。在出售前，海绵需要清洗，因为其内部通常会有沙子和其他小动物。

在"箱子"中生活

　　与海绵不同，世界上最成功的动物都是处在活动中的，这些动物叫作节肢动物，包括一系列有不可思议的跳跃、爬行、奔跑、游泳和飞行技巧的动物。最常见的节肢动物是昆虫，这个巨大的组别也有其他种类的生物，比如蜘蛛、蝎子、甲壳动物、蜈蚣和千足虫等。

　　节肢动物种类繁多，不过它们都有一个共同特点：像箱子一样运作的骨骼。这种"箱子"是由不同的板块以灵活的接头连接起来的，它包裹住动物的全部身体，脚是管状的"板材"，眼睛是透明材料包裹的。"箱子"使得动物可以保持一个良好的形状，并避免其因身体干枯而死。由于它是活动的，所以主人可以运动自如。

　　节肢动物的"箱子"外套几乎和节肢动物本身种类一样繁多：对于蟹和龙虾，外套就像一套甲胄，保护它们免受攻击；蝎子也有硬壳，不过由于它们栖息在陆地上，它们的外套结合了轻和结实两大优点；蚊子的外套是超薄型的，因为它们一生中的大部分时间都处于飞行状态。

壳和骨

　　节肢动物的外套是大自然最成功的发明之一，不过也有两个严重的问题：首先，如果它们过大，就会很重，动物行动会变笨拙。这就是为什么世界上大多数的节肢动物都只有几厘米长；第二是"外套"不能生长，不得不经常丢弃或者蜕皮，并长出新的替代物。

　　壳就没有这些不利因素，因为壳可以和身体一起生长。壳能很好地保护动物的内部脏器，不过对于移动没有多少帮助。不过，也有一种既可以移动又可以生长的骨骼，那就是类似我们人类的骨骼。

灵活的骨架

　　脊椎动物是唯一拥有可生长骨骼的动物，包括鱼类、两栖动物、爬行动物和鸟类，还有包括人类在内的哺乳动物。和"外套"身体不同的是，脊椎动物的骨骼是在体内的。它们由灵活性关节头连接，可以活动，但同时又非常结实。

　　骨骼中包含活体细胞，它们会和身体的其他部分同步生长，这就意味着脊椎动物不需要蜕皮。更好的是这种骨骼不会因为过大而不能移动。这就是为什么陆地、海洋和空中的大型动物都是脊椎动物的原因。

长臂猿的骨骼包含 200 多块分离的骨骼，它们的连接部分相当灵活。长臂猿可以在树枝间来回摇晃，跑得跟人一样快，还能从一棵树跳至 10 米开外的另一棵树上。

呼 吸

当鲸深潜之后来到海面时，它的第一要务就是呼吸。平均而言，我们一分钟呼吸15次，但许多鲸可以屏住呼吸长达1小时。

因为动物的身体需要吸进氧气、释放出二氧化碳，所以它们要呼吸。有些小动物，比如扁虫只是简单地让这些气体通过它们的皮肤来进行呼吸。不过大多数动物则需要更多的氧气，尤其是在活动的时候。它们通过呼吸器官的帮助获得氧气，这些器官包括鳃和肺。这些器官都有着丰富的血液供给，血液流过这些器官从而获得氧气并将其传输至身体需要的部位。

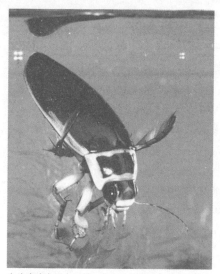

和许多淡水昆虫一样，龙虱必须浮到水面来呼吸空气。这种甲虫会将空气存储在它们翅膀之下，所以它们必须努力游泳才能下潜。

水下呼吸

水中含有许多溶解氧，特别是当水温较低的时候，其中的氧含量就更高。哺乳动物不能吸收这种氧气，连专业的"游泳者"如海豹和鲸也不例外。鱼类则一直在呼吸这种氧气，因为它们有鳃。

鳃是片状或者丝状组织的集合体，周围充满了水，它们的表面积比较大，也非常薄，所以氧气可以非常方便地流入，二氧化碳则同时流出。大多数鱼鳃隐藏在鱼类头部以下的凹室内，当鱼游泳时，水流穿过鱼嘴，通过鱼鳃，再经过缝隙或者孔洞流出体外。鱼游得越快，鱼鳃获得的氧气就越多。当鱼静止时，它们通常会大口"吞咽"水以保持氧气供应。少数鱼类，比如弹涂鱼可以在空气中存活。

在潜水之后，这头驼背鲸大呼一口带油味的气。大多数鲸都有一双通气孔，不过抹香鲸只有一个，在它们鼻部的左边。

不过大多数鱼类，一旦上陆则必死无疑——它们的鱼鳃会黏结在一起，从而使它们不能获得所需的氧气。

呼吸管

并不是只有鱼类才有鳃，蝌蚪也有，龙虾、蟹和蛤以及有些游泳或者潜水的昆虫也有鳃。不过昆虫本来是陆上动物，这就说明了为什么大多数昆虫都必须浮上水面才可以呼吸空气。

昆虫体内获得氧气的系统十分特别，它们

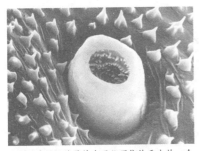

这张图片显示的是放大了几百倍的毛虫的一个单个呼吸孔。通常呼吸孔分布在昆虫身体的两侧，成排分布。

并没有肺，而只有一组称为"气管"的呼吸管。这些管子通向昆虫身体侧面的外孔，称为"呼吸孔"。在昆虫体内，每根气管被分为数千根微型分管，可以为每个细胞提供氧气。小型昆虫让氧气直接流过它们的气管。稍大一些的昆虫，比如蝗虫，就会运用它们的肌肉来帮助氧气进入。当昆虫蜕皮时，它们必须将所有的呼吸管层也蜕下。当皮彻底脱落后，就像一只被丢弃的短袜一样。

呼吸一口气

昆虫个头较小，所以气管十分适合它们。不过有着脊椎的动物，除了鱼类，都是通过肺来呼吸的。和鳃不同，肺是中空的，它们隐藏在体内。肺中包含有数百万个小型气室，可以使空气中的氧气很方便地流入血液中。鼩鼱的肺很小很小，而鲸的肺通常比一辆小轿车还要大。尽管大小上差别巨大，它们的工作原理却大同小异：哺乳动物呼吸时，肌肉使胸腔扩张，带动肺张开，接受从外部进入的空气；呼气时，动物就放松胸肌，随着胸肌的收缩，肺也变小，将空气压出。如果动物十分活跃，它们的胸肌也会加强工作强度，呼入的空气可以是正常情况下的5倍，同时排出的空气也大大增加。

在高处呼吸

海象在潜水2小时后，只需要浮到水面呼吸5分钟。不过收集氧气的专家是鸟，鸟的肺和中空的肺泡相连，直接通向它们的骨骼。空气通过鸟肺这一单行道可以使鸟类收集尽可能多的氧气。鸟类需要效率很高的肺，因为飞行需要大量能量，是它们在停在树枝上时候需要能量的10倍。高效率的肺也使它们可以在氧气稀薄的高空飞行。有些鸟可以飞到1万米的高空——人类在这个高度是难以呼吸的。

这些幼体蝾螈通过一组羽状鳃呼吸。当它们成熟时，这些鳃会慢慢消失，它们就转而通过肺和皮肤呼吸。

❋动物如何运动

蛙的后腿既可以用于跳跃也可以游泳。

对于大多数动物而言，运动对于生存是至关重要的。有些运动速度极慢，它们需要1个小时才能穿过十几厘米的长度，而最快的速度可以超过一辆加速行驶的汽车。

并非只有动物才会运动，但是在耐力和速度方面，他们绝对是无可匹敌的。有些鸟在一天内可以飞行超过1000千米，灰鲸在其一生中游过的距离是地球和月球之间距离的2倍。动物通过肌肉运动，大脑和神经则控制肌肉。

游　泳

地球上3/4的地方都覆盖着水，所以游泳是一种很重要的运动方式。最小的游泳者是浮游动物，它们生活在海洋的表面，有些只是简单地随水漂流，不过多数都是通过羽毛状的腿或者细小的毛像桨一样滑行。浮游动物在逆水的情况下很难前进，许多浮游动物每天会下潜到海洋深处，从而避开掠食的鱼类。

快行者

在水中，大部分"游泳者"都利用鳍来游。游得最快的是旗鱼，它们的速度可以达到每小时100千米。它们充满肌肉的身体是流线型的，其动力来源是刚劲的刀形尾鳍，通过这个尾鳍在大海中遨游。与旗鱼相比，鲸的速度要慢得多——灰鲸一年的旅程超过12000千米，但是它的平均速度却比一个步行的人快不了多少。海豚和鼠海豚也游得很快，它们的速度可以达到每小时55千米。

利用鳍和鳍状肢并不是快速游泳的唯一方式。章鱼通过吸水，再利用墨斗向后喷出脱离险境——相反方向的逃逸动力就来自于这种水下喷流推进力。

陆上运动

水中的一些运动方式在陆地上也是同样有效的，比如陆地

蛇怪蜥蜴在危急的情况下可以在湖面和河流表面上行走。它在走了几米之后，才会游走。

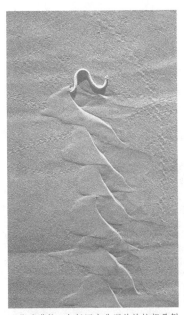

一些沙漠蛇，包括图中非洲的蝰蛇都是侧向运动的。这些蛇并不滑行，而是在沙子上移动身体，侧向前行。

蜗牛的运动方式就和它们水中的亲戚相同，都是通过单个吸盘状的足爬行的。

为了保证它的足能够吸住，蜗牛在行进过程中会分泌出许多黏液，这样它就可以在各种物体表面爬行，也可以倒着爬行。不过这种方式的速度并不是很快，蜗牛的最快速度大约为每小时 8 米。

腿

腿是原先生活在水中的动物为适应陆地上的生活逐渐进化而形成的。现在，陆地上有两种大相径庭的有腿动物：第一种是脊椎动物，这种动物有脊椎骨，就如同我们人类一般；第二种就是节肢动物，包括昆虫、蜘蛛和它们的亲戚。

脊椎动物的腿从来没有超过 4 条，节肢动物有 6 ~ 8 条腿，有些则更多。腿的数量最多的是千足虫，它们有 750 条腿。另一种极端情况就是有些脊椎动物正在逐步失去它们的腿，而由身体的其他部分代替。有一种稀有的爬行动物只有两条腿，而世界上所有的蛇都根本没有腿。

迅速移动者

节肢动物体形较小，所以它们的运动速度并不会非常快，其中运动速度最快的是蟑螂，每小时可达 5 千米。而且因为它们都很轻，所以可以展示一些非同寻常的绝技——它们几乎都可以倒着跑，而且可以跳到它们体长数倍的高度。它们还有立刻启动或者停止的本领，这就是人们觉得这些虫子都很警觉的原因。

比较起来，脊椎动物的启动速度较慢，不过它们的运动速度则快得多，比如红袋鼠的奔跑速度可达每小时 50 千米。世界上最快的陆地动物猎豹的速度是这个的 2 倍，不过这个速度每次持续时间不超过 30 秒。

尽管兔子的速度很快，但是它还是敌不过猎豹。猎豹的速度太快，以至于不能扑住猎物。它们通常用前爪打击猎物。

滑翔和飞行

　　动物开始飞行始于 3.5 亿年前。今天，空中充满了各种滑翔和飞行的动物。有些体形大且强壮，还有一些则几乎用肉眼看不见。

　　许多动物都会滑翔，只有昆虫、鸟类和蝙蝠才能真正飞行，它们用肌肉张开翅膀、起飞和降落。昆虫的数量比其他飞行者多几百万倍，它们的小体形使得其在空中可以自如飞行。蝙蝠可以飞得很快而且很远，不过鸟类才是动物世界中最好的飞行员，有些鸟类飞行的里程从数字上说都可以环绕地球了。

草蛉拍打它那精致的翅膀使自己能够飞起来。这张慢速的序列图显示的是草蛉起飞时两对翅膀同时运动的情形。

大型滑翔者

　　滑翔动物包括一系列特别的种类，有啮齿动物、有袋动物甚至是蛇、蛙和鱼类。有些只能滑翔几米就着陆，也有一些专业型"滑手"，比如飞鱼，可以在空中滑行 300 米以上。它们许多都利用滑翔作为紧急状况下的逃生方式。而对于某些动物，比如鼯猴，滑翔是它们的运动方式，即使是怀孕的母猴也是如此。

　　滑翔动物并没有真正的翅膀，它们的身体上有扁平部分，可以使它们在空中滑翔：飞鱼有 1 ～ 2 对特别大的鳍；飞蛙则用它们拉长的如降落伞般运作的腿滑翔；滑翔哺乳动物使用的是它们腿之间伸展的弹力性皮肤和尾巴——在平时，这些皮肤是折叠起来的。

空中的昆虫

　　和滑翔动物不同，飞行昆虫将大量的肌肉

力量用于如何在空中支撑自己。蜻蜓1秒钟内拍打翅膀30下，家蝇则要达到200下或者以上。苍蝇只有一对翅膀，而大多数昆虫都有两对。蝴蝶和蛾的前后翅膀是同方向拍打的。蜻蜓则是以相反方向拍打的，这就是蜻蜓可以盘旋在空中，甚至是反向飞行的原因。

飞鱼通过滑翔逃避追捕。它们的鳍就像翅膀一样，有些种类的飞鱼还会利用它们的尾鳍，作为一个外置马达，帮助它们飞入空中。

　　大多数昆虫并不能飞很远，许多体形很小的昆虫十分容易被风吹走。不过，在昆虫世界中确实有一些长途飞行者。在北美洲，帝王蝴蝶通常

要飞行3000千米到目的地繁殖。在欧洲，有一种"灰斑黄蝴蝶"，通常在夏季穿越北极圈，以寻找一个能够产卵的地点。

对于蠼螋而言，准备飞行是一个漫长的历程。它们的后翅包裹在较小的前翅之下，后翅通常要折叠30次才能被前翅覆盖(1)。一旦蠼螋打开后翅，它们的翅膀就变得惊人的大(2)。

带羽飞行者

　　蝙蝠的飞行速度可达每小时40千米，不过与某些鸟类相比，这种速度还是比较慢的：大雁在水平飞行时，时速可超过90千米；游隼在飞速下降捕猎时的速度可以达到每小时200千米。从飞机上可以看到，在超过11000米的高空还可以发现秃鹫，而且它们还可能飞得更高。鸟类能创造这些纪录是因为它们的骨骼是中空的，而且肺的工作效率极高。然而它们的羽毛是更重要的因素：鸟类的羽毛给予了它们流线型的身体，使它们能在空中高速穿行。

　　北极燕鸥每年的飞行里程可达50000千米，比地球上任何一种动物都要长。乌领燕鸥给人的印象更为深刻，它们可以在空中飞行5年，它们史诗般的飞行历程的最终目的地是供其繁殖的一个热带岛屿。

动物的感觉器官（上）

动物需要寻找食物，但是它们也需要躲避危险。动物通过使用其感觉器官接触外部世界来实现这个目的。

跳蛛有四对眼睛，其中一对特别大，位于正前方，像汽车的前灯。在跳跃前，它先利用这些眼睛判断距离。

对人类而言，视觉和听觉是日常生活中最为重要的感觉，它们告诉我们大量关于周围环境的信息，帮助我们锁定正在移动的事物。除了人类之外，很多动物也依赖这两类感觉器官。食肉动物通常使用听觉和视觉来锁定猎物，同时，这些猎物也使用这两种感觉来逃避猎捕。人类的感官或许灵敏，但是很多动物的感官甚至更为灵敏。

朝前看

扁形虫的眼睛构造很简单，只能分辨光明和黑暗。这样的眼睛并不利于定位食物，但是当食肉动物位于其头上方时，造成的阴影至少能警告扁形虫危险的来临。大多数动物眼睛的功能远不止于此，它们可以聚集光线并且形成焦点，因此拥有这类眼睛的动物可以形成关于周边环境的映像。

我们人类的眼睛上有单一晶状体，可以将光线聚集到一层弧形的屏幕上，该屏幕被称为视网膜。所有哺乳动物以及其他脊椎动物都有类似的眼睛。因为我们有两只眼睛，所以是通过稍稍相异的两个视点看到了同一个景象，这使得我们可以判断深度。搜寻和捕食对于很多动物来说非常重要，因此这类动物的眼睛通常都是向前突出的。而食草动物恰恰相反，它

相对其体形来说，眼镜猴的眼睛是最大的，每只眼睛都比其大脑的体积要大。眼镜猴生活在热带丛林中，在夜幕降临时捕食昆虫。

们的眼睛通常长在两侧，这样的眼睛可以使它们看到整个周边环境，以便尽早地发现危险的迫近。变色龙的眼睛可以各自自由转动，同时观察不同的方向。

看到细节

眼睛之所以可以有这样的功能，得益于其视网膜上拥有特殊的接收细胞，这些细胞截取光线，将之转化成电子信号并传递到大脑。其中一些接收细胞可以对各种颜色作出响应，而有些则只能识别白色和黑色。视网膜上的接收细胞数量越多，眼睛则可以看得更为细致和清楚。

在人类的眼睛中，每平方米视网膜上含有 20 万个接收细胞，然而在一些鸟

类的眼睛中，该数目是人类的 5 倍，这使得鸟类的目光非常犀利，可以在高空中轻松锁定很小的动物目标。这些鸟类特别擅长看移动的事物，而看见静止的事物则相对较难。很多其他种类的食肉动物的眼睛也有这一特性，这也正是很多被猎食的动物在被发现时采用"静止不动"的方式来躲避的原因。

复　眼

哺乳动物的眼睛可以与人类的眼睛对视。但是如果要与昆虫"眼对眼"是非常困难的，因为昆虫的眼睛构造完全不同于人类。人类眼睛中只有单一的晶体，而昆虫的眼睛中却有几百个甚至几千个晶体，每只眼睛中都会形成独立的区室，而这些区室组合起来后便形成昆虫看到的事物形象。这类眼睛被称为复眼，在整个昆虫世界中，各种复眼在大小和形状上有着极大的差异。

工蚁的眼睛很小，其中却含有大约 50 个区室，而蜻蜓的每只眼睛中含有的区室数量甚至高达 2.5 万个。蜻蜓的眼睛很大，几乎占满了其整个头部，这种大小的眼睛非常有利于锁定运动的事物，正是蜻蜓在半空中捕获其他昆虫所必备的"武器"。

私人电话

视觉器官有一个很严重的缺点，即不能在黑暗中运作。正是由于这个原因，很多夜行动物依靠的是听力。听力不能像视力那样获取很多细节性的信息，但其长处在于：即使存在障碍物，听力仍然可以发挥功效。很多动物使用声音进行交流，因为当它们安全隐藏好以后可以呼叫。在热带雨林，蝉可以发出震耳欲聋的叫声，远在 1 000 米之外都可以听到，尽管如此，蝉还是不容易被发现。在声谱的另一端，大象通过发出低沉到人类根本无法听到的声音进行交流，这些声音可以传得很远、很广，使得各个群体之间可以保持联系。

借助声音捕猎

有些动物是依靠声音来寻找食物的，它们发出高频的噪声，然后根据回声所需时间的长短来判断猎物的远近。如果猎物离得很近，那么声音就回得很快，从而帮助猎食者追踪其食物。这个系统叫作回声定位法，它在蝙蝠世界里得到了最好的发挥。在一个有名的实验中，一只蝙蝠被放置在一个漆黑的房间里，中间用一张透明的渔网隔开，而蝙蝠却顺利穿过了渔网——在穿过渔网的那刻，蝙蝠收起了翅膀。这说明其知道渔网的所在。

为了躲避捕食，有些蛾类会发出尖锐的声音。这些声音可以干扰蝙蝠的回声信号，从而使其放弃捕食。

动物的感觉器官（下）

没有视觉和听觉，人类在日常生活中就会遇到很多麻烦。然而在自然界中，很多动物除了视觉和听觉外，还依靠各种不同的感觉器官来寻找道路和捕捉食物。

蝴蝶和家蝇都可以用它们的足来辨别味道。这些蝴蝶停在了一堆动物粪便上，正在吸取其中含有的盐分。

人类有五大主要感觉器官——视觉、听觉、嗅觉、味觉和触觉。此外，我们还有平衡觉，只是常常被忽略而已。人类的触觉很灵敏，但是与很多动物相比，味觉和嗅觉就显得迟钝了。有些动物在行走时依靠的就是嗅觉和触觉，而有些动物则拥有额外的感知功能，可以发现我们根本感知不到的东西。

味觉和嗅觉

当一只蝴蝶停下来时，它就能马上知道足下踩的是什么，而根本不需要伸出舌头来尝一尝。蝴蝶，包括一些其他种类的昆虫之所以有这样的功能，是因为它们的足上有特殊的化学感知器官——这种非同寻常的系统可以使得苍蝇准确地找到食物，也使得蝴蝶可以找到合适的植物来产卵。

动物使用味觉来测试它们可以触碰到的东西，但是嗅觉则可以被用在更广的范围上——一只雄性飞蛾可以感知到 5 000 米以外的一只雌性飞蛾。在这么长的距离下，雌蛾的气味已经很淡了——大约只占空气比例的千万亿分之一，即便如此，雄蛾的触角还是能够感知到雌蛾的气味分子。

嗅觉导航

动物之间通过嗅觉来保持联系和寻找食物，哺乳动物特别擅长此道，很多哺乳动物——从狐狸到羚羊——通

雄蛾长有羽状的触角，非常善于收集空气中微小的气味颗粒。雌蛾的触角很小，结构也比雄蛾的简单得多。

响尾蛇（下左图）、蟒蛇和巨蟒的眼睛周围都长有热感应器。这使得蛇类在黑暗中能够找到热血的猎物（上右图）。

过气味来圈定自己的领地。这些气味标志是看不见的，但是它们可以持续好几天甚至几个星期，让那些潜在竞争对手知道这块区域是已经被占领了的。总体来说，鸟类的嗅觉不是那么灵敏，但是也有例外——美洲秃鹫对腐烂中的肉类非常敏感。

对于陆地动物来说，嗅觉和味觉是两种完全不同的感觉器官，但是对于水生动物来说，这两者是合二为一的。大部分人可以分辨出瓶装水和自来水，但是鱼和海龟可以分辨出水中化学成分的微小区别，在知道这些区别后，它们还同时进行记忆，因此它们可以将之作为像地图上标示的点一样使用。大马哈鱼就是采用这种方法找到穿过海洋的路线，并准确无误地回到原先它们孵卵的河流中的。

特殊的感觉能力

我们可以感知电流，但是不能感知电场，也不能感知环绕着整个地球的磁场。但是，对于有些动物而言，上述这些感知能力都是日常生活中必不可少的。

大多数动物都有着自己的电场，因为它们的肌肉和神经中可以产生电流脉冲。象鼻鱼的电场就像雷达系统一样，可用来帮助它在浑浊的泥流中找到正确的方向。有些鲨鱼则利用电场来捕食，它们的嘴和鼻周围有电感应器官，可以帮助它们找到躲在海床泥沙中的鱼。其中最厉害的动物电力专家是亚马孙电鳗，它使用其电场来感知猎物，然后用高达 600 伏的电流将之杀死。

实验显示，迁徙鸟类可能是运用地球磁场来确定前行的方向，这是帮助它导航的多种感觉系统之一。但是确切地说，科学家们并不知道这个导航系统是怎样运作的，也不知道有多少种动物依靠这个系统来导航。

✿ 食草动物

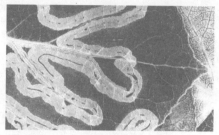

食草动物与食肉动物数量比至少是 10：1。从最大的陆生哺乳动物到可以舒服地生活在一片叶子上的小幼虫，食草动物多种多样。

这张图显示的是一条毛虫进入了树叶内部。黑色部分是它的排泄物。

植物性食物有两大优势，一方面它们很容易找到，另一方面它们不会逃跑。对于小型动物来说，还有另一个好处——植物是很好的藏身之所。但是食用植物也有其弊端，因为这种食物吃起来比较慢，而且也不容易消化。

秘密部队

一只大象每天可以吃掉 1/3 吨的食物，它们常常将树推倒来食用树枝上的叶子。野猪则采用不同的技术——从泥土中挖掘出美味多汁的树根来食用。虽然这些动物的体形都比较大，但是它们并不是世界上最为主要的食草动物。相反，昆虫和其他无脊椎动物的食用量要远远超过它们。

在热带草地上，蚂蚁和白蚁的数量常常超过其他所有食草动物的总数。它们收集种子和叶子，把它们搬到地下。在树林和森林中，很多昆虫以活的树木为食，而毛虫则直接躺在叶子中啃食。毛虫的胃口很大，如果进入到公园或者植物园的话，可以造成非常严重的虫灾。

哺乳动物、鼻涕虫和蜗牛食用的植物种类范围很广。但是，小型食草动物通常对它们的食物比较挑剔。比如，榛子象鼻虫只是以榛子为食，而赤蛱蝶毛虫只食用荨麻叶。如果这些毛虫遇到的是其他植物，它们会选择饿死。对食物如此挑剔看似奇怪，但对于食草动物而言，有时候这是值得的，因为这样在处理它们的专门食物时效率会额外高。

种子和存储

爬行动物中的植食者比较少，鸟类中则比较多。其中，只有很少部分鸟以树叶为食，更多的是食用花或者果实及种子。

和许多其他啮齿类动物一样，袋鼠鼠利用它们的颊袋将种子运回洞穴。

蜂雀在花朵中穿梭采集花蜜，有些鹦鹉则用它们刷子般的舌头舔食花粉。食用果实和种子的鸟类更为常见，它们不像蜂雀和鹦鹉，在全世界都有分布。

种子是十分理想的食物，它们富含各种营养性的油类和淀粉。这也是这么多鸟类和啮齿类动物将种子作为食物的原因。在一些干燥的地方，寻找食物比较困难，食用种子的啮齿类动物就格外的多。

啮齿类动物和鸟类不同，它们在困难时期可以通过收集食物并在地下存储食物而幸存下去。在中亚，有些种类的沙鼠可以储存60千克种子和根，这些存粮足够它们生活几个月。

食 草

种子消化很方便，所以它们也是人类食物的一部分。不过草和其他植物对于动物而言就不是那么容易分解了。因为它们中含有纤维素这种坚硬的物质，人类是消化不了的。不单单是人类，食草的哺乳动物也不能消化，尽管这些是它们食物的主要组成部分。

那么，这些动物如何生活下去呢？答案是：它们利用微生物帮助它们完成这项消化工作。这些微生物包括细菌和原生动物，它们拥有特殊的酶，可以将纤维素分解。

微生物在哺乳动物的消化系统中安营扎寨，那里温暖湿润的环境为它们提供了一个理想的工作场所。许多食草动物将微生物安排在称为"瘤胃"的特殊地带，瘤胃工作起来就像一个发酵罐。这些食草动物被称为反刍动物，包括羚羊、牛和鹿。它们都会将经过第一轮消化的食物再次咀嚼，进而吞咽后再消化。这一过程使得微生物更容易分解食物。

就食物和身体重量比而言，毛虫的食量比大象要大得多。这些热带毛虫带有长刺，可以保护它们免受鸟类进攻。

全职进食者

反刍对于消化而言十分有效，但是会占用很长时间。进食草木也很费时间，因为每一口都要咬下来，彻底咀嚼。因此，食草动物没有太多的休息时间，它们总是忙于采集食物和消化食物。

对于植食昆虫而言，情况也大同小异，尽管变为成虫后它们的食性通常会发生变化。毛虫是繁忙的进食者，不过成虫的蝴蝶或者蛾的大多数时间都用于寻找配偶和产卵，它们会在花丛中穿梭，但很多根本不食用任何东西。飞蟓蛄更奇特，它们的成虫压根就没有活动的嘴。

❀ 食肉动物

　　当一只食肉动物向其猎物靠近时，不由得会让人产生一种紧张感。但是食肉动物是自然界的重要组成部分，连人类有时也是食肉动物。

　　与食草动物相比，食肉动物总有失算的时候，因为猎物可能会逃跑。作为补偿，自然界使得肉具有很高的营养价值。为了成功捕获猎物，食肉动物通常都有敏锐的感官和快速的反应能力。它们通过特殊的武器比如有毒刺、有力的爪子或者锋利的牙齿来制伏猎物。

慢动作的捕猎者

　　当人类提到食肉动物时总会最先想到像猎豹那样的运动速度很快的动物。但是很多食肉动物并不是如此，比如海星，它的运动速度比蜗牛还慢，但是它们专门捕食那些不会逃跑的猎物——一般是把猎物的外壳撬开，然后享用里面的美餐。

冠棘海星以活珊瑚为生，它爬到珊瑚礁上，吃掉珊瑚虫的柔软部分。

　　在水中和陆上，很多食肉动物根本不追捕任何东西，相反，这些猎手只是埋伏着，等待猎物进入自己的抓捕范围。它们常常伪装得很好，有些甚至通过设置陷阱或者诱饵来增加捕获猎物的概率。"埋伏"的猎手有琵琶鱼、螳螂、蜘蛛和很多蛇类等。很多"埋伏"猎手都是冷血动物，即使几天甚至几个星期没有进食，它们也可以存活下来。

在阿拉斯加，棕熊涉到河流中捕食洄游的大马哈鱼。它们的这场高蛋白盛宴可以一直持续几个星期。

一只非洲鱼鹰在水面上捕获了猎物。在其回到栖枝上后，便会将鱼整条吞下。

鸟类和哺乳动物都是热血动物，因此它们需要很多能量来保持身体正常运作。对于一头棕熊而言，能量来自于各种各样的食物，包括昆虫、鱼，有时也包括其他的熊。棕熊的体重可以达到1000千克，它是陆地上最大的食肉动物。一般情况下，它对人类很谨慎，但是如果真正开始攻击，结果将是致命的。

哺乳动物中的食肉者有着特殊的牙齿来处理它们的食物。靠近它们嘴的前方位置有两颗突出的犬齿，这可以帮助它们把猎物紧紧咬住。一旦将猎物杀死后，它们的食肉齿就开始发挥功用了——这些牙齿长在颚的靠后位置，有着长长的、锋利的边缘，可以像剪刀一样将猎物剪碎。有些食肉哺乳动物，比如狼，还常用食肉齿来将猎物的骨头咬碎，从而吃到里面的骨髓。

空袭

鸟类没有牙齿，它们用爪子捕猎。一旦它们将猎物杀死后，就会将其带到栖枝上或者自己的巢中。有些大型鸟类可以抓起很大重量的猎物——1932年，一只白尾海雕抓走了一个4岁的小女孩。神奇的是，这个小女孩存活了下来。

爪子很适合用来抓住猎物，但是鸟类通常使用其弯曲的喙部来将猎物撕碎。捕食小型动物的鸟类有一套特殊的技术，它们可以将猎物的头先塞进自己的喉咙，然后将其整个吞下去。

大规模杀戮者

世界上最高效的捕猎者通常食用比其自身小很多的猎物。在南部海域，鲸通过过滤海水来食用一种被称为磷虾的像明虾一样的甲壳动物。它们的这种捕食方式是所有食肉动物中杀戮量最大的，每次都可以超过1吨以上。灰鲸在海床上挖食贝类，而驼背鲸则通过张起"泡沫网"等待鱼群的到来——这种网可以将鱼群逼入较小的空间，使其更容易被捕捉。但是最厉害的捕鱼高手应该是人类，人类每年都要捕得几百万吨的鱼。

通过从其吹气孔吹出空气，驼背鲸用形成圆柱形的上升气泡将一群鱼困住。然后，从圆柱的中心自下而上，吞食鱼群。

食腐动物

世界上有几千种动物以寻找动物尸体和各种残余物为食。它们帮助了物质的再循环，使得营养物质得以被重新利用。

在动物世界里，食腐是很好的营生方式，因为其他动物能够源源不断地提供尸体，以及粪类、外皮、羽毛和皮毛等。对于我们，这些东西并不具有什么吸引力，但是对于食腐动物而言，这是有营养而可靠的食物来源。虽然没有食腐动物，尸体也会最终被微生物分解掉，但这就需要很长的时间了。

雄性招潮蟹利用自己较小的那只蟹螯来捡起食物的碎片。一旦它们将食物咀嚼了以后，就会在泥土里留下小球状的遗留物。较大的那只蟹螯不适合用来作为进食的工具，而是在求爱期被用来发出信息。

残骸碎片食用者

要想观察世界上最成功的食腐动物，我们可以到泥泞的海岸边看看。这是食腐动物最原始的生活之地，因为这里满是动植物残骸碎片——有些碎片来自海洋，有些则是被河流冲刷带来的。结果，在海岸边形成了一层丰富的沉积物，也为小型食腐动物提供了安家的理想场所。

缨鳃蚕在漂浮过程中利用其展开的触须收集水中的残骸碎片。每根触须上都覆盖着细细的毛，可以将食物送到缨鳃蚕的嘴中。

很多这类食腐动物都会在沉积层中挖个洞，这样，当饥饿的鸟类到来时，便有个躲藏之处。这些挖洞者包括明虾和蜗牛，以及心形海胆。缨鳃蚕有自己一套与众不同的进食技巧，它们是在漂浮过程中顺道将残骸块收集起来的。在世界上的温暖地区，当潮水退去后，招潮蟹就出现在泥滩上，用钳子拾捡碎片。每次潮水来临时，就会带来很多的碎片，因此对这些蟹来说几乎是不会出现食物短缺的。

泥土中的食腐动物

在干燥的陆地上，到处都是食腐动物，它们生活在泥土里，因此常常不为人类所见。这类食腐动物中的大部分都是微生物，但世界上的有些地方，比如南非和澳大利亚，生活着长度超过4米的蚯蚓。蚯蚓是非常有用的动物，因为它们可以帮助翻垦和肥沃泥土。没有它们，泥土将更贫瘠，种植作物将更为困难。

蚯蚓将落叶拖到自己的洞中，而有些昆虫则是将其他东西埋藏在泥土中。

埋葬虫为小型哺乳动物和鸟类挖掘"坟墓"，并将自己的卵产在其中，最后将"坟墓"盖上。甲虫的幼虫孵化时，就以其中的尸体为食。蜣螂则是将卵产在动物的粪便颗粒中，然后将之滚到泥土中加以埋葬。

将动物粪便弄成球形后，蜣螂将之滚到一个合适的地方进行埋葬。它们是用自己的足来推动粪球的。

有翅膀的食腐动物

埋葬甲虫专吃小型尸体，而那些大型尸体则吸引着非常与众不同的食腐动物。在非洲，鬣狗很容易就被腐肉的气味所吸引，而在塔斯马尼亚，动物的尸体则吸引着一种被称为"塔斯马尼亚魔鬼"的食腐有袋动物，它有着强劲的啃咬力，可以咬开已经变干的外皮、软骨甚至硬骨。但是在世界的很多地方，最为重要的食腐动物来自空中。

很多鸟类都以动物尸体为食，比如乌鸦和喜鹊常常聚集在被汽车撞死的动物上。鸥则以被冲上海岸的尸体为食，有时也食用人类丢弃的食物。但是在鸟类王国中，秃鹫是真正的食腐专家，它们飞翔在高空中，这使得它们可以观察到大面积内的食物情况。秃鹫也非常注意其他秃鹫的动态，如果有一只飞下去食腐的话，其他秃鹫很快就会跟随而至。

对于一只秃鹫来说，生存的法则就是在短时间内食用大量食物。有时它们吃得太饱了，以至于需要在陆地上等待几个小时才能继续飞翔。

很多昆虫都以尸体残骸为食。上图中这只鹿角锹甲的幼虫在变成成虫前，将先以死木头为食生活上好几年。

在非洲草原上，这头畜体被一群冲撞抢夺的秃鹫包围着。虽然它们的爪子很弱，但是它们强劲的喙可以帮助它们在腐烂的外皮上撕出口子。

❀ 动物的防御能力

啮齿动物常常通过隐入茂密的植物丛中来躲开敌人的视线。这只老鼠在空旷的地方被美洲野猫捕获，它的生存机会很小了。

像大白鲨这样的超级食肉动物，一旦成年后就再也没有天敌了。但是对于其他动物而言，危险还是会随时来袭的，因此，很好的防御能力就成为了生存的关键。

在动物王国中，食肉动物时刻都在寻找可以下手的猎物。与之相比，猎物们看上去似乎总是处于弱势。实际上，事情并不像看起来那样单方面——猎物已经进化出了各种防御能力。如果没有这些能力，它们根本不能存活下去。这些防御能力并不是百分之百安全的，但是对于每一种处在被捕杀和捕食危险之下的动物来说，常常可以借此战胜敌人并得以逃脱。

快速逃走

当危险逼近时，很多动物的第一反应是设法快速逃脱。一些羚羊可以以每小时 60 千米以上的速度奔跑，而野兔的奔跑速度也可以达到每小时 50 千米以上，对于这种体重只有人类 1/10 的动物来说，是非常了不得的能力了。但是要逃离危险，启动速度常常和速度一样重要，螳螂的最大速度只有每小时 5 000 米，但是它们可以以惊人的速度启动。在逃脱危险后，它们常常还改变前进方向，这样就更难抓到它们了。

动作不快的动物通常采用伪装术来将自己混入所处的背景中去，昆虫尤其擅长此道，这对于它们而言是大幸，因为食肉动物中还包括目光锐利的鸟类。一种动物利用伪装术的时候，通常需要保持一动不动，但是有些昆虫却会稍稍摆动，使得自己看上去就像是在寒风中摇曳的嫩枝，从而更好地躲避敌人的视线。

骗术专家及其骗术

要吓退进攻者，最好的办法之一是拥有危险的武器，比如，大部分食肉动物都不会去碰黄蜂，因为这种昆虫带着危险的刺。

但并不是所有的"黄蜂"都像它们看起来那么危险。有些无害的飞蝇和飞蛾也会模仿这类昆虫，而且模仿得很像，几乎没有食肉动物或者人类可以将之区分出来。飞蛾有着透明的翅膀，有些在飞行时甚至还能发出像黄蜂一样的嗡嗡声。

这种防御术被称为"模仿术"，在昆虫世界中被广为使用。蜘蛛也是模仿高手，有些蜘蛛可以将自己模仿成叮人的蚂蚁，它们以蚂蚁的动作在热带丛林的地

这条草蛇张着大嘴，奔拉着舌头，看起来像是已经死去了。草蛇并不带毒，当它们不能逃脱时，通常就采用这种装死的方法。

这只模仿黄蜂的有透明翅膀的飞蛾与真正的黄蜂有着惊人的相似。虽然它带有黑黄相间的警告色，但事实上它根本没有刺。

面上行进。蜘蛛有 8 只脚，而蚂蚁只有 6 只脚，但是鸟类不会数数，因此会受到蜘蛛模仿术的欺骗。

装 死

食腐动物对自己的食物并不挑剔，但是食肉动物则只喜欢捕捉会动的东西。食肉动物对于那些静止不动的动物的兴趣比较小，而如果是已经死了的动物则更不愿理睬，这就给了猎物另一个逃生法宝——装死。如果被猎者有这项技巧，那么猎食者很有可能会离它们而去。

并非很多的动物都能装死，但它们中间的确有一些优秀的演员：草蛇躺在地上，张着血盆大口，而一只维吉尼亚负鼠就倒在它的旁边——负鼠可以保持这种状态长达 6 个小时，不管怎么碰它，它都会保持一动不动。但是，一旦危险过去，这只"死掉"的负鼠就能马上"复活"，然后飞快逃走。

吃不到的美食

另一个躲避危险的方法是使得自己变得不容易吃或者吃起来很危险。这一招被龟类和拥有坚硬外壳的动物所使用。龟在遇到危险时，会将四足和头缩进龟壳，而闭壳龟则可以在缩进去后将外壳完全关闭起来。一些犰狳会把自己胀成球状，而刺豚则在大量地吞入水后，使自己成为了一个带刺的球。

上述所有动物都是可以吃的，如果没有这样的防御武器的话，那就小命难保了。有些天生带毒的动物则不需要坚硬的外壳或者刺来保护自己——生活在热带丛林中的小小的箭毒蛙能够产生效力强劲的毒素。箭毒蛙中的一个种类虽然还不到 4 厘米长，但每只蛙带有的毒素就足以杀死 1000 个人。

遍布尖刺，这条胀圆的刺豚是没有多少动物愿意食用的。一旦其胀圆后，这种鱼基本不能游动了。

合作者和寄生虫

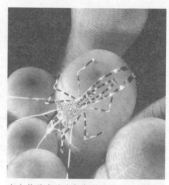

大多数种类的小虾都伪装得很好，但是清洁虾却有着亮丽的颜色来吸引它们的客户。鱼儿则记住这些虾的生活之处，定期到此接受它们的清理。

　　与另一个物种进行合作常常是成功生存的不二选择。在动物的很多合作关系中，两个物种是相互获益的。但寄生虫只是取尽所需，却不作任何回报。

　　当蚂蚁碰到蚜虫时，一场特殊的仪式便展开了，蚂蚁并不进攻蚜虫，而是用触须敲打蚜虫，而蚜虫则回报以蜜汁。对于蚜虫来说，有蚂蚁作为护卫，生活安全多了。作为回报，它们也向蚂蚁提供食物。在动物王国里，像这种合作关系很普通。但是，寄生关系则更是随处可见。

平等合作

　　珊瑚礁上的清澈水域中是世界上最令人叹为观止的合作者的所在之处。在这里，鱼儿排起长队，等待被清理。清理者正是颜色鲜亮的小虾，它们在鱼鳃中仔细地捡拾残渣。小虾以死皮和甲壳动物为食，有时还会冒险进入鱼的嘴中。一条鱼被清理干净后，就会自行游开，然后由队伍中的下一条鱼继续接上。动物不会做事先的计划，因此合作者之间并不会像人类那样事先签订什么合作协议。但是，每种动物都会以可以得到合作者回应的方式行事。比如，上面提到的清理者小虾就是通过艳丽的颜色并且占据显著的位置来为自己做广告的。而它们的客户——鱼，则不仅会在接受小虾清理的时候主动保持静止，而且还能在这些"美味"工作的时候抵制住吃掉它们的诱惑。

利　用

　　小虾并不是唯一靠清理来生存的动物，有些鱼类以及陆地上的黄嘴牛椋鸟也有着同样的生活方式。黄嘴牛椋鸟来自非洲，它们在水牛、犀牛和其他大型哺乳动物身上寻找昆虫和其他害虫食用。但是，除此之外，黄嘴牛椋鸟也通过寄主的伤口吸食它们的血液，在帮助了寄主的同时也伤害了寄主。因此这些合作者并不是表面上看起来那么好。

在一只扁虱产卵前，它需要先美美地吸食一顿血，这同时也是其成年后唯一一次吸食鲜血。吸食完毕后，它的腹部就会胀得像一个气球一样。

　　在单纯的寄生关系中，双方显得就更不公平了，因为寄生虫没有为它的寄主或者合作者做任何事情，相反，它们只是将寄主作为食物的来源，并作为居住地。在动物王国中，寄生关系是非常常见的，其中包括几千种无脊椎动物，比如蠕虫、跳蚤、苍蝇、虱子和扁蚤等。在野外，几乎所有动物都容纳了好几种寄生虫。而人类尽管有了现代的杀虫剂，但仍然不得不忍受这些寄生虫的存在。

寻找寄主

跳蚤生活在动物的身体外部，因此很容易就可以从一个寄主传染到另一个寄主身上。成年跳蚤将卵产在巢中或者被褥中，卵就会被孵化成小小的没有足的幼虫。经过 2 周后，这些幼虫会把自己绑进一个茧中，等待变成成年跳蚤。但是跳蚤的茧并不会因为跳蚤已经成年就立即打开，而是要等待几周甚至几个月后当一个动物或者人经过或者靠近时，因为受到震动而自动弹开，这样，新生的跳蚤便跳到它的寄主身上去了。

扁蚤寻找寄主的方式有所不同，它们爬到树枝或者草叶的末端，耐心等待动物的靠近。一旦感受到了靠近动物身上的热量，它们就会立即爬上这个寄主。像跳蚤一样，扁蚤也会带来疾病，因此如果在满是扁蚤的草丛里行走是很危险的。

体内的寄生虫

生活在动物体内的寄生虫有着更为复杂的生命循环，因为相对而言，它们在寄主间传播比较困难。绦虫在两个寄主间交替生活——人和猪。而有些寄生虫一生中甚至有 3 个不同的寄主。但是由于接触到新寄主的概率非常之小，因此这些寄生虫通常会产出大量的卵。绦虫每天都会产出 50 万个左右的虫卵，而且一产就是好几年，这使得它们成为了地球上最丰产的产卵高手。

动物的繁殖

　　繁殖需要时间和能量，但这是动物一生中最重要的工作。一些动物可以单独繁殖，但是对于大部分动物而言，繁殖就意味着要找到配偶。

　　与人类相比，很多动物繁殖的时候年纪还相对很小，旅鼠在2个星期大的时候就可以怀孕，而有些昆虫则成熟得更快，短短8天就可以为父为母。但是成功的繁殖并不是仅仅在于速度，要想繁育后代，还要通过竞争找到配偶。它们在这个生命的重要时刻还需要躲避食肉动物的追捕。

海葵的两半分别朝不同的方向拖拽，几乎已经要成为两个独立的动物个体了。这种繁殖方式在微生物界中非常普遍，但在动物界中是比较少见的。

单性繁殖

　　当海葵完全长成熟后，它们可以通过将自己撕成两半来实现繁殖。这种极端手段是最为简单的繁殖方式，因为只要有单亲就能够实现。但是这只是对于构造简单的动物适用，对于大多数种类包括人类而言，分成两半根本不能起到繁殖作用。

　　这并不说明单亲繁殖很少见，很多昆虫都能够依靠自己繁殖，只是采用了不同的方法而已。雌性昆虫产出卵，在没有配偶的情况下，这些卵也可以发育成幼体，这被称为单性繁殖，或者"孤雌生殖"。在春季，雌性蚜虫就可以通过这种方法繁殖出一大家子，完全不需要雄性蚜虫的帮忙。

显示差异

　　在动物世界里，单亲家庭有一个很大的缺点，就是后代都是相同的。它们具有完全相同的基因，也就具有了完全相同的特征，无论好的还是坏的。一般情况下，这也并不是什么问题。但是如果食物不够或者灾难发生的话，这些动物面临着相同的危机，甚至整个家族都会灭亡。

　　有性繁殖减少了上述危险的发生概率。有了双亲的参与，它们的基因就像是一副牌，可以以不同的组合方式传递到下一代身上。所有的下一代之间都存在着细微的差别，这就使得整个家族中至少会有基因组合比较优良的个体在竞争中存活下来。这种优势解释了有性繁殖广泛性的原因。

交　配

　　为了进行有性繁殖，雌雄双方必须进行交配，这样雄性的精子才能使雌性的卵子受孕。这可能是项危险的工作，尤其是对于雄性蜘蛛来说——它们的体形通常是其配偶的 1/10。这些雄性蜘蛛在向雌性蜘蛛示爱时非常小心，通过摆动其前足或者敲打雌性蜘蛛的网来传递信息。发出的信号得到雌蜘蛛的正确理解是非常重要的，否则雄蜘蛛很可能就成为了雌蜘蛛的盘中餐。

大部分昆虫在雌性产卵前需要进行交配。此处，一只雄性蚱蜢在交配时正用其足将雌蚱蜢紧紧抓住。

　　并不是所有动物都会有这种危险，但是每对伴侣都需要抓住对方。通常，雄性会通过颜色、造型或者动作向雌性示爱。鸟类和蛙类则通常使用声音传递信息，很多昆虫也是如此。但是萤火虫是通过自己的光来吸引对方的——每个种类的萤火虫都会有不同的闪烁时间长度，它们传递的信息很简单，就是"我在这儿，我与你属于同一个种类，我可以成为一个很好的伴侣"。

竞争对手

　　在很多动物中，雌性可以在多个成熟雄性间做出选择，因此，雄性常常要互相竞争，就像展开一场才艺表演。雄鸟有时会通过鸣唱或者炫耀自己的羽毛来进行竞争，但是织巢鸟则是有另一套手段——每只雄鸟都会建起一个精致的鸟窝，只要有一只雌鸟飞过就向其炫耀。如果有雌鸟被雄鸟的巢打动，就会飞入巢中与之交配，然后产卵。但如果现有的鸟巢不能吸引雌鸟的注意，雄鸟就会将之废弃，在附近重新建一个新的鸟巢。对于雄性织巢鸟而言，这种竞争需要耗费很多精力，但这也避免了竞争对手之间的直接冲突。对于哺乳动物来说，繁殖季节中不可避免地会有严重的"战斗"——雄鹿用自己的鹿角与对手厮打，雄性海象则是用牙齿撕咬对手。获胜者可以得到很多雌性的交配权，而失败者只好默默地等到下一个年头。

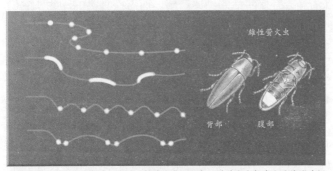

雄性萤火虫会用光向等在地上的雌性发出信号。每一种萤火虫都有自己的明暗间隔，随着雄性萤火虫在空中飞过可以留下不同的痕迹。图中是 4 种不同的萤火虫留下的闪烁明暗间隔图。

雄性萤火虫

背部　　腹部

生命的开端

蛇类产卵以后，通常都是将之抛弃掉的，这样，它们的后代需要自己保护自己。但是很多动物都会照顾自己的后代，直至它们能够独立生活为止。

小鹈鹕将头伸到父母喉咙里正美美享用着鱼肉大餐。食鱼鸟类通常是利用回吐的方式将鱼喂食给后代，而不是用嘴将食物叼回巢中。

父母亲照顾子女是人类生活中的重要部分，因为我们需要很长的时间来成长。另一些哺乳动物也照顾它们的子女，保护它们，用奶喂养它们。但是其余的动物，不同的种类间的家族形式是不同的。鸟类通常是会喂养后代的，而科摩多龙却恰恰相反，它是吃同类的，任何小科摩多龙只要靠得太近，就会被它吃掉，丝毫不讲亲情。

卵和胚胎

世界上的所有动物包括人类，都是以卵作为生命的开端的。在所有的哺乳动物中，除了鸭嘴兽和针鼹鼠外，卵通常是待在母体中的。在那里，卵发育成胚胎，然后由母亲将幼体产出。而对于鸟类，它们的生命开端是不同于上述情况的：鸟类产卵，雌鸟坐在卵上孵化出胚胎，幼鸟发育成后破壳而出，这被称为"孵蛋"，它可以使发育中的胚胎保持温暖。下蛋对于鸟类来说是很有意义的，如果它们需要怀着幼鸟飞行的话，那将会是很辛苦的。但是动物界中的另一些类别的动物产出后代的方式就不是那么清楚单一了，比如，巨蟒是产卵而后将之孵化的，但也有很多蛇是将其卵留在体内，直到它们即将孵出，这些蛋一被产下来，小蛇就会破壳而出，看起来好像是直接由母亲生下来的。大部分鱼也是产卵的，但是一些鲨鱼，包括大白鲨，会直接将活的幼体产出。而有些种类的动物，它们后代生命的开始是让人毛骨悚然的，因为在它们出生前，最大的胚胎会将较小的胚胎全部吃掉。

父母的守护

翻车海鱼产卵时每次能产下 1 亿个卵，卵会在水中漂流开来，其中只有一小部分能够存活几天以上。翻车海鱼并没有试图来保护它们的后代，照顾这么大个家庭几乎是不可能完成的任务。

像翻车海鱼这类动物，它们把所有的精力都放到尽可能地产出最大量卵上了。而相反的，后代数量较少的动物则会努力地照看它们的卵和后代。雄性海马会收集起雌海马产下的卵，把它们放到育儿袋中，而口育鱼则是将卵含在嘴中孵化。信天翁会在自己的卵上坐上 10 个星期。而章鱼则更具奉献精神，它们会照看自己的卵达几个月之久，为它们提供清洁和保卫。在这段时间里，章鱼什么都不吃，当卵孵化出来后，它便死去了。

家庭生活

对于一些动物，一旦卵孵化出来后，生活就变得忙碌起来了。幼蛇和幼蜥蜴会自己找到食物，但是刚孵化出来的鸟常常要靠它们的父母供应食物。成年的蓝冠山雀需要照顾 12 只雏鸟，这些雏鸟刚刚孵化出来的时候眼睛是瞎的，非常无助。它们需要几乎 3 周的时间才能为飞翔做准备。在此之前，父母需要每天往返 1000 多次为它们寻找食物。

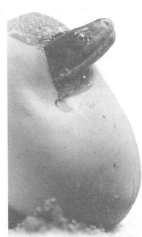

捅破蛋壳后，一条绿树眼镜蛇第一次看到了外面的世界。从破壳而出的这一刻起，它将完全依靠自己独立生活。

幼鸟是非常脆弱的，因此，父母亲常常警惕着可能来袭的危险。尤其对于涉禽，比如田鹬和双鹬来说，这点是非常重要的，因为它们在地上筑巢。如果有食肉动物向鸟巢靠近，雌鸟就会跳起一种特殊的舞蹈来散发气味，它走到空旷的地方，假装拖着一只受伤的翅膀走开。幸运的话，食肉动物就会跟上它，一旦它将之引诱到离开鸟巢足够远的地方时，它就会张开翅膀飞走。

哺乳动物家庭

哺乳动物是用奶来喂养后代的，这使得母亲和后代之间的关系显得非常密切。大部分哺乳动物都可以通过气味辨认出自己的后代，然后会很仔细地照看后代。在生命的这一阶段，成年雄性可能是一大威胁，所以许多的雌性独立带大它们的后代。幼年的哺乳动物常常喜欢跟着母亲，但是幼年的有袋动物则受到了更好的保护，因为它们被装在母亲的育儿袋里。

在与父母相处的这段时间里，年幼的动物都会观察父母如何进食。这是成长过程中的重要部分，因为它会教育后代应该如何行事。猎捕性的哺乳动物后代会观察父母如何捕猎，而最聪明的哺乳动物比如海豚和黑猩猩，则会学习同类动物间用于交流的声音和动作。对于人类而言，这个阶段甚至更为重要，因为语言可以让我们交流技巧和思想。

年幼的鼩鼱互相用牙齿咬着排成一队跟随在母亲身后。鼩鼱的视力很差，图中这些其实是跟了一个玩具后面。

生命的成长

　　有些动物的生命在刚开始时，其与自己父母看上去差别很大。很多会在成长过程中只是变了颜色，而有些动物的变化则是相当惊人的，它们的体态与初生时完全不同。

　　大多数幼年的哺乳动物与它们的父母是非常相像的，虽然它们的身体还没有发育完全。但是对于一些动物来说，幼体与父母之间完全看不出任何相似之处。比如，毛虫与蝴蝶一点都不像，年幼的龙虾是透明的而且没有螯。像上述这类的年幼动物被称为幼虫或者幼体。它们与父母有着不同的生活方式，但是一旦"幼年"阶段结束后，它们可以形成父母的样子并且按照父母的方式生活。

幼体的生活

　　昆虫通常都有幼体，要找到它们的最佳地点是水环境中，尤其是海洋中。在那里，几千种动物幼体从卵中孵化出来后开始了自己的生命。有些是由鱼产下的；有些则是由各种无脊椎动物产下的，包括从龙虾和藤壶到蛤和海胆、海星等。大部分幼体看上去与它们的父母一点都不像，过去，科学家还错误地认为它们是完全不同的物种。

　　与幼年哺乳动物或者雏鸟不同，幼体是完全独立的，它们有非常重要的任务需要完成。对于毛虫而言，它们的重要任务是进食，这是它们昼夜不停需要做的事情。进食的过程中，毛虫收集了所有其变成蝴蝶所需的原材料。对于水生幼体，任务就不同了。这些幼体通常是由动作缓慢的动物或者一生都固定在同一个地方的动物产下的。它们通常随着浮游生物漂流到很远的地方，从而帮助实现种族的繁衍和延续。

　　蝌蚪是一种幼体，此外还有美西螈——来自墨西哥的粉色两栖动物，常常被作为宠物饲养。这种非同一般的动物可以在幼体阶段就繁殖，但是大部分还是要成年后才能繁殖。

变　形

　　从幼体变为成年动物，这个过程被称为"变形"。在海洋中，大部分幼体的变形过程都是慢慢进行的，它们的身体也是一步一步发生变化的。一只龙虾幼体在每次蜕壳时稍稍发生变化。当第4次蜕壳时，龙虾的足部和触须已经发育完成，也长出了虽然小但是可以有效使用的龙虾螯。在这个阶段，幼年的龙虾体长还不到2厘米，但是它在浮游生物中的生活即将结束。蝌蚪也是渐渐变化的，它们的鳃会萎缩，腿部渐渐出现，尾巴也会慢慢消失。在变形过程中，它们的饮食也会相应地发生变化。新孵出的蝌蚪一般是以植物为食的，但是它们的饮食中渐渐加入了动物性食物。到它们完全变成青蛙或者蟾蜍后，它们是百分之百的食肉动物，

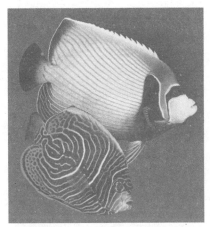

皇帝神仙鱼在成长过程中会变化颜色和外形。本图中显示了成年鱼（上）和幼年的鱼（下）。

再也不会碰植物性食物了。

慢慢地变化

很多昆虫也通过几个阶段进行变化。像幼年龙虾一样，幼年的虾蜢每次蜕壳就会显得更像它们的父母。新孵出来的虾蜢长着大大的脑袋，短短的身体和粗短的足，它们不能飞，因为还没有长出翅膀。但是它们慢慢成长，一次一次蜕壳，两边渐渐会长出翅膀的雏形。到了第6次也是最后一次蜕壳，便形成了成年虾蜢。一旦翅膀变硬，便可以自由飞行了。这种变化被称为"不完全变态"，因为这种变化是有限的。很多其他昆虫，包括蜻蜓、甲虫和臭虫等也是按照上述方式变形的。但是对于蝴蝶和蛾，以及苍蝇、蜜蜂和黄蜂来说，变化是更为剧烈的，它们的变化不再是一步一步缓慢的，而是在幼体生活即将结束时突然发生的。

蝴蝶的长成

当毛虫对食物失去兴趣时，这就是变化的先兆，此时的毛虫有了比吃更为重要的任务——它建起一个具有保护作用的蛹，有的外面还裹着丝茧。为实现这个目的，飞蛾的毛虫通常从它们食用的植物上爬下来，这样它们可以在地下结蛹。蝴蝶则经常将它们的蛹挂在叶子或者叶茎间。

一旦蛹形成后，非同寻常的事情就开始发生了：毛虫的身体慢慢分解成一潭活细胞。如果蛹在这个时候被打开，则看不到任何生命的迹象。但是几天之内，主要的细胞重组工程一直在紧张地进行，直到一只蝴蝶或者飞蛾成形。当成虫完全形成后，就会破开外面的保护性的蛹壳或者茧——一只全新的蝴蝶或者飞蛾诞生了。这种变化被称为"完全变态"，因为毛虫的身体已经被完全重组了。

毛虫经过大约1个月的进食后，渐渐开始结蛹。当里面的蝴蝶完全成形后，蛹便裂开了。

这条毛虫昼夜不停地进食，每4～5天身体就增大1倍。在生命的这个阶段，它的主要敌人是食虫鸟类。

凤蝶的生命是从一个卵开始的，被产在幼虫将用来作为食用的植物上。随着卵即将孵化，卵的颜色会慢慢变深。

❀ 本能和学习

秋天，松鼠将多余的橡子埋藏起来。它们并不懂四季，但是这种本能行为可以保证它们在即将到来的冬季有足够的食物。

蜘蛛不会设计和计划，但它们仍然能够织出结构复杂的蜘蛛网。与我们人类不同，它们的这些行为是由本能控制的，而本能是由后代从父母身上继承而来的。

本能是保持动物世界正常运转的隐性指导。像蜘蛛或者昆虫等结构简单的动物，本能控制它们的所有行为方式。虽然这些动物的脑很小，但是本能却使它们能完成非常复杂工作。脑较大的动物也有本能，但是它们的行为更为多变，这是因为它们可以从经验中学习。

什么是本能

动物的本能使得其在日常生活中按照固定的一套方式行事：雏鸟会在父母回巢时本能地讨要食物，而幼年哺乳动物则会本能地吸食奶水。在以后的生活中，本能控制着动物的所有行为——从求爱到迁徙，从织网到筑巢。因为本能行为不用学习，所以动物做出本能行为不需要此前有过类似经历，也不需要理解其中的各个步骤。

有时候，本能行为能够给人留下深刻的印象，让人觉得动物其实是知道自己在做什么的——河狸可以建造出非常精致的水坝和水渠，而白蚁则可以建造出庞大而复杂的蚁穴。但是与人类建筑师不同的是，这些动物不能想出新的设计，它们只是按照基因给出的指导行事。

做出正确的反应

本能行为总是由一些事由激发，比如蟾蜍本能地会去捕捉在动的猎物，可

火腹蟾蜍本能地拱起了自己的背。这是很明显的标志，在告诉蛇，它们的皮肤是有剧毒的。

如果是同样的猎物但是静止不动的话，它就会熟视无睹了。鱼在遇到危险时聚集到一起，当危险过去后又会各自散开。本能行为也可以由环境激发，比如季节的变换或者潮汐的涨落——招潮蟹有一个内置的"钟"，受潮水的调节，当潮水退的时候，它们就出来捕食——即使它们被转移到远离海岸的地方。像这样的本能是很重要的，因为可以帮助生物生存。但是有时，本能也会出错——飞蛾利用月亮来辨别方向，但是在夜色中，它们也会绕着灯光飞旋。这是本能行为的一大缺陷——不能随新事物做出调整。

蜘蛛织网时完全不知道自己要将网织成什么样子。蜘蛛只是按照本能行事，网便被慢慢织成了。

从经验中学习

人类也有本能，但是我们大部分行为是按照经验行事的，我们不仅从自己的经验中学习，还从他人的经验中学习，此外还擅长于随时获得新的技巧。除了人以外的动物通常都是按照本能行事的，但是学习可以让它们生存得更好。

筑巢是上述两种行为的很好结合。当一只鸟筑它的第一个巢时，它是按照本能来设计和建造的，它们筑的巢也许不完美，但都有合适的形状和大小。但是如果这只鸟的生命够长的话，它可以慢慢成为一个更好的建筑师：它会学习哪里可以找到最好的筑巢材料、发现哪里最适合筑巢。这些经验甚至可以帮助它更好地吸引配偶。

动物的智慧

很难将动物的智慧与人类智慧相比较。很多动物可以使用简单的工具，但是很少有动物能够自己制造工具。有些鸟类可以数到 5 或者 6，但是数字在它们的日常生活中似乎没什么用处。章鱼甚至是更有"智慧"的，在实验中，它们找到了如何除去瓶子上的塞子，从而吃到里面食物的方法。事实上，我们的近亲仍然是最有智慧的——猩猩已经学会了怎样操作机器，非洲黑猩猩还可以使用超过 30 个单词的语言进行交流。

这些幼年的黑猩猩正在用草茎将白蚁从蚁穴钓出。幼年黑猩猩通过观察父母的行为学到了这个技巧。这种学习在野生动物中是很少见的，但人类却一直在使用。

❀ 群居生活

　　鱼类、蜂类、鸟类和兽类群聚生活是动物世界生活的一大特征。但是为什么这些动物会聚集到一起生活，而其他动物的大部分时间都是独自度过的呢？

　　动物生活在一起不是简单地因为它们喜欢彼此的陪伴，它们群居生活的目的在于增加提高存活的机会。有些动物会因为特殊原因而聚集到一起，之后又各自过各自的生活。另一些，像蚂蚁和白蚁这样的动物，一生都生活在一起，单独生活是不能存活下去的。

暂时的群居生活

　　在温暖的春日傍晚，大群的摇蚊在空中飞舞，每一群中都至少有几百只雄性的摇蚊，它们聚集在一起来吸引异性的注意。当一只雌性的摇蚊靠近时，所有的雄性摇蚊都会向其冲去，其中一只会成功地将雌摇蚊吸引开去，并进行交配。失败者留下来继续跳舞，而对于那对幸福的配偶而言，群居生活也就结束了。

　　摇蚊的这种群居生活属于暂时群居，只发生在一年之中的特定时期。春季，青蛙和蟾蜍都聚集在池塘里繁殖，而鸟类也聚集在每年进行交配的地方。冬季，动物们也会聚集到一起，抵御恶劣的气候——瓢虫聚集在树皮下，而鹪鹩则挤在巢箱或者树洞中。但是这些动物并不是彼此永远的伙伴，一旦白昼变长，就会散开而各自生活，可能一生中再也不会碰到了。

瓢虫常常聚集在一起冬眠。它们鲜艳的颜色可以警告来犯者，自己并不好吃。而当聚集在一起时，这种信息就会被传递得更为清晰。

兽群生活

　　羚羊群是非常特别的一个群体，因为成员们一生都生活在一起。羚

海岛猫鼬经常是两三个家庭一起生活。这些群居动物通常团结在一起，轮流望风。一旦发现危险，就会发出很大的叫声。

羊的群居生活是为了保护自己，因为聚集在一起比单独行动时受到攻击的可能性要小得多。很多鱼类的群居生活也是出于同一个目的，因为捕食者会觉得从飞速游动的鱼群中选定目标比较困难。在这些群体中，全体动物的行为如出一辙，它们会在同一个时间里做同一件事情。

虽然大群的动物生活在一起，但也并不意味着它们会互相帮助。事实上，如果一只羚羊遭到攻击的话，其他羚羊通常看上去是漠不关心的，原因是它们只关心自己的亲戚。如果一头小牛受到进攻，它的母亲肯定会誓死守护的，但这个母亲绝对不会保护属于另一个母亲的小牛。

在白天，仿石鲈紧密地挨在一起生活，而到了晚上，这些鱼就会散开，各自在海床上寻找食物。

大家庭生活

象群的生活就与众不同了，因为整个象群基本就是一个家庭。象群由一头年长的母象领导，象群中的其他母象不是它的女儿就是近亲。这位女首领对于哪里可以找到最好的食物和水有着很多年的经验。随着小象的长大，它们也会自己去这些地方进食与喝水。等到年长的首领死去后，新的母象就会接掌首领的位置。

与羚羊不同，整个象群的成员都是有亲戚关系的。如果一头大象病了，整个象群的行进速度就会为之慢下来，健康的成员会主动保护病象不受攻击。当一头母象快要生的时候，其他年长的母象——被称为"姨"的——就会与这位未来妈妈待在一起，而且确保新生的小象不会离群。当群中的成员死去时，其他成员看上去都会很悲伤。与羚羊相比，大象似乎更像人类。

庞大的群体

成员数量最大的要数群居昆虫，其中包括蚂蚁、白蚁以及蜜蜂和黄蜂等。这些动物生活在一个庞大的家庭中，被称为群体，每一群的数量可以达到200万只。在一个群体中，只有一个成员是繁殖后代的，它被称为皇后，它把自己毕生的精力都放在产卵上。群中的其他成员则是"工人"，它们筑窝、守卫、寻找食物还有养育后代。

要使得整个群体运作起来，"工人"需要在适当的时候完成适当的任务。它们的"命令"是由"皇后"以一种被称为"信息素"的化学气味来给出的。只要它能够产生这种气味，"工人"就会完成每天的常规工作。"工人"也会发出自己的信息素，比如在被攻击的时候。当"工人"发出被攻击信息素时，其他"工人"就会集合起来一起对付威胁。

群体生活形式是很成功的，但有时也会被侵略者攻破。有些种类的蚂蚁会进攻其他群体并且俘虏对方的工蚁，而有些毛虫则直接进入蚁穴中捕食。毛虫的气味与蚂蚁很相像，这个把戏使得蚂蚁误认为毛虫是朋友而不是敌人。

🌸 动物建筑师

早在人类学会使用砖和水泥之前，动物就已经开始自己建造家园了，它们的窝有的只有蛋杯那样的大小，有的则可以超过1吨重。

一只雌蜂鸟用蜘蛛丝将鸟巢固定在了树杈上。像很多雌鸟一样，它负责建造鸟巢，雄鸟不给予任何帮助。

动物已经很适应户外生活了，因此大部分都不需要窝。如果建窝，则通常是用来保护自己的后代的。巢居可以帮助后代保持干燥和温暖，也可以让猎食动物不能轻易找到。动物也会建造一些其他建筑式样，包括用来猎获食物的陷阱和鸟类用来吸引异性的奇特的"别墅"。

水坝建筑师

动物所能建造的最大结构是珊瑚礁，它们可以长达几百千米，不过并不是按照规则的组织结构来建造的。但是，河狸建造的水坝却是有目的而建的，属于动物建筑中规模最大的工程性建筑。据资料记载，最长的河狸水坝长达700米，其牢固程度完全经得起观光客的考验，甚至一人骑马走在其上也是没有问题的。

河狸建水坝是为了创造一个可以安全生活的地方。水坝挡起的水慢慢可以形成一个淡水湖，在湖水最深处，河狸会建起一个土墩，是河狸的住所，里面是它们的生活区域所在。住所里墙的厚度可以超过1米，因此，即使在冬季，住所的中心也是温暖的。进到住所的唯一途径是通过水下通道，这种安全防卫工事可以让很多猎食动物无可奈何。

为了建造水坝，河狸会咬断小树，然后将之漂到

利用锋利的门牙，河狸可以咬穿30厘米厚的树木。像所有其他的动物建筑师一样，它们本能地知道应该使用什么样的建筑材料，以及应当如何将材料固定在一起。

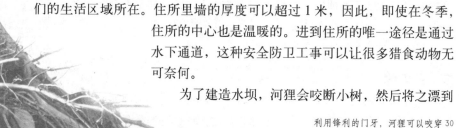

适合的地方。在木头框架结构打好后，它们会填上植物和泥，使其可以起到防水功效。

一旦水坝建成，这些天生的工程师就会密切关注水坝是否有漏水现象，如有就会及时做出修补。一个造得比较好的水坝可以用几十年，因此同一个住所可以被几代河狸使用。

做一个入口

鸟类以建筑高手著称，与河狸不同的是，很多鸟类每年都会重新建造自己的巢。蜂鸟用青苔为材料，用蜘蛛丝把青苔固定在一起，这样，建成的温暖且牢固的鸟巢正适合用来作为世界上最小鸟类的育儿所。较大一些的鸟类通常用树枝和木棍建巢，但是有些特别擅长用泥作为建筑材料——燕子就能够用泥建出杯形的巢；来自南美洲的红褐色灶巢鸟则可以用泥建造出像大气球一样的鸟巢，这种鸟巢的侧面有个开口，可以进入曲折的通道内。这样的设计可以使猎食动物不能轻易够到蛋或者雏鸟。纺织鸟和拟椋鸟有自己的一套避开不速之客的方法——它们的鸟巢用叶子编成，有着管状的入口。这些鸟巢像树干一样向下悬着，长度几乎可以达到 1 米。

代代相传的鸟巢

建造这类鸟巢需要很长时间，即便如此，很多也只是被用过一次就废弃了。原因是，鸟巢会慢慢变脏，会长出像扁虱和跳蚤之类的寄生虫。但是猎捕型鸟类似乎不在乎这些卫生问题，它们通常是同一个鸟巢用了一年又一年。有时，一个鸟巢还会被传给下一代使用，每一代使用的那对配偶会对鸟巢进行扩容。

最大的树筑鸟巢是白头雕的杰作，它会使用像人类胳膊那样粗的树枝作为建筑材料，这种鸟巢的深度可达 6 米，重量可达一般家用小汽车的 2 倍。尽管住宅很宽敞，但是白头雕每次产卵都只有两个。

昆虫的窝

昆虫界中也有出色的建筑师——黄缘蟹蛛会用泥土建造长颈瓶状的蜂巢来养育

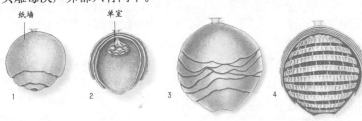

普通黄蜂筑巢，是通过咀嚼木质纤维，然后将之像纸一样层层铺摊而成的。图 1 和图 2 显示的是一只黄蜂蜂后新建的蜂巢。而图 3 和图 4 显示的是同一个蜂巢在 3 个月以后的样子。工蜂将蜂巢扩建了，并且添加了很多额外的"楼层"。这些"楼层"中有发育中的幼虫细胞。

自己的幼虫，而一些石蛾通过在水下张网来捕获食物。但是最让人叹为观止的昆虫巢是一些特殊种类的昆虫，比如蚂蚁、蜜蜂、黄蜂和白蚁。小小的法老王蚂蚁建造的蚁巢比高尔夫球还要小，但是有些白蚁可以建出高达 9 米的蚁巢，虽然是用泥土建造，但是在热带骄阳的炙烤下，这些昆虫堡垒常常变得比岩石还要坚硬。

草地是地球上十几个生态系统之一。大部分生态系统之间没有严格的界限，通常是彼此交融在一起的。所有的生态系统组成了生物圈，是地球上所有生物的家。

非洲草原和其上的野生动物形成了地球上最具特色的生态系统之一。这个生态系统因其具有丰富的食草哺乳动物群而出名。

生态学

　　生物就像是一个不断变化的拼图玩具中的小板块。生态学家们就这些板块是怎样适应彼此和整个周边世界的问题进行研究。

　　自然界到处都存在着联系，比如，猫头鹰吃老鼠，大黄蜂使用旧的老鼠洞，因此，如果猫头鹰数量少，老鼠数量就多，大黄蜂找一个旧鼠洞安家的机会也就多了。斑马吃草，但是因为它们也啃其他植物，所以同时也帮助了草籽的传播。像上述的这些联系使得整个自然界得以运作起来。

什么是生态学

　　当科学家最早开始研究自然的时候，他们的注意力都放在各个生物种类上。他们遍访世界各地，把标本带回博物馆，这样各个物种就可以被分类与确定下来。今天，这项工作还在继续。但是，科学家同时也在研究生物之间的相互作用关系，这项研究是非常重要的，因为可以帮助我们理解人类带来的变化——污染和森林采伐等——是怎样影响整个生物世界的。

　　生态学即是对这种联系的研究，它涉及生物本身，以及它们使用的原材料和营养物质。能量也是生态环境学中一个重要的研究方面，因为它是生物生命存活的动力所在。

种群

　　调查野生动物的研究人员通常对野生动物了解得非常透彻。有经验的研究人员可以根据黑猩猩的脸以及驼背鲸的尾部造型而直接将它们辨认出来。研究生物种类是很有意思的，但是生态环境学家对于从更大范围内研究生命的运作情况更感兴趣。

　　从个体引申出去，首先最重要的级别是"种群"，这是在同一时间生活在同一地方的同一种生物的集合。有些种群的成员很少，而有些却达到上千之多。不同的种群有着不同的变化方式。一个大象种群或者橡树种群的数量变化很慢，因为它们的繁殖速度很慢，而且寿命很长。而蚱蜢的种群数量变化就快了，因为它们繁殖很快，寿命很短。

在有些种群中，生物个体是随意分布的，不过更常见的情况是，它们以分散的群的方式生活。这对于试图监控野生生物的科学家来说是个麻烦，因为这使得种群的数量很难数清。而且，有些动物比如老虎和鲸之类的一直处于迁移当中，使得这项工作就更难了。

群落生活

在种群之上的便是"群落"，其中包括了几个不同生物的种群，就像是小镇上生活在一起的几户邻居。在自然界中，群落生活总是很繁忙的，并不像其看上去那么平静，那是因为各个种群的生活方式大不相同——有些可以与邻居和睦相处，有些则是将邻居作为自己的囊中猎物。

斑马与各种植物和动物一起形成了一个群落——一个生活在同一个栖息地上的多种生物的混合群落，彼此利用对方来生存。斑马需要食草，也在啃掉其他种类植物的同时帮助了草籽的传播。

不同地区的生物群落各不相同，在热带，群落中常常包含了数千种关系复杂的生物。在世界上生活环境最恶劣的栖息地中，生物种类甚至还列不满一页。比如，深海底的火山口布满了细菌，但是没有任何一种植物生活在那里，因为没有阳光。在这样艰苦的条件下，基本没有生物愿意将海底火山口作为自己的长久生活之地。

栖息地和生态系统

一个群落是多种生物的集合，不再包含别的东西。但是下一步要提到的生态系统，则还要包括这些生物的家，也即栖息地。生态系统包括生物和其所处的栖息地，从针叶林和冻原到珊瑚礁和洞穴。

生态系统需要能量才能运作，而这种能量通常来自于太阳。植物在陆地上收集阳光，而藻类从海洋表面获取阳光。一旦它们收集起这种最为重要的能量后，就将之用于自身的生长，这也就为其他生物提供了食物。一种生物被吃后，它所含有的能量就被传给了食用者。深海火山口是生物以不同于上述方式获取能量的极少数地方之一——在这里，细菌通过溶解在水中的矿物质获取能量，而这些细菌则为动物提供了食物。

世界上所有的生态系统构成了生物圈，也是生态学分级中的最高级别。这个变化多样的舞台，承载了丰富多样的定居者，涵盖了有生物居住的所有地方。

生活在同一个地方的所有斑马形成一个种群。它们混合生活在一起，因此也会进行异种交配繁殖。在一个斑马种群中，一种斑马与另一种斑马之间存在着细微的差别，但是这需要专家才能辨别出来。

家和栖息地

得益于现代科技，人类可以生活在地球上的几乎任何地方。与我们相比，地球上的野生动植物对于自己的生活环境比较挑剔。

水熊，或者叫作缓步动物，生活在世界上潮湿的微环境中。如果它们的家开始变干，它们会把足部缩起来，身体也变干。一旦它们进入休眠状态，它们可以存活几年直至环境再度变湿。

在自然界中，每一个物种都有自己的栖息地或者家，一个栖息地可以为动植物提供生活的处所，以及其所需的所有东西。大部分物种都只喜好一类栖息地，但是有些可以在其生命的不同时期使用两类或者三类不同的栖息地。物种能够习惯于它们的栖息地是因为几千年甚至几百万年来的适应过程，如果它们的栖息地发生变化或者消失，它们的生存就会变得困难。

生活的空间

栖息地就像是地址，因为它们会告诉你哪些物种生活在哪些地方。比如，大熊猫生活在中国中西部地区的大山里，它们几乎完全是以竹子为食的。在地球上的其他地方，这些大熊猫都不可能长久地生存下去，因为熊猫以竹子为生，没有了竹子，它们别无所食。

与大熊猫相比，豹对于生活的环境和所吃的食物不是那么挑剔。它们可以生活在空旷的草原上和热带丛林中，甚至可以生活在靠近村镇的田地里。这也解释了为什么豹是当今最为成功的猫科动物。世界上一些分布很广的动物甚至还生活在根本不为人类所知的环境里。一种被称为"水熊"的微生物生活在池塘、水坑、水沟甚至两层泥土之间薄薄的含水层中，像这种栖息地在世界上到处都是，所以水熊可以在世界范围内分布。

新的栖息地

世界上大部分栖息地都生活着大量的生物，但有时候，新的栖息地也会出现——在河流改道，或者发生野火时，动植物会以最快的速度迁移到空旷安全的地方。从长远的角度讲，大灾难也会带来新的机遇：比如在美国西北地区，1980年圣海伦斯火山爆发，这次火山爆发毁灭了几千棵树，铺起了厚厚的火山灰。但是仅仅3年之后，那里就开满了鲜花，住满了昆虫。今天，森林也正迅速地恢复。

这些植物已经来到了一个全新的栖息地——火山爆发后留下的熔岩地。随着时间的推移，泥土会慢慢形成，而更多的植物也会在这里生长。

❀ 生活在一起

当狮子和斑马生活在一起后，我们很容易想象将会发生什么情景。但是很多物种以各种不同的方式生活在一起，有时它们还会互相帮助生存下去。

栖息地使得动物可以有家可归，但是并不保证它们能够过上安稳幸福的生活。在每一个栖息地中，食物和空间是有限的，因此每个物种都要努力去争取自己的那一份。在这种斗争中，有些物种间会进行面对面的竞争，有些则是相互合作，而另一些则根本不会相互影响，结果由此形成了一个复杂的世界——没有什么是像其看起来那么简单的。

蝙蝠食用大量的昆虫，但是昆虫比蝙蝠的繁殖速度要快得多。这就是这些猎物虽然被捕食但物种还能存活下来的原因。

猎捕者和被猎捕者

对于非洲草原上的斑马而言，被捕食是其生活中必须面对的一部分——每头成年狮子每年需要吃掉 20 只大型动物，而斑马通常是其菜单上的特色菜。除了要对付狮子，斑马还要面临其他猎捕动物的威胁，其中包括陆地上的豹、鬣狗以及潜伏在水中等待猎物靠近的鳄鱼。

面对这么些敌人，一匹斑马的生命可能随时终结。但是对于整个斑马物种来说，猎捕动物并不是主要的威胁。大部分猎捕动物都以年幼或者受伤生病的猎物为目标，当这些挣扎着存活的个体被捕食后，剩下的都是健康的个体。从这个角度看，猎捕动物使得一个物种中的最强个体存活下来进行繁殖，这不但没有给这个物种带来危机，反而帮助其处于良好的状态。事实上，猎捕动物也需要猎物们能够逃走，否则，它们将很快没有可以吃的食物。

这匹斑马遭到一头狮子的追赶，生命危在旦夕。但是对于整个斑马物种来说，被捕食的危险远不及食物短缺带来的危险那么严重。

合作伙伴

在每个栖息地中都会有一些物种进行合作，以更好地生存，这种现象被称为共生。有的共生只是暂时的，有的却是永久性合作。在非洲草原上，有一种最为奇怪的短期合作关系，其中涉及一种被称为蜜獾的哺乳动物和一种被称为响蜜䴕的鸟类。响蜜䴕以昆虫为食，很善于发现蜂巢，但是它们不能靠自己将之打开，所以需要蜜獾帮助。响蜜䴕通过飞向蜜獾并且发出一种滴答声来引起蜜獾的注意。一旦蜜獾感兴趣了，这种鸟就会将响蜜䴕带到蜂巢边。当蜜獾将蜂巢打开并开始食用蜂蜜时，响蜜䴕就食用里面的蜜蜂以及残留的蜂蜜。

响蜜䴕和蜜獾即使没有对方也能很好地生存下去。但是全职搭档的合作方式就大不相同了，它们通常需要完全依靠彼此，单靠自己是不能生存下去的。无花果树和榕小蜂之间以及美国西北沙漠地区的丝兰和丝兰蛾之间就是全职搭档这种关系。丝兰能开出乳白色的花朵，而这些花朵正是丝兰蛾幼虫的食物和庇护所。作为回报，成年丝兰蛾帮助丝兰花授粉。丝兰也能够生活在世界其他地方的花园里，但是如果没有丝兰蛾的帮助，它们几乎不能结出种子。

生存之战

如果两个物种之间需要面对面直接竞争，那么战争就爆发了。这种战争曾发生在大约 300 万年之前：当时，南北美洲经过了几百万年的分离后，连接在了一起，两块大陆连接起来后，双向的物种迁移便开始了，动物也开始向南或向北迁徙。在之后的残酷竞争中，北美草原的哺乳动物被证明是成功的，它们分布得如此之快与如此之远，以致很多南美洲土著物种走向灭绝。但是一些南美洲森林哺乳动物也努力地在北美洲安下家来，有袋动物就是其中之一。这也就解释了为什么现在在北美洲仍然存留着一些有袋哺乳动物。

松雀

克拉克氏核桃夹子鸟

多毛啄木鸟

美洲知更鸟

在美国东北地区的针叶林中，花旗松树上生活着很多不同种类的鸟。通过居住在树的不同高度以及食用不同的食物，这些鸟类可以生活在同一个栖息地上而不发生任何直接冲突。

空间的安排

物种灭绝是完全自然的现象。当两个物种陷入直接竞争时，结果不一定是择一而亡，因为物种可以彼此调整，不再吃相同的食物或者使用相同的栖息地，并随时间的推移缓慢地改变各自的习性。结果，这两个物种可以同时存活下来。这正是研究人员在存在时间较长的栖息地中发现的现象，在那里，物种有足够的时间来与自己的邻居相互调节并适应。比如在森林中，不同种类的鸟类居住在同一棵树上，而且似乎食用相同的食物，但是如果仔细观察就会发现，每种鸟生活在树的不同高度的枝干上，食性也稍有不同。

食物链和食物网

在自然界中，食物总是一直处于移动当中。当一只蝴蝶食用一朵花时或者当一条蛇吞下一只青蛙时，食物就在食物链中又向前推进了一步，同时，食物中含有的能量也向前传递了一步。

食物链不是能看得见摸得着的，但是它是生物世界中的重要组成部分。当一种生物食用了另一种生物时，食物就被传递了一步，而食用者最终也总是成为了另一种生物的口中美食，这样一来，食物就又被传递了一步。如此往下便形成了食物链。大部分生物是多种食物链中的组成部分。把所有的食物链加起来，便形成了食物网，其中可能涉及几百种甚至几千种不同的物种。

食物链是怎样运作的

现在，你将可以看到一条热带生物的食物链。像所有的陆上食物链一样，它从植物开始。植物直接从阳光中获取能量，因此它们不需要食用其他生物，但是它们却为别的生物制造食物，当它们被食草动物吃掉后，这种食物便开始被传递了。

很多食草动物都以植物的根、叶或者种子为食。但是在本页食物链中，食草动物是一只停在花上吸食花蜜的蝴蝶。花蜜富含能量，因此是很好的营养物质。不幸的是，这只蝴蝶被一只绿色猫蛛捕食了。绿色猫蛛也就是本条食物链中涉及的第3个物种。像所有其他蜘蛛一样，这种蜘蛛是绝对的食肉生物，非常善于捕捉昆虫。但是为了抓住蝴蝶，这只蜘蛛需要冒险在白天行动，这会吸引草蛙的注意。草蛙吞食蜘蛛，成为该食物链的第4个物种。草蛙有很多天敌，其中之一是睫毛蝰蛇——一种体形小但有剧毒的蛇类，通常隐藏在花丛中。当它将草蛙吞下时，它便成为了本条食物链中涉及的第5个物种。但是蛇也很容易受到攻击，如果被一只目光锐利的角雕看到，它的生命也就结束了。角雕正

图片显示了中美洲雨林中的一条食物链，以一朵花为开端。当这只瓦氏袖蝶食用花蜜时，它便成为了食物链中的第2种生物，但它是第1种进食性生物。

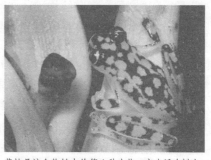

草蛙是该食物链中的第4种生物。它生活在树上，以各种动物为食。这些动物中，有些是食草动物，有些也像其一样属于食肉动物。

是本条食物链中涉及的第 6 个物种，它没有天敌，因此食物链便到此结束了。

睫毛蝰蛇的大部分时间都不是在地上度过的，而是潜伏在花朵附近捕捉猎物。它是本条食物链中的第 5 种生物，也是第 3 种食肉动物。

食物链和能量

6 个物种，听起来可能并不算多，尤其是在一个满是生物的栖息地中。但是这事实上已经超过食物链平均长度了。一般的食物链中都只有三四个环节。那么，为什么食物链那么快就结束了呢？这个问题与能量有关。

当动物进食后，它们把获得的能量用在两个方面。一方面用于身体的生长，另一方用于机体的运作。被固定在身体中的能量可以通过食物链传递，但是用于机体运作的能量在每次使用中就被消耗掉了。一些活跃的动物，比如鸟类和哺乳动物，被消耗掉的能量约占所有能量的 90%，因此只有大约 10% 左右的能量被留下来成为潜在食物。当食物链走到第 4 或者第 5 种生物时，所含的能量便因为逐级减少而所剩不多了。当走到第 6 个环节时，能量几乎已经消耗殆尽。

这只角雕是本条食物链中的最后一种生物，再没有别的生物可以伤害它了。但是当其死亡后，它的尸体会进入另一个食物链中，为分解者所分解。

食物链金字塔

这种能量的快速递减显示了食物链的另一个特征——越是接近食物链开端的物种数量越丰富。如果按照层叠的方式把食物链表示出来，结果便形成金字塔形状。

比如淡水环境中一条食物链可以形成一个典型的金字塔——从下而上，数量较大的生物是蝌蚪和水甲虫；再往上，食肉鱼类数量相对减少，而食鱼鸟类的数量则是最少。在所有的生物栖息地包括草地到极地冻原，都适用上述这种金字塔结构。这就解释了为什么像苍鹭、狮子和角雕那样位于金字塔顶端的食肉动物需要如此之大的生活空间了。

世界范围的食物网

食物网比食物链要复杂得多，因为它涉及大量不同种类的生物。除了捕食者和被捕食者，其中还包括那些通过分解尸体残骸生存的生物。在食物网中，一些生物只有很少几个与其他生物相关联，而有些则有很多，因为它们食用多种食物。

食物网越精细越能证明该栖息地拥有健康的环境，因为这显示了有很多生物融洽地生活在一起。如果一个栖息地被污染或者因森林采伐而被破坏了，食物网就会断开甚至瓦解，因为其中的一些物种消失了。

野生生物栖息地

一艘船正在澳大利亚东北部的湿地栖息地——保龄绿湾国家公园内顺河而下。在世界的这个地带，每年都有很长时间的旱季，因此树只有在沿河两岸才能生存。鳄鱼潜伏在泥水中，而两岸窄窄的林区中住满了鸟类。

❋ 北极和冻原

在地球的极北地区，气温可以低至 -50℃，冬季的日照时长只有几个小时而已。对于生活在那里的动植物而言，北极充满着机遇，但是要在这样一片冰和雪的海洋中生存，需要真正的强壮和坚韧。

尽情享受着夏季的阳光，北冰洋附近冻原上的植物开出繁茂的花朵。在北极，有几百个不同种类的开花植物，但是大部分都只有几厘米高。

北极的中心地区是一片冰冻的海洋，并且几乎都被陆地包围着。这是世界上最小的海洋，大部分的洋面都被永久移动的浮冰覆盖着。北冰洋周围的陆地被称为冻原，荒芜而没有生命的迹象，在一年中的大部分时间里都是冰冻着的。但是在春季和夏季的短短几月中，土表的冰层会融化，冻原突然间显示出勃勃生机。

北冰洋中的生活

对于人类来说，北冰洋是极端寒冷的，即使在夏天，这里的温度也接近冰点。任何人如果落入北冰洋，除非能够被立即救起，否则没有生还希望。在冬季，海冰可以一直延伸到格陵兰岛北部，将整个洋面冰封起来，就像是加了一个水晶盖子。冰山也被暂时困住而停止移动，但是当海冰一融化，冰山便可以向南漂浮出几千千米之远——1912 年，"泰坦尼克号"撞到冰山而沉船的事故发生在西班牙附近海域，而 1926 年，一座冰山甚至漂浮到了百慕大附近。

与空气相比，水更容易吸收热量，所以尽管人类掉入这个寒冷的冰窟里不能坚持很久，但北冰洋仍然是地球上最为繁忙的生物栖息地之一。那里生活着大量的浮游生物、水母、海蛇尾、掘洞爬虫，以及鱼类、海豹和鲸等。它们是怎样生存下来的呢？

对于大部分生活在北

每到春季，北极海冰的边缘开始裂开，形成随洋流漂浮的大冰块。图中是格陵兰岛岸边，可以看到冰块开始从冰层中融裂开来。

水母是北冰洋生物圈的重要组成部分。图中的水母正在游动，但是一些水母每天大部分的时间都是在海床上仰面朝天地度过的。

冰洋的动物而言，寒冷完全不是问题，因为它们没有可以失去的体热。这些"冷血"动物只要海水没有真正结冰，就可以在冰冷的海水中生活得很惬意。很多动物生活在海床上，那里的温度全年稳定在4℃。在这个光线昏暗但并不完全冰冻的世界里，冷血动物的行动很缓慢，但是生存是绝对不成问题的。

深处的热量

对于生活在北冰洋的哺乳动物而言，寒冷是生存的一大威胁。海豹和鲸是热血动物，它们的体温几乎和人类没有差别。如果受了风寒，即使体温只低了几度，这些动物也有可能死亡。

北极的哺乳动物通过在身体上裹上一层厚厚的脂肪来解决寒冷问题。这层脂肪被称为"鲸脂"，存在于内脏器官和皮肤之间。脂肪是非常好的绝热器，它可以帮助防止体热的散逸。生活在北极的海豹，这层鲸脂可以厚达10厘米，而在弓头鲸体内，鲸脂甚至可以达到50厘米之厚，几吨之重。在17世纪，当这些鲸被捕获时，它们的鲸脂很受推崇，常常被切成块状后浮回岸边。

鲸脂已经足以帮助鲸保暖了，而海豹则还有自己的绒毛大衣。另一种北极动物——北极熊身上的皮毛更为厚实和浓密，可以在空气中起到很好的保暖作用，但是在水中的效果就相对不佳了。不过，幸好有鲸脂，北极熊也就不用担心寒冷了。它是真正的海洋动物，常常在距离最近的冰块和陆地之间游出十几千米远。

下图中一头幼年的格陵兰海豹正在喝奶。与北极熊不同，母海豹在幼仔只有12天大时就将之遗弃。这头幼年的格陵兰海豹需要先换上丝般的皮毛，才能开始在海洋中捕食。

冰层的裂缝

在北极附近的北冰洋洋面上几乎一直是冰封着的，这就使得需要呼吸氧气的海豹和鲸的生存遇到了困难。但是，在北极的大部分地区，强烈的风和气流抽打着海冰，让一些地方的冰裂开了口子，又把一些碎冰挤压在一起。较小的裂口被称为"冰

3头年幼的北极熊跟着自己的母亲在冰面上行走。雌性北极熊会照看自己的后代，直至它们长到大约两岁可以独立生活为止。

裂"，几乎随处可见，但是不会持续很久。比较大的裂口有一个俄罗斯名称，叫作"polynya"，也就是"冰间湖"或者"冰穴"的意思，持续存在的时间可以达到几年甚至几十年之久。最大的一个冰间湖出现在巴芬湾北梢，其面积几乎与瑞士的面积相当，从很高的上空就能清楚地看到。

对于北极的野生物，这些冰间湖就像是寒冷沙漠中的绿洲。这里可以看到很多海豹，以及北极体形最大的动物——海象。海象的体重可以达到 1200 千克，有着显眼的长牙、起皱的外皮，看起来就像天生是进攻大型的、行动快速的猎物的猎捕动物。但事实上，海象是以海床上的蛤为食，它们像大型的真空吸尘器一样，将蛤从冰冷的泥土中吸出来。

冰间湖也非常受北极最小的两种鲸类的喜欢，一种是白鲸，另一种是独角鲸。后者长有一个向前伸出的长牙。

独角鲸的牙齿看上去像传说中的独角兽的角，在以前常因被认为有某种神奇的力量而被出售。即使在现在，独角鲸的牙齿也总是带着神秘色彩。这种牙齿只有雄性独角鲸才有，其实是一种高度特化的牙齿，可以长达 3 米。雄性有时用之进行例行公事般的对抗，而其真正的功能人们至今仍没有完全明了。

受 困

像巴芬湾那么大的冰间湖，可以被那些需要有开阔水域的动物当作自己永恒的家。但是在小面积没有冰的区域中，多变的天气和气流可以使得庇护所变成一个囚笼。夏末时节，海面开始结冰，无冰区开始萎缩，有时候会完全封冻。

对于海鸟而言，这只会带来一点点不便之处，因为很多海鸟可以向南迁徙到比较温和一点的地方过冬。但是对于海豹和鲸而言，如果它们拖延的时间过长，水面结冰将是一个很大的问题——一头完全成年的海象可以钻透 25 厘米厚的冰层，但是随着秋季过

物种档案

北极狐（Alopex lagopus）

这种秀美而充满好奇心的猎食者在整个北极地区都可以看到。夏季，它们只在陆地上活动，但是到了冬季，它们会在冰面上行走几百千米之远。大部分北极狐都有着棕色的夏季皮毛和可以伪装在雪中的白色冬季皮毛。不过，也有一些北极狐的冬季皮毛呈蓝灰色。这些狐狸对食物并不挑剔，可以食用任何可以捕得或者获得的食物，从筑巢鸟类到北极熊吃剩下的食物，比如海豹等。

去冬季到来，冰层不断变厚，要继续留下通气孔就变得非常困难了。

有时候，事情的确会变得很糟糕：独角鲸是北极鲸类中栖息地最靠北的一种，这就意味着夏末开始的寒冷对其造成的威胁更大。有时候，几百头独角鲸被困在日益缩小的冰间湖中，基本没有生存的希望。这对于鲸类而言是个坏消息，但是对于北极的土著生物而言却是个好消息，因为它们可以将独角鲸肉作为冬季的美食。

就像是等待公交车的乘客，雄性独角鲸在冰裂、裂缝或者海冰间排成了一队。独角鲸有时是以家庭的形式生活的，但是图中的这些都带有长长的牙齿，说明它们都是成年雄性独角鲸。

冻原的日夜

在北极，冬季总是昏暗的，而夏季则充满了阳光。在北极圈上，仲夏夜的太阳渐渐接近地平线，但是它还没有真正降到地平线下时又开始升起来了。越往北，太阳的升降越是奇怪。

在世界上最北的小镇——位于斯皮茨卑尔根岛的新奥勒松，6月初，太阳完全升到地平线以上后便不再降落，直至7月末。连续8个星期的白天，使得人们都不知道什么时候应该睡觉，什么时候应该起床。

北极动物完全可以适应这种情况，它们可以保持全天清醒状态。鸭子和大雁可以在午夜时分沿着海岸的冻土带进食，北极狐也到处巡游，在鸟巢周围和岸边的岩石地带逗留，希望能够找到鸟蛋或者雏鸟。与其他狐狸不同的是，这种皮毛浓密的动物在地下洞穴中繁殖，最大的北极狐穴可以有十几个入口和上百年的历史。

进食时间，海象总是懒洋洋地躺在浮冰上。它们的牙齿主要用作等级的标志，但是当它们需要从水中上到冰面上时，长牙也变得像手一样灵活可用。

图中显示的是放大了两倍的来自世界上"最矮的树"——北极柳树上的单朵柔荑花。这种坚韧的冻土带植物常常是通过大黄蜂来授粉。只要春季一来临，大黄蜂就会迫不及待地来到这些植物丛中。

花朵盛开的冻原

对于北极的植物而言，如此长时间的日照可以催化其繁殖。随着冰雪慢慢融化，鲜绿色的泥炭藓开始从浸满水的泥炭上冒出来，而沼泽棉也开始出现在冻土带墨黑的池塘中。石质地面上覆盖起了苔藓——尤其是那种只有几厘米高、看起来像灰绿色的刷子的苔藓。这些都是北极最坚强的生物种类，也是驯鹿的重要食物，它们通常都是先用自己的蹄将藓上的雪挖去。冻原上也生长着北极柳树，但都只有脚踝那么高，通过牢牢抓住地面，这种植物可以抵抗北极寒风的摧残，这也是在这种大风寒冷的环境中生存的重要技巧之一。

由于北极的夏季很短，冻原上的植物也是速战速决地留下自己的种子。北极柳树可以长出黄色或者铁锈色的柳絮，等到地面上的雪化尽，气温达到10℃后便绽开，并吸引有翅膀的昆虫到来。有一种颜色鲜艳的被称为紫色虎耳草的植物动作更快，当雪还在融化的时候，便已经开始开花了。

雪地里的大批驯鹿正在向适宜冬季生活的地方行进。加拿大北部最大的驯鹿群，数量可以达到50万头之多，它们每年都要迁徙几百千米之远。

北极的昆虫

对于居住在北极的人类而言，夏季反而是比较麻烦的时候，因为土壤表层的冰会融化，使得冻土带显得很湿软泥泞，外出非常不便。更严重的是，这个季节还有蚊子出没。在北极的各个池塘中，几百万只蚊子的幼虫成熟了，它们用全新的翅膀开始在空中飞舞。雄性蚊子是无害的，因为它们以花朵为食，但是雌性蚊子在产卵前需要吸食血液。一般情况下，它们只是进攻野生动物，但是它们也会聚集在衣服、鞋子甚至摄像机镜头前，不放过任何机会进攻人类暴露在外的皮肤。

北极也生活着大量墨蚊，这是一种小小的弓背吸血昆虫，被其咬过后会觉得奇痒无比。这些昆虫只有两毫米长，但是它们可以成群出击，使得动物和人类逃之不及。

幸运的是，并不是所有北极昆虫都像墨蚊那样让人讨厌——北极的大黄蜂在为花朵授粉中承担着重要的任务，而蜻蜓则是以吸血昆虫为食。在天气温暖的日子里，如果气流也比较平稳的话，蝴蝶也会飞出来。有些蝴蝶是冻原的土著生物，也有一些是在夏季来临时从其他地方不远千里迁徙而来的，它们由南向北飞行的距离有时可以达到惊人的 2000 千米以上。

飞行迁徙者

蝴蝶不远千里来到这样一个寒冷而遥远的地方似乎很让人费解，但事实上，到了夏季，北极的植物给蝴蝶带来几乎享用不尽的食物。蝴蝶并不是唯一长途跋涉来到北极的动物——在雪还没有完全融化的时候，大群来自温暖地带的大雁就来到这里繁殖后代。每种大雁有它们自己的夏季和冬季生活区域——雪雁在冬季的时候生活在美国的南部和西部地区，但是平时在加拿大北极地区筑巢。比较罕见的红胸雁在冬季的时候生活在黑海附近，但是平时在西伯利亚北部的泰米尔半岛筑巢。

虽然雁类是游泳高手，但是它们并不以浮游生物为食。相反，它们吃草和其他陆生植物，用喙猛力一拽后，将植

通过排成"V"字形飞行，大雁可以将迁徙过程中耗费的能量降到最低。每只鸟都利用前一只鸟产生的滑流来减少消耗，并且它们轮流充当领头鸟。

物种档案

驯鹿苔藓（Cladonia rangiferina）

虽然它的名字叫作驯鹿苔藓，但其事实上不是一种苔藓，而是一种地衣——藻类和真菌类杂交的后代。它可以在整个冻原上生长，是驯鹿的重要食物——尤其是在寒冷的冬季，其他食物在这片冰雪覆盖的地方已经很难找到的时候。驯鹿苔藓呈灰色，但是会长出红色的顶端用来产生孢子。

麝牛是北极最大的陆生动物。蓬松的皮毛可以保护它们不受寒冷的侵袭——尤其是当它们背对着寒风的时候。比如上图中被雪覆盖了整个背的这头麝牛。

物折断吞下。整个夏季，成年大雁和小雁大量进食变肥，为遥远的南方之行做好准备。

行进中的兽群

北极最大的食草动物也随着季节而迁徙，但是它们的迁徙过程是在陆地上进行的。大群的驯鹿向南迁徙，用它们异常宽大的蹄踏在雪上，游过所有挡在路前的河流，直至到达北部森林地带。

在斯堪的纳维亚半岛上，萨米人曾经过着游牧驯鹿的生活。他们跟随着自己的驯鹿，在森林和冻土带之间迁徙，并且赶走狼和其他猎食动物。如今，一些萨米人仍然过着这样的游牧生活，不过他们已经有了现代机动雪橇，并且在长途跋涉的终点建起了舒适的家。

夏季过去，秋季来临，北极的麝牛开始了与众不同的迁徙——从地势较低的冻土带转移到地势较高的地带。这些大型有角动物在冬季有着超长的皮毛，因此几乎不受寒冷的影响。但是雪却是个大问题，因为它会让寻找食物变得困难。在格陵兰岛和加拿大北部地区，麝牛向积雪已经被大风刮尽的地势较高地区转移。

积雪下的家

在北极的冬季，最温暖的地方当属积雪之下。这就解释了为什么北极的植物在积雪覆盖地区长得最好，为什么旅鼠也喜欢生活在积雪之下。北极生活着12个不同种类的旅鼠，繁殖速度都很快，只要出生两周后便能产育后代。其中一种被称为挪威旅鼠，由于每4年都会出现一次数量激增而很是出名。在"旅鼠年"中，食物供应跟不上旅鼠数量的增加，几百只旅鼠出来到处搜寻食物。

传说迁徙中的旅鼠会从悬崖跳入海中自杀。事实上，旅鼠是游泳高手，但是偶尔也会遇到灾难而导致大量溺死的现象。

物种档案

北极大黄蜂（Bombus polaris）

北极大黄蜂是生活在世界上最北地区的昆虫之一，当其他昆虫都因为寒冷而停止飞行的时候，大黄蜂仍然坚强地飞在空中。像所有的黄蜂一样，它的身上覆盖着像皮毛一样的鳞片，可以帮助其在花朵间穿行时保持飞行肌的温暖。由于北极的夏季是很短暂的，北极大黄蜂必须快速完成繁殖后代的任务。当秋季来临时，蜂后会开始冬眠，直至寒冷过去而温暖重返。但是，所有的工蜂都会死去。

✱ 南 极

　　人类很晚才拜访南极洲——世界上最寒冷、离陆地最远的地方。但是，几百万年来，生命在这个冰雪世界里繁盛发展，四周资源丰富的海洋为其提供了所需的养分。

　　与北极不同，南极是一片巨大的陆地，但是几乎都被冰雪覆盖着。最深处的南极冰帽达到4000米厚，其巨大的重量将地基部压得非常之实。除了科学家之外，几乎没有任何生物居住在冰帽上。但是在南极大陆沿海岸地区以及多风暴的南大洋中，充斥着大量的生命。

在南极洲海岸下，动物通常都生长得很慢，生命周期很长。这些羽状海葵已经生存了20几年了，状况仍然良好。而有些帽贝可以活上一个世纪甚至更长。

靠近南极

　　很少有地图会显示南极洲与外部世界的真正边界。这个边界不是冰雪覆盖的海岸或者南极圈，而是深入海中的一条看不见的界线。这个地方被称为"南极辐合带"，也即南极的寒流向北流动碰到向南流动的暖流的地方。这个辐合带总是处于移动当中，每年都在稍稍变动。但是其代表着温带的结束以及极地环境的开始。

　　位于这个纬度上，一艘船可以在南大洋随意航行而不会碰到陆地，因为这里根本没有陆地。没有任何东西可以阻挡如极地的飓风般强劲的顺时针气流。在辐合带以南是世界上暴风最激烈的地带，可以掀起如山般的海浪和形成黑暗恐怖的天空。在船上，任何人都会觉得这里是世界上环境最险恶的地方，而事实也差不多正是如此。

上升而来

　　在南极洲附近的海洋中，水流极为复杂。除了东西向水流外，还有从海底往海面的水流。这种"上升流"会从海床带来营养丰富的混合物质，是浮游藻类生长所需的养分。正是这种无尽的天然养料，使得南大洋成为了世界上最为肥沃的海中栖息地之一。

磷虾通常是朝同一个方向行进的，就像鱼群那样。照片中的这些磷虾生活在南极洲研究站的一个水槽中。被关在这个狭小的空间里，它们感到很困惑，正在试图找到逃生的道路。

每年春天，这些藻类植物会迅速生长，就像青草染绿了地面。在海中，没有成群的食草动物食用海生植物，但是生活着数量惊人的磷虾。这种小小的甲壳动物只有手指那么大，但是每个磷虾群大约可以重达 1000 万吨。在春季和夏季，磷虾滤食浮游藻类，并且将之转换成富含蛋白质的食物。在秋季和冬季，当这些藻类都死亡后，磷虾潜到海底，以上层水域沉积下来的残骸为食。

过滤捕食

对于南极洲的海洋生物来说，磷虾群是取之不尽的食物来源。小鱼、鱿鱼和企鹅等都是一只接一只地捕食磷虾的，但是一些大型的捕食者则是一次吃进许多。这些大型捕食者中有一种叫作食蟹海豹，虽然名字如此，但是它主要还

是以磷虾为食的。食蟹海豹常常一口就吸进大量的磷虾，并从锯齿状的牙齿缝里将水沥出。每吃一口，食蟹海豹会吞下大约 8 千克的磷虾，这是大多数人一天进食量的 5 倍。总计起来，所有食蟹海豹一年大约能吞下 6000 万吨磷虾，是南大洋中最主要的磷虾捕食者。

磷虾也是豹斑海豹的最爱。豹斑海豹非常凶残，游泳速度极快，也捕食企鹅，其后牙有 3 个尖尖的凸起，或者像匕首一样使用，或者靠在一起来筛食磷虾。但是就单次的磷虾消费量而言，南大洋的须鲸

豹斑海豹可以将小企鹅整个吞下，但是如果是个体较大的企鹅，则需要先将其撕开后食用。这只海豹抓住了一只阿德兰企鹅——少数在冰上繁殖的企鹅种类之一。

海浪冲击着搁浅在南极圈以北 600 千米处一个岛边的冰山。此岛被冰山覆盖着，实在是过于寒冷和荒凉，根本没有人类能够长期生活在那里。暴风和崎岖的海岸使得即使只是靠近都非常危险。

当列榜首。须鲸中有世界上最大的鲸类，喉部向下都有很深的纵向凹槽。当须鲸攻击一群磷虾时，它就将嘴张开在磷虾群中游过，凹槽扩张，使得其喉咙膨胀得像一个气球，然后鲸将嘴合上，将水沥出，一次便吞下1吨左右的磷虾。

　　直到20世纪，蓝鲸和须鲸的磷虾食用量仍占南大洋磷虾消费量的很大部分。但是当北半球鲸的数量开始萎缩时，越来越多的捕鲸船开始出没在南极洲水域。捕捉到的鲸不是在像南乔治亚岛这样的孤岛上直接进行加工，就是在专门设计的可以在海上待上几个月的工厂型船上进行加工。须鲸是主要的捕捉对象，并且每年有2.9万多头蓝鲸被捕杀。今天，整个南大洋是鲸类的禁猎区，但是因为它们繁殖速度很慢，所以需要很多年以后它们才能再次恢复曾经的数量。

危险的海岸

　　南极洲的海岸与地球上其他地区的海岸不同，只有5%的海岸线是裸露的岩石，其余部分都覆盖着冰架，缓缓地延伸到海洋中。堆积着几千年冰雪的冰川使冰架不断增大，越来越向海上突出，高达200米的冰架便漂浮到了海上。最后，巨大的冰块从冰架边上裂开，形成迄今为止世界上最大的漂浮冰山。

　　从秋季初期开始，南极洲四周包围着一层浮动的海冰，而且范围不断扩大，

每天可以向北延展4000米之远。因为海冰是由海水形成的，所以厚度一般只有几米。但是，从深冬到第二年春季温暖到来之前，其覆盖的面积可以达到整个南极洲面积的4倍。

对于一些南极洲动物来说，浮冰是很好的休息之地，但是对于生活在海岸边的动物而言，冰可以带来危险，尤其是当冰层移动的时候。海冰随着海浪上下，将较低岩石上的动物带到海中，在海床泥层中刮起深深的沟痕。冰山可以造成更大的危害——尤其是当风和水浪将之推回岸边的时候。为了避免被擦伤或者压伤，帽贝和其他生活在岸边的动物常常在秋季的时候迁徙到较深的水域中，春季时再搬回较浅的水域生活。

信天翁的雏鸟在被母亲抚养9个月（鸟类中的最长时间记录）后才离开鸟巢。在最初的几个星期，母亲会在其身边一刻不离。之后，雏鸟就需要孤单地待在鸟巢中。

缺席父母

南极洲附近生活着40多种鸟类，但是它们很少在南极洲大陆上繁殖。相反，它们都把巢安在南大洋的岛上，其中包括世界上最为偏远的岛屿。布维岛是最孤独的一座岛，离其最近的陆地是南极洲大陆东海岸，大约相距1600千米。这个常年受到暴风雨摧残的小岛几乎没有人类涉足。但是在如此辽阔的海域和如此稀缺的陆地资源的条件下，它还是成为了一些信天翁——世界上最大的海鸟的避难之所。

信天翁长得像大型的海鸥，但是它们在很远的海上捕食，可以滑翔好几天，从浪尖上抓起海里的水母。这种鸟的寿命很长，与其他鸟类相比，繁殖速度比较慢。信天翁每次只抚养一只幼鸟，常常飞行到3000千米以外后才带着食物返巢。神奇的是，它们的幼鸟会很耐心地等待，而父母也从来没有迷路回不了家的时候。

在冰上繁殖

南极洲的岛上因为风力太大而不适合树的生长，最高的植物是一些有顽强生命力的成簇草类，有的能长到齐腰的高度。成簇的银须草为蜘蛛和昆虫以及从船上逃下来的老鼠提供了庇护所。在一些岛上，比如凯尔盖朗群岛，老鼠已经成为了需要关注的问题，因为它们食用鸟蛋和破坏鸟巢。科学家们在试图找出减少这些入侵者数量的方法，以给鸟类创造一个繁殖后代的良好环境。银须草也生长在南极洲半岛上。南极洲半岛是南极洲向南美方向突出的部分，半岛的最突出部分就像是南极洲的佛罗里达州，因为这里的气候环境比南部要温和得多。很多在南极考察的科学家就在这里安营扎寨，几乎所有的南极洲陆生动物也在这里生活。但是与南极洲那些喜欢生活在海里的动物相比，陆生动物的体形就显得太小了，最大的陆生食肉动物是一种食腐的小虫，只有几毫米长。

海燕和企鹅

在南极洲大陆上，生活在最南部的主要有两种海鸟。海燕一般在岸边进食，但是雪海燕和南极海燕却能够在远离海岸250千米处的内陆悬崖裂缝上筑巢。这些隐蔽处可以保护海燕的卵和雏鸟不受南极寒风的威胁，但是卵和雏鸟仍然需要绝对的防寒才能生存下来。

相反的是，南极洲上最大的鸟类在狂风扫荡的冰面上繁殖，不需要任何庇护，它们就是帝企鹅。帝企鹅是世界上所向无敌的保暖高手。在整个黑暗的冬季，雄性帝企鹅会留在冰面上，而它们的配偶则在海中觅食。通过挤靠在一起，它们可以在 -50℃ 的环境下生存，这种温度再加上寒风凛冽，这里比地球上任何一个天然栖息地都要寒冷。但是，帝企鹅就是具有这样一种神奇的忍耐能力。对于雄性企鹅而言，需要照顾的不仅是自己，还有自己的后代：整个冬季，它们都承担着保护和孵化后代的重任，雄性企鹅将卵放入双脚形成的"巢"中，用腹部的皮毛向下覆盖形成温暖舒适的"育儿袋"。

大部分鸟类在春季产卵，但是帝企鹅却相反——雌性帝企鹅在秋季产卵，然后便游入海中。这看起来似乎没有选好时机，但是帝企鹅的卵需要孵2个月，雏鸟还需要4个月才能成熟。秋季产卵可以保证后代能够在一年中最好的季节——南极洲的春季——离家生活。

对于帝企鹅而言，挤在一起是对抗严寒的最好办法。这些小企鹅轮流待在企鹅群的最中心处，在那里它们可以得到最好的保护。

❀ 沙 漠

在沙漠中，裸露的岩石常常被风雕蚀出各种奇怪的
形状。风会将砂石和沙子卷起，狠狠地砸向挡在其
前行道路上的任何东西。

沙漠覆盖了几乎 1/3 的地表，是地球上面积最大的野生生物栖息地。沙漠野生生物的分布很稀疏，但这有利于它们应付极端的气温和苛刻的环境条件。

世界上的大部分沙漠分布在亚热带地区，在那里，被称为"反气旋"的强大的干燥气流常常停留几个月之久。沙漠也分布在潮气不能到达的其他一些地区——有些是因为离海洋的距离太远，而有些是因为高山挡住了含水气流的到来。虽然，大部分沙漠都是炎热而干燥的，但是也有些沙漠是寒冷的，且偶有暴风也能带来降水。

多变的气候

1991 年 6 月，一场风暴席卷了智利的安托法加斯塔港，毁坏了大量房屋和道路。这场风暴之所以如此引人注意是因为安托法加斯塔位于阿塔卡马沙漠——可以说是世界上最干燥的地方。在这块位于太平洋和安第斯山脉之间的条形地带，年均降水量只有 0.1 毫米。在这里，降水如果要装满一个咖啡杯，则需要 100 年。当地的每一滴饮用水都通过管道或者交通工具运送而来。

沙漠中的倾盆大雨被称为"山洪暴发"，这也是为什么生物不容易在沙漠中生存的原因之一。

在沙漠中，干旱是日常生活中的现实问题，而当大雨降临时，结果则又是极具戏剧性和危险性的。另一个问题是风，它可以在地面上刮起锋利的粗砂或者将大量的黄沙扬到空中。再加上炎日的骄阳和夜晚的寒冷，沙漠对于任何生物而言都是极端艰苦的生活环境。

非洲纳米比沙漠中的这些巨型沙丘是世界上最高的沙丘之一。在纳米比，海风使沙一直处于移动状态，沙丘也就像缓慢的海浪一样慢慢向着内陆爬行。

生命的水库

阿塔卡马沙漠的部分地区极端干燥，完全没有生物。但在有些沙漠中，会有足够的水分使得一些特殊的植物得以生存下来：每年 5 毫米的降水量就足以使稀疏抗旱的植物生存下来，而若是年降水量为 15 厘米，则还可以长出较高的灌木丛，当一片沙漠上的年降水量达到 25 厘米时，沙漠也就慢慢地转换成灌木地，可以有多种植物生存。

在北美洲的莫哈韦沙漠，春雨过后出现了壮观的花开景色。几个星期后，所有的花都会消失掉，整株植物也会死去。

植物是沙漠生物的关键，因为没有了它们，动物也就没有了食物。沙漠植物种类多样，但是就抗旱能力而言，没有哪种植物可以与仙人掌相抗衡。最大的仙人掌被称为巨人柱，可以达到 10 米高，它们长长的茎部就像是可扩张的蓄水池，内含的水分可以填满好几个浴缸。像所有植物一样，这种巨型仙人掌通过微小的气孔呼吸，但是它们的呼吸是在沙漠凉爽的晚上进行的，这样就可以防止过多的水分被蒸发出去。

一些沙漠树类和灌木有着长得难以置信的根部，可以从很深的地下吸收水分，比如在美国亚利桑那州，矿工们发现一棵牧豆树的根伸到了地下 50 米的深处。但是仙人掌的根不同，它们只是将根大面积地排布在地表浅层，这样在降雨时，仙人掌就能第一时间获得水分了。

由于仙人掌可以如此快地吸收水分，所以它们能够在环境极端恶劣的无人之地生存，而其他植物则不能。这个地方是猎捕很多种动物的好去处，尤其是走鹃——一种在沙漠岩石和植物上跳来跳去，食用从蝎子到蛇的各种小型动物的鸟类。

奇异的植物

在世界上的沙漠地区，很多植物采用了仙人掌的生存技巧——将水分储存在茎部。这些植物包括世界上最为奇异的灌木，比如墨西哥琉璃苣，看上去像一根布满钢针的电线杆。生长在离好望角不远的索科特拉岛上的"土豆袋树"是另一种造型奇特的沙漠特种植物，从其粗壮的袋形的树干上长出小簇肉质树枝。

琉璃苣仅生长在墨西哥西北地区的中心地带。它的树枝呈铅笔的造型，而树干则看上去更像是来自大象而不是来自一种植物。

非洲沙漠上还生活着其他种类的奇异植物，比如晃玉和"活石头"。晃玉的茎呈绿色的圆形，大小与真正的棒球相仿，茎中含有大量的水分，以及浓稠的、乳汁般的白色树液。这些树液有着火炽般的口感，比最强的辣椒口味还要浓烈，

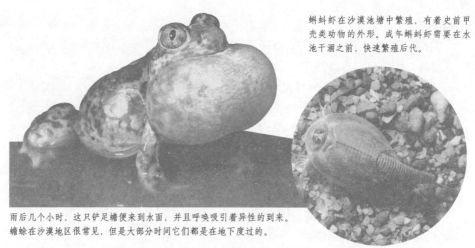

蝌蚪虾在沙漠池塘中繁殖，有着史前甲壳类动物的外形。成年蝌蚪虾需要在水池干涸之前，快速繁殖后代。

雨后几个小时，这只铲足蟾便来到水面，并且呼唤吸引着异性的到来。蟾蜍在沙漠地区很常见，但是大部分时间它们都是在地下度过的。

这就使得动物对其毫无胃口。"活石头"则有着自己的一套防御之道，它们小小的、顶部平坦的茎看上去就像鹅卵石。但是终有一年，这些"鹅卵石"会突然开花。

但是非洲最奇特的沙漠植物来自纳米比沙漠。这种植物被称为"千岁兰"，这是根据一位德国的植物学家而命名的。千岁兰是针叶树的远房亲戚，大约1米高，只有两条像带子一样的叶子，可以生长几个世纪。它的叶子像木质一样坚硬，随着慢慢变老就会受到磨损和变得粗糙。

躲避高温

千岁兰的生长速度很慢，而且可以活到1000年以上。但是沙漠中也有生长、开花、结子速战速决的植物。这些植物被称为"短命植物"，只有在降雨后才会出现。

在美国加利福尼亚州的死亡谷，"短命植物"总是出现在早春雨后。之后的几个星期，峡谷内的地面一片翠绿，然后随着花开又呈现一片黄色。但是"短命植物"需要与时间赛跑，因为每过一天，太阳就越升高一些。当夏季来临时，气温可以达到55℃，使得死亡谷成为世界上最热的地方之一，而地面温度甚至更高。在峡谷内被称为"熔炉湾"的地方，温度可以达到88℃——离水的沸点只差12℃。

在这样的高温即将来临的威胁之下，植物没有时间慢慢地生长和开花，或者伸出长长的根须。相反，它们只能尽快地吸收周边的水分，然后将所有能量都用于产出种子。当夏季来临时，这些植物都早已死亡，但是它们数百万计的种子已经散布到地上，等待着下一场生命之雨的到来。

物种档案

千岁兰（Welwitschia mirabilis）

千岁兰植物只生长在一个地方——纳米比沙漠中心的沙砾平原上。它有着粗壮的扁平的树干，只有两条叶子，随着慢慢生长会慢慢开裂和卷曲。这种植物没有花，它是通过球果传播。但是它是世界上生命力最顽强的植物之一，可以活过1000多年。

"短命"的动物

　　植物并不是唯一速战速决的生物，一些沙漠动物的生命也很短暂。大部分这类生物都是在水中繁殖的，这就意味着它们依靠偶尔的降水来生存。

　　在澳大利亚的辛普森沙漠，这种雨大约是每5年降一次。辛普森沙漠是世界上最平坦的沙漠之一，因此需要较长时间降水才会流尽，这里到处都会散布着浅浅的水塘甚至小湖，只要几天，里面就会活跃着生命的气息。最早出现的是蝌蚪虾，是从休眠在地下的卵中孵化出来的。

　　与"短命"植物一样，这些动物会迅速完成繁殖后代的任务，仿佛知道自己生活的水环境很快就会干涸一样。

　　大雨的降临也使得在地下深眠的青蛙和蟾蜍出现在了地面上。在它们的长久等待中，它们的身上裹着由薄薄的蜕皮形成的防水层。当雨水渗入泥土后，这层防水层就开始变软，深睡中的青蛙或者蟾蜍便将之脱去，来到地面迎接光明。很快，小虾、青蛙、蟾蜍与黑天鹅甚至鹈鹕一起，形成了世界上最为奇特的沙漠动物组合。

吝水者

　　穴居两栖类动物生活在世界上很多沙漠地方，这种生活方式使得它们很难被找到。有些沙漠动物全年都很活跃，这就意味着它们一直都需要有足够的水分。这些动物处理水源的认真程度不亚于银行里的收银员。无论何时何地，它们都在收集水分，并且确保没有任何浪费。

　　一些沙漠动物拥有不可思议的技能——它们可以在完全不用喝水的情况下存活。这种技能并不罕见，比如钻木虫一直都处于这种状态。此外，在沙漠中，不用喝水就能存活的动物中还包括哺乳动物，一般而言这类动物是需要大量流质才能生存的。

产水者

　　产水者中包括梅氏更格卢鼠——产于北美洲的

世界上有2000多种仙人掌，而树形仙人掌是其中体形最大、寿命最长的种类之一。储存在一株树形仙人掌中的水分可以超过1吨重。

在北非、中东和中亚地区，骆驼被用来提供奶、肉和肉粉的历史已经至少有4000年了。

一种沙漠啮齿动物，以植物的种子为食。这种动物在关养条件下也很容易生存，因此科学家们得以发现它们的生存秘密：首先，它们在进食的时候顺便摄取了一定的湿气，这个过程足以提供其所需水分的1/10，而剩余的9/10来自于一种非同一般的方式——它们在消化食物的过程中利用一种化学反应来形成水。这种水被称为代谢水分，很多动物都是将之排出体外的，但是梅氏更格卢鼠将之全部利用起来。这就解释了为什么它们可以在其他动物都会因干渴而死亡的地方存活下来。

储水者

在沙漠中，动物可以通过各种神奇的方法储藏水分。沙漠大象可以在干涸的河床上找到水源所在——可能是利用嗅觉，并挖出几米深的坑后找到。沙鸡可以飞行很远找到水坑所在，并且长途跋涉地将水运回巢去供应给自己的幼鸟。沙鸡会涉入水中直至齐胸深，利用其胸上的羽毛像海绵一样吸收水分。在纳米比沙漠以及阿塔卡马沙漠的一些地区，一些昆虫和蜥蜴通过喝雾水来满足对水分的需要，它们利用自己的身体，像收集露珠一样收集雾水。

当一些沙漠动物真正找到水源时，它们通常都是将水储存起来，这样可以帮助自己熬过干旱季节。这些"活储水器"包括生活在沙漠中的羚羊，比如南非大羚羊和两种骆驼。阿拉伯骆驼或者单峰驼可以一次喝入60升水，而双峰驼则据说可以一次喝入110升的水，这些水足以灌满两辆普通家用小汽车的油箱了。

夜行动物

在骆驼还是沙漠上唯一的运输工具的时候，人们常常在晚上行进，因为在沙漠中晚上通常比白天要舒适。一旦太阳下山，地面会迅速降温，在无云的天空下，空气也变得很凉爽。沙漠动物也利用了这种温度变化，很

对于带有热感应器的蛇类而言，夜晚是捕猎的最佳时间。在沙漠晴朗的天空下，地面会迅速降温。因此，夜晚时的热血猎物会比在白天更为清晰地被探测到。

多都喜欢在夜间行动。这些夜间活动的动物包括几乎所有小型的和中型的哺乳动物——从沙鼠到长耳大野兔，以及很多食肉动物，比如山狗和身材秀美的狐。狐一般是通过它们奇大的耳朵来发现猎物的，而山狗则不仅有灵敏的听力，还有很好的视力和精准的嗅觉。

沙漠中还生活着响尾蛇和其他种类的毒蛇，它们通过感应热量来寻找猎物。这些蛇类的每一只眼睛和鼻孔之间都有一个凹陷部位，它们可以借助这个部位来发现温度高于周围环境的事物。这个凹陷部位可以感应出 0.2℃ 的温差，因此对于这些蛇来说，热血的鸟类和哺乳动物就像是黑夜中的灯塔一样显眼。

因为这些热感应器官是成对出现的，蛇可以锁定猎物并且准确出击。如果一条毒蛇被蒙上眼睛，它会冲向一杯热水，这正显示了热量是如何指引蛇类的前行方向的。

冬季的沙漠

世界上只有少数几个沙漠是全年高温，很多沙漠都有凉爽时节，有些甚至还有着相当寒冷的冬季。在中亚的戈壁沙漠中，冬季的气温可以降到 −30℃，但是不会形成降雪，因为此时也是戈壁沙漠全年最干旱的时候。寒风可以使得此时的沙漠之行变得危险，而酷寒的天气意味着此时是不可能找到水的。北美洲的大盆地沙漠也可以出现这样的寒冷天气，而会出现霜的死亡峡谷的最低温度也不过是 −9℃。

物种档案

蹼足壁虎（Palmatogecko rangei）

壁虎是攀爬专家，一些可以在窗户上爬行，有些则可以在房顶上倒着身体飞速爬行。但是图中的壁虎生活在沙漠地区的沙丘里。它们的脚趾间长有蹼，就像是小型雪靴一样，可以防止其陷入沙中。蹼足壁虎生活在非洲西南地区，主要以昆虫和其他小型动物为食。

对于冷血动物，比如龟、蜥蜴和蛇等，冬季不是活动时节，它们常常只是躲藏在地下洞穴中。它们的体温会降低，代谢减缓，这样方可以在无须进食的情况下存活几个月之久。昆虫也采取相同的方法，只是很多昆虫在冬季时尚未成为成虫，而是抗寒能力强的虫卵。一些沙漠哺乳动物开始冬眠，而其他一些则转到地下活动，食用自己储藏下来的食物——在戈壁沙漠中，沙鼠是这方面的专家，每个沙鼠家庭能够储藏 50 千克的植物根和种子。如果要在地面上活动，则需要采取很多应对措施，比如长出暖和的过冬的"外衣"。当春季来临的时候，双峰驼的冬毛会大块掉落，使得整头骆驼看上去似乎被分解了。

沙漠中的鸟类会迁徙到温暖的地方，但是有一个北美种类的鸟——弱夜鹰，则有着独特的生存技巧：有时，它们爬进岩石缝中，一睡便是几个星期。由于休眠的弱夜鹰躲藏得非常好，因此，直到 1946 年人类才第一次发现它们。至今，人类也只发现过极少数量的弱夜鹰，它们仍是目前世界上唯一所知的冬眠鸟类。

草原和稀树草原

辽阔的草原和稀树草原是传统的野生动植物居住地，点缀着零星的树木和水塘，它们也是人类生命最早出现的地方。

鬣刺草是极为干旱的澳大利亚红色中心地区常见的景观。由于每棵草都向外部生长，最内部的草会死去，所以形成一个草圈。

世界上的草原和一些稀树草原的气候处于"中间"状态——对于森林来说太干，对于沙漠来说又过于潮湿。草原主要分布在地球上比较凉爽的地区，但是稀树草原则主要分布在热带地区。这两种栖息地中生活着大量的食草动物——从白蚁和蚱蜢到陆地最大的哺乳动物。

成功的秘诀

草可能看上去不起眼，但是它们却是世界上最不容易被毁灭的植物。即使被折断、被啃咬、被践踏，它们都能生存下来。甚至被烧尽，它们也能"死而复生"。这就解释了为什么草适合用来铺成草坪和足球场，以及为什么在地球上的一些地方会整个被草所覆盖。

这种令人吃惊的坚韧力量之秘密在于草的生长方式。与其他种类的植物不同，草贴着地面，它们的茎是中空的，而且有节将其从顶到底分成多段。在每一个节点都长有一片叶子，这里也是细胞迅速分裂的区域。

大部分植物的生长区域只位于茎的顶部，这就意味着如果这个部位被动物吃

掉的话，植物就会停止生长。但是草就不同，它们即使被吃得只剩下根，也能很快重新生长。除了朝上生长，草还会同时向四周扩张。

草和食草动物

科学家并不知道世界上最早的草确切是从什么时候开始出现的。花粉化石显示，它们最早出现在至少6 000万年之前。照这样看来，最早的草正是出现在恐龙称霸地球的时候。在这些远古时代，地球上还没有形成草地和草原，草也许只是在热带森林的边缘地区零星夹杂生长在其他种类的植物间。

但是在恐龙灭绝后，草地的覆盖面越来越广，直至它们成为世界上发展最为成功的植物之一。

这种变化的发生，一定程度上是因为地球气候变得越来越干燥。但是，更为重要的原因是那时进化出了大型的、植食性哺乳动物。这些动物有专门用来咀嚼它们的食物的牙齿和用来将植物的茎踩倒的坚硬的蹄子。很多植物都经不住上述这些"摧残"，但是草却可以。正是这些食草动物，使得草从热带地区蔓延，并形成了今天辽阔的草原。

草花是由风来授粉的。这些毛茸茸的头状花张开后就可以将花粉释放到空中。

世界上的草原

直到200年前，每个大陆上（除了南极洲大陆）都分布着大块的草原。每一片草原上都有其自己独特种类的哺乳动物——在北美洲，大草原上生活着美洲野牛和叉角羚，而南美洲大草原上则生活着大量食草啮齿动物和大群的鹿。

在草的海洋里，一群角马正徜徉在坦桑尼亚和肯尼亚之间的平原上。雨季刚刚过去，草原还是一片葱绿。

　　欧洲和亚洲草原上生活着野马，这里也是野马最早出现的地方。但是澳大利亚比较特别，因为在其草原上生活的不是有蹄哺乳动物，而是袋鼠等。

　　非洲草原仍然生活着世界上群落数量最大的食草动物。在 1888 年，南非定居者遇到了正在一望无际的草原上迁徙、史上罕见的巨大数量的跳羚，其数量至少有 1 000 万头——它们全都以草为食。

行进中的哺乳动物

　　如今，地球上的草原已经发生了很大的变化。在 19 世纪期间和 20 世纪早期，水牛和跳羚遭到大量捕杀，以致它们几乎灭种（幸运的是，在这两个物种真正快灭绝前，捕猎被停止了下来）。在很多草原上，野生哺乳动物被牛、羊挤了出去，而有些草原则被开垦，用于种植粮食。尽管发生了这些变化，天然的草原仍然存在着，它们是一些最壮观的大型野生动物生活的地方。

　　在非洲东部的塞伦盖蒂和马赛－马拉国家公园里，可以看到令人难忘的景象。在那里，在大裂谷河谷边上，大群混合的草原哺乳动物全年进行着迁徙，以寻找新鲜的食物。这些动物中包括 100 多万头的角马、大约 45 万头的瞪羚和 20 万匹斑马，它们都随着季节的变化而迁徙。它们在雨季开始的时候来到开阔的草原上，而在干旱季节则进入稀树大草原。没有什么能阻挡它们前行的脚步，它们可以到任何自己想去的地方——就像几百年前的草原动物一样。

在雨季结束的时候，斑马很容易找到食物。而此后，生活就开始变得艰难了，因为草开始变黄变干。

团结在一起

　　对于食草动物而言，草原是生活的理想居所，因为到处都是食物。但是，这也有一些明显的缺陷，比如几乎没有可以藏身的地方。猎食动物可以从很远就看到食草动物，食草动物唯一的办法就只能是逃跑。几百万年来，食草哺乳动物已经进化出了强壮的四肢，这可以增加它们逃生的概率。此外，它们也形成了群居的习惯，因为这样可以实施一种很好的预警系统。在一个群中，很多眼睛和耳朵

没有什么动物可以跑得过猎豹，但是速度并不是制胜的唯一条件。瞪羚在奔跑时可以急速改变方向，而猎豹则很难跟上这种变化。

都警惕着周遭的环境，当一些在进食的时候，另一些则观察着地平线上的状况，如果有成员发现了危险的来临，整个群都可以及时逃跑。

如果食草动物每次都是一看到危险就立即逃命的话，它们会在几天内就精疲力竭而死。因此，它们会根据所遇到的危险的不同而做出相应的调整。比如，它们会让一头狮子靠近到 200 米的范围内——这看上去似乎太过大意了，但是瞪羚本能地知道狮子是依靠偷袭捕猎的，所以，如果一头狮子显眼地出现在它们的视线里，其很有可能只是在侦察而不是准备捕猎。猎豹则显得更为危险，因为它们依靠速度而不是靠突然地惊吓捕猎。如果瞪羚看到一头猎豹，即使尚在 500 米开外，它们也会立即奔命。事实上，500 米的确是其成功逃脱追捕的最小距离了。

濒危的大型动物

大型食草动物，比如犀牛和大象，它们有着自己的一套办法。一般情况下，它们也会在危险来临时选择逃走，但是有时候，它们会坚守自己的阵地，甚至主动发起进攻。这种进攻可能只是一种警告，有时候也可能会演化成一场真正的攻击。这两种情况没有明显的界线，因此通常有经验的导游和追踪者会很谨慎地对待这些动物。

大象和犀牛都是"近视眼患者"，它们主要是通过敏锐的嗅觉来发现危机。不幸的是，当对手是带枪的人类时，嗅觉根本不足以防卫。在过去的 30 年中，大量非洲象和犀牛被非法屠杀，为的只是它们的牙齿或者角。

如今，非洲白犀牛的数量正在渐渐恢复，这都得益于非洲国家公园内实施的繁殖计划。但是黑犀牛则面临着严重的危机，野生黑犀牛可能很快就将陷入灭绝的境地。对于非洲象而言，状况就更为复杂了——虽然在数量上仍然有好几千头，但是正在急剧下滑，而它们的栖息地更是一年一年地在萎缩。一些自然保护主义者认为保护非洲象的最好办法是对偷猎者采取更为严酷的惩罚措施。而另一些人则认为，象牙交易应当被合法化，这样大象反而能勉强维持下去。

大部分人都宁愿看到象牙和犀牛角安然无恙地长在它们的主人身上。可悲的是，并不是每个人皆如此。这些牙和角被偷猎者获得后卖到了市场上。

快速孕育

面对奔跑快速，并整日寻找易于获取的食物的猎食动物，在草原上生产成了件危险的事情。同时，对生于此时的幼仔来说，草原更是是非之地。在非洲草原上，很多羚羊都转移生活到了浓密的灌木丛中，那里它们可以比较安全地产下后代。生完小羚羊后，母亲就离其而去，只是每天会回去看望4次，但是在每次进食之间，这些小羚羊仍然是蜷缩着，静静地待着。此时，小羚羊的体味腺是闭合的，这样就使得猎食动物不能发现其踪迹，而且即使有人在仅仅几米远的地方走动，小羚羊也不会制造任何动静。

对于角马而言，生活是以一种完全不同的方式开始的。母角马不会找个地方躲起来，而是在旷野上生产，动作非常之快。初生的小角马一般3分钟后即能站立，它会跟随其看到的第一样运动的东西——一般是其母亲。1个小时以后，母子俩便能跟着角马群小跑了。这种快速孕育方式意味着角马群可以继续前进寻食，这也正是在开阔的草原上生活所需要的最根本的能力。

但是，上述这种生产方式是非常危险的，因为母角马和小角马完全处于猎食动物的视线范围内。为了减少危机，在两个星期的时间里，有几千头母角马会产出小角马，这样就不会有哪一对母子成为猎食动物的唯一目标。神奇的是，一头待产的母角马如果遇到危险，它可以推迟分娩时间。

图中这头母角马似乎与其正在出生的小角马毫不相关。与很多幼年哺乳动物相比，小角马在初生阶段发育非常良好。

趁着父母在进食，年幼的草原土拨鼠就借机玩耍起来。对于草原土拨鼠而言，"接吻"是关系亲近的标志——这也是"草原土拨鼠镇"生活的重要部分。

安居地下

草地上没有可以藏身的地方，但是地下却有不少，那里是穴居动物的避难所。穴居动物用它们的爪子或者牙齿在地下为自己刨挖出安乐窝。草地之所以是穴居动物的最佳居住地，那是因为草根会将泥土牢牢固定起来，可以防止洞穴的坍塌。

在大面积的草地被开垦之前，一些穴居动物的活动范围相当之广。在美国得克萨斯州的西部地区，仅一个"草原土拨鼠镇"上就生活着大约4亿只草原土拨鼠，分布在几乎是新西兰两倍的土地面积上。经过无数代的进化，这些勤奋的草原土拨鼠已经挖出了10亿米的渠道，下有草铺的腔室，上有火山型的入口。这些小镇住客可以分成不同的区域，以小群体的形式（被称为"圈"）居住，每个圈都会有它们自己的一组洞穴。它们邻里之间保持着良好的关系——除非是出现侵犯邻里居穴的情况。

随着土地开垦面积的不断扩大，北美草原土拨鼠的数量急剧下降。"草原土拨鼠镇"还存在着，但已经没有昔日的辉煌了。在有些地方，草原土拨鼠仍然被作为一种有害动物而被猎杀，但是有些动物保护主义者则已经提出，应当帮助这种动物。他们相信，草原土拨鼠事实上对草原是有利的，因为它们的进食和挖穴过程可以帮助草地的繁荣生长。

有一点是毋庸置疑的：草原土拨鼠的洞穴中还居住着其他种类的动物，其

在澳大利亚，罗盘白蚁可以建造出扁平的蚁穴，一般都是南北朝向。蚁穴两面可以在日出和日落时吸收太阳的热量，而正午时则可以保持凉爽。

中包括穴、蛇和植株，以及黑足貂——北美非常稀有的一种猎食动物，只生活在"草原土拨鼠镇"。自从被认为是一种有害动物，这种动物就被带到了其他地区，但在那些地方它们已经灭绝了。

食昆虫者

草原土拨鼠的洞穴大约宽15厘米，因此只有身材修长的捕食者才能进入其中。但是在非洲，一种体形较大的穴居动物的洞口宽度可以达到1米。

这样大的洞穴足以使一个人爬入其中，可以对拖拉机或者远行的吉普车队造成很大的威胁。挖掘出这些地下居所的动物正是土豚——一种以白蚁和蚂蚁为食的大型哺乳动物。这种外形像猪的动物在夜晚进食，可以用其铲形的爪子一直伸入白蚁穴中。土豚是世界上挖掘速度最快的动物之一，可以比一队配有铁锹的工人工作得更快。在南美洲，还有一种大型的食蚁兽，像一台有力的打洞机，虽然其并不是在地下打洞。食蚁兽的前爪可以像铁镐一样运作，轻易地将由晒干的泥土堆成的蚁穴挖开。

对于这两种大型动物而言，一只一只地吃蚁根本不能满足它们的胃口，它们用自己超长并有黏性的舌头直接将食物大量舔起。通过这种技术，一只大型食蚁兽每天可以吃下3万只蚂蚁或者白蚁。

草原上的流浪者

在突然而至的声音惊扰下，一群相思鹦鹉飞到了空中。在野外，相思鹦鹉像其他鸟类一样机警，与人类的界限非常分明。

在草原上，草随处可见，但是其营养价值低而且难以消化。所以，食草动物需要在进食上花费很多时间以保证足够的营养。草籽相反，满是花粉和富含能量的淀粉，而且很容易消化。这就是为什么人类食用人工栽培的草籽或者谷类，也正是为什么那么多野生动物以草籽为食的原因。在澳大利亚内陆，相思鹦鹉最善于食用草籽。作为一种笼养鸟类，相思鹦鹉一般都是单独生活的，但野生的相思鹦鹉（通常是绿色的和黄色的）通常成百上千地一起生活。它们已经适应了干燥的草原生活环境，在那里，通常要飞行几百千米才能找到食物所在。为了在这种环境下生存，相思鹦鹉到处"流浪"。一旦它们吃完了一个地方的大部分草籽，它们就要迁徙到其他地方生活。相思鹦鹉在树洞中安家，没有固定的繁殖季节，只是在雨后产卵。

在非洲，一种被称为"红嘴奎利亚雀"的小型雀类的生活方式与相思鹦鹉基本相同。但是，其每个群的成员数量可以达到100万只，就像是灰色的烟雾一样黑压压地飞过草原。有时，红嘴奎利亚雀在农田上繁衍，这对于农民而言是个坏消息，因为100万只雀可以在一天中吞食下60吨粮食。

不会飞行的鸟类

相思鹦鹉和红嘴奎利亚雀体形小、飞行速度快，这也正是这两个物种成功生存的原因所在。但是草地上也生活着不能飞行的大型鸟类，包括来自南美洲的两种美洲鸵、澳大利亚鸸鹋，以及非洲鸵鸟——世界上最大的不会飞行的鸟类。就像食草哺乳动物一样，这些鸟类依靠敏锐的感官和能够快速奔跑的

当美洲鸵繁育后代的时候，雄性承担起孵卵和照看幼鸟的任务。在非洲草原上，鸵鸟也是按照上述分工的。

腿。它们的主要食物是种子，但是有时也吃昆虫和一些小型动物。

这些大型鸟类在过去的一个世纪中有悲有喜：美洲鸵和非洲鸵鸟已经不像以前那么常见了，分布范围更是大大缩小了；相反，鸸鹋的数量却比草地开垦之前大大增加了。在20世纪30年代，澳大利亚西部的鸸鹋数量多到甚至需要政府动用军队来进行控制的程度。尽管军队使用了机关枪扫射，还是没能将鸸鹋的数量降下来。今天，已经采用了专门防卫鸸鹋的网篱。

草原与稀树大草原之间的平衡

即使不受人类活动的影响，草原上的野生生物也需要适应各种变化。只要气候稍稍变湿，树就找到了立足之地，将草原变成了稀树草原。但是，如果气候稍稍变干，火就会将树燃烧殆尽，给了草类蔓延生长的机会。这就像是两种栖息地之间的持久战，双方都试图占据上风。

在非洲，大象在这种持久战中充当着重要的角色，因为它们会用像推土机一样的头将树推倒，以吃到树顶最鲜嫩的叶子。一群大象经过后，稀树大草原就会遭到极大摧残。一旦树木让步，草类很快就会占据这些地盘。

但这只是一个方面，因为大象也能帮助树的传播。它们吞下树的种子，又将种子随着粪便排出体外。种子在肥沃的象粪中因为得到足够的营养而长势良好，这样也就帮助了稀树草原的扩展。因此，大象和树之间存在着不断转化的平衡关系，这正是形成今天的草原和稀树大草原的无数原因之一。

物种档案

猴面包树 （Adansonia digitata）

猴面包树有着粗壮的树干和象灰色的树枝，是非洲最为独特的树种之一。其生活在干燥的稀树大草原上，树干就像是一个巨大的储水库，可以帮助其度过干旱的季节。树干中含有的水分常常会吸引大象的到来，它们将象牙凿入树干。经得起大象的这番折腾的猴面包树可以活到千年之久。

灌木地

灌木在体形上比树木小，但是质地却像树木一样坚硬，它们覆盖了地球上很大范围的干燥地区。在灌木地区，生物需要忍受漫长而干旱的夏季，以及随时可能袭来的野火。

当列举世界上的陆上栖息地时，灌木地通常不会被列入其中。因为人类认为灌木地是无用的废地，让人往来不便，也不能用来种植什么有用的作物。但是，对于野生生物而言，灌木地不仅可以提供很多藏身之处，而且可以给它们带来丰富的食物。

灌木与灌木地

树木是很容易被认出来的，因为它们通常会有单一的树干。但是灌木不同，因为它们没有树干，而是在靠近地面的时候就已经分出很多枝干了。有些灌木可以有一层楼那么高，而最小的灌木则只到达脚踝处。它们通常生长得很密，长有尖刺，这就使得在灌木地行走变得很困难了。

在南美洲大查科区，环境条件非常恶劣，几乎没有人会进入这片地区。从这里到亚马孙河雨林之间的地带，冬季温暖而干燥，但夏季则是非常炎热而潮湿的，一场暴风雨就能将这里变成一片"泥海"。这种到处长满刺的环境根本不适合人类生活，但却是动物的绝佳栖息地。这些定居者中有各种鸟类和咬人的昆虫，以及世界上一些剧毒的蛇类。

但是，并不是所有灌木地都是如此不适宜人类居住的。在欧洲南部，灌木沿

在美国加利福尼亚州，矮橡树林灌木丛中生长着仙人掌和山艾树，以及叶上多刺的橡树。对于生活在马背上的早期定居者而言，穿越灌木地是一种非常糟糕的经历。

在澳大利亚的国家公园中，生长速度缓慢的灌木为岩石沙袋鼠和袋鼠以及170多种鸟类提供了很好的庇护之所。

着地中海沿岸生长，而在美国加利福尼亚州南部，很多城市周围都大量生长着一种被称为矮橡树林的灌木丛。

灌木地的气候

世界上大部分灌木地都分布于干旱期在一年中达到几个月的地区。这种气候不适宜树的生长，但是小型木本植物却可以长得非常茂盛。事实上，灌木地的气候似乎可以促进植物的进化，因此可以发现大量不同种类的植物生长在一起。

就单纯的植物种类而言，有一种灌木地创造了同样面积栖息地植物种类数量的最高纪录，这种灌木地就是南非高山硬叶灌木群落——"凡波斯"，生长在好望角的高山上。凡波斯就像是覆盖在地面上的常绿地毯一样。虽然凡波斯的区域面积小于500平方千米，但是其中却含有8500个不同种类的灌木和其他植物，数量几乎与生活在欧洲所有国家的灌木数量之和持平。

在向东穿越印度海域几千千米外的澳大利亚西部的灌木地是世界上另一个生物生长的热地。与南非不同，这块地区非常平坦，灌木丛生长在厚厚的一层含泥炭的土地上。尽管土壤贫瘠，这一地区仍生长着7000多个不同种类的植物，其春季开花品种之多，尤其令人惊奇。这一地区周围都是沙漠，因此其就像是大陆角落中一个生态岛。在有些地块，生长的植物中有4/5是世界上特有的植物种类。

灌木和授粉者

大部分化是由昆虫和风帮助授粉的，但是在灌木地，鸟类会来光顾并为之效力。在南非和澳大利亚，这些鸟类是灌木的亲密伙伴，没有它们，灌木将很难生存下去。

在凡波斯，卡佛食蜜鸟经常光顾一种被称为普罗梯亚木的灌木，以其花蜜为食。

食蜜鸟通常以昆虫为食，但是当普罗梯亚木开始产花蜜时，其便转而食用花蜜。它们细长的喙部刚好适合用来探入花朵深处。

伯劳鸟捕食昆虫和蜥蜴，并且将多余的食物挂在植物茎干的刺上。如果很难找到新鲜食物的话，它们就会动用这个食物"储藏库"。

这种鸟每天几乎要食用 250 朵花的花蜜。在这个过程中，它们的前额把花粉从一株植物带到了另一株植物，从而帮助了普罗梯亚木授粉结子。此后，这些鸟还会收集一些普罗梯亚木的种子，因为它们可以成为鸟巢中温暖的内垫。

澳大利亚也生活着可以帮助传播花粉的哺乳动物，但是都是些小型的有袋动物。其中包括主要以桉树为食的几个物种，以及那些用翅膀或者翼膜在桉树间滑翔的动物。此外，还有一种被称为"蜂蜜负鼠"的动物，完全是依靠灌木丛的花生活的。这种老鼠大小的有袋动物生活在西澳大利亚的灌木丛中，它们的新生幼体是世界上最小的哺乳动物幼体，每只只有 0.005 克，比一张邮票还轻。

普罗梯亚木花

即使没有看到鸟在四处活动，依靠鸟类传播花粉的灌木也是很容易就能被识别出来的，它们的花朵通常都呈鲜红色、橘色或者黄色，长在长长的茎干上，这样就便于鸟类出入。另一方面，这类灌木的花朵通常比较坚韧，因为鸟类具有比昆虫更大的破坏力。普罗梯亚木遍布非洲的灌木地，其中凡波斯是它们最主要的生长地。最大的种类可以长到一人高，会长出红色或者黄色的头状花，其中含有几十甚至几百朵小花。每个头状花都像是锥形冰激凌，每次产蜜期在一星期左右。普罗梯亚木的花色比较暗淡，在夜间开花，花朵距离地面很近。这种花根本不能吸引鸟类的注意，相反，主要是小型哺乳动物常来光顾。

这些哺乳动物中至少包括两种啮齿动物和南非象。它们都属于夜行动物，依靠嗅觉而不是视觉来寻找普罗梯亚木花朵。这种花带着麝香般的香味，并且可以产出甜度特别高的花蜜，适合哺乳动物的口味。花蜜是非常有效的食物，

物种档案

蜂蜜负鼠（Tarsipes rostratus）

这种生活在西澳大利亚的小型有袋动物，大小与老鼠差不多。它们一般在夜间活动，爬上山龙眼及其他灌木，以花蜜和花粉为食。它们是依靠自己敏锐的嗅觉来找到食物的，在进食的同时也帮助传播了花粉。蜂蜜负鼠的足很擅长于抓握，脚趾上还长有防滑内垫。

尤其是产在冬季的花蜜，可以帮助动物度过冬季食物匮乏期。

起火了

火是灌木丛生活的重要组成部分，尤其是经过几星期甚至几个月的干旱之后。枯树叶和枯树枝都很容易被点燃，几小时之内，几千公顷的灌木地就会燃起熊熊大火。

这种大火会危及人类生命和住宅的安全，但是对于灌木丛本身而言，其实并不是像其看起来那么危险。

火借风势，扫荡了美国加利福尼亚州莫哈韦沙漠边上的一片约书亚树。在这片干旱的灌木地里，已经死去的植物很快就被燃烧殆尽，但是活着的植物则要坚强得多，大火仅能让约书亚树损失一些叶子而已。

在美国的加利福尼亚州，这种大火因为蔓延速度非常之快，常常会成为报纸上的头条新闻。一旦大火过去，大自然很快就能自我复原。在几个星期之内，很多灌木都会发出新芽，在 2 ~ 3 年后，这些被烧尽的灌木很快又会恢复到大火前的繁盛景象。

矮橡树林之所以能够恢复得如此之快，是因为它们的灌木丛已经进化出了防火功能。比如，一种被称为黑肉叶刺茎藜的常见灌木长有坚韧的木质茎，根则可以延伸到很深的地下，大火通常只能将其细小的枝叶部分燃尽，而植物的核心部分却能够存活下来。一旦破坏结束，黑肉叶刺茎藜又能发出新芽，重新长出茎叶。

灌木和火

生长在澳大利亚的黑男孩树有着尖顶状的花朵，看上去像是直指天空的柱子。这种植物通常都是在大火过后开花。

通常情况下，一旦植物授粉后，它就开始渐渐地产出和传播种子。但是在灌木地，像普罗梯亚木和黑肉叶刺茎藜那样的植物却不同，它们并不是在种子成熟时便急于将其传播开去，而是可以将种子存上好几年，等待大火的到来。当大火扫荡而至时，种壳就会打开，里面的种子便落到泥土中去了。一些针叶树也有类似的情况，因为大火造成的高温可以帮助它们打开球果，释放种子。

灌木之所以选择在这个时候传播种子，是因为大火后是最佳的播种时机。此时的土地上盖满了肥沃的灰烬，而枯叶则已经被清理干净，这就为种子提供了一个很好的生长环境，同时也确保它们有足够多的时间生长，从而迎接下一场大火的到来。

物种档案

加利福尼亚鹌鹑 (Lophortyx Californica)

这种在地上觅食的鸟类通常生活在田地里，但是它们最原始的自然生活环境是在山上的灌木地里。加利福尼亚鹌鹑成群生活，冬季的时候，每群鹌鹑的数量可以达到200只。它们主要以种子为食，只有在警觉到危险的时候才飞到空中。像很多在地面上觅食的鸟类一样，它们晚上睡在树上的鸟巢中。

蜥蜴

在灌木地中，野生物很不容易被发现，但是声音可以泄露它们的踪迹。树枝折断的声音可能就预示着瞪羚或者鹿的到来，而枯叶的沙沙声以及随后的一阵安静则可能说明蜥蜴在爬行。对于蜥蜴而言，灌木地几乎就是其最理想的生活环境——到处都能够找到掩护，但也有一些空旷的区域可以让它们获得阳光的温暖。

对于生活在灌木地的大部分蜥蜴而言，昆虫是最主要的食物，尤其是在叶子中进食的体形较肥硕的蟋蟀和纺织娘。蜥蜴主要是靠视力来搜索猎物的，而且它们本身很善于通过变色来掩饰自己。只要昆虫一动，就很可能暴露在蜥蜴的视线中，并且立即引来杀身之祸。但这些昆虫食用者自身也要保持警惕，因为很多鸟类和蛇类很喜欢以蜥蜴为食。更有甚者，蜥蜴之间也会出现互相蚕食的现象。对于爬行动物而言，这种行为也不算罕见，大型爬行动物通常会捕食小型的爬行动物，有些则还会出现同类相食，甚至吃掉自己的后代的现象。因此年幼的蜥蜴如果想要避免成为父母的猎物的话，需要非常警惕地生活。

吃蛇的蛇

就像蜥蜴之间互相蚕食一样，一些生活在灌木丛中的蛇也会把其他蛇作为自己的食物。对于蛇而言，这是十分有意义的，因为一条体形较小的蛇就可以成为非常不错的一顿美餐，捕食后的蛇可以连续几个星期不用进食。神奇的是，剧毒的蛇类通常成为无毒蛇的美食。比如，在地中海地区，灌木丛中无毒的鞭蛇常常食用有毒的蝰蛇，而在美国加利福尼亚州丛林中，无毒的王蛇则常常食用剧毒的响尾蛇。这两个例子中，捕食者利用的通常都是对方速度相对缓慢的弱点——它们可以发起闪电般的攻击，用牙齿咬住猎物的颈部，然后用自己的身体将猎物紧紧地缠住。一旦猎物死去，它便将之吞下——这个过程通常需要1个多小时。

加利福尼亚王蛇并不带毒，它靠速度和力量战胜剧毒的响尾蛇。

温带丛林

很多栖息地的生活环境会因季节的转换而改变，尤其是在温带丛林中，这些变化比地球上任何一个生物栖息地都要显得更丰富多彩。

温带丛林曾经覆盖了欧洲和北美洲的大部分地区，即使经过了多年的森林砍伐，仍然留有大面积的温带丛林。在该栖息地中，动物的生活需要适应各种不同的季节变化，以及随季节变化极大的食物供应落差——夏季的时候有大量的食物，而到了冬季则很难找到食物了。

在仲冬的寒冷中，这棵古老的橡树只剩下光秃秃的树枝蜿蜒盘旋着。从这棵树的外形可以看出，其树干部曾经在近地面处被砍断过。

南极山毛榉和达尔文青蛙

由于各个大陆的位置分布是不均匀的，因此温带丛林的分布也是不均匀的。在南半球，温带丛林的面积很小，主要集中在新西兰和南美洲的一角。在这些地区，最为重要的树种是南方山毛榉树，这种树的有些种类是常绿树，但是有一个被称为南极山毛榉树的南美树种，在秋季叶子会变成鲜艳的红色，然后便凋零了。这种树生长在多暴风雨天气的合恩角上，比世界上其他任何一种树都要靠近南极，因此而得名。

这些南方丛林中生活着一些比较罕见的动物，包括世界上生活区域最靠南的鹦鹉和一种最为稀有的两栖动物——达尔文青蛙。达尔文青蛙这种南美洲的罕见生物长着尖尖的"鼻部"，生活在森林的小溪中。它的繁殖方式更是奇特——雄性青蛙会守护在蛙卵周围，直至其孵化，然后一口将之"吞下"。事实上，雄蛙并不是将蝌蚪吞入胃中，而是使小蝌蚪居住在其喉咙处的"育儿袋"中，并持续几个星期左右。当蝌蚪变成青蛙后，雄蛙就将之咳出，然后便游走了。

达尔文青蛙的外皮呈鲜绿色，鼻子尖尖地向前突出，看上去像一张新掉下来的叶子。图中的这只雄性青蛙正守护着自己的后代。

运转中的林地

在南美和新西兰，一些地区的山毛榉树林基

本保持着人类到来前的原貌，但是在欧洲和北美，温带丛林则有完全不同的经历。在那里，很多丛林都被砍伐作为木材使用，而其他树木林地则被砍伐后辟为农场用地。因此，原始温带丛林已经变得零零碎碎，点缀在旷野和村镇之间。

在这些林地中，古树通常都有自己的故事。比如，在英国，常常能够找到一棵在遥远年代里曾经在树干近地面处被砍穿的古树。这个过程被称为矮林作业，可以使树木长出很多快速成长的分枝，从而用于制成木炭和其他东西，比如篱笆和木屐。这些分枝每隔几年便被砍伐一次，砍完后，新的分枝又会长出。如今，矮林作业已经不是很常见了，但是曾经经历过这道作业的老树还是很容易被分辨出来的，这些树通常都有很多树干，长在离地仅几厘米高的同一个树桩上。

矮林作业听起来是很极端的做法，但事实上，这样却可以延长树木的生命。在英国的树林里，一些经过矮林作业的榛树已经有 1500 岁高龄了，是普通野生榛树寿命的 10 倍。

在智利的国家森林公园中，南方山毛榉树生长茂密。南方山毛榉树生长在南美洲，以及新西兰和澳大利亚。

森林的"新年"

在深冬的寒冷日子里，温带丛林中的生物像是通通消失了，树上没有叶子、没有花朵、没有昆虫，只有少量的哺乳动物和鸟类在丛林里活动。森林的地面上也是一片安静，尤其是在被积雪覆盖了以后。在这样的场景下，很难想象它实际上的变化可以有多快。但是当春季到来的时候，森林便会很快焕然一新。随着白天的变长和气温的

在英国的树林中，野风信子铺满地面。当树木上长满叶子时，其也就停止了开花。

升高，野花便盛开了。很快，树上的嫩芽变成了繁密的枝叶。在 3 个月疯狂的生长期中，有些树可以高过热带树种，树枝伸长了，树叶饱饱地吸收了太阳的能量。同时，动物的生活也重现生机：空中到处都是飞行的昆虫；新孵化出来的毛虫在嫩叶中大口啃咬；候鸟大量到来，食用树叶上的毛虫，它们的鸣叫声回荡在树梢上，宣告着春季的完全到来。

结　束

这种繁盛现象出现得快，结束得也快，到了盛夏，一切便结束了，生命的发展速度已经换档——仍然是到处都可以看到动物，但树上的鸟儿变得越来越安静了，它们的繁殖期也接近了尾声。至此为止，大部分树已经停止了生长，并集中

"女士的拖鞋"是生长在森林中的兰花种类，遍布整个北半球。在很多地区，这种植物已经变得越来越稀少了，因为它们的花朵在产生种子前就已经被摘掉了。

能量用于产生种子，它们的叶子也失去了鲜嫩的颜色，有些甚至已经开始变黄——这是即将开始另一种主要变化的一个前兆。

再经过 3 个月，秋季便到来了。森林中的动物需要为艰难的时期做准备了，大部分候鸟也已经离开了。

但是最大的变化发生在外部——秋季多彩的色调已经取代了夏季的深绿。经过大约 6 个月的生命运转，大量的树叶开始凋零，也标志着森林"年"的结束。

树叶为什么会改变颜色

秋季落叶满天飞，这是自然界中最美丽的景观之一。这种现象出现在从欧洲到日本的广大地域上，但要数美国东北角地区的落叶最为壮观：在新英格兰，森林中的白桦树、枫树和山毛榉树的叶子在第一次霜降后开始呈现出美丽的颜色，之后，它们的叶子慢慢地也将凋零。

树叶经历了各种颜色变化和折磨，这就意味着它们需要被新的叶子所取代。常青树全年都在换叶子，因此树枝上的叶子永远是新的。但是在温带，大部分阔叶树会一次掉完所有的叶子，而在来年春季长出全新的叶子。

这种方式意味着阔叶树的叶子不需要应付寒冬气候。但是放弃全部叶子也是颇伤元气的，因此它们会尽力回收利用其中含有的所有物质，其中之一便是叶绿素——植物中含有的用来生长的绿色化学物质。树木会将叶子上的绿色素分解后进行吸收，如此，叶子的绿色便慢慢褪去。很多叶子变成黄色，但也有一些变成橘黄色、红色或者颜色变得很黯淡。夏季的气温越高，秋季的树叶会呈现得越丰富多彩。

一旦所有有用的物质都被吸收后，树就会将叶脉封塞，这样便断绝了叶子的水分供应。几天后，树叶便纷纷凋零了。

生活在树叶凋落物中

在潮热的热带雨林中，凋落的叶子在几个星期内便腐烂了，但是在温带阔叶林中，叶子需要经过很长一段时间后才会腐烂。如此，树林的地面上便铺起了厚厚的一层落叶，这不仅为树林提供了肥料，也带来了树林泥土特有的气味。一茶匙的树叶凋落物中可能生活着好几百的小型动物、几百万微生真菌和几十亿的细菌，对于它们而言，凋落的树叶便是它们完整的生活环境了，就像软泥对于生活在海底的动物一样。

这个环境中的大部分居住者都是依靠分解残骸来存活的，这些自然界的"循

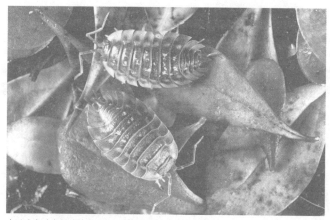

木虱吃各种各样的植物残骸，包括腐烂的木头和凋零的叶子。为了生存，它们必须保持湿润，如果太过干燥，它们就不能呼吸。

环器"包括木虱、千足虫，以及那些体形更小、刚刚能被肉眼看见的动物。在微生物的协助下，这些动物可以对每一块残骸进行处理，吸收其中的能量，而让营养物质回归到泥土中。像所有生活环境一样，树叶凋落物中也生活着食肉者，其中包括长有毒钳的蜈蚣和一种被称为"拟蝎"的微小动物——这种动物看上去像缩小版的蝎子，但是长着有毒的钳子而不是毒刺。拟蝎用毒钳将猎物麻醉，也用其与同类进行信息交流。

这些生物生活在世界各地的森林中，但是由于它们的体形非常之小，所以基本没有人看到过。

既然脚下生活着这么多生物，很多猎捕动物当然也会在树叶凋落物中寻找食物，鼩鼱像小鼹鼠一样在落叶堆里翻拱，直到嗅到食物。虽然鼩鼱的体形很小，但是它们是永远饥饿的觅食者，因为它们快速的行动需要消耗大量的体能。蟾蜍和蝾螈则不同，它们的行动速度很慢，因此可以在不用进食的情况下存活好几个星期。在干旱的季节里，它们藏身在原木和叶子下，而在大雨降临时，便开始出来觅食。

橡树和橡子

在阔叶林中，动物通常需要生活在特定的树中来让自己有家的感觉。比如，常

大部分冬季时间，欧亚獾都处于睡眠状态。当春季到来时，它们就会变得非常活跃，每天晚上都从洞穴里跑出来寻找食物。

见的睡鼠通常都是生活在榛树中，因为榛子是它们最喜欢的食物之一。在所有落叶树中，橡树上生活的动物数量最多，橡树叶和橡子为几十种哺乳动物和鸟类以及几百种昆虫提供了食物。这些动物中，有些只是偶尔前来拜访，但是大部分一生都生活在橡树上或者生活在橡树周围。

对于松鸦而言，一树的橡子可以让冬季的生活变得简单得多。与很多鸟类不同，松鸦整年都生活在落叶林中，它们的食物随着季节的变化而变化。在春季和夏季，它们以昆虫为食，而且它们也会食用其他鸟类的蛋和幼雏。但是到了秋季，当不能找到上述这些食物的时候，橡子便成为了它们最重要的食物。

松鸦不仅食用橡子，而且还会将橡子埋在地下。它们对于食物的埋藏地有很强的记忆力，到了冬季，它们会将橡子挖出来作为食物。有时候，储备的橡子量太多，来不及吃完的就会在来年生根发芽。因此，在一定意义上，松鸦还帮助了橡树这一物种的传播。

秘密储备

这种储存食物的行为在英语中被称为"caching"，源自于法语，具有隐藏的意思。松鸦独自储存食物，核桃夹子鸟也是如此。核桃夹子鸟生活在针叶林中，将松子埋藏起来以备冬季食用。但是，在北美洲，橡树啄木鸟则是家族式作业，它们会事先在死去的树干上凿出洞，将橡子储藏在其中。一棵树上有时能储藏5万颗橡子，足够啄木鸟一家子吃到来年春季的了。这种食物仓库常常还会引来其他鸟类，因此，啄木鸟会像卫兵一样守卫着自己的劳动果实。

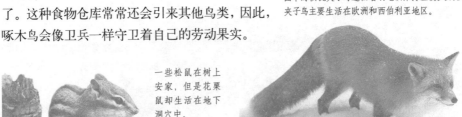

图中的核桃夹子鸟蓬松着羽毛以保持温暖。核桃夹子鸟主要生活在欧洲和西伯利亚地区。

一些松鼠在树上安家，但是花栗鼠却生活在地下洞穴中。

红狐的动作像猫一样轻巧，非常善于找到躲藏在积雪下的小动物。它们依靠准确的突袭来捕捉猎物。

狐狸和松鼠也会储藏食物。事实上，这些动物并不会事先进行计划，也并不知道在冬季会很难找到食物，这一切都只是本能的行为。也正是这种本能，使得它们能够生存下去。

刚刚出生的野猪幼仔身上带有条状花纹，与它们母亲长满钢针的外皮迥然不同。这些花纹可以帮助它们隐身在光影斑驳的森林地面上。

挖掘食物

在中世纪，欧洲的很多森林都属于封建地主所有，他们将这些森林作为猎捕野猪和鹿的乐园。拥有一块可以打猎的森林是地位的象征，就像呈上美味的食物一样可以给客人留下深刻的印象。但是，早在很久以前，很多这种私家森林都已经消失了，而野猪和鹿却繁盛起来了，即便是在靠近城镇的树林中也是如此。这些动物能够发展得如此成功，主要在于它们有很高的警觉性——远离人类。如果在人类出入较多的地方，则通常是在夜晚才出来觅食。

野猪是家猪的祖先，有着同样有力的颚部和扁平的鼻子，可以在地上翻拱食物。鼻尖部位可以向上翻动，很快从"推土机"转变成"铲子"。利用这套"设备"，野猪可以将地面掀开，寻找营养丰富的植物根部，或者掘出鼹鼠或蚯蚓。事实上，没有什么是这种动物不吃的，虽然它们喜欢新鲜食物（包括粮食），但是它们也可以以生物残骸为食。大多数情况下，野猪都是通过嗅觉来找到食物的，它们的嗅觉出奇的灵敏，甚至可以将尚在地下的各个不同种类的土豆分辨出来。

野猪在森林地面上树叶堆成的窝中产仔，一般一胎可以产下 10 头左右。像它们的很多亲属一样，野猪的幼仔身上都长有条纹。雌性野猪或老母猪都具有很强的建巢本能，因此比较体贴一些的农民会为他们养的母猪提供一些堆巢的原材料。

以树皮为食

野猪只生活在欧洲和亚洲，而鹿则分布在世界上几乎所有的阔叶林中。白尾鹿只生活在美洲，而红鹿则生活在从加拿大到中国的整个北半球。它们还被引进到世界上的其他地区，包括阿根廷和澳大利亚。1851 年，它们还被引进到了新西兰，在那里，红鹿的繁殖非常旺盛，甚至对当地的野生物造成了一定的威胁。

在一年中的大部分时间，鹿都是以植物的叶子为食的，但是当秋季来临，叶子凋零后，它们不得不转而食用比较坚硬粗糙的食物。它们会食用小树的顶部，也会以树皮为食。在冬季，树皮牢牢地贴在树干上，因此每次，鹿只能挖下一小片树皮。但是到了早春，树液开始产生，树干的外层就会变得光滑，树皮也会变松。这时，鹿在树皮上一咬，常常能撕下一长条树皮，有时这会将树木置于死地。

这种饮食习惯对于整个森林而言不会造成很大的伤害，但是如果是在植物园中则可能会形成一场浩劫。正是这个原因，小树需要用篱笆保护起来，或者在它们的树干上包上塑料保护膜。

与野猪不同，大部分鹿每胎只生一只小鹿。最初，小鹿蜷缩在矮树丛中，母鹿每隔几个小时就回来为其喂奶。红鹿在长到 3 ~ 4 天后，便能跟着母鹿外出，而小白尾鹿则需要隐藏在树丛中生活 1 个月之久。小鹿常常看上去像被遗弃了一样，伸出援手的人类也常常把其带回动物保护中心。但事实上，它们并不需要人类插手，因为母鹿从来没有走远。

鹿 角

大部分动物在繁殖期间是外观最佳的时候，一些鸟类会额外长出多彩的羽毛，而蝴蝶则会展示它们艳丽的翅膀。雄鹿则会长出鹿角——这是动物世界中最大也是最吸引人的装饰品。与牛角不同，鹿角是由坚硬的骨头形成的。红鹿的鹿角可以长到 70 厘米长，3 千克重。驼鹿的鹿角更大，重量可以达到 30 千克，一端到另一端的长度可达 2 米。

鹿角从鹿的前额开始长出，最初上面覆盖着一层柔软的皮，随着鹿角的慢慢生长，会出现分叉，大约经过 15 ~ 20 个星期后，新的鹿角就长成了。一旦停止生长后，上面的皮层就会变干，最后脱落。这段时期对于鹿而言是很不舒服的，它们会用树或者灌木摩擦自己的鹿角，以使皮层尽快脱落。

秋季，动物的发情期到来了，雄性开始了一年一度的竞争，它们用自己的鹿角来争夺交配权。有时，两头雄鹿只是炫耀一下自己的鹿角，直到其中一头自动退出为止。如果双方都不让步，那么头碰头的战争便开始了，有时还会造成严重的伤势。胜者可以聚集一群雌鹿，而败者只能保持低调，黯然地舔舐自己的伤口，等待来年再战。

鹿角的大小一部分取决于鹿的年龄，另一部分取决于鹿的食物。图中的这只红鹿，每只鹿角上分别长有 6 个尖，而最大的红鹿角甚至可以长出 12 个尖。

重新开始

鹿角的生长需要很多时间和能量，但是一旦发情期结束，鹿角就从其与头骨相连接处开始变弱。几个星期后，鹿角虽然仍然存在于原来的位置，但是就像是死去的树枝一样。最后，在不经意的冲撞下，鹿角就会折断而掉到地上。为什么鹿要不厌其烦地在每一年都长出新的鹿角呢？答案或许是：这样可以帮助它们给雌鹿留下更加深刻的印象。鹿角大是雄鹿强壮的象征，这也是鹿想要遗传给自己后代的重要特征。当一头雌鹿选择交配对象时，它们也根据鹿角的大小做出判断。

真菌猎食者

对于阔叶树而言，鹿是它们的一大问题。此外，更为严重的敌人到处都是，其中之一便是真菌。真菌是森林生命中永远不会缺少的组成部分，有时甚至还是致命的。对于真菌而言，每一棵树，不论其是老或是嫩，都是潜在的食物来源。真菌生活在树叶凋落物和木头中，通过它们纤细的摄食菌丝，分解其中活的生物或者死的残骸。

蜂蜜真菌成块地生长在树上。这种真菌很是让园丁头痛，它们不仅会攻击所有的树种，而且很难将之清理掉。

一些丛林真菌像动物一样，在丛林间秘密地蔓延，其中之一便是贪婪的蜂蜜真菌，它分布在整个北半球地区。蜂蜜真菌会长到一般伞菌大小，但是其位于地下的细丝可以长得非常之长。在美国密歇根州的橡树林中，曾经发现过一张蜂蜜真菌的地下细丝网，面积达到 15 公顷，重量达 10 吨。这么庞大的真菌细丝网是从曾经的一粒小小的孢子开始的，经过了森林 1000 多年的养育后方才形成。有些真菌的细丝网甚至可以更大，它们中包括了科学家迄今为止发现的最大的生物。

当蜂蜜真菌发现合适的猎物时，它们会在树皮下向上生长，偷取新的木质层上的营养物质。在进攻的最初阶段，树看上去还是很健康的，但是随着时间的推移，这种伤害开始渐渐显露了——树叶开始变黄，生长减缓，整个树枝开始呈现出病态。在蜂蜜色的伞菌长满树干的时候，这棵树的生命也就宣告结束了。

存 活

与动物不同，树木的死亡会经历好多年的时间。英国橡树尤其顽固，可以挣扎着存活 200 年之久，甚至当树干内部已经基本烂空的情况下，

物种档案

灰林鸮（Strix aluco）

灰林鸮是欧洲最为常见的猫头鹰种类之一，在夜间出来捕食，栖息在公园或者花园中，由于其具有很好的伪装毛色，因此很难被发现。它的叫声很容易分辨，在发情期，雄性灰林鸮会发出悠远的鸣叫声，而雌鸟则回之以尖锐的叫声。灰鸮主要以小型啮齿类动物为食，此外，它们的菜单上还包括青蛙、甲虫和其他鸟类。

橡树还能继续生长。19世纪，在英国，有一棵非常有名的中空橡树，里面像一个大房间一样，可以供当地的乡绅以及20个宾客在其中用餐。上个世纪，在美国加利福尼亚州，一些巨大的红杉的中空部位可以容一辆汽车从中开过。这些树现在仍然长势良好，有些已经超过了90米的高度。

即使遭到雷击或者树干被暴风折断后，树木也能顽强地生存下来。有些树种，包括橡树、栗树和榛树，在经过矮林作业——不是仅仅经过一次，而是几百年来经过很多次后，仍然能够存活下来。

树木之所以能够承受这些打击，是因为真正关乎生存的仅仅是树皮下的活层。只要有足够的活层留下来，就能够进行最为关键的水分及树液的传输工作。但是，如果一棵树遭到了真菌的进攻，树木边材就很难再正常地传输水分和树液了。最后，输送管道被封塞，树木也就慢慢地死去了。

在死树中安家

与其他丛林鸟类不同，啄木鸟通常是直着身体进食的。它们用爪子抓住树干，而尾巴上的羽毛则像是支架一样，帮助它们在啄木时保持平稳。

一棵树死去后，其价值还远没有消失殆尽，死去的树干可以成为啄木鸟的家，在最初的主人搬出后，还会吸引其他鸟类前来居住。这些洞居者包括十几个不同种类的树林物种，从山雀到食肉鸟类，比如猫头鹰等。啄木鸟和猫头鹰将它们的蛋直接产在树洞里，但是很多体形较小的鸟类则是先在树洞中铺上一层苔藓和树叶。

在有些树林中，尤其是那些用来采伐原木的树林中，死树出现的频率很低，因此，树洞的争夺很激烈。如果一只鸟幸运地找到一个树洞，并想要占为己有，则通常需要先打败敌手。有一套阻止大鸟占据自己洞穴的独特方法——它们会在树洞口糊上泥土，使得洞口小到只能容许一只的进出。当一只鸟前来察看树洞的时候，它会将泥土误认为是树皮，认为树洞太小，不足以安身。

中空的树木也是蝙蝠安家的最爱，因为这里可以为它们遮风挡雨，又可以避开捕猎者的视线。在温带丛林中，大部分蝙蝠都以昆虫为食，在半空中捕捉猎物。生活在丛林中的蝙蝠种类众多，并不是所有蝙蝠都是通过这个方法捕食的。比如体形较大的生活在西欧地区的鼠耳蝙蝠，它们在深夜出动，抓捕地面上的甲虫和蜘蛛，同时它们也会在空中捕食。它们并不依靠自己的声呐系统来作出判断，而是在爬过地面时，聆听昆虫发出的声音来找到食物。来自新西兰的短尾蝙蝠是这种生活方式的真正专家——它们把翅膀紧紧地闭合起来，通过在丛林地面甚至树干上快速行走来发现食物所在。短尾蝙蝠主要以昆虫为食，但是偶尔也吃果实，以及来自花朵的花蜜和花粉。

❋ 针叶林

针叶树尤其善于抵御干旱、大风和寒冷气候的威胁。在其他树种需要挣扎着方能生存的地区，它们却长势旺盛。

针叶树是应付极端恶劣天气的专家。正是因为它们针形的叶子，使得它们可以生长在海拔较高的山上以及干旱、贫瘠的山坡上。一些针叶树也生长在热带丛林和沼泽地里，但是，它们最为重要的据点还是在极北地区。在那里，它们形成了北方针叶林——一片广阔而偏远的栖息地，几乎环绕了整个地球。

山雀是针叶林中的常见鸟类。图中的这种凤头雀是欧洲品种，通常生活在成熟的针叶林中。

穿越大陆

北方针叶林常常被称为"Taiga"，这是它的俄罗斯语名称。在俄罗斯，针叶林分布在 11 个不同的时区，而在其中的有些地区，针叶林覆盖的宽度可以达到 1500 千米。

如果是坐火车穿越整个针叶林，大约需要 1 个星期的时间，而整个旅程中，窗外的景色几乎没有什么变化。一致性是北方针叶林的最主要特色，因为该类丛林中的树木种类很少。比如，在整个俄罗斯针叶林带中，大约只有 10 个不同的树种，而在北美地区的针叶林带，树种数量也多不了几个。相比而言，在足球场大小的热带丛林中，树种的数量可以达到几百种之多。

对于野生物而言，物种越少就意味着找到的食物的机会越渺茫。但是从另一个角度看，如果一种动物可以在这里生存下来，那么它将拥有世界上最为宽敞的家园。

冬季的皮毛

对于生活在北方针叶林中的动物而言，熬过寒冷的冬季是生活中最重要的挑战。在接近冻原的加拿大针叶林中，冬季温度可以降

针叶树的树干笔直而树枝向下倾斜，使其能够很好地处理积雪的压力问题。其实，霜冻的问题更为严重，因为它会扼杀刚刚长出的嫩芽。

俄罗斯黑貂的面部很像狐狸，但它却是美洲貂的近亲。它们单独生活——除非在繁殖时期。紫貂会坚定地守卫自己的领地，绝不容许任何觅食的对手进入其中。

北美水貂主要在夜晚出来捕食，突袭河岸和河流中的猎物。像俄罗斯黑貂一样，它们一般是通过咬断猎物的颈背而将之杀死的。

到 -40℃。然而，在西伯利亚东部，气候甚至更加恶劣，在那一带的一个采矿小镇上，曾经有过 -68℃ 的纪录，比北极的温度还要低。在冬季，地面泥土的冻结时间长达好几个月，所以很难找到液态水资源。

应付寒冷的方法之一是远离寒冷——候鸟就采用这样的方法。哺乳动物没有选择，因为它们不可能作如此长途的迁徙。相反，它们利用自然界最好的隔热体——皮毛来保暖。皮毛的外层是长毛，下层则是长满绒毛的内层皮毛。秋季的时候，内层皮毛会渐渐变厚，为即将到来的冬季准备好额外的保暖设备。

很多生活在北方森林中的食肉性哺乳动物都以其奢华的皮毛而著称，其中最为有名的是美洲貂——一种敏捷而凶狠的猎捕动物，一般在水中或者水域附近捕食。此外还有鱼貂，与美洲貂非常相像，但其是在树上捕食的。但是，在所有具有商业价值的长皮毛动物中，当数俄罗斯黑貂最为珍贵，这是一种狐狸大小的动物，生活在西伯利亚东部，常常需要面对极度的寒冷。俄罗斯黑貂吃小动物和水果。幸亏有其"豪华"的皮毛，使得其在 -50℃ 的环境下还能保持活力。不幸的是，人类看上了它们的皮毛，因此几百年来，它们一直遭到人类的捕杀。现在，这种动物很多被关养起来——有些甚至是在极其苛刻的条件下。即便如此，仍然有大量的这种动物在野外被捕杀。

日渐消失的狼

在民间传说中，针叶林是非常危险的地方，需要十分警惕。这些所谓的危险，大部分都是虚构的。但是，的确有一段时期，人类完全有理由害怕丛林中的狼。在大约 400 多年前，大量灰狼分布在北半球，其中丛林是它们最为舒适的安身之所。

从针叶林到北极冻原，灰狼的栖息地很广，在每一个狼群中，成年的狼都需要出外捕食，而只有比较年长的狼才承担繁殖后代的重任。

事实上，狼攻击人类的纪录非常之少，倒是对于农场里的动物而言，狼是一大威胁——尤其是当它们天然的食物越来越少的时候。因此，狼遭到了大量的捕杀。在过去的几个世纪中，它们被驱赶到了杳无人烟的地区，或者就是被赶尽杀绝。在英格兰岛上，最后一只野狼死于大约 1770 年。俄罗斯、加拿大和阿拉斯加还生活着数量较大的狼群，而在美国的其他地区，狼已经基本绝迹了。

被引入美国的加拿大狼

如果没有人类的帮助，美洲狼可能已经灭绝了。在 20 世纪 90 年代，动物保护主义者开始了一项特殊的项目，以帮助狼重新回到曾经居住的领土上。加拿大狼被空运到美国蒙大拿州、爱达荷州以及怀俄明州的山里，并且逐步地被释放到野外。这项重新引入计划被证明是非常成功的，现在在这些地区，已经生活着二十几个狼群了。

对于狼的重新归来，并不是每个人都感到高兴的。大部分牧场主都认为这些狼会攻击他们的牛羊，在有些地方，已经有"狼嫌疑犯"被猎杀了。由于这个原因，被重新引入的狼群受到了严格的管理和控制，希望人与狼之间能够和平共处。

尽管体形庞大，棕熊仍然是奔跑和攀爬的高手。它们能很容易地追上快速奔跑的人类，据说曾经因为追人而爬上了树。

危险的棕熊

其实狼并没有人类想象的那么危险，棕熊倒是不折不扣的危险动物。除了北极熊外，棕熊便是世界上最大的陆生食肉动物了，它们的力量大得令人吃惊。棕熊的食物范围很广，包括从鱼到鹿，从树根到昆虫的各类动植物。它们可以用爪子将一头成年的驼鹿或者马拖出好几百米远。对于这种视力很弱但是力量奇大的动物而言，人类可以对它们形成威胁，或者偶尔，人类也会成为它们的美餐。

与狼一样，棕熊曾经生活在整个北半球地区，也经历了分布范围锐减的情况，但是棕熊非常擅长应付丛林生活状况的各种起伏。它们并不是整年都在动的，而是有6个月的时间处于冬眠状态——这是在觅食困难时期节约体能的好方法。它们会在朝北的坡上挖个洞，铺上树枝和树叶。洞穴通常不会超过1.5米宽，刚好能够容下这种体重达半吨的动物。

到了秋季，棕熊的一半体重来自其脂肪，这些脂肪也正是它们的冬季"燃料"。体内的脂肪是动物重要的能量来源，棕熊是通过大量食用其能够找到的一切食物来堆积起这些脂肪的。当棕熊进入冬眠状态时，它们的体温降到只有5℃，心跳速度减慢，脂肪则被慢慢地消耗，用来保持生命的延续。

但是与很多其他冬眠者——比如旱獭相比，棕熊的睡眠很浅，体温的下降幅度也不算大。棕熊在冬眠期间仍然能隐约地感知到周边的动静，如果受到打扰，能立即醒过来。这种快速反应意味着即使在深冬时期，棕熊的洞穴也不是探险的好去处。

食叶者

熊几乎是什么都吃的，但对于针叶树叶仍然是望而却步的。与其他大部分树叶相比，针叶树叶坚硬，外面裹有蜡层，而且含有气味浓重的树脂，不易消化。它们只适合森林中的专业食叶者，如飞蛾的毛虫和叶蜂的幼虫。松毛虫蛾是以针叶树叶为食的欧洲物种之一，成年蛾呈灰色或者棕色，但是幼虫则长有绿色和白色的条纹，与松针上的蜡光非常匹配。它们贪婪地食用嫩松

松树叶蜂的幼虫食用树叶，甚至可以将树杀死。它们的成虫看上去像小型黄蜂。经过交配后，雌性叶蜂可以存活几个星期，但是雄性则会在几个小时后便死去。

针，把整个身体伸展在其食物上，这使得它们更难被发现了。一只雌性飞蛾可以产下几百个卵，因此这种毛虫的传播速度非常之快。

松毛虫日夜不停地吃着松针，但是另外一个种类——列队蛾则有着不同的生活节奏：白天，它们的幼虫住在枝头自己结的丝巢中，这种丝韧而有弹性，动物很难将之撕开，即使用刀也很难切开。从巢中会引出一条丝，一直拖到其他长有嫩叶的树枝上。到了夜晚，这些幼虫会沿着这条丝成队而出，进食时排成一条线，这也正是它们名字的由来。

树蜂

对于一些生活在针叶林中的昆虫而言，木头比叶子更为美味。在针叶林中，最具代表意义的便是树蜂，常常"嗡嗡嗡"地飞行在树丛中。成年树蜂呈黑黄相间，其中雌性树蜂长有看上去非常危险的刺。事实上，这种刺是没有危害的，只不过是

专门用来钻透树皮，将卵产在树干中的排卵管。雌性树蜂寻找虚弱或者已经倒下的树木，将卵一个一个地注入到树皮之下。当幼虫孵化出来后，它们会花 3 年左右的时间在树木中挖洞为家。这些幼虫并不是以木头为食，而据说是以长在树皮下的一种真菌为食。真菌擅长于分解木头中的物质，而树蜂则利用了这种优势对真菌进行"耕作"，并帮助其传播。

物种档案

黑啄木鸟 (Dryocopus martius)

这种啄木鸟生活在从西欧一直穿过西伯利亚到远东的广阔针叶林中。它们以昆虫的幼虫为食，常常为了抓住猎物而在树上啄出 20 厘米深的洞。此外，它们也以生活在树洞中的雏鸟为食。啄木鸟通常在腐烂的木头上啄洞安家，但是图中的这种黑啄木鸟也会选择在健康的树木上安家。

外部的攻击

对于树蜂的幼虫而言，不幸的是，它们的家并没有像看起来那么安全，这是因为存在着另一种昆虫——姬蜂。姬蜂的幼虫以树蜂的幼虫为食。利用其敏锐的嗅觉，姬蜂可以找到木头中的树蜂幼虫。雌性姬蜂会将排卵管插入木头，在每一条树蜂幼虫旁边产下一个卵。当姬蜂的幼虫孵化出来后，就会将树蜂的幼虫活活吃掉。

即使树蜂的幼虫能够逃过此劫，另一种危险也会随时袭来——啄木鸟正在凿打着树木，它们将舌头伸到了可以找到的任何通道。啄木鸟的舌尖上有毛刺，可以将树蜂的幼虫勾出。

切开松果

针叶树不会开花也不会结果，但是它们能够产出营养丰富的种子，隐藏在松果里面。大部分松果都比较小，可以握在手里，但是北美洲兰伯氏松产出的松果可以长达 50 厘米。而澳大利亚的大叶南洋杉则可以产出世界上最重的松果，这种松果外形像一个巨型菠萝。如果当年粮食收成好的话，这种鸟类也会非常繁盛。但是，如果在一个丰收年后到来了一个歉收年，那么就会有很多交喙鸟找不到吃的了。当

这些松枝刚刚开始生长，其中的黄色部位是雄性松果，很快就会向空中散发出花粉。雌性松果相对较大，它们的木质鳞片保护着种子的生长。

交喙鸟在刚刚被孵化出来的时候，它们的鸟喙很普通。但是随着它们慢慢成熟，鸟喙的尖部就会慢慢弯曲交叠在一起。

乌林鸮圆圆的脸型就像是插满羽毛的圆盘式卫星天线，让声音汇集到它们掩盖在羽毛下的耳朵中。单凭声音，它们就可以找到隐藏在雪地下的啮齿动物。

一只鹰鸮正张开双爪猛扑下去捕捉猎物。这种大型鸟类没有天敌，它们大到足以攻击苍鹰和其他猎食性鸟类。

这种情况出现的时候，交喙鸟就会向南飞到北方丛林外的区域中寻找食物，这种迁徙被称为"族群骤增"，也会发生在其他雀类身上。

飞行的猎捕者

　　漫长的冬夜和浓密的枝叶，针叶林似乎天生就是为猫头鹰而设。一些世界上最大种类的猫头鹰生活在这里，包括来自欧洲和亚洲的北方大雕。

　　这种猫头鹰已经大到足以攻击一头小鹿了，而它们的叫声是如此低沉有力，以至于在 1 千米外的地方都可以听到。

　　大雕需要足够大的空间进行活动，因此它们通常是在树木生长较为稀疏的地方捕食。哈佩雕，别称角雕，栖息于中、南美洲的热带低地，即从墨西哥东南部到阿根廷北部的原始热带雨林中。它们的猎物约有 19 种，以树栖哺乳类居多，尤其喜欢捕食蛛猴和吼猴，此外，还有树懒、食蚁兽、长吻浣熊、负鼠等。成年哈佩雕身长可达 1.05 米，体重可达 9 公斤，翼展可达 2 ~ 2.5 米，脚趾伸展开来有 23 厘米长。哈佩雕有敏锐的目光和非凡的捕猎能力。它们在近 50 米的空中仍然能清晰看见地面上的一只蚂蚁，追逐猎物时的时速可高达 80 公里。

不对等的伙伴

　　白天，大部分猫头鹰都栖息在树上，而其他鸟类则出来觅食。鹰和秃鹰会发现自己很难在树与树之间自如飞行，但是北方苍鹰却非常适应这种林间地带——将自己的尾巴和翅膀作为方向舵，北方苍

物种档案

北美豪猪（Erethizon dorsatum）

　　豪猪在热带地区非常普遍，但是这个种类的豪猪只生活在北方针叶林中。当豪猪受到攻击的时候，它们的刚毛就会竖起，直刺敌人的皮肤。北美豪猪以叶子、树皮和芽蕾为食。它们会啃咬木质的工具甚至木质的窗棂，因为它们喜欢人类汗液的味道。

鹰可以在树林中突然转向，袭击树上和地面上的猎物。这种高速的猎捕者主要以其他鸟类为食，但是如果方便的话，它们也会抓取树上的松鼠和小豪猪作为食物。

对于哺乳动物而言，雄性的体形一般要大于雌性。但是猎捕性鸟类却常常刚好相反——雌性北方苍鹰几乎比其配偶要重 1/3，而且通常能够抓到更重的猎物。为了弥补这一点，雄性苍鹰通常更为灵敏，当其掠过迷宫般的树干和树枝时，可以抓到山雀那么小的鸟类。而对于另一种丛林捕食者——食雀鹰而言，雄性和雌性鸟之间的差别就更大了，雌性食雀鹰的体重通常是雄性的两倍。

变化中的森林

并不是只有野生动物发现了针叶林的价值。几百年来，人类之所以用针叶树来作为木材原料，就是因为它们的外形笔直挺拔，在使用上比较方便。在 18 世纪，几百万棵针叶树被用来作为铁路枕木，还有更多的被用来铺就支护矿坑。如今，针叶树也被广泛运用于建筑业、造纸业，还有其树脂可用于制造各种各样的产品——从油墨到溶剂到黏胶剂。

尽管如此，世界上的针叶树的生长面积并没有减少，所以也并不存在濒临灭绝的危险，但它们也在变化中。每年，大面积的森林被砍伐用作木材，砍伐后的树木有些是重新栽培的，有些则是再自行繁衍生长的。那些种植的森林跟那些自然生长的林木是相当不一样的，那些种植的往往只能是一类树木，而且树龄基本相同，往往在树木成熟前就被砍伐了，所以对于野生动物而言，这些种植林是极难生存的地方。

保护原始森林

一方面，人类大面积地进行人工造林，另一方面，自然资源保护学家一直在努力地保护现存真正的野生森林。最重要的防线之一在北美西北太平洋海岸——横跨美国和加拿大的边界。这个区域是世界重要木材制造区之一，但其中生长年代较久的大部分树木都已被砍伐了。

美国奥林匹克国家公园保护着世界罕有的针叶雨林。这是一个特殊的栖息地，生长着 100 米高的原始树木。再往北一点，在加拿大温哥华岛格里夸湾，也建立起了一个新的生物保护区，以此来保护温哥华岛的原始森林。相比已经被砍伐的森林，那些保护区是非常微不足道的，但这样的举措表明原始森林还是能够被保留下来的。

延伸得像尺子一样笔直的鲜明的界线代表了森林最新被砍伐的边缘。图中所示的风景为北美西北太平洋海岸的喀斯喀特山脉。

热带丛林

　　热带丛林中生活着大量的野生生物，从猿和猴子到世界上体形最大的昆虫。但是，其中大部分的野生生物都面临着生存危机，因为热带丛林的面积正在日益缩小。

　　热带地区分布着两个不同类型的丛林。一种是大部分人都经常听到的热带雨林，主要生长在赤道附近，那里的气候全年都是温暖而潮湿的。这种湿气很重的环境会让人类感到不舒服，但却是树木和很多其他植物的绝佳生活地。另一种，被称为季节性或者季风性丛林，存在于热带地区的边缘，那里，每年都会有很长一段时间的干旱季节，在这样的环境中，植物和动物需要适应倾盆大雨和长达几个月的干旱。

交替变化的季节

　　在季节性丛林中，雨季的到来很隆重，常常开始于闪电点亮夜空之后。最初，这些风暴很干燥，但是几天之后，降雨开始了，厚厚的云层压来，葡萄般大小的雨便随之而来，重重地敲打着丛林的地面。丛林里便漫起了大水，而树木也正需要这些降水，因为此时正是它们生长的时候。

　　6个月左右之后，干旱达到了顶峰，丛林看上去完全不同。洪水被干旱所取代，大部分树木都已经凋零了，空气在高温下灼烧，枯叶在脚下碎裂。由于大部分树木

都是光秃秃的，让人觉得是进入了冬季的丛林。但是，并不是所有的树木都开始了休眠，有一种非常有名的被称为蓝花楹木的干旱时期的植物却会在这个时候开满淡紫色的花朵。在热带国家，这种颜色鲜艳的树种被种植在各地的公园和花园里。

亚洲热带丛林中生活着世界上3/4的老虎，其中一些是最为危险的食肉动物之一。

顶级猫科动物

季节性丛林分布在热带的各个地区，从中美洲和南美洲到东南亚和澳大利亚北部。在亚洲，季节性丛林中生活着犀牛和世界上最大的3种猫科动物，其中老虎是体形型最大的，也是最让动物保护主义者担心的。一个世纪前，大量老虎生活在南亚地区，而如今，它们的数量正在迅速下降，并且几乎完全是因为人类捕猎所致。

老虎是很危险的动物，所以人类不想要它们太靠近自己的家园也就不足为奇了。

但安全因素并不是老虎被猎杀的主要原因，其中更为重要的是利益因素。老虎的身体部件被出售用作东方国家的传统药材，价格可以卖到非常之高，比如，单单一根虎腿骨就可以卖到5000美元左右。出售老虎身体部件是违法的，但是在如此之高的利益驱动之下，这种贸易依然在进行着。

第二种大型猫科动物为亚洲狮——与非洲狮有着很近的亲缘关系。亚洲狮曾经广泛地分布在印度次大陆上，但是如今它们只生活在印度西北部的吉尔森林

清晨，薄雾蔓延在覆盖着中非丛林的山峦间。这些丛林是珍稀的山林大猩猩的生活地。

保护区内。生存下来的亚洲狮数量大约在 400 只，好在它们的森林庇护所已被严加保护，因此它们的未来应该是有希望的。从远处看，这些亚洲狮与它们的非洲狮兄弟很相像，但是可以通过两个特征而将它们区别开来——亚洲狮的鬃毛比较短，而且在它们的下腹部覆盖有一块奇特的折叠状皮层。

美洲虎是中美洲和南美洲最大的猫科动物，它看上去很像豹，但是行动上则更像老虎，在茂密的丛林和沼泽地中捕猎。美洲虎很喜欢水，是游泳高手。

　　与老虎和狮子相比，豹子最擅长于应付人类和生活环境的变化。像大部分猫科动物一样，它们主要是在夜间活动的，但它们对食物并不是那么挑剔的——豹子可以杀死一头成年的鹿，但如果这种食物不容易找到，它们也会把目标定在更小的猎物上，包括啮齿类动物甚至大型昆虫。豹子在食物方面涉猎广泛，所以可以度过各个食物匮乏时期。

争夺阳光

　　在季节性丛林中，植物和动物都需要努力适应季节的变化，而且都会选择一个特定的时期繁殖后代。但是在热带雨林，事实上根本没有四季的变化，因此生物在全年中都保持着一样的生长热情。对于热带雨林的植物而言，需要占据的最大优势就是获得足够的阳光——这是在一个密密地长着各种植物的栖息地中必然要展开的战争。森林中体形高大的树种自然而然地挡住了体形矮小的植物的阳光。这些高大的树种可以长到 12 层楼的高度，它们的树冠看上去就像是长满树叶的小岛漂浮在深绿色的海洋上。

　　在这种大树达到其最大体形前，它们需要从茂密的丛林底部努力向上生长。因此，很多树都会采用"等待"战术，它们先是专心向上生长，并不横向长粗，因此它们需要的能量就相对较少。有些不能熬过这一阶段的树，就会在来到阳光充足的高处前死去，而幸运地熬过来的，也就生存了下来。如果一棵老树倒下，就能够突然给地面带来一大片阳光，这就给小树以很大的机会，它们会拼命地生长，来争夺这一空隙，胜利者也就长成了这块区域中的参天大树。

物种档案

文心兰（Oncidium）

　　文心兰拥有非常艳丽的花朵，但是它们大部分都生长在森林最高处，因此很难看到。这些兰花通常是通过蜜蜂来传播花粉的。雄性蜜蜂常常不是为了花中的蜜，而是为了进攻这些兰花，或许是因为这些花朵的气味与其他雄性竞争对手非常相似吧。这些雄蜂一头撞入花朵，把其中的花粉带到了其进攻的下一朵花中。

附生植物

一些热带雨林植物有自己的一套获取阳光的本事，它们并不是向上生长，而是一生都在树枝和高高的树干上度过。这类植物被称为附生植物，包括几千种兰花和刺叶的凤梨科植物及蕨类植物。很多附生植物都很小，可以放入火柴盒里，但有些则像一个垃圾箱那么大，重量可达到1/4吨。

与寄生植物不同，附生植物并不从它们的附主那里盗取任何东西，而是从雨水中获取水分，从尘土和落叶中获取营养。有些凤梨科植物有自己的储水库，由一圈叶子组成，另一些则能够通过一种特殊的鳞苞结构，可以像棉层一样吸收水分。

生长于澳大利亚的鹿角蕨类甚至还通过收集落叶形成自己的肥料堆，利用这些肥料堆中的养分，这种蕨类可以长到两米左右。

致命的绝杀榕

附生植物并不会给树木带来什么伤害，但是如果体重过大也会导致树枝的折断。而一些栖居植物则有着非常险恶的生活方式：对于热带雨林树木而言，最危险的莫过于绞杀榕，这种植物属于寄生植物，会慢慢地使寄主窒息而死。

一株绞杀榕开始于寄生在树枝上的一粒种子，随着种子萌芽，慢慢地便长成丛状。这些植物丛会伸出细长的根，问题便开始产生了——这些根虽然

这株绞杀榕正在慢慢地将"网"收紧，其各处的根部已经融合在一起了。

只有像铅笔一样细，但是会像蛇一样缠在树干上，一直蔓延到地面。一旦根部接触到地面，绞杀榕就会比它的寄主生长得更快，其根部变得越来越粗壮，直至其在树干外构成了一件活的"紧身衣"。随着时间一年一年过去，这棵充当寄主的树木就会窒息而死。

一旦寄主死去，其树干就会慢慢腐烂，只留下寄生植物。在绞杀榕内部是中空的树干——寄主留下的可怕的遗体。

森林中的合作者

绞杀榕的传播需要依赖鸟类，因为鸟类帮助它们播撒种子——鸟类以绞杀榕的果实为食，但是种子却被完好无损地排出体外。当一只鸟停留在树枝上，它常常会留下一些含有绞杀榕种子的粪便。就这样，鸟类和绞杀榕实现了双赢。

一只犀鸟落在一株攀缘植物上。这种食果性鸟类正在展示自己巨大且颜色鲜艳的鸟喙。鸟喙中有大量中空部位，因此其并没有像看起来那么沉重。

像这种合作者关系在热带丛林中是很常见的，因为有如此多个不同种类的植物和动物肩并肩地生活在一起。动物不仅可以帮助传播种子，而且可以帮助授粉。在温带丛林中，传粉动物基本上都是昆虫，但是在热带丛林中，许多不同种类的动物都在充当着这个角色，其中包括食蜜鸟类，比如蜂鸟和鹦鹉，以及几百个不同种类的蝙蝠。与昆虫相比，鸟类和蝙蝠体形较大且笨重，因此吸引它们的花朵必须大而强韧。通过蝙蝠授粉的花朵一般呈乳白色，并且在日落后会散发出浓烈的麝香气味，可以吸引蝙蝠的到来。

很多传粉动物接触的花朵种类都比较宽泛，但是有些却仅限于一种花朵。其中最具代表性的是来自马达加斯加岛的一种天蛾，它的舌头可以伸长到30厘米，可以像一根超长型吸杆一样使用，一直伸到兰花的最深处。天蛾吸完花蜜后就会卷起长舌，然后飞向下一顿美餐。

甲虫猎食者的天堂

科学家也不能确定到底有多少种昆虫生活在热带丛林中，但是其中至少包括了5000个不同种类的蟋蟀，4万个不同种类的蝴蝶和飞蛾（以及它们饥饿的幼虫）和10万个不同种类的甲虫。其中一些是昆虫界的"巨人"——来自中非的歌利亚甲虫是世界上最重的昆虫，大约是一只老鼠重量的3倍。来自南美的长角甲虫则长着最长的触角。

天蛾有着尖细的翅膀和流线型的身躯，天生就能够快速飞行。它们可以飞行很长的距离去寻找食物。

如果这些触角完全伸直，它们几乎可以和本页书的宽度一样长。

　　如果要找到这些昆虫，则需要很大的耐心，因为它们通常都是在夜晚的时候才开始活跃起来。但是蚂蚁就比较容易找到，因为它们大部分都是在白天工作。在中美洲和南美洲丛林中，当太阳升起的时候，切叶蚁就从它们的地下巢穴中涌到了树上，来到最细的嫩枝上，它们会干净利落地把叶子折断，然后带回地下。切叶蚁用树叶来种植一种真菌，以作为自己的食物。它们出奇地勤奋，但是在大雨来临的时候，它们是绝不工作的。看到雨滴的第一眼，切叶蚁就会丢掉自己的"货"，留下一串叶子碎片，一直延伸到蚁穴入口。

巢穴的袭击者

　　切叶蚁相对是没有危害的，但是热带丛林中有很多种蚂蚁具有很强的撕咬和叮咬力。织布蚂蚁生活在草丛和树林里，虽然它们体形很小，但是任何靠近它的东西都会遭到其猛烈的攻击。这些小小的蚂蚁用叶子建造出袋子状的蚁窝，用自己的黏丝将叶子"缝合"在一起。军蚁或者兵蚁则更加危险，这些游牧昆虫大群地生活在一起，每一群的数量可以达到 10 万只之多。它们在丛林地面上"汹涌"而过，制服所有体形过小或者来不及逃离的生物。夜幕降临的时候，其中的工蚁就会停下来，

在猎食者的威胁下，图中这头小食蚁兽利用其善于抓握的尾巴作为支撑，在白蚁巢上暴跳，并用其前爪不停地拍打。

用它们的身体连接起来做成一个临时的帐篷，也叫作露营地，这个帐篷可以像一个足球那么大，蚁后则躲在里面。

　　很少有动物敢吃军蚁，只是偶尔有几只鸟会在蚁群周围鼓翼逗留一会，这种鸟类被称为蚂蚁鸟。它们这样做是为了

图中的切叶蚁正在把叶子的碎片运回自己的蚁巢。而在叶子上搭顺风车的这只蚂蚁是"小个子"的工蚁，一旦叶子被运回地下后，就由这些蚂蚁负责做进一步的处理。

在军蚁群中寻找那些试图逃跑的其他昆虫或动物。但是也有一些丛林哺乳动物，其中包括来自南美洲的小食蚁兽和来自非洲和亚洲的布满鳞片的穿山甲，非常擅长捣毁蚁穴，它们都是攀爬高手，而且长有又长又黏的舌头用来舔食自己的食物。

8 只脚的捕食者

一些生活在雨林中的蜘蛛虽然没有刺，但是长得很像蚂蚁，这可以在一定程度上保护自己。

热带雨林中还居住着大型的球状网蜘蛛，可以织出直径达 1.5 米的大网。但是世界上最大的蜘蛛网是由群居蜘蛛织出的，它们通常几千只生活在一起，用 500 多米长的丝编织起巨大的蜘蛛网。通过齐心协力，它们可以比单独作战捕捉到更大的猎物。但是，雨林中最有名的蜘蛛根本不织网——白天，它们躲在地下，晚上才出来捕猎。虽然这些蜘蛛被称为食鸟蜘蛛，其实它们的猎食范围很广，它们靠直接的接触来捕捉猎物，多毛的足部可以长达 28 厘米。一旦这种蜘蛛将其猎物缠住，其带有剧毒的尖牙就开始发挥作用了。鸟类通常能试图逃走，但是昆虫、青蛙和其他小型动物就没有这么幸运了。这种蜘蛛通常当场将猎物吃掉，而无须在天亮拖回自己的洞穴。

爱爬树的蛇

在世界上的寒冷地带，森林并不是蛇类和蜥蜴的理想栖息地，因为低温会使它们行动困难。而在热带丛林中，生活环境就再好不过了，不仅气候常年温暖，而且还有大量藏身之所。蛇和蜥蜴都非常擅长于伪装术，而且还是敏捷的攀爬高手——树蟒和蟒蛇用尾巴紧紧地缠住树枝，在树上静静地等待猎物的到来。如果一只老鼠或者猴子进入到一定距离，它就会迅速地启动上半身，用颚部将猎物牢牢咬住。在中美洲丛林中，扁斑奎蛇也采用相同的战术，但是它们常常潜伏在花朵附近，当蜂鸟飞来吸食花蜜时，这种蛇就乘机将之捕食。

生活在热带雨林中的蜥蜴没有毒牙也没有毒液，因此，它们需要利用伪装术来避开鸟类的追捕。大部分蜥蜴是绿色的，但是来自澳大利亚的叶尾壁虎则长有错乱的灰色和棕色斑纹，这使得它们在树皮上爬行时几乎看不出来。为了使得它们的伪装术更为有效，它们的身体几乎是扁平的，这样就

绿树蟒的颜色有棕色、红色和黄色。图中的这条小蟒蛇抓到了一只老鼠。像所有生活在树上的蛇一样，这么倒着将一只老鼠吞下是完全没有问题的。

不会形成可能出卖它们的影子。

生活在丛林地面上

就像食鸟蜘蛛一样，生活在丛林中的大
部分动物都会在太阳升起的时候躲藏起来。
然而，蝴蝶则是例外，虽然它们通常生活在树
的顶部，很多还是会每天至少一次地停落到地
面上的。其目的在于从地面上补充其所需的
盐分和其他重要成分。蝴蝶可以在湿润的泥

雄性大闪蝶可以像人类手掌那么大，有着带有
金属光泽的蓝色翅膀。这种蝴蝶通常喜欢在丛
林的近地面"滑翔"，寻找它们最喜欢的食物——
腐烂的果实。

土、腐烂的果实和动物的粪便中找到所需要
的物质。如果找到了一块不错的地方，几百只蝴蝶会相互推搡着努力地想分得一
杯羹。一看到有危险，蝴蝶都会立即飞到空中。

丛林里的猴子

与热带丛林中的昆虫不同，很少有大型动物可以一生都在叶子上度过。这是
因为雨林树木的叶子非常坚韧，通常含有一种吃起来不美味或者不容易被消化的
物质。昆虫已经进化出可以应付这种物质的技能，但是只有一小部分哺乳动物能
够完全以叶子为食。吼猴在这方面是适应得比较成功的哺乳动物之一，它们生活
在从墨西哥到阿根廷北部的热带丛林中，以叫声响亮著称。这种叫声是由雄性猴
子发出的，它们的喉部有一个腔室，可以起到像扩音器一样的效果。吼猴成小群
地生活，它们通过自己的叫声来标示出各个群体的进食范围。

热带丛林中，到处都生活着猴子，但是只有美洲猴子包括吼猴长有善于抓
握的尾巴。这些尾巴可以卷在树枝上，而且朝下一面长有一片裸露的皮肤，可以
帮助它们更好地实现抓握。吼猴的体重很大，因此一般都是用手臂进行抓握和进
食的。但是蜘蛛猴的体重较轻，因此它们通常可以单单通过尾巴而在树枝间荡来
荡去。

灵长类动物

热带丛林中生活着世界上一半以上的灵长类动物，包括猿、猴子，以及它们
的近亲。其中，体形最大的是大猩猩，而最小的则生活在马达加斯加岛的丛林中。
红褐色的小嘴狐猴体重大约只有 40 克，几乎跟一个鸡蛋那么重。这种小型灵长
类动物以植物果实、花蜜和昆虫为食，主要是在夜间依靠敏锐的听力和视力来寻
找食物。马达加斯加岛以生活着多种奇异的灵长类动物而闻名，但事实上，世界
上其他地区也生活着这些种类的灵长类动物，只是鲜为人知而已。眼镜猴是其中
身手最为敏捷的灵长类动物之一，生活在东南亚丛林中，主要是在夜间捕捉昆
虫为食。这种小型灵长类动物依靠敏锐的视觉捕食，其眼睛居然要大过其大脑的

体积。

　　尽管不同的灵长类动物的体形间存在着如此大的区别，但它们还是有着共同点的，它们中的大部分都长有指甲，而不是爪子，还有善于抓握的手指和脚趾。它们的眼睛长在脸的正前方，这可以帮助它们在跳跃的时候准确地判断距离。与生活在热带丛林中的其他哺乳动物相比，灵长类动物的繁殖速度相对较慢。比如眼镜猴，每次只能生育 1 只幼仔，而且怀孕时间长达 6 个月。

丛林及其未来

　　对于灵长类动物以及很多其他动物而言，可悲的是，热带丛林正在快速地萎缩。迄今为止，已经有 1/3 的灵长类动物，以及从鹦鹉到犀鸟的几百种热带鸟类和几千种植物，正面临着灭绝的危机。

　　其中一些物种变得稀有，是因为它们被人类猎捕和收集，而有些则是因为生活在日益萎缩的热带丛林中而面临着灭顶之灾。在那里，推土机和链锯正在逼近。一旦树木被砍伐，人类开始居住进来，丛林也就被农田所替代了。

　　人类砍伐森林已经有几千年的历史了，而且人类依靠农田种植粮食生存。但是，热带丛林正在以前所未有的速度被砍伐，同时毁坏了大量的野生动植物栖息地。一些濒临灭绝的物种，比如猩猩，可以通过把它们放入保护区来帮助它们的生存繁衍，但是这项工程很昂贵，而且能够挽救的也只是丛林中的一小部分野生物。由于热带丛林是那么的丰富而又复杂，人类不可能一方面毁坏丛林，一方面又想保护丛林中的生物。

金刚鹦鹉主要栖息在美洲热带森林里，是色彩最漂亮艳丽的鹦鹉，也是体形最大的鹦鹉。它们的栖息地被破坏，巢穴不足，且被盗捕的情况很严重。

河流、湖泊和湿地

对于植物、动物和微生物而言，淡水是最受欢迎的生活地之一。有一些挣扎在小水坑中，有些则在淡水和海洋间做长距离的旅行。

北美水松是少数几种可以生长在沼泽中的针叶树种之一。

如果把地球上的水缩至一桶，那么河流、湖泊和湿地中所含有的水还不能填满一个顶针。但是，由于地球体积如此之大，因此，淡水环境资源仍是极其丰富的。比如俄罗斯的贝加尔湖几乎有2000米深，而亚马孙河则有6500千米长。每年，有500亿吨雨水汇入大海。与海水相比，淡水通常营养物质丰富，因此对于生物而言是很好的生活环境。

淡水里的生物

湖泊和池塘是研究自然的好去处，因为里面生活着难以计数的生物。这些水世界成员中也有动物，但是就像在陆地上一样，生命最终是需要依靠植物的，因为植物为动物提供了生存所需的食物。在淡水中，最小的"植物"是微生藻类，漂浮在水表，虽然它们的体形很小，但是繁殖速度很快，有时会使整个水面呈现绿色。这些微小的绿色生物是微型动物的食物，而这些微型动物则是更大的一些猎食者，比如新孵化出来的小鱼的食物。有一种很常见的池塘动物叫水螅，可以两全其美——它的身体中含有数千个单细胞藻类，同时，这也是它们的食物。水螅也有触须，用来抓住周边经过的小型动物。水螅也可以动，但是速度很慢，因此需要非常提防猎捕者，如果有任何危险来袭，它们就会迅速把触须收起，直至危险过去。

水螅通过长出小芽进行繁殖。这些小芽会从母体上分离出来，然后开始独立的生活。图中这一成年水螅已经长出两天大的"婴儿"了，它们的内部还是连接在一起的。

芦苇和芦苇床

大部分水生植物都有根，因此它们可以在水底固定。有些水生植物一生都在水下度过，但是大部分都会向上生长，从而可以开花。芦苇是其中最为成功的水生植物之一，是一种长得很高的草本植物，可能是世界上分布最广的开花植物。芦苇从北极一直向南长到澳大利亚，生活在池塘和沟渠，以及浅浅的湖泊和礁湖中。只要空间足够，它就会形成被水浸透的芦苇床，一直蔓延到肉眼明显可见的范围内。

芦苇床上并不适宜行走，但却是鸟类藏身的好去处。八哥和燕子仅是用之宿夜，而其他鸟类则还在芦苇床上寻找食物繁殖后代。苍鹭和麻鸦在地上筑巢，而莺则筑在干燥的高处——这位技术娴熟的建筑师能够用枯叶作材料，以芦苇为支架，筑起一种杯形的鸟巢。

睡莲

睡莲的生长方式与众不同，与芦苇不同，它们的茎部很柔软，叶子的造型非常适合于漂浮在水面上。睡莲可以生活在几米深的水下，每年春季从水底向上生长，当它们的叶子到达水面时，它们就会展开平铺在水面上。有些睡莲的叶子只有硬币那么大小，但是最大的叶子属于一种来自南美洲的大型睡莲，可以达到供儿童嬉水的浅池那么大小，四周还有 15 厘米高的边。睡莲的叶子中含有空气细胞，就像是泡沫包装纸那样，而且其表面有一个蜡层，可以使得落在上面的雨水自行滑落。这些特性使得睡莲的叶子不可能沉到水下去，因此成为了蜻蜓歇脚的好去处。对水雉（体形很小，但是脚超大的水鸟）而言，睡莲叶也是很好的垫脚石。鱼类也将睡莲叶作为安全屏障，躲避大鸟的追踪。

睡莲花会吸引大量的昆虫，其中甲虫是它们的常客。有些睡莲花会在日落的时候闭合起来，将"访客"困在其中，整个夜间，昆虫会沾上大量的花粉，当第

这片像被草地覆盖着的南美河流中隐藏了大量的生命，其中生活着巨大的淡水鱼和亚马孙淡水海豚。

睡莲花属于虫媒花，开花的时间各不相同。有些会在日落的时候将花朵闭合起来，将前来拜访的昆虫困在其中。

二天花朵展开的时候，昆虫也就把花粉带了出去。

漂流物

一些淡水植物会在底部断开，然后便在水面上生活，其中最为常见的就是浮萍了。浮萍看上去就像小小的绿色药片，它们是世界上最小且最简单的开花植物。其中，最小的品种来自澳大利亚，只有盐粒那么大小，它们没有叶子或者茎，只有圆圆的植物"身体"，而且在大多数情况下，只有一条纤细的根。死水潭和阴暗的沟渠是浮萍生长的理想环境，那里，成百上千株浮萍覆盖了整个水面。当秋季到来的时候，这种植物就会没入水中，以免被冻伤，直至来年重新浮出水面。

在世界上比较温暖的地方，死水潭中有大量漂浮类蕨类植物。与陆生蕨类不一样，这些蕨类植物的体形小而扁平，叶子上还常常覆盖着防水的"茸毛"，降

纸莎草是世界上最为有用的水生植物之一。在古埃及，其不仅被用来制成纸张，还被制成席子、布料，甚至帆篷。

雨的时候，雨水会自行滑落，这样，植物便不会沉入水中。有一种水生蕨类通常生活在灌满水的稻田里，这种植物非常有用，因为其含有的细菌可以为土地施肥。

另一种体形较大的水生植物被称为"水葫芦"，繁殖能力更强。水葫芦最早出现于南美洲流速较慢的水域，但是由于其可以开出美丽的花朵，所以被植物爱好者带到了世界各地。不幸的是，这种美丽植物的繁殖能力似乎超出了人类的想象，在一些地方甚至成为了一种灾害。在非洲的维多利亚湖，水葫芦覆盖了几百平方千米的浅水区，它们不仅能使其他野生植物窒息，还悄悄地爬上了船只。科学家正在努力控制它们，但是由于这种植物分布实在太广，这个过程可能需要很长一段时间。

世界上最大的漂浮植物是纸莎草，其高度可以达到 4 米。纸莎草来自非洲，早在 4000 多年前，埃及人就学会了如何将纸莎草压制成纸张。一般情况下，这种植物生长在水域的边缘地带，但有时候，它们也会成堆地形成岛屿状地漂出好几米之远。在尼罗河上游的漂浮植物堆中，甚至还居住着人类，而有些则将之用于畜牧场周围简易的围栏。

水雉的脚趾特别长，可以将莲花的叶子作为漂浮的平台使用。一共有 8 个不同种类的水雉，主要生活在世界上气候比较温暖的地方。图中这一种在东南亚和澳大利亚十分常见。

临时居民

淡水动物包括永久居民和临时居民。临时居民中比如水獭，每天都在水和陆地之间穿梭；另一些则是在生命的早期居住在水中，而在长成后便离开了水环境。大部分这类动物都喜欢单独生活，但是蜉蝣却嘈杂地大群生活在沼泽地中，形成了最为壮观的淡水世界景观。

观察这种密集的蜉蝣的最佳时机是在宁静的夏夜——沿着缓缓流淌的河岸。如果条件适宜的话，可以看到几千只尚未长成的蜉蝣爬出水面，它们还没有完成蜕皮来到空中。这种昆虫需要 4 年时间才能长成，但是成虫没有嘴部，只能活 1 天。交配之后，雌性成虫会将卵产在水面上，结束这一最后的飞行后，所有的成虫都会死去。

豆娘蜓是非常优雅的捕食者，常常飞行在池塘和溪流的近水面上。它们生活在世界各处——从潮湿的热带到北极冻原。

食谱的变化

对于大部分其他淡水昆虫而言，成虫的生活比蜉蝣要长得多——成年的蚊子可以存活几个星期，成年的豆娘蜓和蜻蜓甚至可以存活几个月之久。

较长的生命期意味着它们需要食物，而且幼虫和成虫的食物有着很大的不同。幼年的豆娘蜓和蜻蜓可以以所有种类的水生动物为食，它们使用的是一种被称为"面具"——一套可伸缩使用的颚部的致命武器。豆娘蜓和蜻蜓的成虫也是食肉的，但是改用足部来捕捉在空中飞行的昆虫。对于蚊子而言，变为成虫意味着食谱的大改变：蚊子的幼虫以水中的微生物为食，它们可以在小到难以想象的环境中生活，甚至是在一个废弃轮胎里的积水中；一旦它们长成后，它们的食物就转变成了液体，雄性蚊子食用花蜜，而雌性蚊子食用血液。

回到水中

淡水生活环境比较分散，因此动物需要找到合适的时间和地点来进行繁殖。

图中的这只雄蛙浑身被浮萍覆盖，正从池塘向外探视着。在世界上的很多地区，浮萍并不开花结子，而是靠动物将之从一个池塘带到另一个池塘。

飞行的昆虫能够很好地应付这个问题，因为它们可以很容易地从一个地方飞到另一个地方。

蚊子可以通过感知空气中的潮气而找到水的所在，但是很多其他昆虫包括蜻蜓在内，都是依靠视力来寻找的。偶尔，它们也会犯错，比如龙虱，有时会在月光照耀的夜晚一头撞到花房上，因为它们将闪亮的玻璃错当成池塘的水面了。

对于青蛙和蟾蜍而言，繁殖期开始于

它们返回到曾经作为蝌蚪生活过的池塘或者湖泊中时。雄蛙通常会先行到达，然后通过响亮的蛙鸣声来吸引雌蛙前来交配。当雌蛙到来后，很多雄蛙会一拥而上，争夺交配的机会。交配期结束后，青蛙和蟾蜍都会离开这个水域，留下蝌蚪自己成长。

河马是体形最大也是最危险的淡水哺乳动物。雄性河马是非常彪悍的，它们巨大的长牙可以在木船上咬出几米宽的口子。

青蛙和蟾蜍通过将周围环境编织成一张记忆地图来指引自己找到目标所在。由于它们的视力不佳，所以这张记忆地图需要通过嗅觉来起效。如果一只青蛙或者蟾蜍被移至几千米外的地方，它们通常会找到一个新的地方进行繁殖。不过，两栖动物的记忆力似乎特别好，因为即使在过了 3 ~ 4 年后，它们还是能够找到最初的家。

长途跋涉者

两栖动物并不是世界上最快的迁徙者，它们每年的旅程很短。但是河流和湖泊中生活着动物王国中一些很厉害的旅行者，其中包括那些可以分别生活在淡水和海洋中的鱼。这些鱼之所以要在两地巡游，是为了最大限度地利用两地的优点：对于它们的大部分而言，淡水中是比较安全的繁殖地，而海洋中则是寻找食物的更好去处。不过奇怪的是，这条规则也并不适用于所有的鱼，因为有些鱼的生活习惯是刚好相反的。

大西洋大马哈鱼回到淡水中产卵，3 ~ 4 年后，成年的大马哈鱼第一次依靠味觉的指引回到原来自己成长的淡水河流域中。向着产卵地洄游需要消耗大量的体力，但是它们在整个过程中却不吃东西。成鱼产下卵后，有些会因为身体太虚弱而死去，而大部分则能够重新回到广阔的海洋中。

物种档案

欧亚水獭 (Lutra)

圆滑、柔软、敏捷的水獭在水中和陆地间穿梭生活。与其他种类的淡水水獭一样，它也长着蹼足、流线型的身体和特别厚的皮毛。当它跳入水中捕鱼时，皮毛的表面会变湿，但是内层则保持干燥。它们在河岸边的洞穴中繁殖。这是一种很贪玩的动物，它们常常为了玩耍而故意滑入水中。

神奇的旅行

大西洋大马哈鱼可以洄游 1000 千米之远，而欧洲鳗甚至可以游得更远。与大马哈鱼不同，这种像蛇一样的鱼类，其生命开始于西太平洋一个被称为马尾藻海的水域中。从那里，幼鳗顺着洋流向东北方向游动，两年多后来到欧洲大陆沿岸。一旦到达后，它们便开始向河流的上游游去，最终到达它们可以慢慢生长的河流或者湿地中。它们的"童年期"可以长达 30 年之久，发育完全后，便开始繁殖下一代。

繁殖的时候，欧洲鳗便游向河流的下游，开

对于巡游的大马哈鱼而言，瀑布是它们前行道路上的一道障碍。这些肉质结实的鱼类可以一下垂直向上跳起3米多高。

始了以繁殖地为目的地的遥远的单程旅行。这些成年的鳗长着银色的外皮和大大的眼睛，说明它们游动在海洋的深处。但是并没有人确切知道它们究竟在多深的海里游动，也不知道它们经过的是哪一条路线，因为神奇的是，没有一条成年的欧洲鳗在海洋中被捕获过。

淡水湿地

在河流和湖泊中有很多开阔的水面，因此能够很容易地发现其中的动物。但是湿地则不同了，那里的水面常常是隐藏在植物下的，为野生物提供了很多藏身之处。沼泽是湿地环境的代表之一，此外还有从北极的泥炭沼到潮热的热带沼泽地的几十个不同类型的湿地。

对于人类而言，湿地有时是非常危险的，里面有毒蛇和充满陷阱的泥潭。

但对于动物和植物而言，这个被水浸透的环境却是非常理想的栖息之

一对苍鹭在树梢上的巢中互相问候，它们的幼鸟正从巢中仰望着它们。但是，很多生活在湿地的其他鸟类都将鸟巢建在地面上。

地。美国佛罗里达州大沼泽地是世界上最大的湿地之一，其中生活着250多个不同种类的鸟类和世界上最大的爬行动物之一——美洲短吻鳄。位于非洲南部的欧科范果三角洲甚至生活着更多种类的生物，这块湿地是由一条内流河形成的，其居民包括河马、大象和瞪羚，以及一些世界上体形最大也是最聒噪的青蛙和蟾蜍，黑色的苍鹭也常在这里出入——唯一在自己的翅膀阴影下捕鱼的鸟类。

干　旱

在世界上的凉爽地区，湿地全年都不会干涸。但是在热带，一些湿地每年都有几个月的干旱期。随着水平面慢慢下降，植物枯萎了，动物则被逼迫到越来越狭窄的空间里生活。当生活变得越来越艰难的时候，鸟类飞走了，但是水生动物却需要寻找另外的生存方式。

美洲短吻鳄以所有会动的东西为食物。幼年的美洲短吻鳄食用小鱼，成年后则食用体形较大的动物，它们甚至还会对牛发起进攻。

在佛罗里达州大沼泽地，美洲短吻鳄通过给自己挖一个"私家池塘"来解决这个问题，当其他地块已经干涸的时候，这个池塘中依然有水。整个湿地中到处都可以看到这样的池塘，而美洲短吻鳄并不是唯一的居住者，还有鱼类、乌龟和青蛙也来此避难。在世界的其他地方，鳄鱼和凯门鳄通常都是将自己埋藏在泥浆中，通常只有一对鼻孔暴露在外面，像美洲短吻鳄一样，它们可以在几个月不吃不喝的情况下生存下去。

生活在湿地中的鱼类非常善于在浅水中生存，但是当干旱真正来临的时候，它们也会采取紧急措施——鲶鱼可以从一个池塘爬行到另一个池塘，而肺鱼则把自己埋在泥浆里，在身体外面包裹上薄泥层，只要泥浆保持湿润，

物种档案

仰泳蝽（Notonecta）

与大部分其他种类的水生动物不同的是，仰泳蝽是倒着生活的。它们生活在池塘和沟渠中，浮于水面的下层，等待其他昆虫落到水面上。当一只昆虫到来时，仰泳蝽便会以后足为桨，向之划去。然后，便用其锋利的嘴部从下而上将猎物刺住。为了保证呼吸，仰泳蝽会在身体周围保存一些氧气。

蚊子的幼虫需要空气。悬挂在水面之下，它们通过具有防水功能的"通气管"进行呼吸。

青蛙或者蟾蜍繁殖的时候，雄性会从背部将雌性抱住，这个过程会持续好几天。雄性的大趾上长有特殊的肉垫，可以防止滑落。

它们就可以通过呼吸空气而生存下去。其他种类的鱼就没有那么幸运了，它们会成百上千地死去，但是，它们留下了自己的卵，当大雨来临时，这些鱼卵就能孵化出来。

水污染

自然界的干旱并不是淡水动植物需要面对的唯一挑战。水污染又是另一个问题，因为人类在河流和湖泊中随意丢弃垃圾。

在美国佛罗里达州，曾经流淌过大沼泽地的水源如今都被用来灌溉农田和供应城市用水了，结果，这个州有一半的湿地都已经消失了。这种变化对于大沼泽地的栖息环境造成了很大的影响。在欧洲，曾经的湿地都被抽干用于种植粮食，如今，留存下来的原始湿地已经只有一小部分了。

水污染对于生活在河流中的生物伤害很大，而当水污染影响到湖泊时，带来的损害则更大了，这是因为湖泊中的水是不流动的，一旦污染物排入其中，就会沉淀很多年。在 20 世纪 70 年代，北美洲五大湖的污染非常严重，其中的大部分鱼都死去了。在俄罗斯，水污染也严重影响了贝加尔湖中的生物。而在东非，水污染影响了在大裂谷咸水湖中觅食的火烈鸟的生活。

要挽回那些已经消失的湿地是来不及了，但是幸好出台了反污染法，很多工业化国家的河流已经比 100 年前干净多了。但是，随着世界人口的不断增加，对淡水资源的需求也不断增大，全世界都应该为拯救淡水资源而奋斗。

物种档案

贝加尔湖海豹 (Phoca sibirica)

贝加尔湖海豹是唯一一种远离海洋生活的海豹，它的栖息地在西伯利亚的贝加尔湖——世界上最深的湖泊。冬季，当湖面结冰的时候，贝加尔湖海豹会在冰面上凿出洞以供呼吸。贝加尔湖中生活着至少 1200 多个不同种类的动物，其中的 3/4 是世界上独一无二的物种。

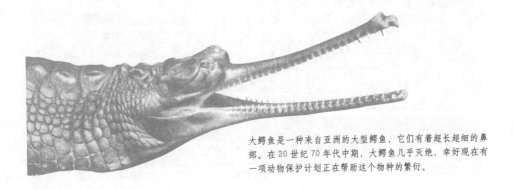

大鳄鱼是一种来自亚洲的大型鳄鱼，它们有着超长超细的鼻部。在 20 世纪 70 年代中期，大鳄鱼几乎灭绝，幸好现在有一项动物保护计划正在帮助这个物种的繁衍。

✿ 山脉和山洞

越往高处，生活越艰难——尤其如果你的家被冰冷的寒风席卷着，被冰雪覆盖着，或者被正午的烈日炙烤着。但是，自然界中，山上的居住者们却很好地适应了以上种种恶劣环境，而且还生活得甚是惬意。

与山腰上的环境不同，山洞中是没有自然光线的，因此，植物不能在其中生长。动物则靠食用山洞外的食物或者相互蚕食来得以生存。

山是野生物的重要栖息地，因为它存在于每个大陆。但是在山上生活并不是一件容易的事，每向上爬1000米，温度就会降低6℃。更糟糕的是，空气也会变得越来越稀薄，呼吸就会变得越来越困难。植物也有着自己的问题，因为山上的泥层很薄，而且很少有庇护。山洞则是完全不同的一个环境，在那里，虽然没有季节变化带来的问题，但是也没有阳光，而且食物非常之少。

生长在高处的植物

1887年，一位叫萨穆埃尔·泰勒基的匈牙利探险家爬上了位于东非的肯尼亚山。在他接近顶峰的过程中，他看到了世界上最为罕见的植物生长现象：在肯尼亚山的低坡上，覆盖着常绿的热带丛林，然后慢慢地过渡到竹林，但是在海拔大约3500米的地方，竹林过渡到了高沼地，生活着大型的半边莲属植物和千里光属杂草，以及大量石南花和其他罕见植物。在接近海拔4500米的高处，则呈现出一片冰雪世界，这里也接近了山顶。

继泰勒基之后，科学家们在世界其他地方也发现了上述这种奇怪的植物生长现象。

位于夏威夷的莫纳克亚山是一座巨大的火山，是唯一生长着银剑的地方，这种特殊的植物生长在接近山顶的岩熔地带。在委内瑞拉，被称作"特普伊"的平顶山区就像是飘浮在云间的花园，在那里，植物都很矮小，却包括了几百个世界唯一的种类。

自我保护

肯尼亚山和莫纳克亚山上独特的植物生长现象源自于它们完全隔绝的环境。这些山就像是生态岛，它们的植物是在完全孤立的环境中进化出来的，与外部世界几乎没有接触。肯尼亚山正好位于赤道上，因此光照很强烈，像大型半边莲属植物表面都长有毡子一样的毛层，可以保护它们的叶子不被强烈的紫外线烤焦。这个毛层在夜间也起到很重要的作用，因为此时在海拔较高的山坡上，气温可以降到冰点以下，所以正好可以御寒。虽然生活在地球的另一边，莫纳克亚山上的银剑也进化出了相似的适应能力。

在毡子一样的毛层保护下，银剑能够很好地避免强光的伤害。在存活了20年之久后，图中的这株银剑开出了巨大的头状花。此后，其生命便结束了。

在肯尼亚山高处的山坡上，巨型半边莲是那里最高的植物。太阳下山后，它们的叶子会向内收拢以防止冻伤。

在美国加利福尼亚州的白山上，刺松的生长年龄可以超过5 000岁。在高高的山坡上，它们在恶劣气候的摧残下扭曲着，长出多个节瘤。

在世界上的绝大部分地区，山脉之间都是相互连接着的，因此植物可以在山与山之间传播繁衍。针叶树尤其擅长于应付强光与寒冷的环境，这就解释了为什么它们可以遍布世界的各个山区。在落基山脉地区，这些格外坚韧的树种包括一些世界上最早期的生物——狐尾松。对于一棵狐尾松而言，1 000岁算是年轻的，而3 000岁也不过是中年。

生存在树线之上

在高山上，树木在一定的海拔处不再生长，因为寒冷的霜冻扼杀了它们的嫩芽。这一粗略的海拔高度即为树线，在这里，树林景观慢慢让位给贫瘠的地貌。在位于热带的山脉上，比如肯尼亚山上，树线的海拔比较高，但是在位于寒冷地区的山脉上，比如阿拉斯加的山脉上，树线的海拔可以低至750米左右。

生活在树线之上的植物需要面对世界上最为恶劣的气候，它们几乎都是依靠坚韧的茎部、小小的叶子以及垫子状的外形生存下来的。这种生长方式可以将风力杀伤度降到最低，而且可以更好地应对干旱。冬季，它们被厚厚的积雪覆盖着，这实际上对它们是有利的，因为这比裸露在空气中要温暖得多。这类植物被称为高山植物，其中很多都会在积雪完全融化之前就开始生长了。而当积雪化净后，它们已经绽放出花朵，这就为它们在繁殖竞赛中争取了时间。

受困于山坡上

春季，是生活在山上的昆虫开始活跃的时候。很多昆虫在冬季的时候还只是卵或者幼虫，可以被冷冻上几个月而完全不受伤害。随着春季白昼变长，它们就慢慢解冻，开始发育，就像变魔术一样，昆虫很快就爬满或者飞满了整个山坡。在山上，飞行的昆虫包括蚊子、蜜蜂和蝴蝶，它们都喜欢在近地面活动，从而避免风的影响。蝴蝶通常不喜欢寒冷的地方，但是阿波罗绢蝶却特别擅长生活在海拔很高的地方。这

阿波罗绢蝶生活在亚洲、欧洲和北美洲的高山上。它们将蛹做在低矮的植物丛中，用丝网缠绕起来。

些蝴蝶的飞行速度很慢，它们的身体上覆盖着毛茸茸的鳞片，可以帮助它们保温。

蝴蝶需要植物，而且它们一般都是远离冰雪覆盖之地。但是恐蛛生活在接近雪线的岩石下，有时甚至生活在雪线之上。这些原生昆虫没有翅膀，有些甚至没有眼睛。它们以其他动物包括被大风刮上山坡奄奄一息的昆虫为食——在落基山上，蚱蜢在向上迁徙的过程中就会碰到这种情况。位于蒙大拿州的"蚱蜢冰河"中，堆积着几百万只蚱蜢的尸体，位于最深处的尸体被认为已经有几百年的历史了。

山地哺乳动物

与昆虫不同，哺乳动物是热血动物，因此不管天气多冷，它们都能保持活跃的状态。

但是相比昆虫而言，哺乳动物对氧气的要求更高，所以在空气稀薄地方生活时，这就是个问题。为了应付这种情况，生活在高山上的动物通常都长有较大的肺部、心脏，血液中含有更多的载氧细胞。生活在南美洲的野骆马，一生都是在海拔5000米的高处度过的——在这个高度，空气很稀薄，机动车引擎都很难发动，飞机需要特别长的助跑距离才能起飞。但是，野骆马却有其特殊的适应能力，可以在陡峭的山坡上迅速攀爬，绝不气喘吁吁。

雪豹长有非常漂亮的皮毛。这种优雅的食肉动物由于遭到大量捕杀而正面临着灭绝的危机。

雪豹是来自中亚地区的一种外形十分漂亮的猎捕动物，在树线海拔之上仍然可以自由奔跑和捕猎，那里的海拔通常已经达到了5500米，甚至更高。但是生活地海拔最高的当属牦牛。牦牛是一种食草动物，与生活在农场里的牛是近亲。牦牛生活在喜马拉雅山山坡上，那里的气候干燥，风力很猛。夏季，它们迁徙到海拔6100米左右的高处。在喜马拉雅地区，牦牛通常被作为家畜饲养，因为它们被用于产奶和运输。而野生牦牛的数量则已经越来越少了。

隐退在冬季

雪豹全年都可以找到食物，但是对于食草动物而言，冬季的生活很艰难，野骆马、牦牛，以及在地面进食的鸟类比如松鸡等，此时都迁徙到海拔较低的地方。即便如此，食物还是很匮乏，饥饿时时威胁着它们的生命。为了解决这个问题，很多小型哺乳动物选择了另一种方法：它们躲藏到了地下的洞穴中进行冬眠，直至第二年春天的到来。

冬眠高手要数啮齿类动物，它们有些能够睡很长一段时期——旱獭可以冬眠

整整8个月，而有些地鼠甚至可以冬眠得更久。科学家们对生活在北美洲的犹因它地鼠进行了研究，发现其一年当中，活跃的时期只有12周，整个冬季和秋季以及春季大部分时间，其都处于睡眠状态。到了夏季，地鼠几乎一刻不停地进食，因为它们需要存储大量的身体脂肪，以帮助它们度过漫长的睡眠期。

鸟类食腐动物

与哺乳动物相比，鸟类在山与山之间行进就要方便多了。大雁曾被看到飞过了喜马拉雅山的最高峰，而雷达测试显示有些鸟类甚至飞得更高。1973年，一架飞机在11000米的高空撞上了一只秃鹫——这也是鸟类飞行的最高纪录。鸟类之所以能够在这样的高空飞行，是因为它们的肺部能够非常有效地收集空气中的氧气，而它们的羽毛则可以帮助它们抵御寒冷。

很多鸟类在迁徙的时候会飞越高山，而有些则直接以高山为家，秃鹫便是其一，因为它们需要开阔的空间来寻找食物。世界上最大的秃鹫是安第斯秃鹫，其翼展可以达到3米之宽。它们顺着强劲的上升气流沿着山脊滑翔，可以长达好几个小时。秃鹫的巢筑在偏僻的悬崖上，其一生都是在同一个巢中生活。鸟巢由于溅满了白色的鸟粪而比秃鹫本身更为显眼。

在非洲、亚洲和欧洲南部的高山上，生活着另一种秃鹫，它们有着自己独特的一套进食方式。在将猎物剥食干净之后，这种胡兀鹫就会挑其中较大一些的骨头，将之从高空向岩石丢去，砸开后便吸食其中的骨髓。

带羽的食腐者聚集在悬崖边上，分享着美食。位于图片中心的即为胡兀鹫，是食用骨髓的专家。

鸟类中的登山高手

生活在山上的鸟类也有在地面上寻找食物的，红嘴山鸦便常常钻进山上的草地上寻找昆虫和蠕虫，而鹟鹩则在岩缝间跳进跳出，寻找生活在岩石下的蜘蛛。但是在阿尔卑斯山和喜马拉雅山上，旋壁雀则更像真正的登山高手，这种小小的灰色鸟类有着异常锋利的爪子，像铁钩一样紧紧地抓在岩石上。此外，它们把尾巴用作支柱，在陡峭的岩壁和岩突上攀爬，寻找任何食物的迹象。与人类登山运动员不同，旋壁雀不用担心会掉下去——它们可以随时放弃攀爬而飞到空中。

生活在地下

　　在人类学会建造房屋之前，他们通常选择洞穴作为栖身之所。在法国的一个洞穴里，从留下的脚印显示，冰河时代的人类至少到达过地下 2 000 米的深处。当时的人类通过燃烧动物脂肪来照明，但是究竟他们为什么要到如此深的地下，就不得而知了。而动物的穴居历史则比人类要悠久多了。跟我们人类不同的是，它们可以在完全漆黑的环境中前行。其中，声音是它们常用的赖以生存的手段。

　　蝙蝠利用声音来捕捉昆虫以及找到前行的方向。美国得克萨斯州圣安东尼附近的一个洞穴群中，每天晚上都有 5 000 万只蝙蝠倾巢而出，等到在空中饱食昆虫之后，它们又飞回去喂养自己的幼仔。神奇的是，即便有那么多只蝙蝠在同时行动，它们各自的回声系统还是能够准确地运行。这些蝙蝠不仅要避免撞到穴壁上，还要避免相互碰撞。

　　在南美洲北部地区、特立尼达岛和巴拿马，大怪鸱也采用了几乎相同的一套技能，它们以含油量很高的果实为食，在地下 500 米左右的岩石层上筑巢。大怪鸱的视力很好，但是一旦它们进入洞穴中后，便依靠判断回声来找到自己雏鸟的所在。

全天候的穴居者

　　蝙蝠和大怪鸱只有部分时间在洞穴中度过，而有些动物则是终其一生在地下生活。对于它们而言，黑暗只是小事一桩，寻找食物才是真正重要的大事。洞穴中是没有植物生长的，因此，这些全天候的穴居者需要依靠来自洞穴外的食物生存。

　　这些食物主要是一些残余物和尸骸。首先当然是蝙蝠的粪便，经过几百年的积累，可以堆到脚踝。这类营养丰富的废弃物是一种被称为跳虫的原生动物以及穴居的千足虫和蟋蟀的宝藏。时不时地，死去的蝙蝠也会掉到排泄物堆里，正好增加了蛋白质成分。而当这些动物前来进食的时候，蜘蛛和盲蜘蛛则慢慢靠近，伺机捕捉一些食腐动物。

　　在很多洞穴中，流水也会带来一些外部世界的食物碎片。这种食物养活了完全不同的一类穴居动物，包括洞穴鱼类、山洞蝾螈和洞穴虾类。它们中很多都长着小小的眼睛，有些甚至完全没有视力，但是它们却对周围的动静非常敏感，特别是那些可以将它们带向美食的气味。

❀ 海 洋

　　海水占据了地球 3/4 的表面，但是由于海洋很深，因此实际上地球上 95% 以上的生命空间都是海洋。大约在 40 亿年前，海洋中出现了最初的生命形式。现在，海洋仍然是世界上绝大多数生物的栖息地。

　　海洋是如此广袤，从热带的阳光浅滩到极地深海，数以亿计的居民聚居于大洋之中。海洋中也有山脉、峡谷、平原，甚至是沙漠——大面积的空白水域，由于水中缺乏营养物质而导致浮游生物难以生存。不像陆地上的生物，海洋生物并不需要面对气温的突然变化，或者是旱灾、火灾等自然灾害。然而，生活在海洋中也不安全，不管这些生物如何小心翼翼地保护自己抑或是快速移动，捕食者总是会伺机而动。

海面上的生命

　　如果海水像空气一样透明，大海仍然会混沌不清。海洋的表面看起来像一层薄雾，高高悬浮在海床之上。在大洋中的有些部分，"雾"会比较薄，还有一些水域则完全像冬日的浓雾。

　　这层神秘的"雾"确实是存在的，不过海水的存在使得肉眼难以发现。薄雾的"作者"就是浮游动物——小型和微型浮游生物。其中最大的族群就是单细胞海藻，它们就像植物一样，通过阳光收集能量。漂流在这些海藻中间的是单细胞原生动物和重新孵化的鱼苗到蟹虾等的形形色色的浮游生物，它们是中型动物的

海鸥在海浪间穿梭时，犀利的目光总是对准洋面，搜索食物。它们通常栖息在海岸边。不过，许多其他种类的鸟却会深入大洋深处，直到繁殖才返回大陆。对于它们而言，陆地是一个陌生而又危险的地方。

这群紧靠在一起的浮游生物在岸边漂游，外观就像是蓝绿色的斑点。肉眼通常是难以发现浮游生物的，然而在高空的卫星却能追踪到它们的踪迹。

大蛛蟹是世界上最大的甲壳纲动物，它们的足展可达3.5米以上，一般栖息在北太平洋海域。

食物，后者又是大型动物的食物，一环一环紧紧相扣。

对于浮游动物而言，食物是极其重要的，不管它们有多小，它们总是其他生物的盘中餐。

来自空中的攻击

浮游生物中最为繁忙的一群主要集中在海面附近，那里有海藻所需要的充足的阳光。这也是浮游动物聚居的地方，因为这里是它们的最佳觅食地点。不过，海洋表面是一个危险的地方，尤其是对于那些体形较大，容易被从空中发现的生物更是如此。浮游动物就好比是海洋中的昆虫，许多鸟类依靠它们为生。

燕鸥头朝下冲向水中，捕捉较大的猎物。这种技术同样也被塘鹅和鲣鸟所使用。信天翁从空中直扑下来，捕捉处于浪尖上的鱼类——幸亏它们具有这种"空

中加油"的能力，所以能够在空中持续飞行好几天。世界上最小的海洋鸟类叫作海燕，它们的进食方式则完全不同。它们会在水面上拍打自己的脚，看起来就像是在海面上行走一样。虽然它们比乌鸦还小，但是它们有时能够飞到离开陆地几千千米以外的地方。

伪装术

当哥伦布到达美洲的时候，他成为了第一个穿越西大西洋马尾藻海的人。与其他海洋不同的是，这个海洋是个平静的大旋涡，以其漂浮的海草著称。在哥伦布时代，这里就被披上了神秘的面纱，人们认为船到这里就有可能被困住，然后沉没。

事实上，马尾藻海并没有那么危险，相反，这是开阔的海洋中少数几处可以为动物提供藏身之所的地方之一。有一种土生土长的鱼类叫作"海草鱼"，在这些漂浮的海草中可以隐蔽得非常完美，这种鱼只有大拇指大小，它们一动不动地潜伏在水草中，直至猎物出现。

海草鱼潜伏在一堆漂浮的海草中，其他动物很难发现其存在。它的身体上有突出的肉质，看上去就像是一片片的水草。

此时，海草鱼的嘴巴可以在不到 1/5 秒的时间内张大，将不幸的猎物吸入嘴中。穿过这片海洋，根本没有这样的藏身之所，动物们就只能各显神通地来保护自己。最常见的方法便是反隐蔽，这是一种在开阔的海域中通过调节两种不同的颜色来进行隐藏的伪装术。利用反隐蔽术的鱼类通常背部颜色较深，当从水面上看时，这种深色就与水色相模糊在一起；而腹部颜色较浅，当从水下看时，这种浅色与来自水面上的光线相混合，从而起到了完美的隐蔽作用。海豚以及一些大型的鲸类也采用类似的伪装术。

鱼 群

在开阔的水域中，聚集在一起是另一种避免攻击的方法，因为这样一来，捕食者就很难确定进攻的目标了。世界上一半以上的鱼类在幼年的时候都是成群生活在一起的，而 1/4 左右的鱼类则是一生都是成群生活的。在一个鱼群中，每条鱼都能非常准确地找到游动的方向。就像是接受了神秘的指令一样，它们会齐刷刷地转弯和改变方向。当遇到攻击时，它们会自动让出一条通道，避开追捕。鱼群之所以能够作出这样的反应，是因为鱼的身体

鱼群

内长有压力感应器，被称为"侧线"，即使不用眼睛看，每条鱼也可以判断出它们邻居的行动方向。这样一来，它们也就可以以基本相同的方式行动了。在极端紧急的情况下，鱼类也会采取极端的逃命方法，比如跳出水面，这是甩掉捕食者的好方法。飞鱼通过张开鱼鳍，可以在水面上跳出300米远，其他鱼类也可以在捕食者逼近的时候跳出相对较短的距离。海洋中的一大危险鱼类是颌针鱼，这种鱼长约1.5米，长有长钉形的嘴部，据说曾经撞入船体刺伤过人类。

颌针鱼的身体非常纤细，嘴部的突出非常尖细。它们的内部器官都纵向排布，以配合其细长的身形。

滤食者

有时候聚集在一起也会出事故，并且将鱼群带进陷阱中。驼背鲸捕食就利用了鱼群的特性。它们首先绕着鱼群呼出大量气泡组成气泡帘，受惊的鱼群越发收拢。此时，驼背鲸就突然从下往上将这个鱼群一口吞下，成千上万条鱼瞬间就成了驼背鲸的腹中之物。

物种档案

筐蛇尾（Gorgonocephalus）

筐蛇尾是海床上最奇怪的动物之一。它们有着大量分化、卷曲的分肢，体宽可以达到50厘米。它们白天会隐匿起来，在夜晚它们会伸展肢体，以捕捉经过的浮游生物。在它们的足肢上有微型小钩，可以帮助筐蛇尾捕捉食物。

驼背鲸的捕食方法比较有技巧性，它们的大多数亲戚，包括蓝鲸在内则以更小的猎物为目标。这些鲸也被称为长须鲸，在它们的喉部有着很深的凹槽，当鲸张开嘴巴时，凹槽也随之伸展开，几吨重的海水因而得以进入。它们再合上嘴巴，海水就通过它们上颚的鲸须滤出。随着海水被排出，留下的就是所有的浮游生物了。这些是世界上最大的滤食者的例子。这种方法相当高效，鲸也因此成了地球上体形最为庞大的哺乳动物。

鲸是比较著名的例子，实际中还存在着许多

在过去的 40 年中，捕捞对于海洋生物产生了重要影响。现代渔船可以运用声呐追踪鱼群，在 1000 米的水下捕鱼。

采用这种方式捕食体形要小得多的生物，数量最多的就是樽海鞘，它们看起来就像是两端没有底的透明小桶。从一端进水后，经过滤化，再从另一端排出海水——这种"排气式"方式就像是一个喷气式引擎一般，推动樽海鞘向前运动。樽海鞘的过滤方式十分高效，它们能够收集海水中的细菌和其他微生物食物。樽海鞘是相当成功的一种生物，在世界上的某些海域，这种肉眼难以发现的生物可以组成数百千米宽的樽海鞘群。

绿洲和沙漠

几百年来，渔民们一直就知道海洋生物的分布并不是均匀的，一些上好的捕鱼地点主要集中在大陆架上。大陆架上的浅水水域从岸边开始，可以延伸很长一段距离。在这些地方，渔网可以到达底部，在海床及其上方的鱼类都能被捕获。大陆架是鱼类重要的繁殖场所，但是许多都已经受到了人类捕鱼活动的负面影响，比如，纽芬兰岛大渔场曾经是世界上最好的鳕鱼捕获地，然而，在几十年的过度捕捞之后，现在这片海域已经难觅鳕鱼踪影。没有人知道鳕鱼群是否或者何时才会再回来。

其他一些重要的渔场主要在洋流涌向洋面的海域。在那里，涌起的洋流将海底富有营养的海水带至海面。这些营养成了浮游生物的养料，从而为鱼虾带来了大量食物。西北非沿岸就有这样的海域，秘鲁沿岸的渔场资源则更为丰厚。然而，世界上也存在一些鱼类稀少的地域，它们就是海洋中的沙漠地带，在这些海域的海水中营养物质缺乏，浮游生物因而很难生长。远离海岸的热带水域就有这样的海洋沙漠——没有浮游生物，水中的鱼就很少，上方的天空也很少会有鸟飞过。除了极地冰盖之外，这些海洋沙漠是世界上最为空荡的地方。

大洋深处

在洋面和海底之间是大量的海水和令人难以置信的巨大空间——1立方千米的海洋中的海水足以填满50万个奥运泳池，而地球上总共有10亿立方千米的海水。随着深入大洋，阳光迅速消退，在250米以下，大洋完全是漆黑一片，难以区分方位，也没有固体表面可以依托，我们很难想象在这片黑暗中隐藏着什么。洋底海水的压力巨大，水温极低，有时虽然有比较温暖的洋流存在，但在周遭大环境之下，海底几乎是静止不动的。不过在这黑暗巨穴中，还是有生命的痕迹。

下垂的下颚和外露的牙齿使得蝰鱼看起来凶神恶煞。它们的毒牙很长，在嘴巴闭合时也是露在外面的。

在深海中，许多动物利用光亮来引诱它们的猎物。鱼的嘴巴前面晃动着一根闪亮的诱饵，颚下是一根发光的"胡须"，它们是裸鳍鱼的远亲。它们的嘴巴和裸鳍鱼一样，是暗门状的，可以将食物出其不意地囊括入嘴。蝰鱼也有发光的诱饵和发光器官，位于其身体的两侧，有些光亮是一直持续不断的，有些则是一闪一闪的。在受到威胁的情况下，有些深海鱼会喷出一些发光液体，这种吓人的把戏可以帮助它们脱离险境。

除了捕食以外，这些鱼还利用光来吸引异性。通常雌雄鱼的发光模式是不同的，这样可以帮助它们区别彼此。在深海中，还回响着许多奇奇怪怪的声音，这其中大部分都是由形形色色的鱼类发出的，目的就在于在黑暗中寻找伙伴。

永久的伴侣

在广袤的深海中，鱼类是难以承担错失一餐的风险的。所以，它们的巨嘴和像气球一样可以收缩的胃就帮了很大的忙，许多鱼可以将和它们一样大小的鱼吃掉。这样，它们就几个星期不用进食了。对于海洋生物学家来说，这些深海的食肉鱼就像是活的收集器一样，有些在它们的胃中发现的物种，在海洋中从来没有被人类发现过。

在深海中，找到合适的伴侣比找到食物要困难。所以当的鮟鱇雌鱼和雄鱼相遇时，它们不会

物种档案

吸血鬼乌贼（Vampyroteuthis）

尽管叫作吸血鬼乌贼，但它们并不会吸血。吸血鬼乌贼以被皮肤网连接在一起的足捕捉小动物为食。通过拨动鳍，它们可以向前运动。不过，和大多数的深海生物一样，它们大多数时间都是不动的，静待食物上门。吸血鬼乌贼有着一种十分独特的自卫方式：在受到攻击时，它们会射出一种发光的黏液，自己则乘机逃逸。

雌鮟鱇捕猎时，雄鮟鱇就作为食客在它下方游荡。雌鮟鱇要为夫妇俩的生计而忙碌，因为它的猎物还要养活雄鮟鱇。

浪费这个机会共结连理。鮟鱇鱼有一套独特的方式来确保这种机会不会浪费：雄的体形要远远小于雌鮟鱇；雄鮟鱇本身无法捕食，因此它们很难独自长时间生存。雄鮟鱇会将牙齿扎入雌鮟鱇体侧从而吸附在雌鮟鱇身上。随着雌鮟鱇的成长，雄鮟鱇逐渐长入雌鮟鱇体内，成为雌鮟鱇体侧一个很不明显的小隆点。这就意味着雄鮟鱇要依靠雌鮟鱇才能活下去。

雄鮟鱇终生都会依附于雌鮟鱇，当雌鮟鱇产卵时就使得鱼卵受精。

深潜者

许多深海鱼开始时是生活在浮游生物中的，当它们长大时再潜回到深海中去，但是大海中确实有这么一些动物一天要潜到黑暗的深海中好几次，它们就是大海中的深潜者，全部都是需要呼吸空气的哺乳动物。

科学家们运用卫星发射机发现，海象至少可以潜入 1300 米深的海水中，它们可以屏住呼吸超过 1 个小时。海象以乌贼和深海鱼类为食，它们具体如何捕食还不是很清楚。抹香鲸潜得更深，它们会在 2000 米的深海中捕食，但食物匮乏时，它们会潜至 3000 米。抹香鲸可以不呼吸达 2 个小时，对于需要到海面来呼吸的动物而言，这真是一种奇迹。

尽管专家们知道抹香鲸以何为食物，但是究竟它们如何潜水或者如何发现猎物却还不为人所知。要回答这些问题，抹香鲸的鲸蜡也许可以提供一些线索。抹香鲸的头部就像一个大水库一样，充满了蜡状的液体，还有一些可以携带水或者空气的通道。有些科学家认为它们的头部就像是可调节的潜水艇的沉浮箱，因为鲸油在温度下降时会收缩并变成固体。根据这一理论，抹香鲸在需要下潜时，就使鲸油温度下降，反之则加温。但并不是所有的人都认同这一观点。

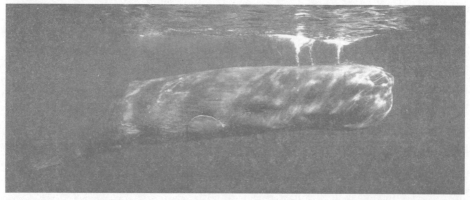

这头在海面游荡的抹香鲸已经准备好又一次的深潜了。它可以潜水达 1 个小时以上，而每次到海面呼吸只要 5 分钟时间即可。

一些鲸类研究专家则认为，鲸脑器官其实是一种"声音集中装置"，可以帮助鲸在黑暗中"看到"猎物的所在。

神秘的巨人

从来没有人看到过抹香鲸猎食的场景，科学家也只是找到一些它们猎物的迹象。抹香鲸的皮肤上总有环形的瘢痕，在它们的胃中发现了铁钳形的喙。这些喙都是大型乌贼的残骸，因为这个部位实在是太坚韧了，根本不能被消化掉。环形的伤痕是由乌贼在做最后的挣扎时由其吸盘留下的。

巨型乌贼总是带着神秘的色彩，因为科学家迄今为止没有真正发现过一只活着的巨型乌贼。虽然常常有关于它们袭击船只的报道，但是人类对于其的认识几乎都来自被网捕到的或者被冲刷上海岸的死去的乌贼。大西洋巨型乌贼可以长达 17 米，它们一直被认为是体形最大的无脊椎动物。但是 2003 年，在南极洲海岸边发现的一只乌贼被认为属于体形更大的另一个乌贼种类——在完全长成后，这种无脊椎动物可以长到 25 米，甚至更长。

生活在深处

直到 19 世纪中期，生物学家都认为深海环境根本不适合生物的生活，那里的寒冷、黑暗，还有巨大的压力，使得人类认为不可能有生物可以生活在那里。但是在 1871 年，一艘被称为"挑战号"的船只在几千米深的水域中发现了动物，这也就打破了旧的观念。在大约一个世纪之后的 1960 年，两个船员驾驶深海潜艇"得里雅斯特号"到达了马里亚纳海沟底部。在这里——海洋的最深处，海平面下 11 000 米处——他们发现了活的动物。在海洋深处，没有阳光就意味着海藻不能生长，没有海藻，也就没有了"自产"的食物。但是，这里的生物以从海洋上层沉淀下来的动物残骸为食。偶尔，也会有一顿丰厚的美餐自行来到海底。比如说，一头鲸的尸体即是一场盛宴了，而肉质腐败的气味吸引了大量食腐动物，其中包括一种深

虽然被水所覆盖，海底其实也像陆地一样崎岖不平。这幅图显示的是加利福尼亚海岸下的地貌。

海甲壳类动物如一只大型的木虱，以及盲鳗。说其是鱼类，盲鳗其实更像蛇类，其嘴巴没有颚部。这些动物食用残骸上的肉质，直至剩下骨头。

以沉积物为生

这种盛宴是很少遇到的，大多数生活在海床上的动物以完全不同的食物为生，它们食用来自尸体的碎片，这些碎片就像雪片一样沉淀到海底。这些碎片

海床是蠕虫的重要栖息地。图中这种蠕虫正利用其纤细的触须收集周边的食物碎片。

大部分来自浮游生物的残骸，包括小型贝壳等，它们可能比盐粒还小，从阳光普照的海面沉淀到漆黑的海底可能需要几个星期的时间。

一些深海蠕虫利用其扇形的触须收集这种食物，而海蛇尾则利用它们纤细的触手——海星的这些深海亲属非常普遍，在有些地方，可能出现数百万条海蛇尾覆盖在海底的场面。玻璃海绵则有着自己一套完全不同的技巧——它们把海水吸入自己的身体，筛选出其中的食物，然后将水排出。当沉淀物最终到达海底的时候，另一群动物也随之而来了，它们穴居在沉淀物之中，同时以之为食。生活在几千米深的海底，这些食腐动物和循环专家成为了世界上生活在最深处的动物。

黑暗中的热量

深海中的温度只有4℃，仅比极地海域的温度高出几摄氏度。但是在一些地方，地下水被来自海底火山的热量所加热，在这里，水温可以高达360℃，而正是高压防止了海水的汽化。这些高温泉眼被称为"热液孔"。最早的一个热液孔被发现于1977年，此后，越来越多的热液孔被相继发现了。

热液孔，或者"黑烟囱"，是世界上最奇特的生物栖息地。在这里，生命依靠的是溶解在水中的矿物质。这些矿物质来自热液孔喷出的高温液体。

热液孔附近的水中含有溶化在其中的矿物质，这使得热液孔看上去像个烟囱口。随着水的喷出，其中的矿物质堆积下来，可以形成10米高的"烟囱"。但是热液孔最重要的特性隐藏在其下的岩石中，其中生活着大量的生物——巨型管虫成群地纠缠生活在一起，蛤则紧紧地吸附在海床上，其中还出没着白蟹和龙虾，这些动物食用那些以矿物质为生的细菌。如果明天太阳停止了照耀，地球上的大部分生命就会终止，但是热液孔边的生命则可以继续——就像它们在这几百万年来所过的生活一样。

❀ 海 岸

如果将全世界的海岸线拉直并连接起来，它们能绕地球好几圈。对于野生动物而言，海岸是非常重要的栖息地。那些曾经全部或大部分时间都生活在海洋中的物种则是通过海岸来到了陆地之上的。

生物的栖息地总是处于不断地变化中，但对于海岸而言，大自然真正显示了其力量：在风雨中，海浪冲刷岩石、破坏悬崖，拥有巨大能量的洋流带来了几百万吨的泥沙。海岸因而成了不断运动中的战争前线——一处可能使建筑坍塌入海，港口充满淤泥的地方。海岸动物和植物必须不断适应这种变化，以免窒息或者被海水冲走。它们也要适应那些更容易预测的变化——每天两次的潮起潮落。

海星依附在被海水浸没的岩石上，搜寻贻贝和其他贝类。它们的最高移动速度是每小时 2 米。

运动中的水

潮汐是由太阳、月亮和地球之间的引力而引起的，它们的重力拉动了海水，当它们在空中运动时，海水就会朝向它们运动。在开放的海域中，这种因引力引起的海面凸起是很难被察觉的，但靠近陆地时，因海面凸起造成的潮起潮落就相当明显了。潮汐的高低取决于海岸线的形状以及运动中的海水量。

如果海岸是漏斗状的，海水就会被压迫至越来越小的空间中，海水别无他途，只能不断上涨。世界上最大的漏斗状海湾潮汐之一就在加拿大东海岸的芬迪湾，在那里，最大的潮汐可以高达 21 米，当海潮上涨时，半小时内就可以达到一个

石灰岩悬崖十分适合植物和鸟类安家，因为那里有大量岩脊。图中的悬崖位于葡萄牙南部的阿尔加维。

成年人的高度。但在被陆地包围的海域，比如地中海，就根本没有潮汐。潮汐也会进入河流——在亚马孙河，潮汐可以深入内地 400 千米。

在海岸边，潮汐对于决定何种生物生活在何处而言是极其重要的。大多数海岸植物不能生活在海水中，所以它们通常会生长在最高海潮达不到的陆地上。而海草则正好相反，因为它们必须浸没在海水中。有些紫海草可以曝露在空气中达几小时之久，它们的植株适应能力格外强。而红海草适应能力就比较弱，这也解释了为什么它们只生活在最低潮线以下。

活体闹钟

对于海岸动物而言，潮汐就像是每天会自动响两次的闹钟。当潮水上涨，海岸被海水浸没时，一些动物就开始觅食。贻贝开始张开它们的壳，藤壶也开始伸展它们的足，各自用不同的方式捕捉漂浮游动的细小生物。

帽贝在运动中觅食，对于它们而言，上涨的潮水就是它们动身的信号。它们花三四个小时爬上岩石，用它们微型的牙齿刮取海藻。一旦海水退去，所有的东西就会恢复原状：贻贝和藤壶合上它们的壳，帽贝也会返回原地。这些贝类的进食时间

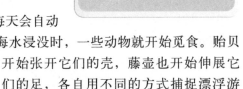

贻贝用特别坚硬的物质将自己固定在岩石上。有时候海浪也会将它们冲上岸。

人们很容易就能在泥泞而多岩石的海滩上辨认出拥有鲜艳的喙以及聒噪声的砺鹬。

经不起延迟，因为只有适合它们贝壳依附的岩石才是它们唯一的家。

许多这类小动物可以感知潮起潮落，还有一些则在它们的神经系统中有一个"钟"，可以告知它们什么时候觅食，什么时候返回。科学家们通过收集螃蟹和牡蛎将它们带到内陆验证了这种"钟"的存在，因为即使远离海洋，它们的步调还是和潮汐一致。

许多鸟类会将巢安在潮水最高点之上，但是岸边的房屋和酒店常常严重影响了它们的栖息。

潮汐鸟类

海岸边的鸟类也会配合潮汐活动，只不过方式不同而已。对于海鸥和涉禽而言，最忙的时间是退潮时，退去的潮水会带来许多食物。海鸥是海岸边重要的清道夫，它们沿着岸慢慢飞行，搜寻活体和死体海洋小动物为食。如果天气变坏或者食物缺乏，这些鸟类就会放弃在海边捕食而转向内陆。

和海鸥相比，涉禽对于食物就要挑剔得多：蛎鹬主要以贻贝和海扇为食，它们有着凿子状的喙，可以将贝壳打开；翻石鹬的喙则要短得多，它们主要以海草和岩石下的小动物为食；三趾滨鹬是最小的涉禽之一，却是最为敏捷的，它们随着海浪疾走，就像报时钟里跳出的玩偶一般捕捉被海浪冲来的鱼虾。

上述三种涉禽依靠视觉捕捉食物，还有许多鸟类是靠触觉捕食的。其中体形最大之一的就是一种长脚鸟——杓鹬，它们弯曲的喙有15厘米长。杓鹬通常在泥泞的岸边觅食，它们的专长就是捕食那些一般鸟类难以发现的埋藏在泥沙下面的动物，它们的喙像铅笔一样纤细，顶端尖部十分敏感，能够感觉到隐藏着的小动物。顶端的尖部可以在喙闭合的情况下张开，使得杓鹬可以将食物夹住，并从泥沙下拉出。

完美海滩

图中泥泞的沙滩看上去就像是沙漠，实际上表面以下隐藏着成千上万只形形色色的小动物，等待着潮水的归来。

人类和野生动物对于什么是完美海滩有着不同的认知，对于人类而言，理想的沙滩要有金色的沙子，没有海草，也没有飞虫。但是对野生动物而言，干净的沙滩意味着这并不是一个好的栖息地，因为这表明潮汐没有带来多少食物。鹅卵石海滩就更加糟糕了，人类只是躺在上面不舒服而已，但是对动物而言，那可能是致命的——潮汐会将鹅卵石挤压在一起，这中间的生物就会被挤碎。

对许多动物来说，理想的沙滩应当是泥沙或者沉积物的综合体。沉积沙滩中含有食物微粒，而且因为这种沙滩带有一些黏性，沙子通常能固定在一定的位置上。这类黏性的混合沙滩就很适合海扇和穴虾，其中可以生活大量的这类生物。在泥泞的海岸，特别是靠近河口的地带，在一条手帕大小的地方可以生活超过5 000只小虾。这里作为食物储备库就像磁铁一样吸引着鸟类。

盐沼和湿地

在潮汐要经过很长一段历程才能深入到的内陆真正的平地上，生物在这里的生存就更为艰难了。在这里，陆地和海洋在泥滩和盐沼交汇，远远超出了海浪所及之地。

当潮水上涨时，海水进入溪流和海峡。退潮时，则留下的是闪亮的泥浆。

对于人类而言，这种栖息地是难以忍受的——环境变幻莫测，溪流就像迷宫一般。但是对于那些能适应海水的植物来说，这是完美的栖息地。这些植物大多数都十分低矮，它们的叶子通常十分生脆。这种生脆的感觉是由于过量的盐造成的，植物在生长过程中会排出这些盐分。有些盐沼植物甚至会延伸至路边，那里的土壤中的盐分使它们有回家的感觉。

在热带，盐沼看起来完全不同。不像其他地方盐沼的空旷，热带的盐沼中生长着形形色色的树木，这些树木都是红树，它们是世界上唯一的可以在潮汐间地带生长的植物。红树有着高跷状的根将它们固定在地上。有些则有朝天的气根，就像泥沙中突起的微型潜水艇通气管。

红树林就像是微型的热带森林，许多动物——从猴子到蛇还有叮咬的昆虫——都生活在红树林中。更有趣的居民生活在底下的泥沙中，包括成群的招潮蟹和弹涂鱼——一种手指大小的鱼，用胸鳍跳跃和攀爬，可以离开水，呼吸空气生存。

岩石海岸

和沙滩、泥滩相比，生活在岩石海岸中的野生动物更容易被发现。因为除了有岩缝可以躲藏之外，它们只能露天生活。海胆浑身都是刺，其他生活在这里的"居民"则将自己武装在厚厚的"铠甲"之下。"铠甲"可以同时兼具几大功效：保护主人免受海浪冲刷；在退潮时防止身体变干；更重要的是可以阻挡捕食者的攻击。

不幸的是，有贝动物在面临敌人坚决地攻击时，没有什么贝壳是可以绝对保证其安全的。蛎鹬能在几秒钟内将贝壳打碎，其他一些捕食者的手法就相对隐秘——海星先用自己的身体将贻贝和蛤包裹住，再利用它们的微型吸足将贝壳打开。一旦裂开纸片厚薄的缝隙，海星就可以将它的胃塞入贝壳内部，并将可怜的受害者的软体消化。

龙虾会用它们的螯将贝壳打开。贝壳类动物有时候还会遭受到有壳动物的攻击，最常见的就是织纹螺，它们通常生活在贻贝栖息的地带。织纹螺用钻子状的口器释放溶壳性酸在贝壳上打孔，这是一项长期的工作，但是，一旦织纹螺开始了这项工作，那么贻贝就在劫难逃了。

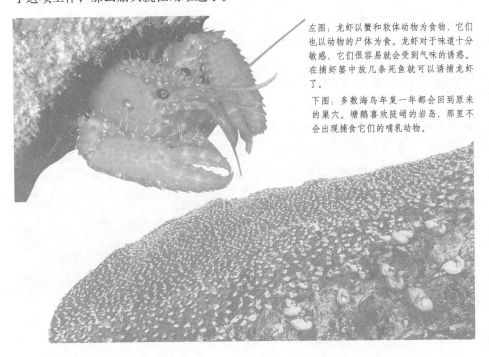

左图：龙虾以蟹和软体动物为食物，它们也以动物的尸体为食。龙虾对于味道十分敏感，它们很容易就会受到气味的诱惑。在捕虾篓中放几条死鱼就可以诱捕龙虾了。

下图：多数海鸟年复一年都会回到原来的巢穴。塘鹅喜欢陡峭的岩岛，那里不会出现捕食它们的哺乳动物。

燕鸥的蛋伪装得很好，所以当燕鸥离开巢穴时，也几乎很难看到蛋的存在。

数千年来，人类也在海岸边收集贝类。在有些海岸边，考古学家们发现了古人留下的成堆的空贝壳。这些古代遗存被称为贝壳垃圾堆，有些宽达数米，是世界上最不寻常的垃圾堆。

悬崖和岛屿

不管海鸟能飞多远，它们必须返回陆地繁殖。燕鸥将它们伪装的蛋产在鹅卵石或沙子上，它们会毫不畏惧地俯冲向任何靠近它们蛋的动物或者人类。不过多数海鸟在筑巢时节会避开充满危险的空旷海岸，它们会在陡峭的悬崖或者难以接近的岛屿上繁殖，这里它们受到攻击的可能性要小得多。

在繁殖高峰，这些筑巢点成了地球上最繁忙、最吵闹、最难闻的野生动物大展示场所。比如，在苏格兰的巴斯岩岛这块只有几百米宽的小岛上聚集着 10 万只塘鹅。

海鸟群体

这么多海鸟紧挨着筑巢导致空间紧张，很容易就发生争端。塘鹅在捍卫自己的巢时，行为非常激烈，任何靠近的鸟都会受到它们的进攻。成年塘鹅在捕鱼后回巢时必须先确定自己的配偶所在，以避免痛苦的错误发生——它们通常会发出一种着陆的叫声，配偶能从各种鸟的噪声中分辨这种声音。听到这种叫声，地上的配偶就会立即处于警戒状态，并回叫以引导对方降落到自己的巢中。海鸥在悬崖的洞穴中筑巢，它们在天黑后才会进出。有趣的是，它们也是通过声音来辨认自己的配偶的。在深夜，空中充满了各种奇声异响，在陆地上的一方就会通过叫声召唤同伴。

有些海鸟，比如鹈鹕和鸬鹚，天生不善"远航"，它们终年都会待在岸边。其他一些则更富于冒险精神，幼鸟可以飞行之时，就会被带领着飞向大海。海鸥和海鹦甚至不会等那么久，一旦幼鸟在巢中有了足够的食物，它们的父母就会将它们遗弃在巢中。幼鸟等到长出羽毛

这只大西洋海鹦伸展着翅膀，站在它那位于悬崖上的巢中。雌雄大西洋海鹦都有十分艳丽的喙和足。

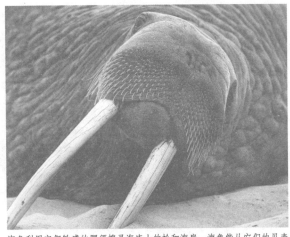

海象利用它们敏感的腮须搜寻海床上的蛤和海扇。海象能从它们的贝壳里吸出它们的肉体。

之后就自己飞向大海。

出生在海滩上

　　和大多数海鸟相比，海豹在水中十分怡然自得，它们可以一待就是几个星期之久。不过即使是海豹也必须在陆地上繁殖。和许多海鸟一样，海豹也对它们的繁殖地充满了眷恋，年复一年，它们都会返回同一片海岸繁殖下一代。

　　海豹在陆地上活动不像它们在海中那般敏捷，它们要靠下身拖曳前进。它们通常在方便活动的平坦的海岸或者浮冰上产仔。海狗和海狮相对要灵活得多，它们的前肢可以像脚一样活动，它们能爬上岩石晒太阳，有些种类甚至能像人类奔跑一样移动。

　　海豹在挑选繁殖地时非常仔细，它们必须挑选那些对于幼海豹十分安全的地点。和海鸟比起来，幼海豹成长速度是惊人的，它们所享用的是哺乳动物中营养最为丰富的乳汁。幼灰海豹在出生16天之后就会断奶。它们这种生长速度是十分重要的，因为这意味着它们可以尽快离开陆地，回到相对更安全的海洋中。

　　不幸的是，大多数海豹的繁殖地都有人类猎手的踪影，在19世纪初，海豹遭到了比鲸鱼还严重的滥捕。到了20世纪早期，许多种海豹濒临灭绝。海豹种类的直线下降迫使各国采取严格的保护措施。自从那时起，一些种类的

海豹利用海岸作为休息地，它们也可以在海中睡觉。睡觉中的海豹就像一个瓶子一样，只有脸和口鼻在水面之上。

儒艮每天要吃掉100千克的海草。在每次进食的间隙，它们大多浮在海面休息。

海草生长在靠近海岸的浅水中。尽管它们和海藻十分相似，不过它们是开花植物，有着坚韧的茎和皮带状的叶子。

海豹已经恢复到了可观的数量，其中最为成功的是大西洋毛海豹，在20世纪30年代，它们只剩下几千头，现在的数量则是几百万头。

海中草场

许多开花植物生长在海岸边，不过很少有能完全生活在海水中的，仅有的例外物种是一种称为大叶藻的植物，它们在世界上许多地方形成了水下的草场。在岸边看，这些草场是难以发觉的，当在船上或者空中俯瞰时，就可以发现它们就像是深色的补丁一般嵌在海面上。大叶藻通常生长在5米以上深的海水中，那里可以免受海浪的冲刷。不过如果遇到暴风雨的话，大量大叶藻断叶就会被冲上海岸。

大叶藻草场对于许多近岸动物来说是十分重要的栖息地：鱼类在大叶藻间穿梭，海龟则用它们带利喙的嘴巴嚼食大叶藻。在热带，水桶状的儒艮和海牛都以大叶藻为食，这些大型却很温顺的动物看起来就像是海豹，不过它们不需要登陆来繁殖后代。它们是海洋中唯一的完全以植物为食的哺乳动物，这也是为什么它

们过去曾被称为"海奶牛"的原因。

巨藻林

　　大叶藻主要在岸边蔓延开去，形成一个大型的席子状草地。而在有些地方，水温很低，海床是岩石，大型的海草可以向上长成树木一般，其中最大的叫作巨藻，是海洋中生长速度最快的生物。在北美洲有一种叫作"公牛海藻"的巨藻可以在1年内长到35米，但最长纪录是巨藻保持的65米，它们生长最快的时候，每天可以长60厘米。

　　这些巨大的海草组成了生活着形形色色生物的"水下森林"。在这岩石底的森林中，章鱼搜寻着蟹和虾；海鳗注视着隐藏着的猎物巢穴，等待着它们的出现。在它们之上是鱼类和乌贼在海藻叶间穿行；海獭潜入水中捕食鲍和蛤。海獭是除了猿和猴子之外唯一能够用工具获取食物的哺乳动物，海獭浮在海面上时，会用石头击打鲍鱼壳，使鲍壳碎裂，从而获得食物。

海獭的大部分时间都是在海中度过的，它们的皮毛十分厚，可以使它们保持干燥和温暖。幼年海獭利用母海獭作筏——母海獭仰面漂浮，幼海獭则处在母亲的怀抱中。

　　在巨藻林中生活着超过750种的各类动物，在一棵巨藻上可能生活着50万只各类生物。巨藻林是海岸布置得最远的岗哨，在它们以外就是截然不同的开放海域世界了。

在南加利福尼亚海岸边，一只落单的鹭正在海草中寻找食物。在退潮时，海水十分平静，鱼虾就很容易被发现。

✿ 珊瑚礁

珊瑚礁是海洋中野生动物最集中的栖息地。在彩色的珊瑚、深深的缝隙和幽暗的洞穴中，居住着占地球上 1/3 的种类的鱼和许多其他动物。

一架直升飞机正在大堡礁上空盘旋。这片世界上最大的珊瑚礁与澳大利亚东海岸平行延伸达 2000 千米。

就像陆地上的森林一样，珊瑚礁也是完全由生物构成的。珊瑚礁是由收集海水中白垩质的软体动物——珊瑚虫建立起来的。珊瑚虫利用白垩构建它们杯状的骨骼，可以保护它们并使它们成型。珊瑚虫的骨骼十分坚硬，即使是活体死亡很久之后，骨骼依然会存在。随着骨骼的堆积，就形成了露出海面的岩石状物体或者暗礁。现存的珊瑚礁是几千年来堆积而成的，它们是生物建造的最大的物体，有些珊瑚礁在太空中都清晰可见。

珊瑚虫如何生活

从护目镜下观察，珊瑚礁是海浪下一道奇妙而交错繁复的风景。有些珊瑚礁以精致的折叠状或者片状散开，另外一些看起来更像是凸起的鹿角或者是大脑表

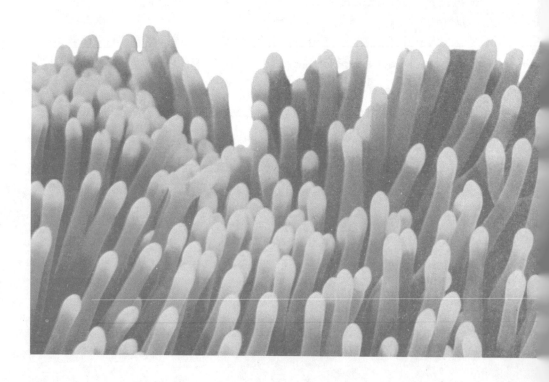

面的沟回。在明亮的日光下，整个珊瑚礁会反射色彩，许多在其间游弋的鱼也十分鲜活，让人仿佛置身梦幻世界。

这片绚烂的世界是珊瑚虫的杰作。珊瑚虫是单个的珊瑚动物，成体总是固定在一处。每个都有一个短而中空的身体，顶端的小嘴周围是一串叮当作响的触角。进食时，珊瑚虫伸出触角，拦截流经的一切可食物体。构成珊瑚礁的珊瑚虫并不仅仅通过捕食生活，它们也会利用阳光，这要感谢生活在珊瑚虫上那几百万的微型海藻——海藻通过光合作用获得能量，珊瑚虫为这些海藻提供栖息之地以换取部分能量。珊瑚虫并非唯一的珊瑚动物，港口藻、一种巨蛤、海葵和扁虫都生活在这里。

大多数珊瑚虫在夜晚进食，它们的海藻则在白天工作，这是一种非常有序的安排，不过只存在于温暖、干净和清澈的海域，这就是为什么大多数珊瑚礁都位于热带，因为那里水温永远在 18℃ 之上。在浑浊的海域，则很少有珊瑚礁的存在。

并非所有的珊瑚虫都会构成暗礁。这些来自红海的软珊瑚虫就生活在可移动的会随着海浪摇曳的载体之上。

暗礁的形状

在使用木船的年代，暗礁是航行的主要威胁。如果船撞到暗礁，很有可能船体就会

这条小丑鱼躲在海葵触角的保护之下，海葵的触角有着毒刺，但是小丑鱼却并不会触动它们。

在空中俯瞰，环礁的环状暗礁十分明显。图中这个环礁在西太平洋的帕劳群岛附近。

被撞裂，所以人们在海图中会仔细标明它们的位置。科学家们发现主要有三种暗礁，第一种称为裙礁，紧靠海岸延伸。裙礁很容易观察到，它们通常离海岸很近。第二种叫作堡礁，与海岸平行，但常常更深入海洋。澳大利亚的大堡礁就是典型代表，实际上那是几个连续的堡礁，在离岸处连绵 250 千米。第三种暗礁十分不同，它们不是开放性蔓延，而是呈环状，中间是一个泻湖。这种暗礁被叫作环礁，它们是在古代下沉到海中的火山口上形成的。世界上绝大多数环礁都位于印度洋和太平洋中，包括世界上最狭长、海拔最低和最偏远的岛屿。有些则非常大——马绍尔群岛中的夸贾林环礁装下整个伦敦还绰绰有余。

珊瑚的形状

由于珊瑚虫和它的海藻需要食物和阳光，它们就像皮肤一样生长在暗礁的表面。有些珊瑚虫是单独生活的，还有一些则是成群居住的，形状也是五花八门。鹿角珊瑚是生长速度最快的一种，它们那长而尖的分支一年内可以长到 15 厘米。这种形状适合采集食物、收集阳光，但是它也有一个缺点：分枝很容易被暴风雨折断。因此，鹿角珊瑚只能在暗礁中部生长，这里水比较浅且相对平静。

虽然手指状的珊瑚并不易碎，但脑状珊瑚才是所有珊瑚中最为坚硬的，这些像结实的圆屋顶的珊瑚生长速度要比其他珊瑚缓慢得多，不过在两三百年之后，它们能长得比一辆轿车还大。脑状珊瑚生长在暗礁的靠海的那一边和泻湖中间，后者中的古代脑状珊瑚看起来就像是海床沙子中间突出的一块大圆石。

珊瑚如何繁殖

珊瑚群落在单个的珊瑚虫于暗礁表面安家后，就开始了它们的成长历程，随着珊瑚虫的生长，它们会分裂，产生许多自体的复制体。这些复制体再分裂，就形成了一整个

鹿角珊瑚生长速度很快，杂乱无章、长而尖的分枝将其他珊瑚遮蔽在其下。这些分枝十分脆弱，在退潮时如果被人踩到很容易就会断裂。

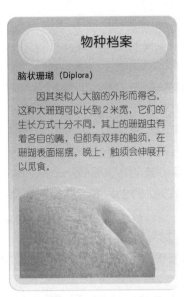
单独生活而又连在一起的珊瑚虫群落，如果触碰一个珊瑚虫，它的邻居也会感受到。珊瑚虫之间联系密切，每个群体都是基因克隆而得，这就是说它们是完全一致的，就像是一大堆双胞胎。

每年的一些夜晚（通常是满月时），成熟的珊瑚虫群体会开始大量繁殖，有些排出大量珊瑚卵和精子细胞，有的则产出发育中的卵——这些卵在释放出之前已经受精。这种繁殖过程带来了许多珊瑚虫幼体，称为浮浪幼体，它们会在空旷的大海中漂流。几天或者几周之后，这些浮浪幼体就会沉到暗礁表面并搜寻可以安家的地方。如果成功的话，浮浪幼体就会变成珊瑚虫，一个新的群体也就形成了。

藏身暗礁中

和空旷的海床相比，珊瑚礁中充满了可以躲藏的地方，这也是许多动物把珊瑚礁作为它们的家的原因。小鱼在珊瑚附近游弋，一有风吹草动就快速躲入洞穴或者缝隙之中；螳螂虾埋伏在珊瑚缝隙中；章鱼在白天隐藏在珊瑚礁中，到了夜晚才开始外出觅食。珊瑚礁中的洞穴总是供不应求，所以有"家"的小动物总是要小心翼翼，因为有可能它们回家时，家已经是别人的了。

有些富于进攻性的暗礁捕食者会游到空旷水域冒险，但是这种情况很少发生。通常，它们会躲在自己的巢穴中，伺机进攻过路者。这些暗礁伏兵就是海鳗——一种蛇状动物，配有十几颗锋利的牙齿和有力的颚。海鳗有超过200个的种类，其中最大的一种长达3.5米以上，有人类的大腿那么粗。海鳗的颜色通常十分鲜艳，皮肤饱满，眼睛突出，它们一直张着嘴以获取氧气，这种习惯让它们看起来更加凶狠。

海鳗是近视的，但是对于那些冒险过度靠近它们窝的潜水者，海鳗会攻击他们至重伤。

刮擦表面

并非所有的暗礁动物都是如此的硕大和危险，珊瑚礁中还生活着数千种小动物，它们以那些在珊瑚表面生活的生物为食，比如海藻、海绵、海葵、海鞘和苔藓虫等。许多这类动物都是固定在一处不能离开的。

海蛞蝓专门以这类动物为食。海蛞蝓缓慢地在暗礁表面爬行，用它们成排的微型牙齿嚼碎食物。和生活在陆地上的软体动物相比，海蛞蝓的色彩十分鲜艳，很容易就可以发现。尽管如此，很少有动物会进攻海蛞蝓，因为它们有着十分独特而且有效的自卫系统——它们偷来的海葵的毒刺。当海蛞蝓吃掉海葵时，它会将海葵的绝大部分都消化掉，但对于毒刺细胞则毫发不伤。

这两只海蛞蝓正在印度尼西亚的苏拉威西岛海域的暗礁中捕食。它们每个头上都有一对触角，尾部则是一团羽状的鳃。

这些毒刺细胞就通过海蛞蝓的身体移居到它们的皮肤中。一旦到位后，毒刺就会像在旧居中一样，开始保护它们的新主人了。

暗礁中的伙伴

暗礁中生活着许多形形色色的动物，因此，有些会结成伙伴以提高生存机会就不足为奇了。对于一种叫作虾虎鱼的小鱼来说，组队是找到一个家的好方法。这些鱼常会在由生活在珊瑚沙中的"盲虾"挖掘的巢穴中安家。当盲虾尽职地维护巢穴时，虾虎鱼就会帮忙望风，以警告盲虾任何可能出现的危险。

小丑鱼的伙伴关系则更为特别，它们生活在世界上最大的海葵的毒刺触角中间，这些触角可以杀死任何靠近的鱼类，但是穿梭在其间的小丑鱼却不会受到伤害。原因是小丑鱼全身包裹着一层黏液，可以防止海葵触角直接碰到它们的身体。小丑鱼离海葵从来不会超过几厘米。对于小丑鱼而言，这种好处是显而易见的，但是对于海葵具体有什么好处并不清楚。小丑鱼可能被当作诱饵，吸引其他动物靠近，或者小丑鱼帮助海葵清洁。但也有科学家认为小丑鱼对于海葵而言，

一条灰礁鲨正在珊瑚礁上搜寻猎物。生活在印度洋和太平洋中的灰礁鲨体形中等，会进攻潜水者，但通常只咬一口就会游走。

没有任何好处。

"清洁员"和它们"客户"之间的伙伴关系就比较容易理解了。鱼类很容易就会遇到寄生虫滋生的情况，但是它们自己无法清除这些东西，于是，它们会请"清洁员鱼"或者"清洁员虾"来完成这项工作。在"客户鱼"耐心地等待时，"清洁员鱼"就

这条斑点珊瑚石斑正张开大嘴让一条"清洁员鱼"工作。在珊瑚礁中，颜色亮丽的虾也会提供清洁服务。

会游遍鱼身，吃掉所有的寄生虫和受损的鱼鳞。在整个清扫结束之际，"客户鱼"常常会张开它们的嘴巴，这样"清洁员鱼"就可以将嘴巴也一并打扫。对于暗礁鱼类来说，"清洁员鱼"看起来是十分重要的，当科学家暂时将一片暗礁中的"清洁员鱼"清除时，许多"客户鱼"也离开了那片海域。

"蛀 虫"

珊瑚礁不仅极其艳丽，有时候也会极其吵闹。有些噪声是由以海藻和活珊瑚为食的鹦嘴鱼发出的——活珊瑚是吃到嘴里最为嘎吱作响的食物，鹦嘴鱼会往嘴里塞满珊瑚虫。鹦嘴鱼的嘴巴是由连接在一起的许多平坦的牙齿组成的，它们消化完珊瑚的软体部分之后，残渣就会经过鱼身，以沙砾的形式排出体外。一条鹦嘴鱼一年可以吃掉1吨珊瑚，所以如果珊瑚不能保持连续生长的话，珊瑚礁就会很快萎缩了。

其他有着强有力的颚的鱼类也会以这种难吃但是来源丰富的东西为食，其中最声名狼藉的是棘冠海星，它们生活在西太平洋海域。一只40厘米长的棘冠海星可以有20根足，每根上面都带有毒刺。棘冠海星在珊瑚礁上缓慢爬行的同时会将珊瑚的软体部分吃掉，而仅仅留下硬质部分。近些年来，澳大利亚大堡礁海

域定期会发生海星灾,导致人们十分担心珊瑚礁的命运。现在科学家们认为海星爆发并不是主要的威胁,因为爆发的海星最终会死亡,珊瑚礁也会慢慢恢复。

人类和珊瑚礁

　　过去 50 年来,人们对珊瑚礁的兴趣猛增,每年有数百万人造访,以亲眼目睹那精彩纷呈的珊瑚世界。因特网上每天都会公布潜水条件预报以及人们在那里可能观察到的动物的介绍。

　　与此同时,全世界的珊瑚礁地带也面临威胁,在有些地区,由于潜水者使用水下鱼枪和毒药,鱼类的数量已经减少了一半。礁鲨尤其受到了重创,同样的情况也发生在海参身上,这两种动物在远东地区都是富有经济价值的食品。科学家们发现,如果停止过度捕捞,珊瑚礁生态就会缓缓恢复。但是,在贫困地区,捕鱼不是为了寻找乐趣,而是一种谋生的手段。

　　珊瑚礁本身也面临着一些很难解决的难题,在海岸边,去森林化和建筑施工污染了海水,使得珊瑚难以生长。它们也遭到了船舶的破坏,有时还会被人类收集来做建筑材料。不过最大的威胁来自全球气候变暖导致的全球海水温度的上升——珊瑚需要温暖的海水,但是温度过高也会将它们杀死。有些地方的珊瑚礁已经受到了这种影响,科学家们正焦虑地等待着观察之后的发展。

在红海的温暖水域中,珊瑚从阳光中吸收能量。珊瑚中因为含有一种被称为“类胡萝卜素”的色素而呈现出绚丽的颜色,这种色素在植物中经常可以找到。纯类胡萝卜素通常是橘黄色、黄色或者红色的,但是珊瑚可以将之与其他物质调和出吸引人的蓝色、紫色和蓝紫色。很多珊瑚还能发出荧光,也就是说在紫外线下可以看到它闪出明亮的颜色。

❀城镇和城市

建筑、噪声和繁忙的交通——城镇和城市与野外栖息地有着天壤之别。尽管这样，成千上万种植物和动物已经在这里安家落户了。

世界上最早的城镇出现在距今 1 万年前，人们开始从事农耕，过定居的生活。和现代的城市相比，那些城镇相当小而且很原始，但从那时起，这些地方就吸引了野生生物的注意：草开始在泥砖砌成的房子周围蔓生，鸟也在墙洞中筑巢。现在，城市中的野生生物仍然与我们相伴，不过城镇的规模则早已今非昔比了，城镇和城市成了当今世界成长最迅速的野生生物栖息地。

麻雀虽然不是颜色亮丽的鸟，但它们无疑是最成功的。这只麻雀的黑前胸显示它是一只雄鸟。

与人类相伴

人类能轻易讲出城镇和农村的区别，但是对于动物而言两者没有什么真正的不同——本能促使它们寻找食物和住处，哪里有这些，哪里就成了它们的家。

最典型的代表就是原产于非洲的麻雀，在野生状态下，麻雀在树上筑巢，主要以草籽为食，当人类开始种植谷物、建造房屋时，麻雀也喜迁新居了。城镇环境给了它们躲避天敌的场所和充足的食物供应。

从早期开始，麻雀的蔓延就是普遍现象。现在除了极北之地和热带一些地区，世界各地都有麻雀的分布，在纽约帝国大厦 80 层的楼面上都有麻雀觅食的身影。在超市、仓库、地铁和多层停车场，它们都是常客。甚至在英国一个地下600 米的煤矿中都生活着一小群麻雀，它们以矿工给它们的残羹剩饭为食。有如此强的适应能力，也就难怪麻雀生活得如此成功了。

以残羹剩饭为生

对于城市动物而言，吸引它们的首要因素是食物。和野生动物相比，人类是惊人的食物浪费者，许多食物都被人们丢弃。在垃圾统一收集前，有许多会被扔到马路上，动物就会在那里等待着就餐。在欧洲和亚洲生活的黑鸢也是一种食腐动物。黑鸢的翼展可达 1.5 米，有时候会从人类手中抢夺食物。

在现代，人们产生的垃圾更多，不过由于垃圾收集处理，最终并不存放在城镇中，它们通常被丢弃在垃圾填埋场——对于能到达那里的动物而言，这意味着大量的食物。其中最成功的清道夫是海鸥——在许多城市中，它们成群结队聒噪在垃圾上空，等待进食的机会。海鸥的喙应付这项工作是绰绰有余的，它们可以轻而易举地将塑料垃圾袋弄开。一旦它们发现可以食用的东西，它们就会尽快吞下，以避免竞争对手的抢夺。

在垃圾中翻找食物有时候也有危险。这只白鹳在位于西班牙的一堆垃圾中翻找食物时被一只塑料袋套住了，如果没有人帮助它的话，这只白鹳生存下去的希望就很渺茫了。

夜巡者

银鸥有时候会在城市中觅食，但是它们多数都生活在城市之外，只是在白天才飞来。不过城镇中确实有那么一些夜班清道夫，在北美，最成功的城市"居民"就是浣熊了。浣熊是好奇心很强的动物，所以它们在寻找食物的时候总是比其他动物快一步。它们敏捷的前爪十分适合打开包装或者垃圾桶盖。一旦桶盖打开，浣熊就会在里面翻箱倒柜，寻找一切可以食用的东西。它们十分擅长学习，除了翻垃圾桶，它们还会开门，甚至还有人发现浣熊偷食存放在冰箱中的食物。在破晓之前，它们会躲在桥下或者树洞中休息，直到夜幕降临，它们又重新开始活动。

在欧洲和北美洲的一些地方，红狐过着相似的生活。红狐并不善攀爬，也没有敏捷的爪子，但是红狐以它的动作迅速、高智商和对食物的灵敏嗅觉弥补了这

像香港这样的城市，到处都是建筑，很难找到一片空地。但是，在这些摩天大楼背后，野生动植物依然能找到它们的生存之处。

些缺点。每晚，它们的活动路线总是固定的——停在快餐垃圾倾倒处，弄开袋子寻找食物。生活在城市中的狐狸并不完全是以这些为食的，它们还有捕猎的习惯，它们会捕捉老鼠、鸟类和小昆虫为食。不过，红狐最重要的食物是不起眼的蚯蚓，它们会在花园和公园中到处挖掘蚯蚓作为食物。

浣熊是北美最具适应性的哺乳动物，院子、城市公园和露营地都是它们理想的觅食地点。

不受欢迎的访客

　　浣熊和狐狸有时有点儿令人讨厌，有些都市中的野生动物则更令人生厌，排名第一的就是黑鼠和褐家鼠——两种原产于亚洲的老鼠，现在已经传遍了世界各地。

　　因为老鼠会啃噬一切阻挡它们的东西，它们对于建筑物会造成很大的损害。老鼠还会污染存储的食物。最大的问题在于它们所携带的疾病病菌，包括恐怖的淋巴腺鼠疫——老鼠会携带这种疫病，再通过间接的方式传播给人类。

　　14 世纪时，从亚洲向西方暴发的被称为"黑死病"的鼠疫夺走了 1/10 的欧洲人的生命。在乡下，许多村庄被废弃。城镇中的情况更为糟糕：在那里，老鼠、跳蚤和人类聚集在不卫生的环境中，营造了疫病传播的最佳环境。在伦敦，大约有 4/5 的城市居民死于疫情；在意大利，有些城市紧闭城门数周，禁止外人入城。当这场恐怖的灾难最终平息下来后，欧洲的人口经过了 300 年才恢复到了原来的

水平。

　　鼠疫在 17 世纪 60 年代再度在欧洲暴发，19 世纪 50 年代，又一场横扫世界的鼠疫夺走了至少 1 亿人的生命。即使是现在，鼠疫仍然在兴风作浪，不过幸运的是，它再也不像过去那样不可救药了。现在，人类利用抗生素来治疗鼠疫，而且鼠疫也可以通过控制老鼠和它们身上的跳蚤的繁殖得到遏制。

都市植物

　　和动物相比，野生植物建立起自己的势力范围则更为吃力，因为在城市里，生存空间永远都是那么稀缺。即使是最小片的空地，一经清空，蒲公英和其他植物也必然会立即抢占。另一种应对生存空间稀缺的办法就是保持矮小——漆姑草长到 2 厘米就开花了，这样它们就可以在路石缝隙之间顽强地度过一生。

　　植物在坚硬的砖块或水泥中难以生存，但是一旦它们找到缝隙生根落户后就会展现惊人的"拓疆"能力。随着它们的长大，根茎也会变粗，并不断对建筑体施压，最终最坚硬的物质也会被粉碎掉。当建筑物被废弃后，植物会迅速占据，它们的根系就开始破坏地基和墙面。最有名的一个例子就是柬埔寨西北部的吴哥窟：在这里，整个城市在 600 年前被废弃之后就开始被丛林所覆盖，几百年来，树根深深扎入城墙中，因此而被撬开的岩石可重达数吨。

　　即使没有土壤，只要有水，有些植物还是能立足并生存。豚草种子有着羽状的降落伞，它们常常会降落在屋顶，种子就在水槽和裂缝中安家。一旦它们遇到有灰尘和烂树叶的角落，它们就有了更多的生存机会。

　　这些屋顶野草大多数都十分矮小，但是也会有一些灌木甚至是树木。最成功的代表是原产于中国的灌木——醉鱼草，它们的根能深深扎入屋顶，最后会将砖块都彻底弄碎。

醉鱼草能在墙上、铁轨边和城市中的花园里茁壮成长。蝴蝶们常常对醉鱼草蜜糖般的香气毫无抵抗能力。

平坦之地

屋顶对于植物而言是难以安家的地方，但是空墙和路面对于所有植物而言，都是最难以生存的小型栖息地——在一场大雨之后，那些地方会凉爽且潮湿，但是只要几个小时的日晒，它们就会被烤热并彻底干燥。如果有植物在那样的环境下生长，它们很快就会枯萎死去。

苔藓和地衣就能适应那种环境。不像植物那样，它们可以在没有水的情况下生存几天甚至是几个星期。在干燥的时候，它们会缩小并变脆，但只要下雨，它们就立刻吸收水分，并重新开始生长。苔藓的生长通常还需要薄薄的一层灰尘，但地衣在水泥地和砖面上就可以直接生长。许多地衣本身就是水泥色的，所以看到它们的唯一方法就是靠近细看。

这些地衣构成了城市中不寻常的食物链的第一环，一种叫作跳虫的小动物以它们为食，跳虫又是鲜红的外形像带毛的小点的红叶螨的食物。红叶螨有时候会被蜘蛛捕食，它们是这片无土世界中的终极捕食者。

放大 2500 倍，螨虫看起来就像是一种外星生物。这种在生物学上是蜘蛛亲戚的动物在人类家庭中十分常见。

地市里的室外动物

在充满建筑和道路的地方，绿地对于城市中的野生动物而言充满了吸引力。公园中常常充斥着许多半驯化的动物，同时也吸引来了许多"非官方"的访客：松鼠生活在树上；黑凫在湖上安家；城市鸽子时刻准备着抢夺人类丢下的食物。这些动物大多数和它们的乡下亲戚无异，但是城市鸽子则有着一个比较复杂的故事：它们的野外祖先被称为原鸽，在 5 000 年前被人类驯化。在之后的岁月中，出现了几百种不同的驯化种类。与此同时，驯养的鸽子也常常会"走失"，开始过自力更生的生活。

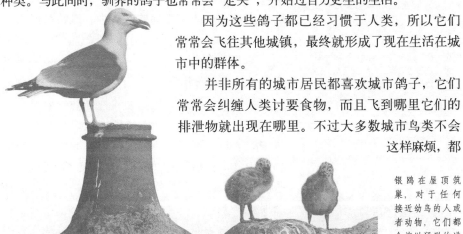

因为这些鸽子都已经习惯于人类，所以它们常常会飞往其他城镇，最终就形成了现在生活在城市中的群体。

并非所有的城市居民都喜欢城市鸽子，它们常常会纠缠人类讨要食物，而且飞到哪里它们的排泄物就出现在哪里。不过大多数城市鸟类不会这样麻烦，都

银鸥在屋顶筑巢，对于任何接近幼鸟的人或者动物，它们都会施以猛烈的进攻。

十分受人欢迎。世界各地的城市都有它们喜欢的鸟类：欧洲是乌鸫，北美是主红雀和山雀，澳大利亚则是葵花鹦鹉。公园中常常能见到它们的身影，在有着各种不同植物的花园中也能发现它们的存在——茂盛的树木意味着大量的昆虫和种子。不过花园中有个很大的威胁——猫，每年有几百万只成年鸟

一旦城市鸽子学会飞翔，它们就要学习重要的下一课了：哪里有人类，哪里就有食物。这些鸽子正期待着美餐一顿。

类和幼鸟成了猫的腹中之物。

花园也是观察蝴蝶的好地方，许多种类的蝴蝶会在那里休息，补充体力。在每年的春天和夏天，城市中的蝴蝶在飞往它们可以繁殖的地点之前，只会做十分短暂地停留。不过随着秋天白昼的缩短，寻找可以冬眠的地方就成了它们的当务之急。蝴蝶可以在外屋或者花园小棚中进行冬眠，但是配备中央空调的房屋对于蝴蝶冬眠而言就过于温暖了。如果它们确实闯入室内，最好的办法就是轻轻将它们抓住，然后将其放到室外去。

室内野生动物

许多生活在城市中的动物只会在碰巧的情况下才会进入室内，不过有些动物会在室内度过它们的一生。这些居家动物一般都很小或者是微型的，大多数都可以适应很少有水或者没有水喝的温暖环境。有些以存储的食物或者掉落的面包屑为食，不过室内的灰尘螨虫生活在家庭的灰尘中，以掉落的人类皮屑、昆虫鳞片或其他螨虫的尸骸为食物。

最奇特的室内动物之一就是衣鱼——一种长有6条短脚和条状虫壳，1厘米长的生物，科学家们将其划为一种原始昆虫，其特征与一般昆虫有很大区别。衣鱼最喜欢的场所就是厨房碗柜和抽屉中的阴暗角落，它们以任何带有淀粉或者糖的物质为食，包括面包屑、面粉、糖、纸甚至是某些胶水。不过衣鱼的胃口很小，一般不会造成什么损害。

对于衣蛾而言就不是这样了。衣蛾是仅有的几种能够终生在室内生活的昆虫。尘埃色的雄

物种档案

衣鱼 (Lepisma saccharina)

衣鱼的名字来自于其条状虫壳和尖端细的虫身。它们以淀粉类物质为食物，饱餐一顿之后可以坚持3个月不进食，而且永远都不需要饮水。它们通常依靠尝味道和接触来搜寻食物。和多数昆虫不同的是，它没有翅膀，即使成虫也会周期性地蜕皮。它们会在进食时产卵。

性衣蛾是天生的飞行家，它们在室内鼓翅时很容易就可以发现。雌衣蛾不善飞行，更多的是迅速爬走。

雌衣蛾交配之后会将卵产在任何含有羊毛的地方，大约 10 天之后，它们的幼虫就会孵化出来，并开始觅食。它们会毁了羊毛衣物和地毯。幸运的是，它们消化不了棉或合成纤维织物，所以对于这类衣物，衣蛾是不会涉足的。在人类开始在室内居住之前，衣蛾就在野外扮演着有用的清道夫的角色。现在仍然是这样，在动物死后，它们就将其皮毛分解掉。

室内清道夫

蟑螂是地球上最早出现的昆虫之一，在过去的 30 亿年中，它们一直在林地间穿梭，不过，就像衣蛾一样，它们也适应了室内的生活。蟑螂喜欢温暖而又潮湿的地方，所以厨房是最适合它们生存的地方。它们以一切含有机质的东西为食，包括面包、鞋油和肥皂。尽管它们不会传播危险的疾病，但是所有蟑螂污染的食物都会有令人不爽的蟑螂味。雌蟑螂会将卵产在便携式的囊中，它们的繁殖速度是惊人的——每个囊可以含有 150 个卵。所以小范围的蟑螂爆发可以在很短时间内就变成蟑螂大流行。

蚂蚁通常在室外筑巢，只有在寻找食物

蟑螂十分擅长感知震动，即使是最轻微的震动，它们也会立即寻找掩护。

右图：这群法老蚁正将食物搬往自己的巢穴。它们原产于南美洲，现在在世界各地装有中央空调的建筑中都有分布。

时，它们才会进入室内。但是蚂蚁中最小的种类之一的法老蚁却是生活在室内的。和大多数蚂蚁不同，法老蚁会建很多个巢穴，大多都在很不起眼的地方，包括墙体和地板中。从那里，它们再散开去寻找食物，它们会利用电线或者电话线作为路标。它们只有 2 毫米长，能挤进任何缝隙，因此，在屋内没有它们到不了的地方。因为法老蚁携带细菌，而且它们的巢穴很难破坏，因此它们在医院里是个大问题。

室内捕食者

　　在夏天，家蝇和蚊子也是室内很惹人讨厌的生物，不过大自然也有控制它们数量的方法——室内有许多它们的捕食者，最主要的就是蜘蛛。一幢普通的房屋内通常会有数百只蜘蛛，有些会直接进攻捕食，还有一些则是织网静静地等待猎物上门。

　　纤细的长脚蜘蛛的网是不规则的，通常它们会在屋顶或者椽子上织网。人类很容易就能发现它们，但是昆虫并不善于发现蜘蛛网或者蜘蛛，因此它们常常会在不经意间投入罗网。家蜘蛛的捕猎方法和长脚蜘蛛不同，它们会在隐蔽的角落织出吊床状的网，自己则躲在墙缝中。如果有昆虫触网，家蜘蛛就会立即出动，将猎物制服，再将它们拖回巢中。雄蜘蛛在夜间常常会离开它们的网去寻找配偶，在此期间，它们偶尔会掉在浴缸中，或者在地板上一闪而过。虽然它们的体形较大，脚上长有绒毛，但它们实际上是无害的，而且对于控制室内那些令人头疼的昆虫数量而言是十分有帮助的。

　　对于蜘蛛来说，室内生活的一个不利之处就是它们的网经常会被人类破坏。遇到这种情况，蜘蛛就会静静地等待周边重归平静后再织一个网。

壁虎

　　在一些温暖的地方可以看到壁虎——最大的室内捕食者。壁虎是一种不寻常的动物，它们的黏性的脚趾上有着微型毛，利用这些，壁虎可以爬墙、在天花板上穿行，甚至是倒爬。在野外，壁虎通常是在暗处捕食的，不过室内的壁虎很快就明白：明亮的光照对于它们捕食是很有帮助的。当夜幕降临，华灯初上时，它们就开始从隐蔽处出来捕食。它们的捕食技巧十分简单——保持完全的静止，然后在昆虫靠近时突然发起进攻。因为它们发出的沙哑的声音和捕食习惯，使这种会杂耍的爬行动物成了很受欢迎的访客。

千奇百怪的
自然之最

　　自然界中的蜂鸟都拥有自己的势力范围，它们不但能清楚地记住自己曾采过哪些鲜花的蜜，甚至能判断光顾这些花朵的"大概时间"，进而根据不同植物的重新分泌花蜜的规律来寻找新的食物。这些惊人的举动让蜂鸟成为唯一一种能记住"吃东西地点和时间"的野生生物。

能力之最

最不劳而获的植物

名称：寄生兰　分布：北欧、中欧以及日本以东　能力：能欺骗菌类

我们知道，自然界中的万物都是相互合作的。但是所有的社会都存在着欺骗现象，植物界也不例外。没有菌类的帮助，大多数绿色植物都不能生存下来，因为菌类可以与这些绿色植物互相交换所需的养分。事实上，菌类能在陆地上生存也正是因为它们与绿色植物的这种共生关系。有迹象表明，早期的陆地植物生有根仅仅为了能与真菌或菌丝的根部相互合作，以形成菌根关系，利于自己的生长。

大多数植物之间都有良好的合作关系，绿色植物通过叶绿素制造

寄生兰依靠自身的寄生能力，不需要制造营养便可生存下去。

出碳水化合物提供给菌类，再利用菌类从土壤中吸取养分。某些植物，特别是兰花，它们的种子发芽不需要自身制造营养，而是依靠土壤里的菌类为其提供。一株兰花能繁育出数百万粒又轻又小的种子，这与兰花很容易成长是分不开的。

然而有些兰花却耍欺骗手段：它们利用菌类与树木的共生关系，只是吸取养分而不提供任何养分与之交换。这种兰花通过真菌的菌丝插入树皮中，吸取树中的养分。因为不劳而获，也就不能产生叶绿素，所以它们的颜色不是绿色，而是乳白色，像寄生兰就是这种颜色；或者棕褐色，像燕窝兰就是这种颜色。还有些兰花，如西方的珊瑚兰，颜色是血红的，甚至还有紫色的。这些兰花的不足之处就是，离开了菌类，它们就会死亡。如果将来菌类进化得不需要与其他植物共生的话，那么这些兰花该如何生存下去呢？

最奇特的拳击手

名称：拳击蟹　分布：印度洋和太平洋　能力：能用"海葵手套"打拳击

在海洋里大家互相帮助是很普遍的事，最有名的例子就是寄居蟹和海葵，海葵带刺的刺丝囊能保护寄居蟹，同时寄居蟹多余的食物会给海葵吃。拳击蟹似乎比寄居蟹更得寸进尺。因为它们个头特别小——壳的长度只有1.5厘米，所以是许多动物的猎物。它们遇到对手时就会用双螯挥舞着微小

手握"海葵手套"的拳击蟹绝对是一名出色的"拳击手"。

的、带刺的海葵来击退对方。拳击蟹挥动着海葵，就像拳击手戴着手套一样，每一次刺戳都会刺痛对手或者令对手死亡。有人曾经看到一只拳击蟹击退过一只蓝环的章鱼，可见它的防御是非常有效的。拳击蟹之间也是用海葵作为进攻的武器，但是它们之间的斗争只是出于好玩，几乎不会用海葵触及对方，而是用自己的腿来进行格斗。

当一只成熟的拳击蟹到了要蜕皮的时候，它就必须放下海葵，等到它的新外壳长硬之后，它又会去抓新的海葵。如果它只找到1只海葵，那么它就会把这只海葵一分为二，且海葵也很乐意被分成两只。令人奇怪的是，在面对要捕食拳击蟹的动物时，海葵似乎并不反对被拳击蟹抓起并挥舞着进攻，至少我们从没见海葵临阵脱逃过。我们很难理解，对于海葵来说，得到所需的食物难道会比能自由活动更好？拳击蟹利用海葵来刺昏动物，因此海葵能得到足够的食物用以生存下去，也许正是这个原因才使得海葵宁愿生活在拳击蟹的双螯中吧。

最具爆炸性的防御

名称：投弹手甲壳虫　分布：除南极洲以外的各大洲　能力：能混合化学物质引起爆炸

在昆虫界，蚂蚁几乎无所不能，但它们并不总是成功。投弹手甲壳虫对付蚂蚁的方法很奇特，那就是用爆炸的方式。也就是说，当一只蚂蚁、蜘蛛或者任何一种别的掠食者带有敌意地咬住这种甲壳虫的腿时，它们立刻就会发现自己被一

股化学喷雾所轰炸，这股喷雾就像沸水一样热。

那么，如此微小、冷血的生物是如何产生爆炸的呢？这完全是由其体内的化学物质引起的：在这种甲壳虫的腹部末端有两个完全一样的腺体，它们并列地分布在两边，在腹部的尖端有开口，这就是投弹手甲壳虫的天然微型燃烧室。每个燃烧室都有一个内室和一个外室，内室含有氢的过氧化物和对苯二酚，外室含有过氧化氢酶和过氧化物酶。当内室的化学物质被迫通过外室时，这些化学物质之间就产生了化学反应，于是投弹手甲壳虫就有效地制造了一次爆炸。

爆炸所产生的液体含有现在被人类称为 p－苯醌的刺激物。这种高压沸腾的

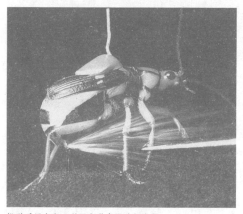

液体从甲壳虫腹部的末端喷出，同时伴随着一声巨响，声音之大连我们人类都能听见；液体的温度也足以烫伤企图攻击甲壳虫的掠食者。更令人惊讶的是，投弹手甲壳虫的腹部还能朝任何一个方向做 270°的旋转，这样它就能准确射中它的对手；如果旋转 270°还对不准的话，它就会越过背部射击，先击中一对反射镜，然后液体通过反射镜跳弹到所需的角度，最终射中对手。科学家认为投弹手甲壳

投弹手甲壳虫正利用化学武器进行防御。

虫的神奇之处就在于它们是自然界唯一一种能混合化学物质引起爆炸的虫。

毒性最强的动物

名称：金黄色的箭毒蛙　分布：哥伦比亚的热带雨林　能力：能分泌使绝大多数动物都毙命的毒液

这种个体很小的青蛙用它体内的有毒物质进行防御，因此被归类为有毒动物（有毒动物就是指那些利用身体的某一部位，如尾巴、螯、刺或者牙齿等，作为武器向其他动物投放有毒物质的动物）。只有当箭毒蛙受到攻击时，它的毒液才会令掠食者中毒，因为它并不希望受到伤害。箭毒蛙通体鲜亮，其中以黄色或者橙色最为耀眼，似乎在炫耀自己的美丽，其实是在警告掠食者有极大的危险。

事实上，这种金黄色的箭毒蛙很可能是世界上最毒的动物。它皮肤内的毒液毒性非常强，任何动物只要沾上一点毒液，就会中毒，甚至死亡。1 只箭毒蛙分泌的毒液可以使 100 多人致命。虽然这种仅仅分布在哥伦比亚地区的毒蛙直到 1978 年才被科学家发现，但是印第安人很早以前就发现了这种毒蛙，并且用它们皮肤内分泌的毒液去涂抹他们的箭头和标枪，然后用这样的毒箭去狩猎，可以使

猎物立即死亡。

这种金黄色的箭毒蛙是从其他动物那里摄取蟾毒素（也可称作蛙毒）的，很可能是依靠食用一些小的甲壳虫获得的，而甲壳虫又是通过植物获取的毒素。相比之下，我们人工繁殖的青蛙却不会有毒，大概是因为它们不食用有毒的昆虫的缘故吧。箭毒蛙在白天很活跃，除了某种蛇以外几乎没有别的敌人，因为那种蛇对它的毒素有免疫力。令人惊奇的是，在新几内亚岛上也发现了某种鸟的皮肤和羽

金黄色的箭毒蛙

毛里含有与箭毒蛙相同的毒素。两片距离较远的地区出现同样机理的毒素，很可能要归结于某种小甲壳虫了。此外，哥伦比亚的甲壳虫，它们也含有这种蟾毒素。

最聪明的工具制造者

名称：新苏格兰乌鸦　分布：新苏格兰的太平洋岛　能力：能想办法取到很难够得着的食物

除了人类以外，还有相当多的动物会利用工具，有时候还会制作工具，例如海獭、啄木鸟等。一般来说，人们认为动物中最擅长使用工具的是人类的近亲——大猩猩。大猩猩会用石头敲碎坚果，它们还会制作小木棍或者利用小草的草茎在土堆中捕捉白蚁。这些技术是带有“文化”的技术，只能由某些大猩猩所掌握，并且传授给下一代，且其制作技术相当复杂。一位人类学家曾经和一群大猩猩在一起待了几个月，尽力去了解大猩猩寻找白蚁的技术，最终发现了一只大约4岁的大猩猩能熟练掌握这门技术。

但是，说到这种与生俱来的智慧，新苏格兰乌鸦就要超过大猩猩了。在一次实验室所进行的实验中，科学家把一块肉放在一个小篮子里，再把篮子放进一个透明塑胶圆筒里，旁边还有一根直的铁丝。一只叫作贝蒂的雌乌鸦，用嘴叼着铁丝试图把小篮子吊出来，但是没有成功。于是，它把铁丝缠绕在圆筒的边缘上，用嘴啄铁

新苏格兰乌鸦正利用树枝将肉从木盒子里取出来。

丝，把铁丝的末端啄成钩状。然后，它回到篮子旁边，用铁丝把篮子钩出来取到了肉。该实验反复进行了几次，贝蒂几乎都取到了肉，但是它又使用了另外两种方法来制作工具。在野外，新苏格兰乌鸦会用小树枝制作工具，即去除其他部分，只留下一个突出的部分。但是把铁丝弄弯这一技术，它们是怎么知道的呢？

最令人讨厌的伙伴关系

名称：发光细菌与线虫　分布：毛虫或蛆的体内　能力：能联合起来吃活着的幼虫

　　这种死亡方式是缓慢的、可怕的。一只蠕虫，即线虫（身体不分节，呈柱状，两头稍尖）不停地在土壤里蠕动，它在寻找一只毫不知情的幼虫。它并不挑剔，但是更喜欢诸如象鼻虫、苍蝇之类的幼虫。它会花几个月的时间来寻找一个合适的受害者。当找到了合适的幼虫时，它就会刺入这只幼虫的表皮，或者通过幼虫的气孔进入，或者干脆用它特别的牙齿挖一个洞进去。它一旦进入了幼虫的体内，就会从肚子里排出100多个细菌，这种细菌会产生致命的毒素、消化酶和抗生素。

　　这种细菌就是发光细菌，随着它们在幼虫的体内繁殖，幼虫发出一种致命的光，即"发光病"。幼虫体内的那只线虫就以这些细菌和幼虫的尸体为食。由于抗生素的作用，使得其他与之竞争的微生物不敢吃这只幼虫的尸体。最后，这只线虫变成了一只雌雄同体的雌性线虫，在那只幼虫的尸体里产卵，并且孵化雌性和雄性的线虫。

　　但是更多的卵还是在线虫的体内发育，小线虫一旦孵化出来，它们就会吃掉自己的母亲，然后再互相交配产卵。就这样，大约两周后，那只幼虫的尸体最终被分裂开来，数千只小线虫（每一只线虫腹部都有发光细菌）钻入土壤中。发光细菌和线虫共存，离不开彼此，它们是一对令人讨厌的伙伴。但是人类可以利用它们的伙伴关系，特意繁殖这种小线虫，然后让它们去食花园里的害虫。

最灵敏的"电子感受器"

名称：槌头双髻鲨　分布：热带和温暖的海洋里　能力：能探测到极其微弱的电流

　　在某种程度上，所有的鲨鱼都能接收到水中猎物的微弱电讯，以利于捕食。对于大多数鲨鱼而言，它们的这种感觉一般只起到辅助的作用，真正起决定性作用的通常是听觉、嗅觉和视觉。尤其在袭击前的那一瞬间，这些感觉系统能充分发挥作用。但是对于槌头双髻鲨来说，这种接收电讯的能力是至关重要的，这也许就是它们头部的形状（头骨呈铁锤状）如此古怪的原因之一吧。

鲨鱼有特殊的电子感受器，感受器由数百个微小的、黑色的小孔组成，称为"劳伦茨尼器"。劳伦茨尼器是一条很深的信道，富胶质，能把接收到的微弱电讯传导到每个感觉孔的神

槌头双髻鲨通过其灵敏的"电子感受器"，能探测到埋藏在沙子里的猎物。

经末梢。普通鲨鱼的吻部和下颚处都遍布着这种感觉孔，那些黑色的小孔看起来就像清晨刮脸的人傍晚已长出的短髭，感觉有些奇怪。

槌头双髻鲨也有许多感觉孔，它们分布在双髻鲨的长方形头部下侧，这些感觉孔就像金属探测器一样能扫描布满沙粒的海底。用其他方式无法找到的猎物，用这种方法却往往十分灵验，像黄貂鱼和比目鱼都喜欢埋藏在沙子里，静静地一动也不动，而且没有什么特别的气味，其他掠食者根本就发现不了，但槌头双髻鲨用感觉孔却能发现它们。

槌头双髻鲨不仅能探测到水中猎物的身体和海水交互作用产生的微弱的直流电，甚至连猎物心脏跳动引起的肌肉收缩而产生的极其微弱的交流电也能感觉到。8种类型的槌头双髻鲨比大多数其他种类的鲨鱼感觉更灵敏，其中最大型的槌头双髻鲨，大约有6米长，也是感觉最灵敏的鲨鱼。

最黏的皮肤

名称：圣十字架蟾　　分布：澳大利亚　　能力：能分泌超级"强力胶水"

澳大利亚有一些世界上最奇怪的生物，也许因为它位于一个奇怪的大洲的缘故吧。许多其他种类的两栖动物都不能生存在这个地方，这里内陆炎热、荒芜，一连数年持续干旱，而圣十字架蟾却能在如此严酷的气候环境中生存下来。它用强壮的后腿在土壤中挖洞，在洞中熬过炎热的白天。当旱季到来时，它就会在地底下挖一个1米多深的大洞，然后在洞中夏眠，一直睡到雨季来临。

和它的近亲蟾蜍一样，圣十字架蟾的皮肤里也有独特的腺体。当它遭到打扰或侵犯时，这些腺体就会分泌出一种奇特的体液，就像胶水一样。数秒

圣十字架蟾皮肤分泌的黏液不仅能保护自己免受攻击，有时还可以作为有效的捕食工具来使用。

钟之后这种胶状物就会变硬，黏性比其他的胶水强 5 倍。这种胶状的分泌物在对付蚂蚁的进攻时最为有效，甚至有些大的蚂蚁立即就被粘在了圣十字架蟾的皮肤上。此外，像所有的青蛙和蟾蜍一样，圣十字架蟾也每周蜕一次皮，并且把它吃掉。对于蟾蜍来说，最大的快乐莫过于吃掉攻击它的蚂蚁了。

澳大利亚的科学家们正在尝试着制造出像圣十字架蟾的分泌物一样黏的胶水。这种胶水将用来粘塑料、玻璃、纸板，甚至金属。更重要的是，它还能用来修补软骨的裂缝以及其他的身体组织。因此，它也许会成为一种令人惊奇的黏合物，一种能帮助外科医生处理难愈合的伤口的胶水。

最致命的种子

名称：蓖麻籽　分布：世界各地　能力：能产生最致命的毒素——蓖麻毒素

在植物中蓖麻籽产生的毒素很可能是最致命的，毒性是氰化物的 6 000 倍，数千年前就被人们当作一种神奇的植物。它的神奇就在它的种子里。种子的 50% 由丰富的油脂构成，但是为了防止油脂被吃掉，里面还含有蓖麻毒素。蓖麻毒素对于几乎所有的动物来说都是一种极具毒性的天然蛋白质。还有少量的蓖麻毒素存在于蓖麻叶中。这种毒素，一旦被吸收，就会抑制动物体内蛋白质的合成，使细胞逐渐坏死和凋亡。

对于人类，中毒后死亡过程要稍微长些，最终会出现痉挛、肝脏和其

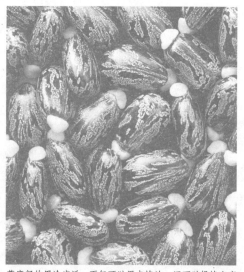

蓖麻籽的用途广泛，不仅可以用来炼油，还可以提炼出高致命性的毒素。

他器官坏死等症状，目前科学家还没有研制出有效的解毒剂。最常见的中毒途径是误食了蓖麻籽。蓖麻毒素可以以气态，即气溶胶的方式出现，或者存在于物体或水中，或者肌肉注射而导致中毒。1978年，保加利亚著名的不同政见者乔治·马尔可夫便是被一把涂抹了蓖麻毒素的雨伞刺中而中毒死亡的。由于蓖麻毒素生产原料来源广泛，提取制作方法简便，因而蓖麻毒素很可能被用于生化战争。

然而，蓖麻油也同样容易提炼，早在4000年前人类就将其作为灯油或者制作肥皂的原料，还广泛用作许多疾病的治疗药物。今天，蓖麻油用于高级润滑油、纺织品的染色、印刷油墨、蜡、上光剂、蜡烛和蜡笔等产品的制作工艺上。据分析，蓖麻籽保护性的化学成分的构成甚至能为肿瘤的治疗提供可鉴之处。

最贪婪的吸血者

名称：亚马孙水蛭　　分布：亚马孙流域　　能力：能吸食为自身体重4倍的血

世界上最贪婪的吸血动物不是吸血蝙蝠。产自美洲热带地区的吸血蝙蝠，实际上并不是吸食其他动物的血，而是舔食它们的血。如果吸血蝙蝠发现了大型的哺乳动物——尤其是牛、猪和马，就会在它们的皮肤上咬一个口子，然后喝流出来的血。吸血蝙蝠的体形并不大，平均体长约7厘米，每只蝙蝠一晚只能吃几汤匙血液。因为它的唾液里含有抗凝血剂，所以它飞走后被咬过的那只动物的伤口还会流一会儿血。

然而，世界上最大的吸血动物——水蛭，体长达46厘米，具有惊人的吸血能力。一只非常饥饿的水蛭需要吸

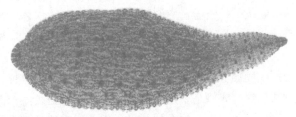

亚马孙水蛭在吸食动物血液的时候，会释放出一种防止血液凝固的抗凝血剂，以保证血量的供应顺畅。

食自身体重4倍的血液才能吃饱。一只较大的亚马孙水蛭平均重约50克，有记录表明还有重80克的水蛭，其重量比几汤匙血重多了。像吸血蝙蝠一样，亚马孙水蛭也以大型哺乳动物的血为食。当那些动物一进入水中，水蛭就开始攻击它们，并用抗凝血剂使它们血流不止。与此同时，水蛭还会向其猎物注入麻醉剂，致使被攻击的动物毫无知觉。

所有的水蛭都是环节动物，它们与蚯蚓属于同一纲，无论大小，都由32节构成。亚马孙水蛭的尾部几节长着攻击猎物的吸血器，而它身体的每一节都有自己独立的神经中枢。因此，每只水蛭都有32个大脑。

最敏锐的嗅觉

名称：波吕斐摩斯蛾   分布：北美洲   能力：用触角导向目标追踪性别信息素

波吕斐摩斯蛾

许多动物依靠嗅觉去寻找食物或者配偶，甚至以此来辨别周围的路径。有些动物居住的环境使得它们的某些感觉器官很少使用，如大部分在黑暗中活动的动物就很少利用它们的眼睛，而在嘈杂环境中生活的动物就很少利用它们的耳朵，因此它们更加依赖嗅觉。

有些动物，如鲨鱼可以有针对性地利用它们的嗅觉，它们对那些与进食或者繁殖有关的气味特别敏感。事实上，嗅觉对于鲨鱼是如此重要，以至于它们的嗅觉器官被称为"游动的鼻子"。它们的嗅觉接收器可以进行微调，以便接收很小浓度的血液和其他化学物质的气味。还有许多其他的动物也有类似的嗅觉接收器。有些鲶鱼有超级的接收器，它们能嗅出水中一百亿分之一的化合物的气味。

但是，蛾子，尤其是雄性的蛾子，很可能是嗅觉最灵敏的纪录的保持者。它们利用触角导向目标追踪性别信息素（一种由动物，尤其是昆虫分泌的化学物质，会影响同族其他成员的行为或成长），或者由雌性蛾子释放出的化学物质，就能判断出这些雌蛾是否适合产卵。有些雌蛾会故意弯曲运动路线，释放出少量的信息素，这样一来，只有那些触觉极其灵敏的雄蛾才能找到它们的踪迹。嗅觉灵敏度的最高纪录保持者很可能就是波吕斐摩斯蛾：它的触角只要接收到信息素的分子就能在大脑中产生反应。

最热情的歌唱家

名称：驼背鲸   分布：世界各大洋   能力：能在动物王国里唱最长和最复杂的歌

在驼背鲸进行交配的水域放置一个声音接收器，你会听到变幻莫测的"交响曲"：呜咽声、呻吟声、咆哮声、打鼾声、尖叫声、口哨声。这些奇妙的歌声是由雄性驼背鲸发出的，它们以能唱最长、最复杂的动物歌曲而闻名于世。由于大多数歌曲是在交配的季节才唱，所以人们推测这些歌曲很可能是为了吸引异性的注意以及赶走其他的竞争者。但是这些歌曲也可能还有更加微妙之处，只是我们人类还没有完全了解。

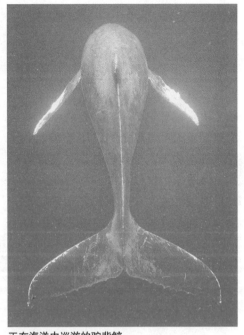

正在海洋中巡游的驼背鲸

一首歌曲常常能持续约半个小时，当驼背鲸唱完一首歌曲之后，它通常会返回到开头，然后又重新唱一遍。每首歌曲都由几个主要部分组成，或者由几个段落构成，它们通常会按照相同的顺序排列，并且会重复很多次，但是每一次都会得到提炼并改进。一个海域的所有驼背鲸都普遍唱同一首歌，唱歌时还会与其他即兴创作者合作。也就是说，你有可能在某一天听到的歌曲会与几个月后听到的歌曲不同。这样的话，过了几年，整首曲子有可能会完全改变。

与此同时，其他海域的驼背鲸却唱着截然不同的歌曲。它们也许都在低吟着生活中同样的艰辛和磨难，但是曲调各有特色，以至于专家仅仅通过听它们那富有特色的歌曲就能分辨出哪里的驼背鲸已经被录过音。

最可怕的"舌头"

名称：蛀木水虱　分布：遍布北半球海洋
能力：舌头长达4厘米，先吃掉红鳍笛鲷的舌头，然后取而代之

这很可能是世界上最特别、最可怕的等足动物了，它们属于甲壳纲动物。等足类动物包括：木虱、蛀木水虱和等足类甲壳动物。大多数等足动物与其他很多动物的生活习性一样，可能为食草动物、食腐动物或食肉动物，但是有些等足动物却过着寄生生活。像蛀木水虱就喜欢选择红鳍笛鲷的舌头作为它的巢穴。

蛀木水虱用带钩的腿（即甲壳动物的胸部附器）紧紧抓住红鳍笛鲷的舌头，以鱼的黏液、血液和组织为食，逐渐吃光它的舌头，然后紧紧抓住舌根，取而代之，成为红鳍笛鲷的舌头，并随着它一同成长，以它进食时漂浮的肉粒为食。据记载，最大的

蛙木水虱长达 39 毫米，但是很可能还会长到鱼的舌头需要达到的长度。

也许这个过程并不如它看起来那么可怕，因为这种红鳍笛鲷还能继续进食，但是谁知道哪一天这只蛙木水虱会决定离开这条鱼，去别的鱼嘴里另辟新巢呢？奇怪的是，尽管在太平洋东部，从墨西哥到秘鲁都有红鳍笛鲷，但是人们仅仅在加利福尼亚海湾和科迪兹海才发现红鳍笛鲷和它的寄生虫之间的这种关系。这是我们所知的唯一一例不仅代替了它所寄生的主体的器官，而且还代替其食的功能的寄生虫，这一举动真让人难以接受啊！

寄生在红鳍笛鲷口中的蛙木水虱

❀ 好奇心最强的鸟

名称：食肉鹦鹉　　分布：新西兰　　能力：拥有超强的好奇心

鹦鹉素来极具好奇心，但是在所有的鹦鹉当中，食肉鹦鹉的好奇心是最强的。它们的栖息地在新西兰南部的岛屿上，那里寒冷、多雪，不适合鹦鹉居住，它们只得想方设法寻找食物。栖息在其他地方的鹦鹉在各种果树之间飞来飞去，而食肉鹦鹉则在岩石下、树皮下、灌木丛中、松果中以及壳状物中寻找食物。它们的食物包括树根、嫩芽、浆果或者昆虫的幼体等。经历了 250 万年的进化，它们能在山地栖息，并且没有掠食者的威胁，这种情况使得它们对任何事物都充满着好奇。它们对那些从来没有见过的事物尤其感兴趣。因此当人类迁移到新西兰时，它们也开始分散到有新鲜事物的富矿带以探寻新的食物。

现在食肉鹦鹉对露营地和滑雪胜地很感兴趣。它们个头很大，有着强有力的鸟喙，能撕裂一个帆布的帐篷，

食肉鹦鹉对处于它领地中的任何事物都充满着好奇。这只食肉鹦鹉出于好奇，正停留在汽车的观后镜上以探个究竟。

而这一切仅仅是出于好奇的缘故。它们还对汽车的橡胶轮胎，尤其是汽车前挡风玻璃上的雨刮充满好奇。据说有一群食肉鹦鹉曾经把一辆游客租来的汽车挡风玻璃上的橡胶条撕掉，导致挡风玻璃掉到车内摔碎了。当游客们回来时，发现他们的衣服、食物以及汽车零件散落在雪地中，而那些鹦鹉们却在用一只空的可乐罐子进行一场足球比赛。鹦鹉们看到了他们就迅速撤退并躲在一边观看，满怀着好奇，似乎想看看游客们的反应如何。

最会使用药物的动物

名称：黑猩猩　分布：东亚、西亚和中非的森林里　能力：能进行自我药物治疗

众所周知，人类会使用药物，但是人类并不是唯一会使用药物的动物，我们不断发现其他的动物也有医药方面的知识。目前已知最会使用药物的动物是黑猩猩。像人类一样，由于吃得过量或者食物中毒，黑猩猩也会经常犯胃病。它们也会感染寄生虫或者身体不适，而长期处于压力状态也会变得萎靡不振。

诸如黑猩猩之类的聪明的灵长类动物，能够使用药物自我治疗并不奇怪。它们通过不断尝试，逐步学会使用药物。在它们所栖息的森林里，药材随处可见。在坦桑尼亚，有人见到患了腹泻的黑猩猩吃苦叶树的叶子来止泻，当地的人用这种树叶来治疗疟疾、变形虫性痢疾和肠虫病。在非洲，人们发现黑猩猩到处寻找一种长着毛茸茸的叶子的植物，它们拔去叶子上的毛，小心翼翼地折叠树叶，卷起来放进嘴里，然后吞下去。通过排泄，树叶会把诸如肠虫之类的寄生虫带出来。

许多其他的动物也具有自我药物治疗的能力。僧帽猴会用有刺激性气味的植物擦它们的毛皮，因为这种植物能愈合伤口以及驱赶昆虫。黑狐猴把从千足虫身上得到的能够杀死寄生虫的化学物质涂抹到毛皮上。大象在产子前也会寻找一种促产的树叶。如果人类对新的抗生素和其他药物的需求不断增加的话，那么这些动物使用的治疗药物就可以给人类提供可借鉴之处。

黑猩猩不仅能用药物进行自我治疗，还能够不断地尝试、发现新药物。

最危险的陷阱

名称：猪笼草　分布：东南亚　能力：能用滑润的、致命的叶笼捕捉猎物

猪笼草有许多不同的品种，但都是昆虫的陷阱。其边缘处十分润滑，它们从掉入叶笼里的昆虫尸体中获取养分，为花和种子提供氮。猪笼草最复杂的部位是它们像藤一样的叶子。每一株猪笼草的叶端都有一个像伞一样的盖子，叶笼里分泌着许多消化酶。这种叶子色（通常是红色）、香（花蜜的香味，后来变成腐烂的尸体的气味）、味（很好吃的茸毛）俱全，当昆虫爬到它润滑的边缘，便会无一例外地滑进这致命的陷阱里，很可能还会陶醉在它芳香的蜜腺里。

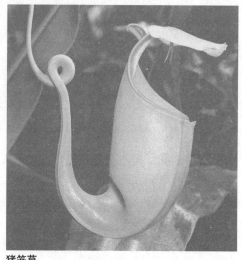

猪笼草

猪笼草的两部分（叶笼和盖子）都很润滑，哪种昆虫容易被哪个部分吸引住就要看情况而定了（爬行类昆虫容易被长在地上的叶笼所吸引，飞行类昆虫则容易被悬在上面的盖子所吸引）。猪笼草的内壁有许多润滑的蜡质，掉进去的昆虫将很难爬出去。还有些猪笼草更甚一步，它们的表面有一层水，使得昆虫一下就滑到了它们的叶笼里。有些猪笼草还会要诡计，当它们的叶笼干燥时，蚂蚁会被它们散发的蜜汁的香味所诱惑，蚂蚁们不会立即进去，而是去通知同伴们来分享食物。当蚂蚁们返回时，猪笼草的叶笼已经变得滑润了，最后所有的蚂蚁都掉进去了。

还有一类猪笼草与一种长着特殊的腿的蚂蚁有共生关系。这种蚂蚁能在叶笼里进进出出，帮助猪笼草找来昆虫的尸体，它们吃掉尸体，留下排泄物给猪笼草，因此它们加速了猪笼草的氮的释放。

最令人疼痛的刺

名称：箱形水母　分布：澳大利亚和东南亚的近岸水域　能力：能引起被刺者死亡

有人说箱形水母是世界上最毒的生物，但这要取决于你的理解了。你是说它是你可能见过的最毒的生物？或者是说它能杀死的人比其他的生物多？还是说它

所含有的化学物质是最毒的呢？当然，一只箱形水母所含有的毒液足够杀死60人，而且很多人一旦被刺中就会立即死亡。

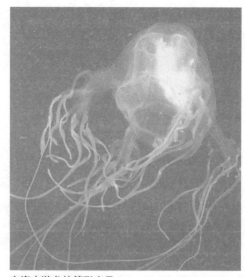

在海中游弋的箱形水母

虽然箱形水母无意去杀人，但它是个捕猎者。一只成熟的箱形水母有一个普通人的头那么大，有的触须长达4.6米，触须上布满了毒刺细胞。箱形水母主要以鱼类为食。它非常活跃（不像其他种类的水母），在海水里喷气推进式地追寻着猎物。它周身都是透明的，使得鱼类以及人类都无法发现它那致命的触须。

箱形水母大约有4束触须，每束10根，大部分都超过2米长，每根触须大约有300万个毒刺细胞。这种毒素会影响心肌和神经，还会破坏其他组织。箱形水母攻击的目的只是为了快速地杀死鱼类，所以攻击后它并不逃走。但是如果一只箱形水母遭遇到了人类，它也许会出于自卫而攻击人类。一旦被它刺中，会引起极度的疼痛，由于没有解药，受害者在仅仅几分钟后就会死于心力衰竭。此外，箱形水母的毒刺细胞在攻击时并不受大脑控制，而是受身体和化学物质的刺激。奇怪的是，毒刺并不能刺透女性的紧身衣，是在"防刺服"被使用之前，救生员在海滩巡航时穿的就是紧身衣。

最逼真的模仿者

名称：模仿章鱼　　分布：印尼与马来西亚之间的海域　　能力：能伪装成许多海洋生物

如果你是一只中等体形的掠食者，那么章鱼就是在海里最适合食用的动物了。它结实多肉，没有外壳、骨头、刺、毒或者任何让你吃得不舒服的防御机理。事实上，大多数类型的章鱼最佳的防御手段就是白天尽可能地藏起来，晚上才出来觅食。

20世纪90年代初期，两名澳大利亚的水下摄影师正沿着印度尼西亚的弗洛里斯岛拍摄，竟然在大白天的一个阴暗处看到了一只章鱼，这令他们非常惊讶。实际上，他们第一眼看到的是一只比目鱼，仔细一看才发现其实是一只中等大小的章鱼，它8条腕足蜷起来，两只眼睛向上，制造似鱼的假象。章鱼的脑袋很大，视力极好，能变色和变形。模仿章鱼正是利用身体的这些特点把自己伪装成一种完全不同的生物。

后来水下摄影师还发现了更多这样的章鱼。现在人们已经拍摄到模仿章鱼变形后的各式各样的照片。它们可以伪装成各类生物，如海蛇（模仿章鱼把6条腕足朝下藏到洞里，两条腕足威吓似的在水中随波起伏）、独居蟹、黄貂鱼、海百合、海参、蛇鳗、海星、魔鬼蟹、螳螂虾、黏鱼、大颚鱼、水母、蓑鲉和沙葵等。当模仿章鱼伪装成别的生物时，经常会发生这种场面，一只比目鱼突然伸出章鱼的腕足，把猎物缠到洞里，然后在那里享用猎物。

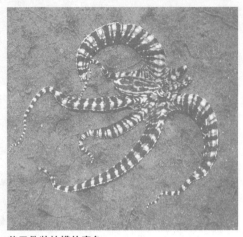

善于伪装的模仿章鱼

最灵敏的杀手

名称：锯鳐　分布：温暖的浅海水域　能力：利用它的锯齿撕咬猎物

锯鳐在它那灵敏、扁平的大鼻子（或称吻）的边缘长满了锯齿状的外露利齿。

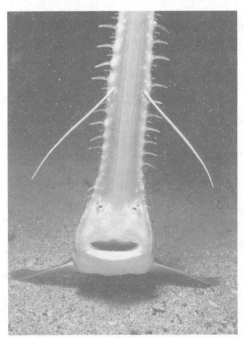

尽管锯鳐行动迟缓，然而借助其灵敏的嗅觉和"电子系统"，它们也能够成为海洋中的致命"杀手"。

通过左右游动，锯齿被用作撕扯浅海鱼类的武器。尽管锯鳐通常被认为是一种行动迟缓而温驯的动物，但很多鱼类诸如鲻和青鱼常在海底被它猎杀。在浅而浑浊的水中，锯鳐利用它的锯齿捕食甲壳类和其他猎物。由于不停地捕食，锯齿容易受到磨损，但它会不断地从牙床生长以保持牙齿的锋利。

与它的近亲鳐鱼相似，锯鳐善于在海底伪装，又与它的远亲鲨鱼类似，它以一种波浪形的方式在水中游泳，并且与它们一样，它的颌部完全由软骨组成，无任何硬骨组织，牙齿呈锯齿状。它还有一点与它们相似的地方，就是它也有一套叫作"劳伦茨尼器"的电子系统，长在它的锯齿上和头上。

有了这个系统，锯鳐便能通过猎物身上发出的电场准确地找到猎物的藏身之处。

　　雌性锯鳐面临的一个问题就是生育带锯齿的小锯鳐，不过这些小锯鳐的锯齿被一层膜所包裹着，这样就能够避免出生时伤害到母体。现在所有的锯鳐（可能有种）都面临的问题是生存的浅滩被污染和开发，以及被过度捕捞而濒临灭绝。

最可怕的杀手

名称：逆戟鲸　分布：世界各大海洋　能力：能捕食世界上最大的动物

　　蓝鲸能攻击并杀死现存世界上最大的动物，可以说它是最大的食肉动物。蓝鲸虽然体形庞大，但是生性较温顺，较少攻击别的动物。由于逆戟鲸能杀死大白鲨，所以在这一点上，逆戟鲸比蓝鲸还要厉害。逆戟鲸的体长可达9米，它们是海豚科海洋鲸类中最大的动物，也是最大的食肉动物。它们的强势在于它们是群居动物，遇到大型猎物时会成群出动，共同出击。

　　根据逆戟鲸的习性可以把它们分为无迁徙习性的、暂居的、近海的3种类型。每一类的外形、行为、群体的规模和食物各不相同。暂居性的逆戟鲸特别喜欢以大型动物为食，但奇怪的是，它们的群体规模比以鱼类为食的同类要小得多。每一群都不到

逆戟鲸强大的攻击性，以及集体狩猎的行为，使得它当之无愧地成为海洋中最可怕的杀手。

六七只，这是相当普遍的，而以鱼类为食的逆戟鲸通常每一群就有1530多只。暂居性的鲸很敏捷，它们会针对不同的猎物采用不同的措施。例如，在南极，它们会跃上浮冰边缘，用身体把浮冰压得倾斜，使得海豹和企鹅一下滑到它们的嘴边；在巴塔哥尼亚高原，它们会靠岸捕捉小海狮。

　　巴斯克的捕鲸者看见逆戟鲸以死鲸的尸体为食，于是这些捕鲸者就称它们为"鲸鱼杀手"，它们由此而得名。但是许多人更喜欢用逆戟鲸这一名字来称呼它。

最高明的建筑师

名称：非洲白蚁　分布：非洲撒哈拉地区　能力：能建造可调节温度的、多层的巢穴

　　大约有 200 多种蚂蚁——最著名的是南美切叶蚁——能在它们的巢穴里种植菌类作物作为它们的一种速食来源。大约有 3 500 种甲壳虫和 330 种白蚁也会培育菌类作物。但是在所有的昆虫里面，只有非洲白蚁才能培育出更加复杂的菌类作物，而且具有非常高级的栽培技术。非洲白蚁培育的菌类作物只能在它们的排泄物上生长，而且需要特殊的温度——30℃，高于或低于这一温度不是太热就是太冷了。白蚁所建的巢穴的方方面面都是为了能恰好保持这一温度。

　　白蚁通常把泥浆建在一个潮湿的洞上面，它们至少会挖两个孔通到地下水位

非洲白蚁的土丘

线以下。它们还会建一个直径为 3 米的地窖，大约深 1 米，中间撑着一根较粗的柱子。这里面居住着蚁后、保育蚁和它们培育的菌类作物。地窖的顶端是薄薄的聚合叶脉，洞穴的四周有通风的管道。洞穴的顶部有很多空心的塔，当作烟囱，高达 6 米，直通地面。洞穴的每一项精心设计都恰好有利于空气的流通以及保持湿润，不管外面温度如何，洞内菌类作物的温度始终都保持在 30℃。更令人惊奇的是，工蚁只有 2 厘米大小，所以，按照同样的比例，它们建造的蚁穴比人类造的建筑物还要高，相当于 180 层楼。

最令人疼痛的树

名称：镶花边的螫人树　分布：澳大利亚　能力：能用有毒的化学物质进行防卫

　　诚然，任何一棵树都有可能会出现在你身边，并且许多树你如果食用了就会中毒，但是除此以外，还有一种树，你只要从它身边擦过就会引起难以忍受的剧痛，这种树就叫作螫人树。我们在世界的许多地方都可以看到它，但是唯有分布于澳大利亚的螫人树最毒，能引起最持久的疼痛。在澳大利亚有 6 类螫人树，其中 2 类——北部的树叶会发光的螫人树和南部的巨型螫人树，它们长

得很大，跟大树一样。另外 4 类则长得像灌木丛。在这 6 类螫人树当中，据说最令人疼痛的是长得像灌木丛、树叶像镶了花边的螫人树。但是目前这种树已经被破坏得差不多了。

它们除了根部以外，周身乍看起来就像覆盖着一层绒毛，其实这些绒毛状的东西是大量的小玻璃纤维，内含毒素。你只要一碰到此树，就会导致皮肤被许多玻璃纤维螫伤。这些玻璃纤维刺入皮肤就像一根根的针，而且无法拔出来（有时候澳大利亚的急救用品箱里就有一种蜡质的除毛工具）。中了这种毒会引起发热、发痒、肿胀，有时候还会起水泡，据说只要一接触到受伤处就会产生难

镶花边的螫人树树叶

以忍受的疼痛，可恶的是这种疼痛还会持续数年，难以消失。这种玻璃纤维能渗透到大多数的衣服内，有时候还会通过空气传播。奇怪的是，这种刺并不螫伤所有的动物，昆虫甚至有些当地的哺乳动物还以这些树叶为食。而受其困扰并把它带到澳大利亚的很可能是狗、马和人类。

最能喝水的动物

名称：宽尾煌蜂鸟　分布：北美洲　能力：每天要吮吸 5 倍于其体重的花蜜

如果下面所提到的这种或任何一种别的蜂鸟喝起水来就像鱼类一样，那么你就低估它喝水的能力了。按照宽尾煌蜂鸟的饮水量与体重的比例来说，其饮水量远远大于鱼类。就拿我们所知道的常识来说：淡水鱼不喝水，它们只是通过皮肤吸收水；咸水鱼也不过度喝水。至于蜂鸟，它们喝这么多的水与花朵有不可分割的关系。蜂鸟爱吃花蜜，而花蜜里一般含 30% 的糖分，其余的都是水分。为了保持人类肉眼所看不清的翅膀的振翅频率飞翔，蜂鸟需要补充大量的糖分，那么它们每

正在吮吸花露的宽尾煌蜂鸟

天就要吮吸达自身体重 5 倍的花蜜。

　　如果任何其他的动物，包括人类，想要喝光自身体重 1 倍的水，那么他在没喝光之前可能就死掉了。蜂鸟的喙在进化成能吸食含大量水分的花蜜的同时，它们的肾脏也进化成了最结实的肾脏。有些水分直接通过它们的身体，不需要进行加工，但是 80% 的水分还是会进入肾脏，成为被稀释的尿液排出体外。那么宽尾煌蜂有什么特别之处吗？很简单，它们显然在同类之中能力最强，也就是说它们是最能喝水的蜂鸟。

最臭的植物

名称：巨型海芋　分布：苏门答腊岛西部、印度尼西亚　能力：能散发出腐肉的气味

　　有时我们人类所厌恶的气味对于有些动物来说，它们并不讨厌。事实上发出臭味的巨型海芋可能是最高和最重的花了，它那难闻的气味能让那种吃腐肉的昆虫和黄蜂兴奋，它的气味对我们是否有害还在检测之中（在这方面它还有竞争者，甚至包括比它更大的花），但是巨型海芋产生大量的恶心气味却能使人晕倒。

　　巨型海芋的花由花瓶状的佛焰苞（一种包含或衬托花簇或花序的叶状苞）组成，至少有 1.2 米高，从巨大的块茎上快速生长，重量可达 80 千克，最终长成肉穗花序，穗由上千朵细小花朵组成，花高 2.4 米以上，由于如此奇怪的外形，

人们因此给这种海芋植物取了个科学名字——"巨大的变形阴茎"。气味主要来自穗的上部，为了能传播得更远，穗在夜晚散发出类似氨气、腐肉、臭鸡蛋气味的同时，也散发出热量和蒸气，气味散发每次持续 8 小时左右。

　　这种气味吸引了那些传授花粉和爱吃腐肉的昆虫。但是人们很少看见它被传授花粉，可能是因为它每隔 3 ~ 10 年才开花，而且花期只有 2 天的缘故吧。一旦花朵枯萎，犀鸟便会传播它的种子，花朵被高达 6 米的巨型叶子所取代。该叶子可制成食物，直到有一天该块茎长成另一朵发臭的花。

生长在苏门答腊岛西部原始森林里的巨型海芋

最耐寒的动物

名称：树蛙　分布：加拿大北部和美国的阿拉斯加州　能力：能在融雪期的池塘里栖息

有一种非洲蚊子相当适应在干旱的条件下生存，附带说明一下，它可以抵抗人为设置的 −270℃ 的酷寒。许多其他昆虫也能在低温环境中生存，但能够长期抵抗寒冷的，恐怕只有南极的细菌了。

最耐寒的较高级动物是树蛙，它的耐寒本领使得它比其他两栖动物生

处在冰晶上的树蛙

存得离北极更近，更能在融雪期的池塘里栖息，大概这能使它处于优势，能在池塘干涸之前就迅速繁殖。

当气温下降到 0℃ 以下，蛙的肝脏就把肝糖转变为葡萄糖，葡萄糖有抗冻的作用。在 −8℃ 以下，血液把葡萄糖输送给重要的组织以防止内脏被冻。此时，蛙内 65% 的流体被冻，没有血液的内脏实际上也停止活动，甚至眼球和大脑也凝固了，像死了一样（有一种乌龟也可以做到，但只是暂时的）。当开始解冻时，蛙的心脏又开始跳动，并向全身输送含有凝固蛋白的血液，这有助于使被冰晶刺破的口的血凝固。此蛙通过这种方式能很快恢复活力，而体内被冻僵的寄生虫居然也复活了，真令人惊奇啊！

最敏锐的听力

名称：大马蹄铁蝙蝠　分布：欧洲、摩洛哥以东直到阿富汗和日本
能力：能在黑夜快速捕获昆虫

在伸手不见五指的黑夜中捕猎并给自己定位需要极好的感官。蝙蝠利用回声定位法能"看清"外部世界，而办到这些也并非难事。它们从嘴或鼻子里发射出高频脉冲波（超声波），然后分析回音，判断出物体的大小、形状、结构、位置以及细微的运动。蝙蝠的鼻子结构有利于集中声音，复杂的耳朵的褶痕能捕捉到回音，从上方来的回音与从下方来的回音分别撞击到耳朵褶痕上的不同点，并且通过转动耳朵，蝙蝠就能听到从不同角度弹回的声音。

外界的噪声如此强烈，为了避免声音混淆，大多数蝙蝠在发射信号时会将耳朵闭合。以在开阔地觅食的小棕色蝙蝠为例，它能发出 110 分贝的声波；而在北

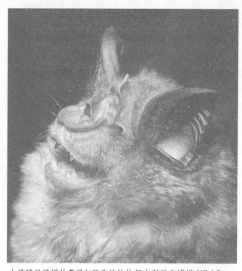

方生活的长耳蝙蝠捕食周围的昆虫，能发出60分贝的声波。发出低频波（波长较长）的蝙蝠，如大马蹄铁蝙蝠，能收集到远处的昆虫或体形较大的动物的信息；发出高频波（波长较短）的蝙蝠，一般能捕捉较近范围内的飞虫。

很难确定大马蹄铁蝙蝠的听觉是否甚于其他类型的蝙蝠，但是科学家们详细研究过一些回声定位系统，它的定位系统无疑给科学家留下了深刻的印象。然而许多其他的蝙蝠也有令人难以置信的敏锐听觉，谁是真正的纪录保持者还有待研究。

大马蹄铁蝙蝠的鼻子与耳朵的结构都有利于它捕捉"回音"。

❀最鼓舞人心的拯救

名称：黑知更鸟　分布：查塔姆群岛、南岛东部、新西兰　能力：在18年内从5只增加到250只

新西兰的查塔姆岛被认为是人类登上的太平洋上的最后一个群岛。但是当人们登上岛后，在岛上停留下来，却干着以前人类在其他岛上所做的一切事情：剥夺了岛上许多动物和植物的生命。玻利尼西亚人在大约700年前到达该岛，欧洲人在18世纪90年代到达该地，由于人类的涉足使得该岛68个物种和亚种鸟中的26种灭绝。主要原因是哺乳动物的引进，尤其是猫和老鼠，它们对15厘米长的当地黑知更鸟的数量产生了很大的影响。

到1900年止，黑知更鸟便在两个主要岛屿上消失，仅仅生存在小玛格雷岛。该岛由很小的、暴露在风中的悬崖绝壁构成，使得食肉动物无法到达，但这也无法让该鸟得到彻底保护。1972年仅剩18只，1976年就只有7只了。

尽管在这期间政府已把小玛格雷岛周边都买下来并重新造林，让所有

查塔姆群岛上的黑知更鸟

的鸟都移居到这里，但是在 1980 年，该鸟也只剩下 5 只，其中只有 1 对具有繁殖能力。然而通过其他岛上别的鸟类帮助孵化该鸟蛋，提高了当地黑知更小鸟的存活概率，也刺激了处于繁殖期的雌鸟再次筑巢，而且动物保护者也尽力使知更鸟能够生存。到 1998 年，已有 250 只黑知更鸟生存在小玛格雷岛上和群岛的东南部。

最耐热的动物

名称：庞培蠕虫　分布：深海热水出口　能力：能在高温海水中生存

庞培蠕虫身上长长的丝状细菌成为它有效的隔热管子，使它能够抵御高温。

庞培蠕虫生活在地球上最黑暗最深的地狱般的环境里——类似于烧水锅炉，这"锅炉"产生的热能可在 1 秒钟之内融化蠕虫。它还要承受能把人压碎的压力，以及被浸泡在有毒硫黄和重金属的液体里。庞培蠕虫生活在海底 2 ～ 3 千米的冒烟区周围，这些喷射的烟从火山带的热液喷口涌出，所产生的化学物质达 300℃高温，遇冰凉海水温度陡然下降。

为了在这样的环境下生存，需要超级蠕虫战略。为了适宜居住，蠕虫制出纸样的化学隔热管子，就像一块热毯子，通过从背面秘密喂养富糖的胶状物，生成由丝状细菌形成的羊毛物，这毯子还能化解管子出口处液体的毒。

与火山口处生活的管虫不一样，庞培蠕虫有内脏和唇，唇向上延伸去捕获生长在该区的细菌。但是没人知道这种动物能在最高多少摄氏度的环境下生存。除去细菌以外，它的器官组织经历温度的阶梯变化，尽管可以使头（主要是鳃）离开最热的水，但它的尾巴却要经受 80℃的高温。为了能利用蠕虫的这种本领为人类造福，科学家正努力揭开它生存的秘密。

最令人震惊的活"电池"

名称：电鳗　分布：南美洲的河流　能力：能用电流击晕或杀死猎物

提起电鳗就让人想起活"电池"。电鳗能长到 2 米多长，但是它的器官都挤

海洋中的每一只电鳗就是一只移动着的"电池"。

满在头部后面，剩下80%的身体都是产生电流的装置。在电鳗的尾部堆满多达6000个专门适合发电的肌肉细胞（或者称之为电路板），这些细胞并排地生长，就像电池的电极一样。每一个电路板都能发出低压脉冲，加起来可以达到600伏特，足以使人失去知觉。电鳗身体的尾端为正极，头部为负极。在游泳时它的身体一直保持笔直的状态。它用那长长的尾鳍做推动，从而可以保持身体周围有一致的电场。

电流几乎会影响电鳗的每一个举动。它不但会用高压电击晕或杀死猎物，还会用电流与其他电鳗进行交流，并且还会用电子定位器（一种电子反馈系统）探测水中的物体以及其他生物。鱼和青蛙是它最主要的猎物，电鳗能探测到这些动物或其他生物所产生的极其微弱的电流。电鳗的视觉不发达，但是这对它的影响不大，因为它主要在夜间活动，而且喜欢住在黑暗的水域里。

其他会放电的鱼类还有与之相关的刀鱼，它们周围会产生弱的电场，使之能感觉到物体和猎物，并与同类进行交流。电鳐和电鲶也会放电，但是它们都不如电鳗放的电流令人震惊。

✿ 最黏的动物

名称：盲鳗　分布：世界各地海域　能力：能用一桶的黏液将掠食者牢牢粘住

盲鳗的样子像鳗鱼，长0.5～1.0米，没有鳍、颌、鳞、脊椎，也没有视力。虽然不属于真正的鱼类，但它却有腮，并且在产生黏液方面还甚于鱼类。对于鱼类而言，薄薄的一层黏液可以调节身体与水中的盐分和气体之间的平衡关系，而且还能驱逐寄生虫以及保持游水的速度。但对于盲鳗而言，黏液还是一种武器。

盲鳗的体形很普通，看起来甚至有点恶心。它一般生活在海面以下大约1200米的海底，以一切能战胜或搜寻到的生物为食。当它看中了合适的猎物时，通常就会从猎物的口中滑进其腹腔，然后用它锯齿状的牙齿刮食猎物，直至彻底吃光为止。

然而，与它受到威胁时的所作所

盲鳗分泌的黏液能将掠食者牢牢粘住，使其窒息而死。

为相比，这还不算什么。当面临危险时，它身体两侧的腺体会分泌出黏液，这些黏液聚集起来与海水发生反应，产生出一团团的黏液，其黏性数百倍于原来的分泌物。这些黏液还很有韧性，里面含有数千条又长、又细、又结实的纤维，使得正在进攻它的掠食者或者不幸的过路者被黏液紧紧粘住，窒息而死。盲鳗自身也陷入这样的困境，但是它有办法从中逃脱出来：它把自己绑成一个结，然后伸展身体解开这个结，在这个过程中设法找到自己的出路。

传得最远的鸟鸣

名称：鸮鹦鹉 分布：新西兰 能力：能发出一种低沉的声音传播很远

鸮鹦鹉

哪种鸟的叫声最响亮要取决于它的听众是谁以及发出叫声的场所。夜莺的歌声能盖过交通的嘈杂声，它的叫声如此响亮（达90分贝），以至于从理论上来讲，听的时间过久会对你的听觉造成伤害。那么更响的叫声，如雄性无翼鸟发出的尖叫声或者中美洲的钟鸟发出刺耳的如钟鸣般的巨响声，则高达115分贝，可以穿透茂密的雨林。但是传得最远的声音很可能是那种低沉的声音。

在欧洲，所有鸟类中当属麻鸦发出的声音最低沉，但是在全世界，很可能这项纪录的保持者要归于新西兰的鸮鹦鹉了。尽管人类已经采取了重要的保护措施，但是目前鸮鹦鹉已经在两个主要的岛上都灭绝了，其总数也仅仅不到90只。每隔两三年，一般独居的雄性鸮鹦鹉便会聚集到它们传统的圆形露天场所——一块挖好的露天场地，展示才能。在这里，它们鼓起胸部和腹部的气囊，开始发出隆隆声，平均每小时1000次，每晚进行6～7小时（因为鸮鹦鹉在夜间活动，而且在寒冷的夜空中声音的传递效果最佳）。它们这样持续地叫3～4个月，招来漂亮的雌性鸮鹦鹉欣赏它们的舞姿，并且吸引它们与其交配。遗憾的是，由于这种鸟的体形较大，不擅长飞行，现在仅仅在少数的近海岛屿上生活，所以很少有人能听见它们那奇怪的、像"雾号"（在雾中警告船只的号角）一样低沉的鸣叫声了。

有趣的是，澳大利亚的食火鸡的鸣叫声几乎和鸮鹦鹉的叫声一样响亮，但是它们的叫声之所以能传得很远，可能是因为我们听觉范围内的低频成分导致的。鸮鹉的叫声中也许就含有超低频声波。可是现在很难听得到它们的叫声了，以至于人类只得对它们进行全面的分析之后才能得出结论。

最奇异的防御

名称：得克萨斯州有角蜥蜴　分布：美国南部和墨西哥
能力：能喷出自身1/4的血液以防御攻击

正在喷血以自救的得克萨斯州有角蜥蜴

被当地人们敬畏了上千年的得克萨斯州有角蜥蜴有一系列能耐，它主要以蚂蚁为食。如果它一天吃200个蚂蚁就意味着要在外暴露很长的时间，而且吃太多把胃胀大了会使自己遇到敌人时很难逃脱。

这种蜥蜴可以依靠自身的"盔甲"防御。它有伪装色，如果危险来临，它会一动不动。它的角和背上的刺能刺穿蛇或鸟的咽喉，当它遇见一种产于北美大草原的小狼以及狐狸和狗时，它也可以通过发出嘶嘶声或把自己鼓大来恐吓对手。有角蜥蜴最称奇的防御是从眼睛后的凹处喷出污秽的血液，很有效果。不过只有自己受到危险袭击时才喷出，毕竟喷出自身1/4的血液也会危及自身。

这些防御手段却无法对付当地人类的攻击，它那奇怪的外形和颜色已经吸引了许多爬行动物收藏者。而它那保持不动的习性又极易被碾过。人们引入的一种有角蜥蜴不能吃的奇异的火蚁正逐步替换有角蜥蜴赖以生存的当地蚂蚁，这对有角蜥蜴的生存有着致命的影响。

最致命的口水

名称：科摩多龙蜥　分布：印度尼西亚的科摩多岛　能力：能产生带致命细菌的唾液

科摩多龙蜥以其体形巨大而闻名：雄性体长一般在2.2米以上，有些甚至达到3.1米。不过这种蜥蜴相对来说身材比较细长。一种来自新几内亚的巨蜥长2.7米，其中其尾巴占了2/3的长度。

但是科摩多龙蜥是最重的蜥蜴，平均体重60千克，最大达80千克。科摩多龙蜥是一种可怕的食肉动物。它那大而锋利边缘呈锯齿状的牙齿利于切断与撕碎猎物，但它的秘密武器是带致命细菌的唾液。动物一旦被其咬伤，也许能够幸运逃脱，但几天之内就会因细菌感染而死。科摩多龙蜥则借助其敏锐的嗅觉找到该猎物，这也使其成为超级食腐动物。虽然按今天的标准科摩多龙蜥是大型动物，但与它的祖先相比却像侏儒（弗洛里斯岛过去还生存着其他的侏儒，包括现在已经灭绝的大象，据悉是被科摩多龙蜥捕食光的）。在澳大利亚曾经生存着一个真正的大怪物巨蜥，重达617千克，身长6.9米，

科摩多龙蜥

但这个种类在大约4万年前已经灭绝。科多龙蜥对于人类没有太大的威胁，除非受到攻击，否则不会袭击人类。无论其有无致命的唾液，科摩多龙蜥都足以成为一种令人恐惧的巨蜥。

最能说的鹦鹉

名称：非洲灰色鹦鹉　分布：非洲中西部　能力：能与人交流

庞大的非洲灰色鹦鹉群横扫热带雨林寻找水果、坚果、种子和香草，在这个过程中它们之间不断联络。在自然界没有哪种动物能像它们那样把不同的信号区分得那么清楚明了，如危险信号和联络信号。这些信号与宠物灰色鹦鹉的语言技能相比，更具有意义、更加复杂。非洲灰色鹦鹉能理解并学说人类语言，也许某一天还能够阅读。

在这些鹦鹉中（虽然它们在近期也爆出了新闻）最著名的要属亚历克斯，它由在马萨诸塞州布兰蒂斯大学的爱丽妮·帕帕伯格博士照顾。亚历克斯能够辨认物体的颜色和形状以及它们由什么组成。例如，只要展示给它看，它就能说"四个角的正方形木头"。如果它想得到某物或想去哪里，它都能提出要求。实际上它还能说俏皮话和进行一些简单的交谈。

非洲灰色鹦鹉

帕帕伯格博士讲了一个证实它才能的故事：它能够认出卡片上的字母。亚历克斯看见 S 就说"SSSS"，看见"SH"就说"shhh"，"T"说"tuh"，等等，每一次回答正确之后它就会要求一个坚果作为奖励。因为这样一来会影响训练的进度，所以每一次帕帕伯格博士会说："干得好，但是请稍等。"最后亚历克斯会看着她，眯着眼睛说："想要坚果。"

最具黏性的唾液

名称：喷液蜘蛛　分布：世界各地　能力：能用黏性的唾液诱捕和保存猎物

　　与喷液蜘蛛亲缘关系最近的同科蜘蛛是有毒的棕色隐遁蜘蛛。像棕色隐遁蜘蛛一样，喷液蜘蛛也只有 6 只眼睛（蜘蛛类本应有 8 只眼睛），而且视力相对较弱，但是它们的诱捕技术弥补了视力的不足。它们的主要感觉是触觉，两条前腿比其他 6 条腿稍长，行走时，两只前腿轻拍前面的地面，以感觉是否有可吃的食物。

　　与所有的蜘蛛一样，喷液蜘蛛也铺设通往地面的道路，它们定期用快速干燥的丝固定这些道路，以免从上面掉落——这就像登山运动员的绳索一样。许多蜘蛛能分辨是昆虫还是别的蜘蛛路过它们铺设的线路，有些蜘蛛还能用它们前腿上敏感的绒毛来侦察。那些并没有真正接触它的网的生物它都能感觉得到——就像听觉器官一样，但是它们只是感觉而已，并没办法采取行动。可是喷液蜘蛛呢，它们一旦确定了猎物的方位，就会把后腿立起，朝猎物喷射唾液。

　　喷液蜘蛛的唾液能喷射比身体长 5 倍多远的距离，而且分毫不差，极其准确。它们喷出的是一种丝和毒液的黏性混合物，这些混合物能使猎物眩晕并被粘住而无法动弹，然后喷液蜘蛛急忙赶过去，咬住猎物，同时从口中注入更多的毒液，最后再享用它。这种蜘蛛需要远距离杀死猎物的原因之一很可能是：它的个头相当小，下巴不能张开得足够大，一口只能咬住猎物的一条腿或者一只触角。而且，这种黏性的唾液还能使它们捕捉到移动得比它们快的猎物。

最臭的动物

名称：斑纹鼬　分布：北美洲　能力：遇到危险时射出恶臭的液体进行防卫

　　斑纹鼬发出的臭味能充斥到掠食者或猎物的整个鼻腔里，我们人类的感觉器官没有大多数动物的灵敏，但是如果风正朝我们这个方向吹的话，我们还是能闻到 3.2 千米远的斑纹鼬身上发出的臭味。也许我们可以尽量使大脑不去理睬某种最令人讨厌的气味，如呕吐物、粪便以及腐烂的物体散发出的味道，但是我们避不开斑纹鼬发出的臭味。其他的动物，包括非洲艾虎、袋獾、狼獾，以及不同种类的臭鼬，当它们遇到威胁或袭击时，也会释放出令人讨厌的气味，但是它们发出的气味的强度和持久度都比不上斑纹鼬射出的臭液。

斑纹鼬在遇到危险时，先将它的尾巴竖起以示警告，警告无效时它才不得已射出自己的臭液。

斑纹鼬射出的那种黄色的油状液体是在它尾巴下面的两块肌肉腺体里产生的，能方位精确地喷射 3.6 米远。这种液体里面含有令人作呕的气味，就像很臭的烂鸡蛋味。它还能使人暂时失明，如果近距离遭遇到它的话，喷射到衣服上的液体根本无法洗去，最好是把它扔掉。

其他的哺乳动物对这种臭味也很反感，斑纹鼬唯一惧怕的掠食者就是大角鹰，因为大角鹰几乎没有嗅觉。斑纹鼬舍不得随便浪费它的臭液，因为腺体要花费两天的时间才能再充满，于是它们通常会在喷射之前抬起它们黑白相间的尾巴作为警告。但是这样的警告在公路上不起作用，也许这就是汽车才是它们的最大敌人的缘故吧。

最危险的蛇

名称：锯鳞蝰蛇　分布：西非、从中东到印度　能力：毒液多且毒性强，杀死人最多

这要看你是如何理解危险的含义了。最危险的动物应该是最具杀伤力的动物。对于人类来说，幸运的是，没有一种蛇想要以人体为食，它们只是在防御时才会杀死人。杀死人最多的蛇是锯鳞蝰蛇。然而贝氏海蛇的毒性最大，像所有的海蛇一样，贝氏海蛇的毒素已经进化成只针对鱼和鱼之类的动物。它不具有进攻性，没有毒蛇那么显著的毒牙，只是在意外被渔网网住时才会咬人。在致命性方面鸟喙状的海蛇更具危险性，它们栖息在沿海水域，因此与人的接触较频繁。在澳大利亚水域里有许多海蛇，并且澳大利亚的毒蛇数量是世界上最多的。全世界最毒的 12 种毒蛇澳大利亚就有 11 种，内陆太攀蛇或猛蛇是最毒的蛇。

但是澳大利亚并没有陆地蛇类当中最危险的蛇。综合毒液的毒性和产量、毒牙的长度、蛇的性情以及进攻的频率等因素，可以说最危险的蛇应该是锯鳞蝰

蛇了。它分布广泛、个头不大（因此很容易被忽视），并且只是在受到威胁时才会采取进攻，但是它很可能是世界上咬死人数最多的蛇。其名字的由来可能是因为当它感到怕时，它会摩擦它的鳞片，发出拉锯的声音，这样做也许是和大多数蛇一样，想要吓走人，并不想咬他们。而事实上，不是蛇吃掉人，而是更多的蛇被人吃掉。

最好的色彩视觉系统

名称：螳螂虾或者虾蛄　分布：世界各地近海水域　能力：能看到你甚至想象不到的色彩

螳螂虾主要因它那有弹性的、像手臂一样的钳螯的力量大而出名：一只体形较大的螳螂虾一拳能击穿一只贝类的壳。但是它还有一个更加令人惊讶的本领可能鲜有人知：它有着复杂的色彩视觉系统，尤其是生活在万花筒似的珊瑚礁周围浅海滩的螳螂虾。

科学家们在各种各样的动物之间进行色彩视觉系统的比较时，采用的方式是，数它们眼睛里的色彩感光器。例如：大多数哺乳动物有 2 类，灵长目包括人类，比其他哺乳动物稍微强些，有 3 类色彩感光器，而大多数鸟类和爬行动物有 4 类。但是螳螂虾则至少有 8 类色彩感光器，它们能看到紫外线波段内的许多种色彩（包括数千种色彩的梯度），而很多色彩我们的肉眼根本无法看到。人类能看清楚大约 1 万种颜色和色彩梯度，而螳螂虾能看到的色彩比人类的多许多倍。显然这种本领在珊瑚礁周围是非常有用的，因为那里的许多生物都善于利用色彩做伪装。

它们的视觉除了能看到很多色彩之外，还有更加特别之处。它们还有两极化视觉系统，比我们用感光器产生的任何物体都要复杂。它们的眼睛突出，还能自由地转动 360°。这些复眼有数千只，每一只复眼都能从 3 个角度感知物体，使它能深入地观察物体。我们人类需要把所有的视觉器官调动起来，用两目视觉来观看物体，而螳螂虾仅仅一只眼就有更加精确的三维视觉。

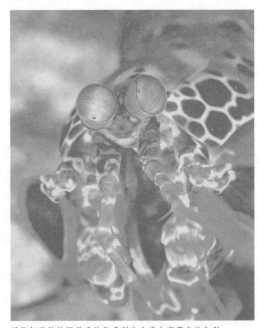

螳螂虾独特的视觉系统能看到比人类丰富得多的色彩。

运动之最

❀最奇怪的搭便车旅行者们

名称：多刺龙虾的幼虾　分布：大西洋水域　奇特点：能骑在别的生物背上旅行

　　当你是自然界中的极小生物时，你就必须拥有独创性的能力才能到处活动。许多体形极小的节肢动物（节肢动物门无脊椎动物，包括昆虫、甲壳纲动物、蛛形纲动物和多足纲节肢动物）选择免费搭乘在别的生物身上的方式到处活动。加利福尼亚的多刺龙虾的幼虾开始只有 3.8 厘米大小，需要在开阔的海洋里旅行数月，大约要经历 11 次蜕皮才能长大为成虾。那么在此期间，为了避免被掠食者捕获，它白天会躲在较深的海底。但是如果要到达数百或数千千米远的成虾觅食地的话，它就会搭乘在一种浮游的水母身上，利用这种水母的躯体作为航行的交通工具，这样一来，它就不需要借助于水流了。

　　还有些其他的搭乘者更加无礼。例如有一种螨类生物（蜱螨目的任何一种小的乃至微小的蜘蛛纲动物），它喜欢悬挂在一种"保幼蚁"的头部下面，这种生物体形和蚂蚁一般大。当它饥饿时，它就会敲打蚂蚁的头，蚂蚁便会反刍出一种含糖的食物，这样一来，它不仅得到了一个寄居地，而且还可以获得免费的食物。藤壶（一种蔓足亚纲的海洋甲壳类动物）比它还要厚颜无耻。它寄居在雌水母身上，却会把雌水母卵巢的所有东西全部吃光。但是作为一名寄居的揩油者，它们也有烦恼的事，那就是要完全依赖所选择的寄居生物，如果太贪婪，就会造成两者都死亡。

骑在水母背上旅行的多刺龙虾的幼虾

最迅捷的吞食速度

名称：鮟鱇鱼　分布：世界各地的珊瑚礁　吞食速度：能立即从一块"石头"变成一根"真空吸嘴"

一条很小的鱼发现一条比它还小的鱼缓慢地、诱人地朝着一块珊瑚礁游去，当它冲向那条"小鱼"时，它感觉到一股强大的吸力，一切都变黑了，这也将是它意识到的最后一件事情，因为它成为鮟鱇鱼的猎物了。

鮟鱇鱼的种类有43种，有不同的颜色（具有会随着周围的环境而变色的功能），大小也不尽相同，还有各种各样的伪装手段：有的看起来像海绵，有的看起来像有一层外壳的石头，有的像一簇簇的海藻，还有的像在水面上漂浮的、柔软的块状物。但是它们都有一个共同点，那就是它们都有能力使自己看起来像无生命的或者其他的有生命的物体。它们还有一个背鳍已经演变成钓鱼竿，有一根线和假的钓饵，假钓饵还会像鱼儿、蠕虫或小虾一样地摆动。它们的嘴能像巨穴一样张开，吸起东西来就像喷气飞机引擎的前端，然后又闭起来，整个过程仅仅需要 1/6 秒。

伪装巧妙的鮟鱇鱼晃动着眼前的"钓饵"，等待猎物前来。

鮟鱇鱼伪装自己的方法多种多样，富有独创性，看起来都极其丑陋。但是它们的演变并不是为了取悦人类的感官。它们只是演变成一种这样的动物：能张大嘴巴，一口吞掉它们的猎物，速度比任何其他的食肉动物都要快（吞食的速度以及具体动作甚至要等到发明了高速摄影技术时才能知道）。鮟鱇鱼能完整吞掉比它们自身体积还要大的动物，这在食肉动物中并不多见。当然，它们还是世界上最高明的伪装者

最大的破坏群体

名称：沙漠蝗虫　分布：北非、东非和中东地区　规模：达数十亿只，能覆盖大片面积

一大群落基山脉的蝗虫曾经覆盖的最小面积相当于英格兰、苏格兰、威尔士和爱尔兰的总面积，它们曾给北美洲西部的开拓者带来过巨大灾难。1875 年 8 月 15—25 日，当蝗群飞过内布拉斯加州时，估计总质量有 250 亿～500 亿千克。不

沙漠蝗虫的破坏性极大，它们飞到哪里，哪里就会变得一片荒芜。

可思议的是，这一种蝗虫于 1902 年就已经灭绝了。

现在，沙漠蝗虫成了最大、最广泛的具有破坏性的昆虫群体。1954 年，科研人员曾在肯尼亚用侦察机测量得知，一个蝗群就能覆盖 200 平方千米的面积。那还只是在同一个地区的几个蝗群中的一个而已，而把所有蝗群合起来则会覆盖 1000 平方千米，厚达 1.5 千米，估计有 5000 亿只蝗虫，重量约 10 万吨。

这种动物最奇怪的一点是它基本上是独居的。大多数时候它是普通的、绿色的蚱蜢（蝗虫基本上就是迁移的蚱蜢）。但是当沙漠条件改变时，昆虫的行为也发生改变。有时当天气较往常湿润时，更多的蚱蜢就会孵化出它们的卵。小蚱蜢互相撞击，互相摩擦，这种撞击和摩擦会促使个体释放出一种"群聚的信息素"（一种由动物，尤其是昆虫分泌的化学物质，会影响同族其他成员的行为或成长），因此它们开始聚集在一起。大量的蚱蜢朝一个方向行进。这一阶段会持续大约一周，然后它们长成成虫开始飞行，于是蝗灾就产生了。蝗群会在哪里出现并不很明确，但是如果它们在阿拉伯半岛繁殖的话，就会飞过非洲，沿途经过的农作物将遭到严重破坏。

飞行时间最长的鸟类

名称：欧亚褐雨燕　分布：欧洲、亚洲、中东、西北非、撒哈拉沙漠
飞行时间：能持续飞行 33 天

哪种鸟类的飞行时间最长，这要取决于你怎么看待这个问题了，因为有好几种鸟类有资格胜任这个称号。例如，北极燕鸥是迁徙距离最远的鸟类，1 年之内在南极和北极之间往返飞行至少 3 万千米，而且这段距离是我们在假设它飞行的路线是直线的情况下计算的，可是事实上它飞行的路线并不是直线。还有漂泊信天翁，根据无线电跟踪发现，它能连续飞行 1.5 万千米，持续 33 天。还有一种

飞行中的欧亚褐雨燕

极小的红褐色的蜂雀，体长只有10厘米，相对于其体长而言飞行距离可以算得上最远，即一年飞行7000千米，往返于阿拉斯加和墨西哥之间。

但是对于雨燕而言，它们除了在巢里不飞以外，其他时候基本都在飞行。其实理由很简单：因为它们的腿很粗短，所以在树上栖息很困难，它们通常也嫌麻烦不愿停下来。如果它们在地上停下来的话，就无法平衡身体再次起飞。因此雨燕能一边飞翔，一边吃饭、洗澡、喝水、交配甚至睡觉。8月份起，它们离开欧洲或者亚洲的巢飞往南方，直到次年4月份返回，一路都不会也没有必要停止飞行。

更重要的是，在雨燕1岁时，它并不飞回北方的巢里，这就意味着它在空中要实实在在地待上整整2年，飞行距离几乎相当于往返月球一次。

雨燕还是非常繁忙的鸟类。当它们喂养小雨燕时，会在一天之内在觅食地与鸟巢间往返40次，有时候共计飞行100千米。

最爱正面朝下的动物

名称：蓝海蛞蝓　分布：主要在亚热带和热带海洋　能力：一生都正面朝下在水里漂浮

不像大多数同科动物，蓝海蛞蝓没有视力，一生当中都在海平面上正面朝下地漂浮着，触手像手掌一样张开，胃里的空气产生浮力。它表面上看起来很温顺，其实它有着令人致命的防身武器——刺细胞，并且它还会掠食其他动物。它外表的美丽还是一种伪装：背部呈海蓝色，朝上使得它不会被俯视的鸟类发现；正面呈银白色，朝下使得它不易被仰视的鱼类看见。

蓝海蛞蝓悠闲地在海中漂浮着。

不久，它就会被拖入到一个旋涡中，这里有许多动物一排排地不断涌来，使得它有机会碰到猎物。它最爱吃的食物有又大又有防卫武器的葡萄牙僧帽水母，以及比它体形稍小的水螅型珊瑚虫。蓝海蛞蝓一旦碰上一只猎物，它就会通过刮擦猎物的软组织吮吸猎物。不知何故，它不用攻击猎物就能吃掉其触须，并且能反复利用自己的刺细胞，同时将它们合并成为像手指一样的突起。

只有在交配时它才会不采取通常的倒置姿势。它是雌雄同体的动物，当与它交配的伴侣同它交换精液时，它们会转过身体，拥抱着互相爱抚。蓝海蛞蝓也是海洋里最好的动物之一。

跳得最高的动物

名称：沫蝉，又名吹沫虫　　分布：北美洲和欧亚大陆　　跳跃高度：能跳 70 厘米高

昆虫里面最适合跳高的是跳蚤，其中以猫蚤跳得最高，能跳 24 厘米高。这项技能使得它们能在走动的哺乳动物身上跳来跳去以觅食。但是，还有别的不太出名的跳跃者能轻易地超过它们，那就是沫蝉。沫蝉是一种吸食植物的小虫，当它需要新鲜树液时就能飞到或者跳到新的植物上。如果遇到威胁时，它们有一种爆发性的逃跑方式。极细微的振动或者触摸就会使这些小虫以极快的速度跳走，速度之快令人咋舌，以至于如果碰到你的脸的话，都会伤到脸。

大"股"肌肉控制着它们最长的后腿（它们藏在翅膀之下），肌肉极富弹性。它们腿上特殊的隆起使它们可以保持不变的竖起的姿势，而此时

沫蝉在遭遇到威胁时，能以一种爆发性的跳跃方式逃跑。其速度之快、高度之高，令人咋舌。

"股"肌肉慢慢收缩，使得大腿能突然打开并快速弹起，整个身体向前射出。一只沫蝉能在千分之一秒之内加速到每秒 4 米的起跳初始速度，承受大于体重 400 倍的重力（而人类乘太空火箭进入轨道时最多只能承受其体重 5 倍的重力）。相比之下，一只普通的跳蚤也只能承受其体重 135 倍的重力。但是跳蚤也值得在这里记下一笔，即使它的生活方式也是进行跳跃而已。

潜水最深的动物

名称：抹香鲸　分布：世界各大海洋　潜水深度：能潜到2000米深的海底

抹香鲸的举止与其说像呼吸空气的哺乳动物，倒不如说像潜水艇。它们常潜于寒冷、黑暗的海底深处，去猎取深水鱿鱼、鲨鱼或者其他的大型鱼类。

1991年，在加勒比海的多米尼加岛屿附近，科学家发现了一项令人难以置信的记录——抹香鲸可以潜到2000米深的海底。但是，还有间接证据表明抹香鲸还能潜得更深。例

抹香鲸独特的脑部结构，使它可以潜入2000多米深的海底捕食。

如，1969年8月25日，在南非德班市以南160千米处，捕鲸人捕猎了一头雄性抹香鲸。在这头抹香鲸的胃里，人们发现了两只小鲨鱼，据说这种鲨鱼只在海底生存。由于那一带水域在48～64千米的范围以内的水深超过3193米，所以从逻辑上可以设想这头抹香鲸在追捕猎物时曾到过类似的深度。

抹香鲸还创造了哺乳动物当中潜水时间最长的纪录。从它开始捕捉那两只小鲨鱼算起到它露出水面呼吸为止，它在水下大待了1小时52分钟。

最令掠食者头疼的膨胀

名称：刺　分布：热带沿海水域　膨胀特征：能使自己变成一只长满刺的"气球"

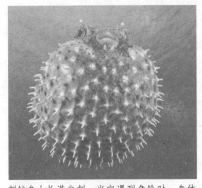

刺鲀身上长满尖刺，当它遇到危险时，身体便极速膨胀，长刺也会迅速地竖起。

这也许是有最多普通名称的生物了。仅仅在英语里，它就可以叫作有刺的河豚、箭猪鱼、气球箭猪鱼、棕色箭猪鱼、泡泡箭猪鱼、斑点箭猪鱼、跳远箭猪鱼、树篱猪鱼和气球鱼。所有这些名字都与它的防御硬刺有关，或者与它的膨胀能力有关，或者两者兼而有之。当它处于松弛状态时，它看起来相当普通。但是如果它受到攻击，它就会迅速使自己膨胀起来，变成一只全身带刺的球体，比它原来的体积大3倍，就像一只篮球，上面钉满

了数百枚又长又细的钉子。它是通过快速吸进大量的水到肚子里办到这一切的。

它的胃在进化的过程中已经逐渐变得没有用处了（食物不在胃里消化，而是通过胃直接进入肠子），当它的身体没有膨胀时，胃就折叠成褶皱状。事实上，胃的褶皱里又有褶皱，褶皱包着褶皱，这些褶皱只能在显微镜下才能看见。

当刺觉察到危险时，它立即吸入大量的水，胃就会展开，皮肤也膨胀，鳞片——平常的时候紧紧贴着皮肤——这时会突然像刺一样弹起来。它不仅不再需要胃的正常功能，而且还不需要大多数骨骼（特别是肋骨，肋骨很明显会影响它的鲀体的膨胀），除了脊椎以外。与刺腹部膨胀相比的口腔膨胀也能用于防御：如与刺亲缘关系最近的同科动物扳机鱼，也会吸入水，然后朝着海胆喷射出水，同时翻转以掩盖它们柔软的腹部。

最重的飞鸟

名称：大鸨（或叫甘波）　分布：东非和南非　体重：很可能超过 22 千克

鸟类体重的范围可从 1.6 ～ 1.9 克的蜂鸟到 150 ～ 160 千克的鸵鸟，这两种最小和最大的鸟类的主要区别在于：蜂鸟能飞，而鸵鸟不能飞。即使有合适的翅膀，鸵鸟还是由于太重而不能飞行。

空气动力学的局限性包括相对的体形、肌肉的力度、身体的质量、提升力、推力等，它对于动物起飞到空中有重量的限制，更别提使用翅膀飞翔了。我们所知最大的能飞翔的鸟是约重 80 千克的已经灭绝的大秃鹫。但是，有些现代的飞行鸟类已经接近展翅飞翔的极限了。天鹅、野火鸡、漂泊信天翁和安第斯秃鹰的体重都在 11 ～ 15 千克的范围之内。但是保持最高纪录的鸟类是大鸨，雄鸟的体重达到 17 ～ 19 千克，雌鸟的体重要稍微轻些。

经过一番缓慢的、看起来较艰难的起飞之后，雄大鸨可以飞起来，但是它似乎并不喜欢飞行，一生之中大多数时候都在行走。飞行主要用于逃跑（虽然大鸨也许首先打算用脚逃走）以及局部的、游牧的迁徙。但是对于过度笨重和肥胖的大鸨来说（有证可查的纪录是 22 千克），似乎确实不可能飞行，并且肯定不能飞较长的时间。

大鸨

当然，对于雄大鸨来说把体重看得比飞行更重要的原因之一是：在非洲大平原上，体重和力对于吸引异性是至关重要的。

最奇怪的变形生物

名称：黏菌　分布：北美洲的土壤里；世界各地的生物实验室里
变形方式：能从一个单细胞的微生物变成一只多细胞的鼻涕虫

　　黏菌，这种单细胞的微生物，它在土壤里、树叶堆里过着一种简单的、变形虫似的生活。只要时机成熟它可以进行无性繁殖。但是如果食物匮乏或者天气干燥的话，情况就不同。它会分泌荷尔蒙召集同类，包括它的无性繁殖体，最后形成一个较大的个体。

　　多达1万个这种微生物组合成多细胞体，就形成了鼻涕虫——实际上，这群个体被一层黏液所覆盖。处于前端的动物在前面仔细地观察，然后释放出一波波的荷尔蒙来使这群2～3毫米的多细胞体一致朝着光亮的地方移动。一旦遇到空气，"伪原质团"就会立起来。每个单细胞就会选择不同的功能。前端的细胞会通过其他的细胞往回挤，然后定好位，分泌纤维素，形成一根坚硬的茎，然后才死去。

　　与此同时，其他的细胞（整体的70%）会提起来，沿着茎往上升。在顶端形成一个球体，每个细胞都分泌出一种可以抵御风雨的纤维素外衣，它们转变成孢子。这些孢子随风飘散，如果条件适宜，它们又会"孵化"成单细胞微生物。有一个问题一直困扰着科学家们，这个问题就是是什么促使单细胞选择变为茎之后就死亡，并且为了其他的细胞，有些甚至是与自己毫不相干的细胞，最终肯牺牲自己呢？也许是化学物质上的欺骗驱使它们这样做的吧，但是它们可以反抗被如此操纵啊！看来在黏菌的世界里，也是没有付出就没有回报啊！

飞得最快的鸟

名称：游隼　分布：除了南极洲以外的各大洲　飞行速度：俯冲入水时速度达每小时300多千米

　　飞得最快的鸟类（并且事实上也是所有野生动物中运动得最快的）肯定是一种食肉鸟，很可能就是游隼。当它俯扑或俯冲到水中时，由于它要捕食空中的鸟类，因此游隼的体重超过了1千克，理论上，从1254米的高空向下俯冲时速度最大，即每小时385千米。虽然，它能够飞得多快与它实际上飞得多快这两者之间有差别，但是它在空中俯冲的动作曾被拍摄下来，其速度超过了每小时322千

俯冲的游隼

米，这一速度非常接近理论上的最快速度。

但是，游隼俯冲的时候有一种奇怪的现象，那就是当它离它的猎物 1:8 千米远时，它的飞行路线是曲线而不是直线。现在生物学家弄清楚了这其中的缘由。因为游隼的头偏向一边 40 度时，它的视线是最佳的，但是在快速飞行时要使头调整到这个角度就会影响速度，所以俯冲时为了飞得更快，它宁愿走曲线，这样在飞行时它的头不必偏向一边而能使猎物一直处于它的视线范围之内。

但是这种飞行并不是常规的振翼飞行。现在，漂泊信天翁持有最快的连续飞行纪录：连续飞行 800 千米以上能达到每小时 56 千米的速度。但是，信天翁利用"动力"翱翔，控制风力进行滑翔而不需不断地振翼。

最强的吸附能力

名称：壁虎　分布：除南极洲以外的各大洲　吸附能力：能吸附在任何固体的表面上

许多人都认为壁虎会悬挂在天花板上或者任何一种别的物体表面上，主要是由于它的吸力或者依靠爪子和吸附能力的帮助。事实上，它们的吸附能力之大令人难以置信。

壁虎的每只脚上都覆盖着数百万微小的脚毛，称为刚毛，每根毛上都有上千花椰菜状的纤维，称为腺毛。当这些腺毛张开时，它们是如此地靠近物体表面，以至于在它们的分子和物体表面之间产生了微弱的电荷，使得它们与物体表面紧紧地吸在一起，因为正极与负极互相吸引。壁

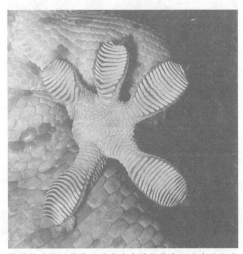
特殊构造的爪垫能让壁虎在各种物体表面自由地爬上爬下。

虎的脚趾不能弯曲的构造使得这种吸附能力变得更强。爬行时，这一构造使得它们能在1秒钟之内4脚交替运动15次。它们脚上的数百万的腺毛都能产生分子力，分子的力量如此强大，以至于它们一只立在玻璃上的脚能负荷40千克的重量。

壁虎脚上的构造还包括一种自我清洁的成分：任何粘在刚毛上的污垢走了几步路之后就会自动掉下来，这是因为污垢和刚毛之间的吸力不如物体表面与污垢之间的吸力大。壁虎的吸附能力给技术专家带来了灵感，从而研究出一种用于太空的有脚微型机器人的胶带，这种胶带能自我清洁，易于分离。但是蜘蛛几乎肯定能更早达到这一目的，因为用同样的子结构，它们能负荷起自身170倍的重量。

腿最多的动物

名称：千足虫　分布：世界各地　腿的数量：多达375对，即750条腿

千足虫并没有1000只脚。百足虫每1节有1对腿，而千足虫每1节都有两对腿。事实上，千足虫的每1节都是由两节融合在一起的。可是它们生下来时只有几节，每蜕一次皮就会长出一些腿，渐渐地越长越多。这么多又短小又强健的腿使得千足虫的举力和推力都很大，所以它虽然行走缓慢，却很有力。食肉的百足虫扁扁的，行走时紧贴着地面，速度很快。而大多数千足虫都是圆柱形的，像推土机一样，它们会给腐烂的植物挖洞穴掩埋（这对于植物的循环利用很有价值），遇到危险时不是逃跑，而是把身子蜷成螺旋状。

在岩石上爬行的千足虫

千足虫的每一对足都会随着前足和后足的步伐缓慢移动，像波浪似的。雌性千足虫发现自己数百条腿随着身体在地面上拍打的节奏很性感，雄性千足虫在交配前也经常拿脚抚摸雌性千足虫作为前奏。雄性千足虫还有一对"性交腿"，或者叫生殖足，可以把它的精液传到雌性千足虫的生殖器官内。这么多条腿很利于清洁，大多数千足虫对于清洁相当挑剔，大部分空余时间它们的足都会用于擦洗和抛光，甚至专门用一对足来为触角当刷子。

最大的食腐鸟类

名称：安第斯康多兀鹫　分布：安第斯山脉　特征：羽翼展开宽达 3.2 米，体重达 8 ～ 15 千克

  秃鹫是食腐动物，它们以腐肉为食，而不是以鸟类为食。虽然它们偶尔会捕食海鸟，但是它们不善于快速和秘密行动，宁愿花大部分时间到处滑翔寻找死亡的动物尸体。它们当中最优秀的滑翔者是其中最大的一种——安第斯康多兀鹫。

它的体形非常适合这种生活方式：它的爪可以抓握、走路及在空中暂留，而不是用于攫取和杀戮；它的头和脖子没长羽毛，这样能使它们伸进尸体里而不会弄脏羽毛；它的鸟喙很锋利，可以切开动物的毛皮；它的咀嚼肌很发达，能吞咽大块的肉。

  尽管如此，安第斯康多兀鹫也有一个弱点。它不擅长奔跑，因为它的翅膀太大、太笨重，所以即使它不断拍打翅膀也很难升空。因此它必须生

安第斯康多兀鹫

活在有强烈的上升气流和暖气流的地方，这样能有利于它起飞。不过，一旦升空，它就能毫不费力地翱翔，它宽大的羽翼就像飞机的机翼一样，当它发现下方有猎物时能精确地旋转。它的嗅觉也不灵敏，但是它会跟在秃鹰的后面，因为秃鹰能发现尸体，当它到达猎物身边时，由于它体形大，其他动物都抢不过它。

  在古代，还有一种南美滑翔鸟，它的体形比安第斯康多兀鹫还要大一倍：这种鸟是最大的飞鸟，但是它不是食腐动物。它的嘴完全张开能一口吞掉只野兔大小的猎物，这使得它成为最让人害怕的鸟类。

游泳距离最长的动物

名称：灰鲸　分布：北太平洋　游泳距离：一年能游 1.6 万千米

  灰鲸每年的往返路程不但是一段令人印象深刻的长途，而且还可能是哺乳动物当中定期迁徙的最长距离。迁移发生在它们夏季的捕食地点阿拉斯加的西部和北部与冬季的繁殖地点墨西哥的贝加－加利福尼亚的一片浅水湖之间。也就是说，每年灰鲸要沿着整条北美洲的海岸线南北洄游一次。

  但是还有一种鲸鱼使得灰鲸的这一项纪录受到了质疑——驼背鲸。驼背鲸也是

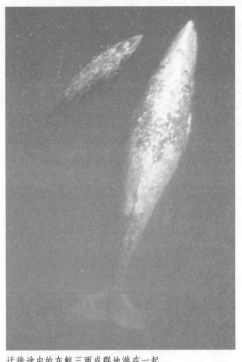
迁徙途中的灰鲸三两成群地游在一起。

强大的迁徙动物，但是规模不像灰鲸那么大，驼背鲸在大西洋和太平洋的寒流的捕食地点和暖流的繁殖地点之间洄游。但是它们确实保持着比其他的哺乳动物要长的迁徙距离。在1990年，一只驼背鲸从南极半岛出发，5个月后人们在哥伦比亚沿岸附近发现了它（这些鲸都被单独用黑色和白色的记号标在鲸尾的裂片下方），往返路程长达8330千米或者是16660千米。

从那以后，还有几只驼背鲸在大西洋和太平洋之间被做了记号，这样可以证明第1只驼背鲸不是迷了路的。但是驼背鲸与北太平洋东部的灰鲸相比在规模上并没有打破灰鲸的迁徙纪录。不管怎么说，灰鲸还有一个更加令人骄傲的特性：它们在数量上恢复的情况是大型鲸鱼当中最好的。在20世纪30年代末，官方下令保护灰鲸，当时只有几百只，据估计现在已有2.6万只。

生活在最深处的动物

名称：端足类动物　分布：太平洋马里亚纳海沟　奇特点：生存在海平面以下1.1万米的深海区

在1995年，科学家终于运用遥控的机器人探测到地球最深的地方，这种机器人能承受100兆帕。他们探测到了太平洋的马里亚纳海沟的"挑战者的深海区"，深度在海平面以下1.1万米，其深度超过了珠穆朗玛峰的高度，在那里他们还发现了细菌。令人惊奇的是，他们还发现一种乳白色的香肠形状的物种群，这种生物能在如此极端的条件下生存，同时消耗特殊的酶和蛋白质。它们给医学的突破带来了希望。

但是科学家还在那里发现了端足类动物，数量还不少。端足类动物就是各种各样的甲壳纲动物，包括跳蚤，这种跳蚤生活在两极到赤道之间的海底里。可是有一种跳蚤，体长大约4.5厘米，一直在世界上最恶劣的环境下生存，那里一片漆黑，几乎没有食物，而且还承受着别的动物承受不了的压力。

这种端足类动物仅仅在非常深的海底才能看到。它们新陈代谢很慢，肠子很大，但是游泳速度却出奇得快。它们是食腐动物，吃"海里降的雪"——缓慢沉到海底的动物尸体，这些动物尸体不仅量大，而且气味也很独特，因此当这些饵料一下沉，它们总是会马上出现。随着技术手段的不断进步，人类可以探测到更深的海底，那么在更深的海底很可能还会发现更多"极端的"动物群体。

生活在 1.1 万米深处海底的端足类动物

最强壮的动物

名称：犀牛甲虫　分布：亚洲　强壮程度：能举起自身体重 850 倍的物体

犀牛甲虫属于金龟子科，这个科的许多动物都特别强壮，有的能滚动巨大的粪球，有的可以杀死别的昆虫。但是犀牛甲虫应该是最强壮的：有人做过实验，一只犀牛甲虫能把自身体重 850 倍的重量举到背上，远远超过了一只大象的相对力量。

即使这个纪录有点夸张，但是我们对于犀牛甲虫的力量却不应怀疑。雄性犀牛甲虫以它们的叉形触角而出名：一只巨大的触角在头上拱起来，一只较小的触角朝上拱起与它相对应。当雌性犀牛甲虫准备交配时（它们长期待在地下，以植物为食，很可能见不到雄性犀牛甲虫），它们会散发出一阵迷人的信息素，吸引雄性犀牛甲虫飞进去。这时候它们就用触角互相碰撞。最大的、最重的及最长的雄性犀牛甲虫——它们吃的食物是最好的，可能最有希望成为父亲，养育后代，然而它们必须向旁观的雌性犀牛甲虫证明自己。决斗中的雄性犀牛甲虫首先点头互相威胁，然后以头碰撞，举起对

在交配季节，雄性犀牛甲虫为了争得交配权而互相争斗，直到双方决出胜负为止。

方并且投掷出去，胜利者最终会得到交配的权利。雄性犀牛甲虫身体越大，它的触角也就越大，肌肉和钳子越强壮，就很有可能获胜。但是越大不一定越好。一种有触角的金龟子甲虫，其雄性甲虫的触角很大却只有很小的生殖器。

最会钻洞的动物

名称：蚓螈 分布：热带地区 奇特点：能在坚硬的土壤中挖出一条路

蚓螈

蚓螈看起来就像蚯蚓的卡通画。不尖的头跟尾巴很相像，但是头部有下巴和尖利的牙齿，身体分成闪闪发光的体节。蚓螈确实与蚯蚓有关系——大多数种类的蚓螈很少吃别的东西，只是吃蚯蚓，它们是脊椎动物（有脊椎），其实它们与蝾螈和火蜥蜴有关。但是它们完全没有四肢，眼睛几乎看不见东西，而且与水没有任何关系。它们大小不一，从蠕虫大小的 7 厘米到不可思议的 1.5 米不等，因为它们大多数都生活在地下，所以实际上人们很少能看到它们。

蚓螈特别擅长在土壤里钻洞。许多细长的挖洞动物，比如蚯蚓、蛇，它们钻洞时就像风琴一般运动——从封闭的风琴一端到开着的那一端，由尾巴上的肌肉推动头部和身体的前部朝前走。而蚓螈钻洞时身体一直保持笔直的状态。

它钻洞时还像一个自己驱动的钢棍，用头把非常坚硬的土壤挤到旁边（你在地下看不到这一切，但是科学家在实验室把它放在干净的、装满土的透明塑料管里，才看到了这些）。事实上，它运用的是内部的风琴运动。它的脊椎能伸缩并延长，就像蛇一样，但是它的骨骼与外层的皮肤不相连。当骨骼移动时，外层的皮还是保持笔直的状态，身体起伏，牵引身体前进，有点像坦克上的履带。

最大的鸟群

名称：红嘴奎利亚雀 分布：东非和南非 群体规模：一群达 3000 万只或更多

人们普遍认为北美旅鸽是世界上最普通的鸟。它们喜欢群居生活，成千上万只聚在一起（有的群体超过 20 亿只），它们遮天蔽日，鸟群飞过要花 3 天时间。

规模庞大的红嘴奎利亚雀群

但是这一动物在 100 年前就逐渐灭绝了，最后一只在 1914 年 9 月 1 日死去。

如今，红嘴奎利亚雀成为世界上最大的鸟群。据人们所知，它们还是当今世界上数量最多的鸟类。数量之多以至人们无法数清楚它们——人们也无法猜测有多少只。这样说吧：红嘴奎利亚雀的数量如此之多，以至每年南非人都会杀死6500 万～ 1.8 亿只，却似乎一点也没减少它们的总数。许多人杀死这种相当漂亮的小鸟，其原因与它们的数量过多不无关系。

红嘴奎利亚雀对粮食作物非常有兴趣，被人们称为"长着羽毛的蝗虫"。它们聚集成群时，就会吃掉农作物，如果周围有谷类作物——稷、高粱、小麦和水稻的话，它们就会在很短的时间内把这些作物一扫而光。红嘴奎利亚雀的天然食物是野生的草籽，作为候鸟，它们能够随着雨水找到草籽。一旦它们发现有大量的草籽，它们会不远数千米飞来，顷刻之间树被大量的羽毛所覆盖，甚至它们合起来的重量把树枝都压断了。它们还吃昆虫，尤其是当它们喂养刚孵出的小鸟时，它们会吃掉很多害虫，这样对当地的农民很有帮助。因此，农民对红嘴奎利亚雀持有两种态度。但是大多数红嘴奎利亚雀并不喜欢害虫的天敌这一角色，当大群红嘴奎利亚雀飞来时，人们就要当心它们会享用一顿盛宴了。

❀ 最佳的冲浪手

名称：宽吻海豚　分布：温带和热带各大海洋中　冲浪特征：能像箭一样在水里"冲浪"

宽吻海豚是喜好群居的哺乳动物，它们通常 2 ～ 15 只一起在水里游。生活在深水水域的宽吻海豚群可以联合成一个数十只甚至数百只的大群。它们经常合作搜寻猎物，就像许多群居的食肉动物一样，它们也充满着好奇并且喜欢冒险。它们常常靠近潜水的人员，喜欢和各种漂浮物一块儿玩耍，还与海胆和海藻嬉戏（就像是出于好玩一样把这些"玩具"扔来扔去），有时它们还会离开它们的生活圈，

箭一般在水里冲浪的宽吻海豚

在行驶的轮船前面戏水。

很难说它们与人类没有相似之处，因为它们似乎以那些嬉戏活动为乐，而且它们做出这些举动几乎没有什么实际原因，纯粹是为了玩耍而已。例如，它们在船头戏水，其实就是捕食前或者各奔东西时的娱乐活动。它们毫无疑问喜欢冲浪。在北太平洋西部和印度洋周围，人们看见宽吻海豚向岸边做身体冲浪。有时候它们还会和人类的冲浪者一起竞相冲向沙滩，然后再穿过海浪和水花游回去等待下一次大浪。至于它们的其他游戏和滑稽动作，除了说它们和人类一样纯粹是出于热爱航行之外，再也找不出别的更好的解释了。

最早起床的歌唱家

名称：歌鸲　分布：欧洲、北非以南、西伯利亚以东　起床时间：在黎明前就开始唱歌

鸟类观察者很早以来就知道黄鹂科的鸟类，尤其是歌鸲、黑鸟、画眉和美洲歌鸲，它们都是起得最早的"歌唱家"。英国早期对鸟类歌唱家的调查表明，歌鸲和黑鸟当仁不让地位于榜首，但歌鸲更胜一筹。有时候当歌鸲受到街灯的刺激时，在夜晚也可能会唱歌。但是在夜晚唱歌会很危险，因为如果猫头鹰或者别的食肉动物在四周的话就麻烦了。雄歌鸲更喜欢唱歌：雄歌鸲唱歌是为了保卫自己的领地及吸引雌歌鸲。一旦雄歌鸲有了合适的伴侣，它就会减少唱歌的时间，但是为了留住它的伴侣，它还会

喜欢唱歌的歌鸲

继续歌唱一段时间，以便吸引雌歌鸲与它交配。

　　黎明时分的气候条件最适合唱歌，但是天气并不是鼓励它们唱歌的关键因素。在春季和早夏季节，随着白天变长，褪黑激素（夜晚在大脑里产生）慢慢减少，使大脑歌唱区域扩大。

　　早起的"歌唱家"比晚起的"歌唱家"（按比例来说）的眼睛更大。这样它们在光线较弱的情况下能看得更清楚：它们通常很早就开始觅食，并能避开掠夺者。雄歌鸲在白天会花很多时间去觅食，如果精力充沛的话，它们在晚上还会唱一会儿。但是它们会尽量保持足够的精力，晚上稍微休息了一段时间后，黎明一到来，它们就又开始唱起小曲了。

最快的挖掘者

名称：土豚　分布：非洲大草原、牧草地和开阔的森林地带　奇特点：擅长挖洞

　　土豚是世界上最奇怪的哺乳动物之一。如今它没有存活的近亲，但是它的远亲包括大象、海牛和金鼹鼠，而且没有别的动物行动和它一样。土豚在荷兰语中是"土猪"的意思，它体形肥硕，无体毛，进食时使用黏液粘食食物。它夜间活动，灵敏的嗅觉和雷达似的听觉帮助它躲避一些食肉动物的追捕。

土豚喜食白蚁，它挖洞除了防卫以外，就是寻找白蚁的巢穴了。

　　土豚最主要的自卫方式是挖洞。在它那强有力的、肌肉发达的腿的尖端长着长长的、像凿子一样的利爪，这使它有可能成为世界上挖土速度最快的动物。据说，它在松软的土壤中挖掘一个洞的速度能超过两个使用铁锹挖土的人。它挖掘的洞在白天不仅可以作为睡眠的洞穴，还可以作为避难所。洞穴很长——通常有10多米，这样可以避免诸如鬣狗之类的掠食者挖出它或者它的孩子。

　　它的利爪还可以用来挖出坚硬土壤中藏匿的白蚁巢穴。事实上，土豚的整个身体结构安排都是很适合捕食蚁类的。在夜晚，它的嘴巴朝下贴着地面弯弯曲曲地在大草原中穿行，一旦它觉察到有蚁穴就立即开始挖掘。它的鼻毛长达45厘米，能过滤掉灰尘，舌细长，富黏液，可以快速吸食白蚁或蚂蚁。它的牙齿终生生长，但没有牙根和珐琅质。它们生活在非洲的大部分地区，因为那里的白蚁和蚂蚁都很多。

动作最快的植物

名称：维纳斯捕蝇草　分布：南北卡罗来纳州的沼泽地
捕食速度：能在1秒之内闭合叶片，抓住昆虫

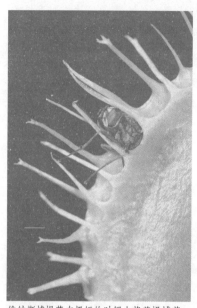

维纳斯捕蝇草在极短的时间内将苍蝇捕获。

植物的运动也许有局限性，并且它们没有肌肉，但是它们有许多别的运动方式。维纳斯捕蝇草能利用弹力使它的两片有裂片的叶子猛地闭合，并将昆虫困于其中。它所杀死的昆虫可以给它提供生存所需的氮和其他的基本的矿物质，还可以使它得以在缺少营养的沼泽地生存。

每一个裂片的上边都比下边拉得更紧（它的细胞在水的压力下会拉长），裂片由于张力会往回弯曲，就像弓箭一样。它用花蜜引诱昆虫，这些花蜜是它通过叶片边缘的腺体分泌出来的。当它那6个叶片当中的几片或者敏锐的感觉引发运动时，它就发出化学－电子信号使得细胞间的水转移，这时它才不会再紧紧拉伸着，立即就关闭了陷阱。

维纳斯捕蝇草还有别的神奇之处。它能"判断"在它的陷阱里的生物是否已经死去。它是通过数是否有两根或者更多的毛发在刺激它而判断出来的，如果没有什么刺激了，它的陷阱就停止工作。当酶（里面有杀菌剂可以阻止细菌和真菌）释放出来时，它的叶片就紧紧地闭合起来，将猎物渐渐消化掉。大约1周后，陷阱又开始准备工作了。

只有狸藻属植物在速度上能与维纳斯捕蝇草相抗衡。它们在水下用铲子样的陷阱捕捉微小的生物，能在极短的时间内迅速合拢叶片。

游得最快的鱼

名称：旗鱼　分布：世界各地的温暖水域　游速：游速可达109千米／小时

要测出鱼类的游泳速度是一件相当难办的事情，因为没有人能举行一场公开的鱼类游泳比赛，我们只能依靠渔夫们的估计。旗鱼的掠食者的行为及它的身体构造都表明它具备快速游泳的条件。它的鼻子像喷气机，吻部似长箭，这种流线

在水中巡游的旗鱼

型的结构使它前进时遇到的阻力很小。毫无疑问，它的游速很快，据纪录，一条旗鱼在 3 秒钟之内就把一名渔夫的线拉出了 91 米远，比全速奔跑的猎豹的速度还要快（虽然估计陆地上的跳跃速度与水中的全速游泳速度并不完全一样）。

　　游泳速度紧排在旗鱼之后的其他的鱼类按顺序排列有：箭鱼、枪鱼、黄鳍金枪鱼和蓝鳍金枪鱼。旗鱼及其他的游得快的食肉动物游速快的秘诀就在于它们的肌肉组织。旗鱼有大量的白色肌肉（有利于加速，而不是为了耐力），还有大块的红色肌肉（需要更多的氧，但是有利于保持较快的游速）沿着侧腹向前推进。由红色肌肉纤维产生的大量热量被血液动脉的特殊的网状物保留住，使得血液比外面的水的温度要高。它还能把血液传到大脑和眼睛，这有利于它发现并追踪在又冷又深的水中的猎物。

　　人们发现它那大大的背鳍的实际功能就像船帆一样，在急速转弯时能帮助它控制方向，当它在围捕猎物时大大的背鳍使它的块头看起来更大。它在水面上时，背鳍起到船帆的作用，当它暴露在阳光下的时候，背鳍还能帮助体内的血液变暖。

最长的脚趾

名称：北方水雉　分布：墨西哥和美国中部　脚趾长度：脚趾长达 14 厘米

　　北方水雉体长 23 厘米，脚趾的跨度令人吃惊——11.5 厘米宽、14 厘米长。这就好像一个 1.8 米高的人却有宽 0.9 米、长 1.1 米的脚一样。

　　水雉有时被称为"耶稣基督鸟"，它能在水面上行走。当然，它不能走太长时间，但是它能在漂浮的植物上行走——通过脚趾把体重分散在较宽的区域。它能站立在风信子、睡莲、水莴苣上。它大部分时间都待在那里，这样它就避开了

与鸟类和哺乳动物的竞争，因为它们没有像它那样特殊的脚。

水雉还有一处与众不同的地方，那就是它性别上的"角色逆转"。一只雌水雉通常有4个交配对象，它们各自在不同的地方。当它到了要繁殖的季节，它会与那4只雄水雉都进行交配，反复进行，快速地轮换，直到它产卵为止，这些卵一般是与它们当中一只交配的结果。然后雌水雉会和它们当中的一只一起离开，接着便开始孵卵。即使这些产出的卵只有1/4

北方水雉在漂浮的水生植物上来回行走，以寻找食物。

的概率是这只雄水雉的，它还是会尽心尽力地孵化它们。当小水雉孵化出来时，它还会好好地照顾它们。雄水雉保护着它们，一旦发现有威胁时就会来回挥动它那长长的脚趾。

最佳的水上漫步者

名称：水黾　分布：热带和温带地区　奇特点：能轻松地在水上行走

对于水黾而言，"水上溜冰者"这个名字比"水上漫步者"似乎更适合这类神奇的小昆虫，因为它会充分利用静止水体的表面张力，比如它在池塘的水面上

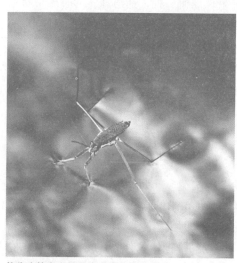

依靠水的张力得以在水面行走的水黾

站立时，就好像站在一层薄冰上。大型的、较重的动物并不会注意到表面张力，其实它是这样一回事：在水面以下，水的分子在各个方向——上面、下面、旁边都受到其他水分子的吸引力。但是，在水面上，水分子不能再往上了，所以它就朝着下面及旁边。这样就产生了一层自然的薄膜，这层膜足够结实，可以承受一些很轻的物体。

水黾的长腿有极其细微的纤毛，可以吸纳空气使腿和水面之间形成空气垫，这样就能使腿不易被水沾湿。

一个物体的疏水性越大，就越容易被表面张力所支撑。水黾的腿根本不会浸湿，因为它在水面上移动的速度高达每秒75厘米，利用表面张力它既不会划破水面，也不会泛起涟漪。如果有涟漪的话，那么涟漪就是它的"桨叶"，它就像在水面上划桨一样。它仅仅用它的6条腿中的4条来奔跑（或划桨），它前面的两条腿很短但很敏感。当有物体划破了水面时它们能立即辨别出来，如果那个物体很小，而且还会不停地动，它们就会立即冲过去抓住它，然后美餐一顿。

最快的长跑运动员

名称：叉角羚　分布：北美洲大草原西部和墨西哥北部
速度：在800米的距离之内速度可高达88.5千米／小时

叉角羚真的很独特，它既不属于羚羊科，也不属于鹿科，而是自成一科。它的奔跑速度很快，而且富有耐力。虽然猎豹是奔跑速度最快的动物，但是没有一种动物能在长距离奔跑中还能保持这么快的速度。例如，叉角羚在长达1.6千米的距离中能保持67千米／小时的速度，它绝对可以得到一枚长跑冠军的金牌。

北美洲大草原上的叉角羚

但是它为什么可以跑得如此快呢？科学家相信，很久以前，它很可能不但被草原上的狼追猎，而且还是现在已经灭绝的既有耐力还奔跑迅速的其他食肉动物的猎物。而且，在一望无际的大草原上根本没有它的藏身之处。

最近的研究揭开了叉角羚的一些生理上的秘密。首先，它有强有力的肌肉，以及相当长的、重量很轻的腿。疾驰时，前腿往前推，后腿支持前腿，朝空中迈出一大步。其次，与其他的哺乳动物相比，它的心脏、肺、气管都要大些，血液里的血红蛋白极其丰富，这就意味着在很短的时间内会有更多的氧气传输到肌肉。它的眼睛大大的，向外突出，有利于看到更广阔的区域，以便发现草原上的食肉动物，这在奔跑时相当关键。

但是叉角羚跑得再快也快不过欧洲殖民者的枪火。到20世纪初期，叉角羚的数量已由4000万只锐减到1万～2万只了。

最有弹性的舌头

名称：变色龙　分布：主要在非洲和马达加斯加岛，中东、欧洲南部和亚洲也有
舌头特征：用弓弦似的、类似于吸盘的、可折叠的舌头捕捉猎物

在仅仅10秒钟之内，变色龙的身体就会变成一种完全不同的颜色，这真是一件神奇的事。既然这么难的事它都能办到，那么它运用舌头的方式也就不足为奇了。

X光照片和高速录像向我们展示：当变色龙捕捉昆虫时，它的舌头开始的速度相当缓慢，但是后来仅仅在20毫秒之内它就能加速到每秒6米。这个加速度比纯粹的肌力所能达到的速度还要快。当它的舌尖够到了目标时，舌头伸出的长度比它的体长的2倍还要多。它的舌头能粘住它自身重量15%的猎物（个头较大的还能抓住小鸟或者蜥蜴），它舌头上面什么也没有，却比富有黏性的唾液的黏性还要强，可以快速轻易地把猎物拖回来。

变色龙在瞬间便伸出它长长的舌头，将猎物捕获。

那么它是怎么办到这一切的呢？首先，发射的过程：人们发现它舌头的骨头和肌肉有一些弹性胶原质组织，在舌头弹出去之前肌肉伸展开来，和弓弦伸展开来射箭的方式一样。其次，抓取的过程：在舌尖还有一种肌肉，在猎物被袭击之前能立即收缩，舌尖从凸出的状态转变成凹进去的状态，形成一个强有力的吸盘。最后，收回的过程：多舌头上的肌肉及特殊的纤维形成“超收缩”，就像一台手风琴砰地关上一样。这一切是在不到1秒钟之内发生的。

跑得最快的动物

名称：猎豹　分布：非洲的草地和半沙漠地区，很可能在中东和亚洲也有一些
速度：最高速度为103千米／小时

猎豹大部分时间实际上是在休息，躲避炎热，或者隐藏起来不让别的猫科动物发现，或者坐在地势高的地方寻找着猎物。但是，当它出现时，它的行动是突如其来的，让人猝不及防。它偷偷地潜近它的猎物，越靠越近。猎豹几乎能在瞬间就从站立达到疾驰的状态。

有一段胶片拍到猎豹仅仅在 3 秒钟之内就达到 80 千米 / 小时的速度，但是有官方纪录一只在肯尼亚的猎豹在 201 米的距离中速度达到平均 103 千米 / 小时。

猎豹能达到如此快的速度是由于它的脊柱相当灵活，它一步跨出的距离是赛马的 2 倍，距离这么长，以至在它奔跑当中一半时间四脚都是离地的。它还有其他的特征，包括强壮、引人注目的脚，不能收回的脚爪就像跑鞋的长钉，又长又瘦、富有弹性肌腱的腿，可以在飞奔时突然改变方向，一条长长的尾巴帮助它在奔跑当中保持平衡。

善于奔跑的羚羊，在猎豹的高速追赶下，终因速度不济而丧命于猎豹之口。

然而猎豹并不总是飞速奔跑的，它通常跑了 60 秒后就会放弃，一般的追逐距离不会超过 200 ～ 300 米。不到 20 秒钟，它就会疯狂地喘气，不得不停下来休息至少 20 分钟才能让自己缓过气来，使乳酸的合成从它的肌肉里消散。毫不奇怪，它的猎物如黑斑羚、瞪羚奔跑的速也很快，据记载，汤姆森瞪羚的速度为 94.2 千米 / 小时，速度之快连猎豹也要保持高度警觉的状态，追上它们并不容易！

最疯狂的掠食者

名称：风蜘蛛　分布：世界各地的干旱地区　奇特点：能进行疯狂的杀戮和进食

据说在中东，风蜘蛛能以 40 千米 / 小时的速度爬行，能跳 2 米多高，并在骆驼的腹部产卵。它们不仅体形很大，而且还会分泌毒液。在墨西哥，它们被称为"鹿的杀手"，其毒性比蝎子更致命。在南非，它们还会攻击人。

这种动物属于蜘蛛纲，长着 8 条腿，还有一对须肢（靠近嘴部两边的附属肢体），就像另外长了 2 条腿。它捕食昆虫、蜘蛛、蝎子，有时还会攻击大小从几毫米到 15 厘米不等的小型哺乳动物或者爬行动物。在夜晚，大多数风蜘蛛开始活跃，它们以惊人的速度在地面上弯弯曲曲地爬行，攫取一切它所遇到的动物，然后停下来用有力的螯角嘎吱嘎吱地咀嚼猎物，它的螯角相对于它的整个身体大小而言，可能是动物王国中最有力的。

沙地上蓄势待发的风蜘蛛

风蜘蛛极其贪得无厌，经过一个夜晚的猎食，它们已经胀得走不动了，但是它们仍然会吃掉它们捕获的一切猎物。风蜘蛛并没有毒，但是如果一只大的风蜘蛛咬你一口的话，它就会吸食你的血。只有极少数白天活动的风蜘蛛会追赶人类。它们其实只是想待在人们的影子下乘凉而已，然而，这肯定也够使人惊慌失措的了。

最好的滑翔机

名称：日本大飞鼠　分布：日本、韩国和中国　滑翔距离：能滑翔长达 110 米的距离

飞鼠其实并不会飞。它们没有翅膀，不能展翅高飞。但是它们却能够滑翔，与某种蜥蜴和蛇类一样，它们能在树丛中滑翔，以便节约能量，避免在地面上奔跑所隐含的危险。

擅长滑翔的动物（除了会扬帆冲浪的鸟类以外）的滑翔距离长，动作灵活，接近于飞翔。一般会滑翔的动物能从它所停留的树上几乎笔直地滑向它想到达的另一棵树，它们用前腿和后腿之间的隔膜展开来飘浮在空中。但是大飞鼠比它们更灵活，它能通过改变腿的位置来改变方向，还能表演精彩的急速旋转和倾斜转弯。大飞鼠甚至能在它所栖息的山脉上升起的暖气流上滑翔，就像翱翔的飞鸟一样。

它的近亲，大红飞鼠也是相当出色的滑翔家，这两种动物的滑翔距离都超过别的滑翔动物——达 110 米远。要滑行这么远的离，达到想要的速度，它们需把腿紧紧靠近身体，然后再降落下来。它们以心跳的速度向地面疾飞，然后展开它们的隔膜开始滑翔。

最大的迁徙群体

名称：君主蝴蝶　分布：北美洲　规模：成千上万只一起迁徙

每年的 8、9 月份，在北美生活的君主蝴蝶就会从它们的基因里获得一种神奇的信息。它们会停止它们平常的路线，要么开始检查太阳的位置，要么是感觉地球的磁场（没有人能确切知道），然后振翼飞向南方。到 11 月份为止，它们到达了墨西哥中部的山里——数目多达成千上万只密密麻麻地分布在杉树林中。这

是世界上最大群的昆虫迁移；事实上落基山脉所有的君主蝴蝶都参与到这次迁徙活动中了。

成千上万的君主蝴蝶紧紧地挤在树干周围。

一旦它们在树上安定下来，它们就要等到来年2月或3月份才会离开，那时它们从冬眠的状态中苏醒过来，开始交配，然后往北方飞。当它们飞到美国南部时，雌蝴蝶会去寻找马利筋属植物（别的动物不会这样），然后在上面产卵。接着所有的君主蝴蝶都会死去。当卵孵出后，幼虫就以马利筋属植物为食，然后形成蝶蛹，蛹化成新一代的蝴蝶，又开始朝着遥远的北方飞去。经历了两三代之后（夏天的那一代蝴蝶比冬天的那一代存活的时间要短），又到了一年中的8月份了，它们得到了遗传基因的信号，又开始大规模迁徙了。因此，并不是为了变得性成熟和交配，而是像它们的父母、祖父母和曾祖父母那样，这些君主蝴蝶直奔墨西哥。

令人遗憾的是，最近的研究表明，在杉树林中过冬的君主蝴蝶的数量大大减少了。这可能是综合原因造成的，首先可能是由于它们在墨西哥冬眠的树林被非法砍伐，然后还可能由于君主蝴蝶在北美的产卵地的食物马筋属植物因使用杀虫剂而使君主蝴蝶的幼虫大量死亡，所以动物保护者们现在正竭尽全力采取措施来保护这一世界上最大群的迁徙动物。

迁徙距离最远的鸟类

名称：北极燕鸥　往返地：南极和北极　往返距离：达3万千米

北极燕鸥可以说是空气动力学的大师、一流的潜水者。它的身体纤细，呈流线型，尾巴和翅膀长长的，可以最大限度地减少空气阻力，鸟喙像矛一样尖利。当北半球是夏季的时候，北极燕鸥在北极圈内繁衍后代，当南半球的夏季来临时，它们就飞到南极去越冬。它们每年在两极之间往返一次，行程至少3万千米，飞行线路几乎为直线。还有些北极燕鸥飞行路程更长，这要取决于它们的出发地及天气条件，它们喜欢沿着海岸线飞行。

有人在一只北极燕鸥脚上套了一个环，记下了其飞行的距离。这只燕鸥于

空中翱翔的北极燕鸥

1996 年 8 月 15 日从芬兰出发，飞越了英吉利海峡，然后沿着欧洲和非洲西海岸飞行，在好望角很可能转向东了，接着穿过印度洋，于次年 1 月 24 日到达澳大利亚的维多利亚岛。这次行程达 25760 千米之多，也就是说，它平均每天飞行约 160 千米。毫无疑问，它并不像那些陆地上的迁徙动物，它可以一路补充能量。因为它以海鱼为食，在整个飞行过程中，它都不需要携带额外的食物以补充能量和体内的脂肪，只需要飞到海面上就能解决了。

为了到达繁殖和过冬的目的地，它们付出了如此大的努力是值得的。在北极，昆虫的数量极多，鱼类也很丰富，这些条件不但有利于捕食，也有利于幼鸟的生存；在南极，也有大量的鱼类、甲壳类动物。而且，两极夏天的太阳是不落的，提供了最长的日照时间，这样一来，这种高性能的鸟类就可以马不停蹄、一年到头地捕鱼了。

最庞大的团体捕食部队

名称：行军蚁　分布：中美洲、南美洲和非洲　捕食规模：多达 50 万只行军蚁组成进攻团体

许多食肉动物都团结起来共同捕猎，但是非洲和中南美洲的行军蚁，一般一个群体就有 2000 万只，它们应该是最大的集体行动群体。进攻时它们成千上万只统一行动，但由于它们数量实在太多，往往会把进攻路线模糊掉。当它们行军时，那种场面简直令人恐惧。

它们移动得相当慢，所以体形较大的动物——爬行动物或者哺乳动物，通常能逃脱。这种行军蚁有锋利的下巨颚，它们排成长长的纵队，能杀死小鸡和其他圈养的家禽和动物。还有那些昆虫和别的无脊椎动物，如蜘蛛和蝎子等，往往难逃它们之口。非洲和中南美洲的行军蚁都能感觉到猎物逃跑时发出的振动，而且它们的劳动分工也基本一样，它们都有许多工蚁，兵蚁在工蚁的外围，个头较大，兵蚁有强有力的武器。中南美洲的行军蚁有导致组织溶解的毒针，而非洲行军蚁的叮咬功夫则很强。

行军蚁的工蚁负责冲锋陷阵，大多数的杀戮由它们进行，而兵蚁的职责是保护工蚁及保证被捕获的猎物不被侵犯，兵蚁们往往会守在后面，捕捉那些大型进

行军蚁团队

攻中逃脱的猎物。所获战利品被它们肢解，然后由工蚁运回它们的蚁巢里，那里是蚁后的活动育幼室，由工蚁的身体围成，里面还有一群饥饿的小蚂蚁。

最会睡觉的动物

名称：三趾树懒　分布：中美洲和南美洲的热带地区　特征：活动量极少

　　三趾树懒有两种生活状态：半睡半醒状态和熟睡状态。它每天能睡20多个小时。据纪录，一只树懒最长的寿命是30年，那也就是说，它25年都在睡眠中度过。它不论睡觉时还是清醒时都倒挂在树枝上，不同的是：当它醒着时，它会极其缓慢地摘下树叶，然后用令人难以置信的慢速吃树叶。它沿着树枝移动得相当缓慢，大约0.5千米／小时或每分钟不到14米。

　　实在有事的时候，它会从树上下来，既迟缓又笨拙——只有这时它才挺直身子，然后一路前进到另一棵树下。有时候，它要去的那棵树在河流或者沼泽地对面，在这种情况下，它会用狗刨式游过去，相比之下，它的泳姿比它走路的姿势优雅多了，但是，仍然相当缓慢。

　　树懒的新陈代谢与其他哺乳动物相比也是慢节奏的，它早晨醒来晒晒太阳以加速新陈代谢。它的消化也慢，一周只排便1次：排便时，它慢慢地从树上爬下来，又慢慢地挖一个坑，然后排出约占自身体重1/3的大便（包括尿液）。而即使是它那又干又硬的排泄物，其分解的速度也比其他的哺乳动物的要慢得多，大约是它们的1/10。

倒挂在树上的三趾树懒，它一天中睡觉的时间超过20个小时。

生长之最

最长的毒牙

名称：加蓬咝蝰　分布：西非　毒牙长度：长达 5 厘米

据人们所知，最长的加蓬咝蝰长达 2.2 米，是非洲三大毒蛇中最大的蝰蛇，其他两种分别是鼓腹毒蛇和犀咝蝰。加蓬咝蝰是世界十大毒蛇之一，若是被它咬上一口，这个伤口里含有的毒液量也是最多的（事实上，它的毒性和世界上最大的毒蛇——亚洲南部的眼镜王蛇一样大）。它一般含有 350～600 毫克的毒液，因为 60 毫克毒液就能置人死地，所以从理论上说，一条加蓬咝蝰的毒液就能毒死 6～10 人。

它的毒牙的长度，比眼镜蛇的毒牙还要长 3.5 厘米，这也就是说，加蓬咝蝰咬伤的伤口要比其他任何一种毒蛇的都要深。至于为什么它需要这么长的毒牙，我们不得而知——虽然它能吞食比它大得多的动物，但是它主要还是以蜥蜴和青蛙为食。看来它的毒牙不是用于防御的，因为它不是生性特别凶猛的蛇类，在防御中很少咬其他动物。也许答案很简单：它只是一种大蛇，因此按比例而言就有较长的毒牙了。那么眼镜王蛇的毒牙为什么如此短呢？研究发现，当闭拢嘴时加蓬咝蝰的毒牙会朝后挫，而眼镜王蛇的毒牙是固定的。很简单，如果眼镜王蛇的牙齿再长一点的话，那就会刺破它的下颌了。

牙齿数量最多的动物

名称：鲸鲨　分布：热带和温带海洋　牙齿数量：有 300 多排牙齿，每排达数百颗

要说哪种动物的牙齿数量最多还真是个难题。这要取决于你是如何定义牙齿的、牙齿替换的频率如何及这种动物的寿命多长。我们认为哺乳动物有牙齿（珐琅质的、嵌在下巴里的、一生只换一次），而且哺乳动物当中牙齿最多的可能是纺锤形的海豚了，有 272 颗。鳄鱼有约 60 颗，但是这些牙齿要换多达 40 次，因此它们一生当中就有 2400 颗牙了。但是，如果算是牙齿的话，蜗牛和鼻涕虫的就更

鲸鲨张开的口腔里布满了细小的牙齿，能咀嚼、过滤细小的鱼虾。

多了。它们口腔里有一条齿舌，能自由伸缩，往复活动，像锉一样刮取、磨碎食物，并且有很多排，多达2.7万颗。这些牙齿在显微镜下才能看到，由壳质组成，磨损了就会换牙。

鲨鱼的牙齿有规律地松散地嵌在肌肉纤维里，也就是相当于牙床。新老更替的过程中，老的牙齿会不断流血被新的牙齿取代。牙齿数量最多的鲨鱼很可能是鲸鲨，令人惊讶的是，它的口腔就像一个巨大的过滤器。它的口腔里有几千颗细小的、钩状的牙齿，每一颗大约长2～3毫米，排成11～12排，排列在上下颌。这些牙齿至少一年更换两次。那么倘若鲸鲨的寿命和人类一样长的话，它真的可以称得上是牙齿最多的动物了。但是，它是否确实使用了这么多的牙齿至今还是个谜。

长得最快的植物

名称：龟甲竹　分布：中国和世界各地的栽培地　生长速度：能每小时长4厘米

竹子是一种奇怪的植物。它们高大、茂盛，开始时，大约1250种不同类型的大多数竹子都一直在长高。一旦它们成熟了，它们就停止生长，不管它生存多久（有些竹子要存活100年以上）。它们会发出更多的嫩芽。这样一来，一片竹林，当它们停止长高时，就会变得密不透风了。

竹子的花期也很古怪。许多种类的竹子一生当中（7～120岁之间）只开一次花，开完花就会死亡。也就是说，一种竹子的每一棵竹子播种和死亡几乎发生在同一时期（这对于大熊猫就是个特别的问题了，它们除了竹子以外什么也不吃，那么每30～80年它们就会面临全面的饥荒，

生长茂盛的龟甲竹

因为这时当地的竹子都开花了）。

竹子对于人类而言也很重要（有1500多种文件是用它记录下来的），世界上有多达40%的人离不开它。至于龟甲竹，它具有巨大的能量，开完花后还能继续存活，并且被人类作为农作物广泛种植，它是长得最高的大型竹子之一，而且很可能还是长得最快的竹子。据纪录，一根嫩芽仅仅1天就能长1米，即每小时长4厘米，8周后就又长了20米。它真的是你能亲眼看着长大的植物。

生长面积最大的植物

名称：蜜环菌或鞋带菌　　分布：美国俄勒冈州　　生长面积：覆盖8.9平方千米以上

蜜环菌是地下的无性繁殖的物种当中极其巨大的真菌类。蜜环菌长得大的缘故在于它的"鞋带"，或者它的根状菌束——平行的菌丝（像树根一样延伸开来），被一层坚硬的、黑色的外壳所覆盖。这些鞋带状的菌类为了寻找食物——饱经风霜的古树或者已经枯死的树木，通常要伸展到很远的地方，然后传回营养物质给主要的菌丝群，被称为原植体（无根、茎、叶分化的植物体）。它们渗透到活的树的树皮里，通常是较年轻的树，它们吮吸树木边材（树木的树干形成层内的新生木质，通常色泽较浅，传导水分比树心部更为活跃）里面的水分和养分。如果这棵树不能采取适当的方式进行防卫的话，这些根状菌束就会蔓延到树根，并且有力地缠住这棵树，从这棵即将死去的树木上吸取营养物质。经过数年，新的群体又形成了，它们全是那些原来的生物体的无性繁殖。

经过鉴定，这群世界上最大的菌群——蜜环菌，是一种生长在俄勒冈州的蜜环类菌体，在有些地方能蔓延生长到5千米长，估计至少有2400年的历史（也可能比这一年龄还要大2倍）。在秋季，它会发出大量的子实体，但是这些单个的孢子与那些生存时间较长的菌类相比要小些。较大的蜜环菌一般生长在欧亚大陆的大片的松树林里（它们尤其喜欢某些松树）。但是菌类植物也很奇怪，它们是森林循环系统中的一部分，能为新生植物创造空间，也能增加有机物质的土壤，以便为树木提供营养物质。

蜜环菌一般生长在原始森林里，在潮湿的环境中繁殖得尤为迅速。

最小的鱼

名称：胖婴鱼　分布：澳大利亚的大堡礁　大小：只有6.5～8.4毫米长

胖婴鱼不但是所有鱼类当中最小的鱼，而且还是目前人们所知的最小、最轻的脊椎动物（即有脊椎的动物）。它打破了以前的纪录保持者——菲律宾的酚虎鱼所创造的纪录，胖婴鱼比酚虎鱼还要小0.5毫米，但是雌鱼要稍微大一点，胖婴鱼更胖些。它很奇怪，不但因为它的体形小，而且因为它那幼稚的形态——成年鱼还保持着

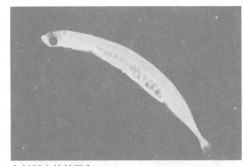

身材娇小的胖婴鱼

幼鱼的特征，婴鱼由此而得名。而且，它无齿、无鳞、无腹鳍、无色（除了眼睛以外）。它的眼睛很大，但是没有人知道为什么，因为人们在自然条件下还没有观察过它。如果它的嘴巴很大但没有牙齿的话，那么它很可能是以浮游生物为食了。

胖婴鱼通过选择一种幼稚状态的生活方式来达到快速成熟的状态，而且也许只能生存2个月，这种全身透明的、蝌蚪似的鱼的繁殖速度相当快，因此进化得也快。也许正是它的这种能力使得它们生活在受人类保护的大堡礁的泻湖里相当自由，从来没有受到温度上升和风浪袭击的威胁——如果全球气候变暖，环境发生巨大的改变的话。

澳大利亚的生物学家目前只采集到了6个标本，但是他们推测胖婴鱼的数量可能很多，也是食物链中的一个有意义的组成部分。这种鱼直到最近才被发现，是在确认的海洋深入研究区域发现的，于2004年才正式命名。由此可见，世界上还有许多别的海洋种类未被发现，很可能其中还有比胖婴更小的鱼类。

最小的两栖动物

名称：伊比利亚山地蛙　分布：古巴　大小：只有1厘米长

如果你是巴西人，你肯定会说巴西的金蛙是最小的两栖动物。如果你是古巴人，那你肯定会说伊比利亚山地蛙是最小的了。两者的平均长度都约是1厘米。但是考虑到古巴还有几种别的动物来竞争这个称号——包括德塔斯·得·朱丽亚蛙——是以发现它的山脉名而命名的，还有更适当的，叫作黄带小蛙，看来把这项纪录给古巴是很公平的。因为那里确实盛产小型蛙类。事实上，古巴的两栖动

伊比利亚山地蛙

物占加勒比海两栖动物总数的 1/3，而且令人惊讶的是，其中 94% 的两栖动物在世界上其他地方没有——但是，有许多种类由于森林的砍伐、外来的入侵者如鼠和猫，或者采矿业而面临着灭绝的威胁。

伊比利亚山地蛙是 1993 年古巴生物学家阿尔伯特·爱斯特德发现的，当时他正在进行一次考察，打算寻找那种非常罕见的有着象牙鸟喙的啄木鸟（他很可能是最后一位于 1986 年在古巴看到这种大鸟的人了，虽然后来有人在美国的阿肯色州再次发现这种鸟）。他是通过伊比利亚山地蛙发出的鸣叫声来确定它们的位置的。当他看到它的古铜色的带状纹和紫色的腹部，他就确定这是一种有待于研究的新物种。大多数科学家现在都认为它是世界上最小的四脚动物——这也意味着它是最小的四脚脊椎动物。

最小的爬行动物

名称： 雅拉瓜壁虎　　**分布：** 海地岛　　**大小：** 从吻尖到肛门长 1.4 ～ 1.8 厘米

如果你想寻找非常小和非常大的新物种，那么很可能在岛屿上能找得到它们。说到岛屿，没有比加勒比海诸岛更适合的地点了。在那里人们发现了两种世界上最小的爬行动物。第 1 种是圣戈达岛壁虎，于 1964 年在英国圣戈达岛上被发现。1998 年人们在多米尼加共和国的雅拉瓜自然公园的贝塔岛发现了另一种壁虎——雅拉瓜壁虎（以这个地名而命名的）。这两种壁虎从它们的嘴尖到尾部平均只有 1.6 厘米长。

体形如此小的优势就意味着它更容易隐藏自己，而且也不需要太多的食物。当岛上食物匮乏之时，它更容易生存下来。但是由于个头儿太小，它的体表面积相对于身体体积而言就较大，这样的话，这两种壁虎都会面临因为蒸发而脱水的危险。雅拉瓜壁虎在岛上森林里的潮湿的树叶堆里急速地爬来爬去，以微小的昆虫、蜘蛛和螨虫为食。事实上，科学家认为它很可能已经占领了陆地上被蜘蛛占据的裂缝。由于

雅拉瓜壁虎

它所生存的大部分森林已被砍伐，它很可能不久就会被归为西印度群岛上仅剩下的 10% 的原始森林中的珍稀动物了。

年龄最大的动物

名称：深海管虫　分布：墨西哥湾　年龄：至少 250 岁

人们知道管虫是一种群生动物，它们借助于可以转变为化学物质的细菌，生活在高度不稳定的海底热液喷口处，那里终年没有亮光，富含从海底喷涌出的大量热气体和液体，孕育着世界上别的地方没有的生物种类。有些喷口温度高达 400℃，管虫在它们周围生长迅速，一年可以长 1 米多。

但是并不是所有的深海出口都是热的，事实上有些还一点儿也不热。比如，有些出口有冰凉的碳氢化合物渗出，液体缓慢稳定地流出来，温度和深深的海水一样低。这使得管虫生长比较缓慢，不过仍有一些管虫长

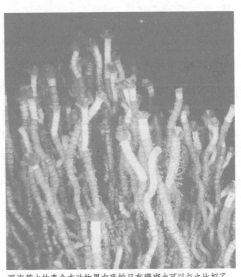

深海管虫的寿命在动物界中恐怕只有珊瑚虫可以与之比拟了。

2 米多，这是花了很长时间才长到这么高的。

有一年，在墨西哥湾的深处，科学家们给一些管虫覆盖了一层白色的外壳，上面标了蓝色的记号，第 2 年他们回去时发现这些管虫隐约只长了不到 1 厘米的白色的嫩芽。从这一发现当中，考虑到较年轻的管虫的较快的生长率，估计它们甚至可能是人们所知的最大最古老的动物——可能单个管虫的寿命至少有 250 年。而像巨龟和北极露脊鲸的寿命也只不过 150～200 岁。唯一一种可以与管虫竞争的动物也许就是单细胞有机体了，比如瑚虫，它们很难分出彼此。

弹性最足的动物

名称：纽虫　分布：大西洋北部　展开大小：身体伸展开来长达 30 余米

它不仅是世界上最有弹性的动物，而且是一种最古怪的食肉动物。它就是纽虫。像许多它的同类动物一样，它基本上就是一条长长的、富有肌肉的管子，有

纽虫

大脑而没有心脏。虽然一般纽虫的长度约为 5 ~ 15 米，但是据记载还有长 30 米的。然而这种极长的纪录可能是基于这种动物能拉长它的身体的缘故——在岩石下这种本领非常有用，它还会把身体打成一个结。像大多数纽性动物一样，如果它伸展时身体有残损，它会再生失去的或受损的部位。

尽管它的外表很柔弱，但它却是掠食者，它捕食的海洋生物包括其他的蠕虫、蜗牛、甲壳类动物，甚至还有鱼类。它能用嘴两边的一排多达 40 个的眼点来看外部世界，但是它追捕猎物也许并不是通过视觉而是通过化学痕迹，因为人们经常看到它在诸如泥泞的沙地里和大石头底下等黑暗的地方蠕动。纽虫的秘密武器是它的强有力的、长长的、强健的、像舌头似的喙，它的嘴能伸出来套住猎物。它的身体呈略带紫色的彩虹色，这令它看起来更神秘。它是一种你必须提高警惕的动物。如果你把它拿起来，你会发现自己被厚厚的、黏黏的、有一种奇怪气味的黏液所覆盖，这种气味是它释放出来的某种河豚毒素，它用此进行防卫。

❋ 最大的鸟

名称：鸵鸟　　**分布：**撒哈拉沙漠以南的非洲干旱地区　　**大小：**高 2.8 米，重 160 千克

鸵鸟在鸟类当中保持着多项纪录。它不但是最高、最重的鸟，而且是跑得最快的鸟，长着最大的眼睛，产的卵也最大。作为食草动物（靠吃植物为生），体形越大就意味着它需要花大部分时间用来吃东西，每天还要走过许多路程才能吃饱。当它要从掠食者那里逃离时，它那巨大的腿能使它达到 72 千米／小时的速度，跑步时它那像羚羊一样的、两个脚趾的脚（其他的鸟有四个脚趾）也起到很大的辅助作用。

它的学名叫"骆驼鸟"，可能就是因为它可以不需要什么水就能生存。它能利用多汁植物里的水分，而且它的气管很长，能冷却吸入的空气，这样它呼出的空气就几乎不含有什么水分。它那巨大的翅膀还可以起到遮阳伞和扇子的作用，几乎无毛的脖子和腿也能帮助它很快地散发掉热量。

虽然它能用强壮的腿来进行防卫，但是它其实是一种很温柔的动物，不像雷鸟一样——这种鸟曾经是最大的鸟类，这种澳大利亚巨鸟高 3 米多，重 500 千克。它的别名叫作"巨型死亡魔鬼鸭"，就是因为它的祖先像鸭子，喙很大，几乎能

一对鸵鸟夫妇正在照料自己的子女

咬断猎物的骨头。

　　史前的土著人画的画中的鸟头、像袋鼠一样的大身体的动物很可能就是这种魔鬼似的鸟，但是它很可能早在2.6万年前就已经灭绝了。

翼展最长的鸟

名称：漂泊信天翁　分布：南半球海域　翼展长度：翼展可达3.4米

　　漂泊信天翁的翼展是鸟类当中最长的。它们的翅膀狭窄、扁平、重量很轻，适合在开阔的海面上强烈而稳定的风中翱翔和高速滑翔。它在海浪上迎风飞翔，能以55千米／小时的速度航行数百千米，短距离可以达到88千米／小时的速度。它直到6～8岁才能繁殖后代，能活到50岁或者更长。它拥有一张巨大的海洋的地图，知道最佳的觅食区域，也记得它出生的遥远的岛屿的位置，一般每隔1年会飞回到那里去向异性求偶或者筑巢——只有这一次它才会着陆。

　　体形较小的、较轻的雌鸟利用较轻的风力保持最大的滑翔速度，它们能比体形较大、较重的雄鸟飞到更远的北方觅食，因为雄鸟在风力较大的南极地区精力更充沛。这样每一对鸟就要急速飞过大片的混合区域，每次

漂泊信天翁在海面上盘旋

旅程都要超过 1.3 万千米，日益恶化的生存环境和激烈的竞争，使得它们的数量逐渐减少。

大大的鼻管使它们能根据气味——气流上升或者海浪翻滚时所释放出的化学物质——来定位觅食地点。漂泊信天翁最爱吃的食物是深海鱿鱼，在夜晚它们在海面上，等候鱿鱼游上前来。它还是食腐动物，经常会跟着垃圾船或者捕鱼船，吃人们丢弃的残余物。由于它们经常误食（因为它们会吃捕鱼船抛出的带有钓钩的饵料），因而每年都有大量的信天翁溺水而死，这样就使这种鸟类面临灭绝的威胁。

✿ 最长的胡须

名称：南极毛海豹　分布：南极水域　胡须长度：胡须长达 35 ～ 50 厘米

胡须也许只是死皮细胞的杆子，但是它可以起到复杂的天线的功能。它的底部是充满血液的毛囊，当它移动时，就会刺激神经细胞。根据动物的生活方式，胡须的长度和粗细程度各不相同，通常会长在脸上的几个部位：两颊上、鼻子上或者鼻子周围、眼睛上面。

留着长长胡须的南极毛海豹在沙滩上休憩

有着最长胡须的动物，以及常常会长胡须的动物，通常是那些经常夜间出来活动的或者在弱光下生活的动物，包括海里的哺乳动物。有些海豹的胡须的每一根都有 1000 多个神经细胞与它连接（相比之下，一只老鼠的每一根胡须大约只有 250 个神经细胞与之连接）。实际上，它们起到了眼睛和手指的作用。它们能接收到很多信息，不但有关于质地、形状和大小的，而且还有诸如运动、水压的，因为在水里任何运动不管经过什么物体时都会留下痕迹或者"脚印"。

南极毛海豹大部分时候是夜间出来活动，寻找磷虾和鱿鱼。南极的冬季基本上都是夜晚。它们的胡须很精致地长在两颊上，当它们猎食时，它们的胡须会指向前面，感觉前面的猎物，就像猫猎食时的胡须一样。雄性的南极毛海豹的胡须是所有动物当中最长的，没有人知道其中的原因，也许利用它们来表达它的内心的感情，或者也许只是需要它们来使得它看起来很漂亮——在有的领域里炫耀威风时表明它是最棒的捕猎者。

最大的有机生物群

名称：阿根廷蚁　分布：除南极洲外的其余六大洲　群体规模：能由数十亿只蚂蚁组成超级大军

蚂蚁无可争议地是世界上最成功的动物，估计它构成了整个地球15%的总生物量。这要归功于它们的合作精神：每个个体都发挥作用，共同协作。就像一个超级有机生物体里的细胞一样。群体里的成员都是蚁后的后代，从进化的角度来讲，为了帮助它们的同类，它们会牺牲它们自己，这一点是非常有意义的。然而，有些蚂蚁的合作精神达到了极端的程度。

阿根廷蚁规模庞大的主要原因是它们的繁殖速度非常快，它们都是蚁后的后代，并且能够帮着蚁后照顾自己的兄弟姐妹。

在20世纪初，一种微小的、褐色的、无害的蚂蚁偷偷地从南美乘船来到美国，还有的远离家乡来到南非和澳大利亚。这些原来的阿根廷蚁类数量并不是太多，但是它们的遗传血统使得它们变成了庞大的群体。在温暖的新陆地，没有南美的寄生虫，没有数量上的控制，只要有水，它们就能不断繁殖，最终形成规模庞大的蚁群。这种最大的有机生物群落由数百万有相关遗传基因和互相关联的巢穴组成，从意大利北部一直绵延伸展到西班牙北部，至少长6000千米。

蚂蚁的成功之处还在于它的生育力很强（蚁穴里有无数的蚁后，因此繁殖速度很快），而且它们还能和平共处，不像自然界中的许多巢穴动物。它们并不互相攻击，而是省下更多时间来收集食物、繁殖后代及进行防卫。这种不寻常的群居团体不会由于新阿根廷蚁的到来而受到影响。因此，从加利福尼亚到澳大利亚，这种超级有机生物很可能不变化，到了亚洲，阿根廷蚁就是一些新的蚂蚁了。

最长的蛇

名称：网纹蟒　分布：东南亚　大小：平均长约6米，还有的长达10米

巨蟒的故事到处都有——这是由于许多早期探险家疯狂想象的结果。巨蟒很少静静地待着，人们很难估计或者测量它们的长度。事实上，巨蟒的皮肤故意伸展开来，你根本觉察不到它的身体有任何扭曲。大多数爬虫学者都对巨蟒的长度

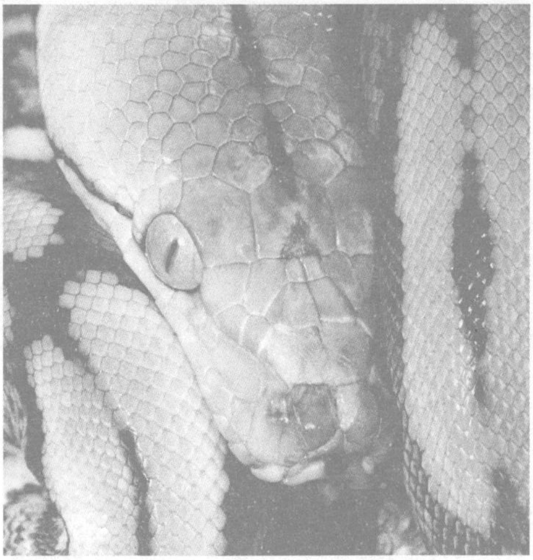
网纹蟒

超过9米的说法持有怀疑态度。

最出奇的莫过于有关南美水蟒的故事了。它很少有能长到6米的，但是很可能人类对它的夸张程度远远超过了任何一种别的动物。水蟒大部分时间都待在水里，因此，它可以支撑庞大的体重（据纪录，最重的蛇是一条重达227千克的水蟒）。但是1907年珀西·法系特有限公司却声称发现了一条长18.9米的水蟒，很显然是夸张的说法。

但是雌网纹蟒确实常常可以长到6米，并且长度还会随着年龄增加，大蟒可以活更长的时间。事实上，最长的蛇的纪录是一只雌网纹蟒，推测大概长10米，是于1912年在印度尼西亚的西里伯斯岛被杀死的。

一条大的雌蟒非常强壮，当它紧紧缠住猎物时，它能使一只大型的哺乳动物窒息而死，并且能一口把它吞掉。其实，至少有一个关于网纹蟒的传说是可信的，那就是它的胃可容纳一个成人。但是，有关它的长度的最高纪录很可能要停留在过去，因为世界各地大部分的蛇几乎来不及长到成年就被杀死了。

现存最高的树

名称：至高巨杉　分布：加利福尼亚洪堡红杉国家公园　高度：高达112.8米

至高巨树现在也许是世界上最高的树，并且是最高的活着的生物体。这项最高纪录确实被报告过——一种在澳大利亚的维多利亚生长的巨型山地岑树。1855年一棵被砍倒的此树经测量高达114米。如今这种巨型山地岑树生长在塔斯马尼亚州，高约97米。现在最高的树是加利福尼亚红杉。

红杉被大量地砍伐，因此很可能以前的高度比现在的还要高。但是究竟有多高呢？2004年科学家根

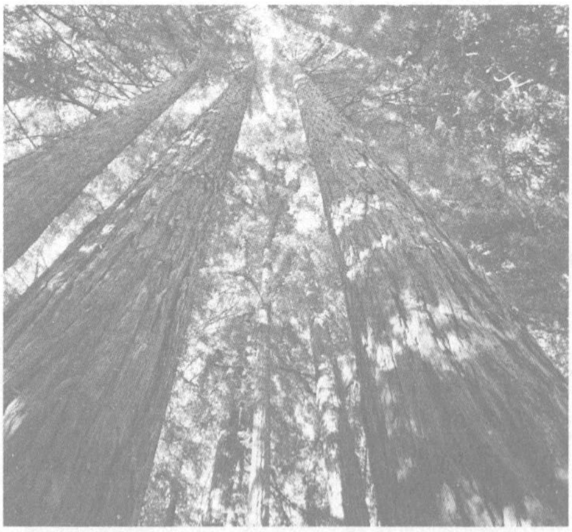
在加利福尼亚洪堡红杉国家公园有数量众多的红杉树，它们大都生长得比较高大，其中不乏上百米高的巨树。

据计算，还考虑到诸如地球引力以及水的摩擦力的限制等因素，推算出加利福尼亚红杉很可能能长到 122 ～ 130 米。

一棵树有 50 或 60 层楼一样高是什么样子呢？这些树会发出整棵树的新芽，被称为复树干。有一棵被研究的红杉的树冠覆盖了整个森林——有 209 根复树干。它们中的大多数相当小，但是最大的直径达 2.6 米、高 40 米。在树干的分杈处和大树枝上聚积了大量的土壤，从那里长出蕨类植物、灌木及别的树，而不是红杉。上面有大量的昆虫、蚯蚓、软体动物，甚至还有相当大的蝾螈。

陆地上最重的动物

名称：非洲象　分布：非洲大草原　重量：4 ～ 7 吨

据纪录，最大的大象是一头 1974 年在安哥拉被捕杀的大象（在进行大规模捕杀大象的行为开始之前）。它重达 12.2 吨，站立时肩的高度为 3.96 米，从象鼻到尾部的长度为 10.7 米。还有一头大象，1978 年在纳米比亚的达马拉兰市被捕杀，肩高 4.2 米，在那里生存的沙漠大象按比例来说，腿要长一些。

一般的雄性非洲象高约 3 ～ 3.7 米，雌性非洲象要稍微小一些。体形较小的大象还是森林象，大约 2 ～ 3 米，但是它的体重还是有 2 ～ 4.5 吨。亚洲象在体重和高度上接近森林象，但是还要高一点。亚洲最高的大象可能是一头尼泊尔的大象，估计肩高达 3.7 米。在体重方面只有白犀牛与河马才能与之比拟。

生活在非洲大草原上的非洲象，它的体形庞大，是陆地上最大、最重的动物。

一点都不奇怪，大象还有些别的纪录，包括是陆地上食量最大的动物，平均每天能消耗 75 ～ 150 千克植物。尽管有个巨型的胃和 19 米的肠子，但是它的消化能力却相当差，以它的粪便为食的动物和在它的粪便上播种的植物就受益匪浅了。

最长的舌头

名称：马达加斯加天蛾　分布：马达加斯加岛　舌头特征：与其身体的比例而言，是最长的舌头

马达加斯加天蛾通过细长的舌头来吸食花蜜。

这可能是世界上最著名的舌头了。它首先引起科学界的注意是由于达尔文的想象力。达尔文是 19 世纪最伟大的自然哲学家和进化论之父。1862 年，他分析出了彗星兰花的一个样本，这种兰花生长在马达加斯加岛上的森林树荫里。它的花朵很大，蜡质，呈白色，星形，在夜晚能散发出强烈的、甜甜的香气。吸引达尔文的是它在花冠底部的花蜜，大约长 30 厘米，他认为这种结构一定与某种特殊的昆虫授粉者相匹配。

他知道这种白色的、夜晚会散发出香气的花很吸引蛾子，在 1877 年他写道："在马达加斯加岛肯定有种蛾子，它们长着长'舌头'，通过舌头来吸取花蜜，并且能伸到 30 ～ 35 厘米的长度！"因为这种兰花没有给昆虫提供着陆点，它很可能是一种一直盘旋的天蛾。当时达尔文的观点受到嘲笑。但是在 1903 年，人们发现了马达加斯加的天蛾，它确实长有与彗星兰花的花冠长度相匹配的长舌头。

多年来，在野外这两个物种之间的关系没有被确定，但是人们最近观察到天蛾在兰花上停留，并且带走了花粉。还有一个更神奇的事是，彗星兰花有近亲，它的冠长约 40 厘米，这表明还有一种蛾子有待发现，它的舌头会更长。

最聪明的大脑

名称：人脑　重量：平均重 1.3 千克

大型动物的大脑会很大。抹香鲸的大脑重达 7.8 千克，而陆地上最大的动物非洲象，其大脑是陆地上最大的——重达 5.4 千克。相比之下，人类的大脑就显得较小了，但是相对于身体的大小比例要大得多了。那么这是否就意味着人类是最聪明的动物呢？这个问题变得有点复杂。如果我们把智力因素——推理能力、新大脑皮质（哺乳动物用来进行思考和交流的区域）的复杂程度考虑进去

的话，那么人类完全能获胜。但是新大脑皮质的作用还在研究之中，就目前许多专家看来，我们人类的大脑应该还只是灵长动物大脑的一个大的翻版而已。

有些科学家认为我们的大脑经历了迅速的进化，超过任何一种别的动物，由于高度复杂的社会结构和行为的发展而得到刺激。例如，我们会欺骗他人——甚至我们自己人类的大脑也许还会继续高速地进化，那么留下的空间就等你去思考吧。

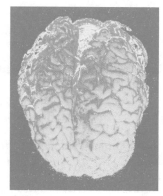

人脑

数量最多的动物

名称：线虫　分布：到处都有　数量：可能每5个动物中就有4个

它们是数量最多的多细胞动物。它们向我们所证明的是，作为多细胞动物真的不需要一整套的身体构造，它们只有外层表皮、肌肉、1～2条神经、一张嘴、内脏、排泄方式和繁殖方式。这些就是大多数线虫所有的，有了这些，它们和动物的关系才更紧密，而且也成为了世界上最成功的动物——事实上，很可能每5个动物中就有4个体内有线虫。

如果你捧起一把泥土，你可能就同时握着数千条蠕虫状的线虫。在4000多平方米肥沃的农田里，可能有30亿条线虫。在两极和海床的最深处也有线虫。如果环境变得太热、太冷或太干燥，它们会中断活动，关闭所有的身体功能，直到情况变好为止。线虫的种类之多超过了任何一种别的动物，除了节肢动物以外（蜈蚣、蜘蛛及各类昆虫），已经发

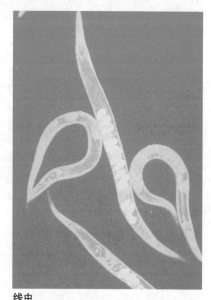

线虫

现了2万种线虫，但是这还不算真正的开始。科学家最了解的大多数线虫是在人类、别的动物及植物之中的那些微小的寄生虫，但是可能在世界上还有不被寄生虫所寄生的生物。线虫像寄生虫一样，尤其是肠内寄生虫。线虫变得很大，如果它的寄生体越大，它们就会长得越大。曾经有人在一头抹香鲸体内发现一条长达8米的线虫。

现存最古老的鱼种

名称：腔棘鱼　分布：西印度洋和太平洋　年龄：4亿年

　　腔棘鱼不但很古老，而且是腔棘鱼科唯一一种活着的类种，它是最古老的脊椎动物。人们以为它们早在6500万年前就灭绝了，可是在1938年，人们却在南非沿海用渔网网上了第1条活着的腔棘鱼。现存的腔棘鱼分布于整个西印度洋（包括科摩罗群岛、马达加斯加岛、肯尼亚、坦桑尼亚、莫桑比克和南非），最近人们在距离印度尼西亚的苏拉威西岛数千千米远的地方又发现了第2种与它相关的种类。

腔棘鱼是现存最古老的鱼种，被称为"活化石"。

　　现存的腔棘鱼与它们的祖先没有什么不同，体长达2米，有7个有裂片的、像桨一样的鳍——与在3.5亿年前来到陆地上的动物是远亲。在海面上人们没有发现过活着的腔棘鱼，也许是因为这些鱼喜欢生活在100米以下寒冷的氧化水里，在温暖的水面上会死亡，因为那里根本没有液化氧。

　　腔棘鱼的鱼卵最大，大概有柚子那么大，重达350克。雌腔棘鱼一次可以产26个这样大的卵，怀孕期约为13个月——真的负荷很重。它似乎在嘴里也有一个电感器官，在黑暗中可以帮助它觅食。科学家还发现它们聚集在洞穴里，并且头朝下倒立着。生物学家正在使用特殊的潜水技术试图发现更多有关这种神秘的"活化石"的群居方式。

最大的动物

名称：蓝鲸　分布：广阔的海洋里　大小：长达33米，重190吨

　　蓝鲸囊括了动物世界中很多最高级的头衔，包括最重的身体、最大的噪音、最大的食量、捕食的猎物最小（相对于它的体形而言）。它还是最神秘的动物之一——尽管它的体形很引人注目，但是人类对于它的生活方式却了解得出奇得少。

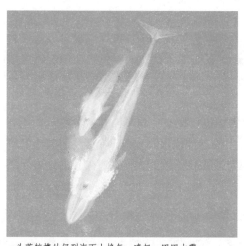

一头蓝鲸携幼仔到海面上换气，喷起一团团水雾。

它平均长到 24 ~ 27 米，全世界蓝鲸的最长纪录是 33 米多，最重的纪录是 190 吨。

令人惊讶的是，它的食物是一种极其微小的、像小虾一样的动物——磷虾，它每天要吞下大约 4 吨这种高营养的甲壳类动物。在动物王国里它的嗓音最响亮，它的低频声音真的能传到数百甚至数千千米远的地方，但是没有人知道这种强大的发声法是否是用来远距离传达信息的，或者是用水下超声波来帮助远距离航行的。

蓝鲸的体形和速度使它不易于被白天的帆船捕鲸船捕获，但是有一个严酷的事实是：在 20 世纪，大约有 35 万只蓝鲸被机械化的捕鲸船捕杀掉。几乎世界各地的蓝鲸数量都急剧地减少了，有的地方减少了将近 90%。现在各国政府都已经下令禁止捕杀蓝鲸。只有加利福尼亚沿海的鲸数量有所增长，而在世界上的其他地方，这种非凡的巨型动物的未来依然令人担忧。

最大的爬行动物

名称：咸水鳄　　分布：从印度到东南亚及澳大利亚　　大小：最大的长 10 米

它是世界上最大的爬行动物，重达 1200 千克。雄性咸水鳄成熟后可以长到约 3.2 米，较小的雌性咸水鳄成熟后也可以长到 2.2 米，但是它们还会继续生长，一直长到 100 来岁。据可鉴证的纪录，最长的咸水鳄是一只长 7 米多的雄鳄。但是还有一项相当可靠的纪录确实存在，记录了一只长 10 米多的四足动物曾经在沙巴州的色格玛河边生活过——它的长度是人们根据沙地里它留下的压痕而测出的。但是现在长度超过 6 米的咸水鳄

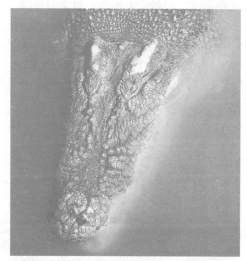

正在水面上栖息的咸水鳄，如果不注意，可能会以为是一块石头或是一块木头。它拥有极强的耐心，可以一连几个小时一动不动，等待着猎物送上门来。

已经很少见了。

咸水鳄的眼睛、耳朵和鼻孔都长在它那巨大的头顶上，这样它就可以潜伏着等候猎物的到来，同时把它庞大的身体藏在水面下。结实的下巴肌肉使它能产生巨大的咬合力——足够嚼碎猎物或锁住它的牙齿来咬住猎物——因为它能够在水下停留数小时，所以它能轻易地溺死大型哺乳动物。

咸水鳄是不加选择的掠食者，它的猎物包括鱼类、鸟类、其他的鳄鱼，还有哺乳动物，甚至还吃人。一只保护它的领土的雄性咸水鳄或一只在照看小鳄鱼的雌性咸水鳄如果被打扰的话也会变得非常具有攻击性。因此人们在有鳄鱼的地方生活或者游泳时，遭到袭击的事件时有发生。它是一种需要给予极大的尊敬的爬行动物。

最大的嘴

名称：栉水母　分布：大多数海洋里　嘴特征：长（或宽）5～30厘米，占其身体比例很大

海洋里有长有世界上最大的嘴的动物。鲸鲨的嘴最宽，蓝鲸的喉咙巨大、呈褶皱状，能吞下最多的食物。这两种动物实际上都是滤食动物，吃的都是相当小的猎物。但是，拥有最大嘴的动物是那些能一口吞下大型动物的深海生物，诸如有巨大的（相对于体形而言）、像铰链似的下巴的细长的动物。

但是如果按照嘴巴和身体的比例来看，它们都不可能比得过栉水母。其实，栉水母有一个巨大的胃，这个胃被一层薄薄的、有肌肉的、凝胶状的壁所包围，它通过巨大的嘴而大大地张开。它借助于栉板上8排纤毛的摆动向前运动，它对光很敏感，虽然没有眼睛，但是它可以"闻到"它的猎物。

当栉水母在水中游泳时，它的嘴唇和胶质的栉带紧紧地闭合着。一旦它碰到了猎物，它的庞大的神经网立即会使嘴朝向猎物，肌纤维以惊人的速度使嘴张开，然后可以一口吞下猎物。如果猎物太大而不能一口吞下，它就会用数千颗锋利的小"牙齿"（纤毛）咬下大块来，接着嘴唇重新闭合，食物进入胃腔。装满食物的它游走了，开始慢慢消化这顿大餐了。

最长的武器

名称：僧帽水母　分布：热带和亚热带海水中　奇特点：有蜇刺的长触手长达35米

这些水母类动物是如此的古老——早在6.5亿年前就出现了——它们甚至都不被认为是单独的动物，而只是一种长着5类有机器官的集群类生物：气囊、感觉器官、蜇刺、消化器官和生殖器官。它们的触手有两种类型——一类是短

小的，聚集在气囊下面；另一类是一根或者几根（依种类不同而不同）特别长的，用来追踪较深水里的鱼。有时候这些触手会朝外伸在水面上，有时候又会朝着相反的方向伸展，当它们伸展出触手时，确实就像僧帽，至少是暂时地成为了地球上最长的动物了，比蓝鲸还要长（除了有"弹性"的纽虫以外）。

但是大多数时候，这些长长的触手是垂下来的。一旦受到触碰或者诸如动物蛋白质等化学物质的刺激，它们那些微小的刺一样的细胞（刺细胞）就会释放出有刺的丝状物，刺破皮肤注入神经毒素。一条小鱼撞入一根触手的话立即就会麻痹，被困住，这时水母就会伸出顶部的肌肉把猎物托起来，接着将猎物一口吞掉，由酶把猎物消化成营养物质供给身体里的其他部位。

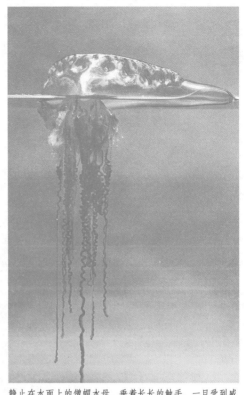

静止在水面上的僧帽水母，垂着长长的触手。一旦受到威胁，这些触手就成了它们有力的防卫武器。

就人类所知，这种僧帽水母的坏名声在于它的随意性。它们无目的地四处猎食，随着风和水流到处漂荡，经常可以在近海岸或者沙滩上看见它们。当然，如果它们漂到海滩上的话那肯定就会死去，但是它们的刺细胞还会产生作用，每年给数千人造成难以忍受的刺痛。

最长的毛发

名称：麝牛　分布：北极地区的阿拉斯加、加拿大、格陵兰岛和欧洲　毛发长度：长90厘米

那种著名的裸体类人猿——智人，身上有长达5米多的毛，世界纪录是5.15米。但是人类的毛发更多的是为了性别的展示，而并不是为了毛发的一般功能——保暖。因此麝牛也许真的是人们所知道的拥有最长的体毛的动物。麝牛的皮毛确实很暖和，比任何一种与它同类的动物如绵羊和山羊的皮毛都要暖和。

事实上，麝牛有两层皮毛——粗浓杂乱的那层长毛几乎垂到了地面上，长毛下面的一层短绒毛很细、很暖和，厚30厘米，（用因纽特语）被称为北极金

羊毛。这两层皮毛结合起来使得麝牛能度过 −70℃ 的严冬。这还使它们减少了大约20%的新陈代谢，可以帮助它们在缺少食物的情况下度过漫长的、黑暗的、冰冻的寒冬。

麝牛看起来像上个冰川期的苔原哺乳动物，其实它们就是苔原哺乳动物。它结合了苔原和庞然大物的特点，还具有其他几种哺乳动物的特点，适应气候变化，坚守在北冰洋的边缘而不迁走，终于在暖和的新纪元幸存下来。后来，持枪的人类的到来几乎将它们杀光了，少部分由于动物保护组织的保护才得以幸免生存下来，现在人们又可以看到它们的身影了。

麝牛身上长长的毛发可以帮助它抵御 −70℃ 的严寒。

毛发最多的动物

名称：水獭　分布：太平洋沿海水域　毛发数量：每平方厘米上长有 39.4 万根毛

水獭大部分时间喜欢在海面上休息、清理毛发或者进食——把贝类放在肚子上用石头敲开来。因此它既需要浮力又需要足够的能量。为了保持身体的温度，它燃烧热量的速度几乎是我们人类的 3 倍，它每天至少得吃占它体重 1/4 的鱼和贝类。大多数海生动物用来绝热的脂肪会使身体太重而无法漂浮在水面上，可是水獭有一层所有动物当中最厚的皮毛，由 10 亿根毛组成。

细细的、柔软的下层绒毛为了保暖而把空气困在里面，外面被一层长3.5 厘米的长毛所覆盖，它的皮毛如此浓密，水根本就渗透不进来。为了使皮毛保持最佳的状态，它一天中有一半时间用来清理自己的皮毛：梳理出脏东西、弄直、排列好、让空气吹到下层绒毛里和涂抹防水油。

在水面上晒太阳的水獭母子

小水獭出生时只有一层浮毛——有浮力的下层绒毛，它几个月不能潜水，直到长出成熟的皮毛才能潜水。然而，水獭的这种极其高级的皮毛几乎已经快消失了，因为那些捕猎者为了得到它们的皮毛差不多把它们都捕光了，使它们濒临灭绝。虽然现在它们已经属于被保护的动物了，但是石油的泄漏又成了它们新的威胁。因为一旦水獭的皮毛被石油污染了，它们的皮就会失去保暖的作用，它们因此就会死于体温的降低，或者当它们试图清理自己的毛发时因吞食了石油而死。

现存最古老的无性繁殖生物

名称：金冬青树　分布：仅在塔斯马尼亚岛西南部的一个溪谷里　年龄：43600多岁

这种非比寻常的灌木是大约70年前被一位自学成才的自然学者德尼·金发现的。当时他在塔斯马尼亚岛西南部的一座山谷里淘锡。但是那块地方被火烧掉了，这种植物就再也没被看到了。后来，在1965年，金在一处凉爽的山脉上的雨林地区又发现了一些这样的灌木。它被确认为新的种类，属普罗梯亚木科（它最近的近亲在智利，表明过去澳大利亚和南美洲曾经连接在一起），将它命名为金冬青树就是为了纪念金。

金冬青树

这种树不结果，它在遗传上是三倍体的（通常生物都是有两对染色体，而它有三对染色体）。因为它不能通过性来繁殖。它那迷人的花朵从来不结籽，它只能通过根发芽才能长出一棵新的植物。这也就意味着所有600棵左右的植物都是同样的遗传基因。

特别的是，在同一地区搜集到的这种树的叶子化石看起来与活的叶子一模一样，科学家通过碳-14测量法，发现它们至少有43600岁。正因为此，以及它会无性繁殖，生物学家相信现在的金冬青树和化石中的树是同一种树。这种最古老的无性繁殖的树种，打败了石炭酸灌木（11700岁）和以前的纪录保持者北美越橘（大约12000岁）。当智人（人类的代种类）和穴居人同时出现时，金冬青树就开始出现了，但很不幸的是，这种古老的树现在正面临着灭绝的危险。

羽毛最多的动物

名称：苔原天鹅　分布：北美洲　羽毛数量：25216 根

让我们回到 1933 年吧，当时有一群鸟类观察家决定数一数一只死去的苔原天鹅身上的羽毛。令人惊讶的是，除了他们确实花了数小时来数羽毛以外——他们发现仅仅在天鹅的头和脖子上就有 20177 根羽毛。事实上，许多鸟类在这些部位的羽毛都占全身羽毛的 1/3 多，这也许是为了保护大脑免于受到高空低温的影响吧。

苔原天鹅终生成双成对，因此它们不必每年都要展示羽毛来吸引新的性伴侣。但是它们要在水边觅食，所以它们经常用嘴整理羽毛，用尾部的腺体中的油来润滑羽毛，使羽毛变得更柔软、更隔热并且防水性更好。它们还需要修复受损的羽毛。每年 7 月到 8 月中旬在它们的北极捕食区，秋季它们开始向南方长途迁徙前，成年天鹅会换掉它们"原来的毛"，换上用于飞翔的羽毛。它们身体上剩下的数千羽毛是逐渐脱落的，从夏季开始到第 2 年春季结束。因此，虽然你也许

苔原天鹅在自己的巢中照料还未孵化的卵。

会在一个鸟巢里或者湖边发现它们的大翎毛，但是你却不能在任何一个地方看到苔原天鹅身体上 25000 根羽毛成片成片地出现。

鸟类当中羽毛最少的鸟应该是红喉蜂鸟，它只有 940 根羽毛。但是，相对于它的体形而言，这种小鸟的羽毛要比苔原天鹅的多得多，因为苔原天鹅的体形比它要大 2000 倍呢。

最重的生物

名称：美国白杨　分布：美国犹他州的瓦萨特山　重量：6000 吨

这是一种巨大的复合树——树干由一个普通的根系连接起来，重达数千吨——拉丁语中称之为"我传播"。虽然这些无性系中独立的成员相当短寿，但是它们至少有 4.7 万棵，而且都是雄性的，已经自身繁殖至少 1 万年了，甚至也许还要长很多很多年。虽然这种无性系分株比较细长，几乎不能长得很高，但是它们所覆盖的面积起码达 0.43 平方千米。

美国白杨能以正常的性方式进行繁殖，产生种子。但是如果条件不适合种

子萌芽，或者白杨被火灾或雪崩毁坏了，它就会选择快速的无性繁殖，从根部或干的下部长出枝条来代替落叶树，并且继续有机生物的传播。事实上，由于它部分具有防火性能，所以在周期的火灾当中还能茁壮成长，消灭了与之竞争的树种。

一棵成熟的根系能发出每平方千米近 5000 万棵芽，由于每个季节白杨的芽能长 1 米，所以它很快就超过别的树种。因此，美国白杨在经历第四纪冰川后成功地在北美洲扎下根来，

美国白杨从表面上看是一棵棵独立的大树，而地下却是依靠一株巨大的根系维持的。

现在成为了这个大陆上分布最广泛的树种，仅次于世界上分布最广的刺柏属树木。

给人印象最深刻的牙齿

名称：独角鲸　分布：北极水域　牙齿特征：螺旋形的前牙长 3 米

自然界充满了各式武器——牛羊角、鹿角和长牙——是雄性动物用来搏斗或者只是为了打动雌性动物的。但是只有一种动物仅仅长了一颗长长的牙齿作为武器，这种动物就是独角鲸。雄性独角鲸的长牙刺穿了它的上唇，这颗牙齿实际上是它的左上部的前牙。不像雌性独角鲸的牙那样长在齿龈上，雄性独角鲸的牙穿透了上唇，随着长大而扭曲（从根部往上呈逆时针方向扭曲），一直长成一根平均长约 2 米的长矛——大概是鲸鱼体长的一半。还有些特别的长牙能长到 3 米，重达 10 千克。它们看起来很像多节的、扭曲的拐杖。

多年来，独角鲸的长牙的作用一直困扰着科学家。其中有的理论说它是用来叉鱼、挖掘食物或者是用来钻冰块的。事实上，人们看到过雄性独角鲸在水面上划过的长牙，头部周围有伤疤和伤口，而且还经常看到破损的长牙，这些都表明它们用长牙来进行格斗以证实自己的力量。直到 17 世纪早期，独角鲸的长牙还一直被认为是传说中的独角兽的角，一些商人和

三头独角鲸在海边嬉戏

化学家们为了巨大的利润，共同密谋保留角鲸存在的秘密，出售这种有神奇的治疗功效的商品——"独角兽的角"。伊丽莎白女王曾花了1万英镑买下一颗这样的牙齿。

最高的动物

名称：长颈鹿　分布：撒哈拉南部非洲　大小：成年雄鹿高度达5.5米

长颈鹿

进化常常使得某一种动物在它所生存的环境中具有某种垄断的优势，像长颈鹿就是一个鲜明的例子。长颈鹿的基本食物——刺槐，除了某些大象以外，没有别的大型哺乳动物能够得着那么高的植物。它的嘴唇很灵敏、巧妙，舌头很长（45厘米），能盘卷，它们也很适合保护它免于被刺槐刺伤，可以很小心地从树上摘下树叶来。用这种方法，长颈鹿可以毫无竞争地每天吃到大约34千克富有营养的树叶。它还从它的食物中获得足够的水分而不需要喝水。如果有机会喝水的话，它就要把前腿张开，头朝下喝水，它依靠一套复杂的动脉血管中的膜状结构，防止血液倒流。

成年长颈鹿的身高、体形及敏锐的视觉使得在白天要伏击它并非易事，甚至其他的动物还利用长颈鹿帮助它们留意观察掠食者。然而，狮子是一个极大的威胁，尤其是在夜晚。因为，天黑后，长颈鹿的高度和视力就受到了限制，它会躺下来反刍（咀嚼储存在胃里的某个特殊部位的未消化的食物）。不过，它也能进行强有力的反击，用长腿踢对方。如果它及时感觉到了狮子的到来，它会飞奔而走，它细长的腿迈着起伏的步伐，速度能达到50～60千米／小时。

最细长的鱼

名称：皇带鱼　分布：温带和热带海洋　大小：长达15.2米

这种像蛇一样的鱼被认为是某些海怪的化身。虽然有人看到过这种闪闪发光的、带状的生物靠近水面，但是它更可能生活在较深的海水里，因此它的行为和生活情况大部分对于我们来说还是个谜。它没有尾巴，但是整个长长的身体上有

皇带鱼

一条背鳍（在靠近水面或靠岸时背鳍呈亮红色），游水时随波起伏。皇带鱼利用背鳍在水中遨游，它有时还在水中垂直地游上游下——完全不像是一条鱼。皇带鱼还有两条长长的腹鳍，已经缩成了两条细长的线，像两根黄蓝色的穗一样，它们就相当于皇带鱼的桨。

　　见过皇带鱼在水中游泳的人很少说它游得快，甚至有人说它很古怪。它的眼睛大大的，令人想起深海的食肉动物。因为没有牙齿，所以它其实根本不伤害人类，有人认为它是滤食动物。它确实有一个相当大的、可伸出的嘴巴，估计能吸入小虾、小鱼儿和鱿鱼。它的长长的腹鳍和头上细长的、像触角一样的刺毛很可能是它用来钓鱼的饵或者是它的敏感的触须，因此它把它们悬起来等待猎物，而它那细长的、银白色的身体反射在蓝色的海水里使得它很难被发现。皇带鱼对于那些横向游泳的掠食者来说肯定是个谜，特别是当它决定逃跑时，它垂直身体，尾部先拐弯，然后以惊人的速度游走。

最大的眼睛

名称：巨型鱿鱼　　分布：寒冷的深海里
眼睛大小：60 厘米或更宽

　　这些眼睛属于一种令人可怕的掠食动物，它在黑暗的、最寒冷的深海里觅食。因为迄今为止人们还没有研究过成年的巨型鱿鱼，所以究竟它是如何使用它的巨型的、突出的眼睛的，我们还不清楚。但是它的眼睛真的会发光，能照亮周围，使它能高度集中它那西餐式的大盘子一样大的眼睛来发现快速移动的猎物，比如大型的巴塔哥尼亚牙鱼——2003 年渔民在罗斯海里捕捉到了唯一一只完整的巨型鱿鱼，它是一只还未完全成熟的雌性鱿鱼，当时它口中正在吃着巴塔哥尼亚牙鱼。

2003 年渔民在罗斯海捕捉到的巨型鱿鱼。

巨型鱿鱼的大眼睛——甚至比人们所知的大鱿鱼还要大。罗斯海的巨型鱿鱼标本重量是 150 千克，触手伸直几乎达到 5.4 米长，触手上面的庞大的覆盖物（身体）和头长 2.5 米。事实上，巨型鱿鱼可以长到 15 米，身体长 4 米。与大鱿鱼不一样，巨型鱿鱼有一套生理功能使它能达到很快的游泳速度。它有一个很大的、强健鳍，在两条伸出的触手末端有 25 个锋利的、旋转的钩子。它还有一个巨大的、像鹦鹉一样的喙，这使它成为了海洋里最可怕的掠食者之一。

最长的鳍

名称：普通长尾鲨　分布：热带和温带海洋　鳍的长度：长达 6 米，几乎一半是尾鳍

在海洋中巡游的长尾鲨，其长长的尾鳍清晰可见。

我们知道的长尾鲨有 3 种——普通的、大眼睛的和远洋的——有迹象表明还有第 4 种长尾鲨，在墨西哥的贝加 - 加利福尼亚，还有待我们去描述和命名。但是普通长尾鲨是它们当中最大的，尾巴也是最长的，或者说尾部的鳍最长——最大的个体的尾鳍可能有 3 米长。

但是所有的长尾鲨的体形都基本相同，都有特别长得像镰刀形的背叶——其实几乎就是它的尾鳍。它并不是世界上最长的鳍——很可能这项纪录属于驼背鲸，驼背鲸的胸鳍或者叫鳍足非常大，可能长达 5 米多。但是相对于体形而言长尾鲨的鳍算是最长的了。

人们认为长尾鲨利用它的尾鳍作为鞭子，当它在一群小鱼或鱿鱼周围游泳时，它不断缩小包围圈，然后用尾鳍进行有力的重击，打晕或杀死受惊的动物。有人见过长尾鲨用这种方法杀死海鸟，但是很少看到这些鲨鱼在水下觅食，所以实际上没有直接的证据可以支持上面的引起人们兴趣的理论。然而，在世界上的部分地区，杀人鲸也使用类似的技术。据有的钓鱼者证实，曾经用活饵捕到过长尾鲨——鱼钩并不是在嘴里，而是在尾巴里。和世界上的鲨鱼一样，长尾鲨的鳍也具有商业价值，被用来制作昂贵的鱼翅汤，因此它们也被大量捕杀。

最大的花朵

名称：大王花　分布：婆罗洲和苏门答腊岛　花朵大小：直径可达 0.9 米，重 11 千克

　　这朵花就是你看到的大王花的全部，这种迷人的植物由热带攀缘植物的藤蔓里的细丝组成。它是一种生长缓慢的寄生植物，完全依靠藤蔓，从那里吸取营养。

　　大王花的芽是从森林地面上它的寄生体上冒出来的，这种现象很罕见。大约 9 个月之后，花朵逐渐长大，并悄然盛开。它的五片肉色的花瓣（红色的萼片）卷曲着，释放出腐烂的臭气，就像腐肉的气味，并且展开巨大的、顶上打开的穹隆结构，里面是花粉（既可能是雌性的，也可能是雄性的）。它的臭气吸引了喜食腐肉的甲虫和苍蝇。由于传授花粉的动物飞得不远，所以花朵就在附近，开花也是同

颜色鲜艳的大王花

时进行的，于是花粉可以在几天之内从雌花上传到雄花上。这一切是如何发生的仍然是个谜。还有一件神奇的事就是它那数千粒种子是如何来到这些藤蔓上的。它们很可能是通过尖鼠和松鼠的粪便来到那些藤蔓上的。不知何故，种子会渗透到藤蔓的茎内，然后开始生长。但是要过数年才能萌芽。

　　大王花的学名是为了纪念两位 19 世纪著名动植物专家——斯坦福·兰弗，及另一位植物学家约瑟夫·阿诺德。令人伤心的是，随着它的寄主由于雨林的减少而消失，大王花也很快成为了历史。

最古老的叶子

名称：千岁兰　分布：西南非洲的纳米比亚沙漠　年龄：能存活 1500 多年

　　这种植物基本上在一根短小的、碗状的茎上只长 2 片叶子。每一片叶子都会长得很老很老。它们带状的叶子会不停地生长，而不会死去。但是由于受到风的吹打，它们超不过 6 米长——否则，它们有可能长到 200 米——有时候会被风吹

裂或纠缠到一起了。

千岁兰通常长在很靠近海岸的地方，这样有利于吸收在夜晚从大西洋涌过来的雾水。湿气浓缩在叶子上，既可以顺着叶子向下流到根部，又可以通过气孔或叶孔被吸入。有时候千岁兰用光合作用（植物保存食物的方法）的特殊方式来储存水分。叶子张开气孔，吸入二氧化碳，而且它们不像大多数植物那样在白天，而是在晚上，因为那时候温度是最凉的，通过蒸发（通过气孔蒸发）它们不会失去水分。然后它们以特殊的酸的方式储存碳原子，等到太阳出来时，它们就能进行光合作用了——以光作为能量来源，把碳合成为碳水化合物。

千岁兰

千岁兰不会开花，而是像其他的裸子植物（针叶树、银杏树、铁树目裸子植物、种子蕨）一样长出球果。它们要么是有花粉的雄性球果，要么是作种子的雌性果。它们都会产生一种黏性的流液——假如是雌性的，就能捕获花粉；假如是雄性的，就能吸引昆虫来传播花粉——综合了开花植物和不开花植物的特征。

皮肤最松弛的动物

名称：巨型的的喀喀湖蛙　分布：的的喀喀湖　皮肤特征：能通过皮肤呼吸

大型湖泊隔断了其他的水体，就像被隔离的海岛一样，在湖泊里各种物种和世界上其他地方的物种一样也在独自进化。世界上最孤立的湖泊之一，位于安第斯山脉的的的喀喀湖是由融化的雪水和雨水组成，而不是由大河组成的。

的的喀喀湖海拔3815米，面积8340平方千米，是世界上地势最高的湖泊之一，因此含氧量非常低。于是湖泊里的水生动物要具备的最重要的适应能力就是要能经受得住这种低氧的环境。湖泊里有一种巨型蛙类，是一种较少见的水陆两栖动物，因为它很少到水面上来呼吸空气，所以它的肺逐渐退化，但是如果有必要的话，也能呼吸空气。它大部分时间都待在水里，通过皮肤吸收氧气，因此它的皮肤面积越大，它所吸收的氧气就会越多。

完全作为呼吸系统的辅助部分，它的皮肤很松弛地悬垂着，如果皮肤完全绷紧的话，它的体积将比两个巨型蛙还要大。顺便说一下，它还是世界上最大的蛙类，有纪录记载，已经有过长50厘米、重1千克的雌蛙。这种蛙长得越大，它

巨型的的喀喀湖蛙的肺逐渐退化，以皮肤作为呼吸系统辅助呼吸。

就需要更多的皮肤使它能获得更多的氧气。那也就意味着最大的的的喀喀湖蛙的皮肤将是最松弛的。

最稀有的动物

名称：加拉帕戈斯陆龟
分布：原来在加拉帕戈斯群岛（位于厄瓜多尔西部）的宾塔岛，现在生活在西班牙的特纳里夫圣克鲁斯海港

这是世界上仅存的一只宾塔岛的加拉帕戈斯陆龟，它一直是岛上的野生动物。这个有独特的物种的孤岛被船员们当作海中的便利的供应站，对于 19 世纪的海员来说，宾塔岛和别的加拉帕戈斯岛上的巨龟唾手可得：每一只巨龟都可以解决他们数天的饮食，一个人 1 年不吃别的食物，光吃它就能存活下来。后来，山羊作为一种未来的食物来源被放养，山羊把岛上巨龟爱吃的植物都吃光了。

这只加拉帕戈斯陆龟是在 1971 年被人发现的。它现在大约 80 岁了，生活在西班牙特纳里夫圣克鲁斯的达尔文研究中心。

加拉帕戈斯陆龟

在其他的岛上还有巨龟吗？什么是最稀有的物种呢？

那可能是长江白鳍豚了，它相当稀少，目前白鳍豚已经在长江水域消失了。还有可能是夏威夷的一种褐色和黑色相间的小鸟，据考察，最后一只于2004年死亡，但是我们还不能确定是否还有其他存活的。1984年，有一件事情最令鸟类学家惊讶：一位鸟类学家在一天晚上被一只斐济海燕拍打了头部，要知道这种鸟最后一次被人看到是在1855年呢。从那以后人们还看到过别的斐济海燕，但是没有人能确定到底还有多少只。

最扁平的动物

名称：柳叶鳗　分布：大西洋和太平洋　厚度：能拉长成树叶一样薄

没有一种海洋里的扁平、透明的动物能像柳叶鳗那么长、那么迷人。鳗鱼类的动物在世界上经历了众多的生命变故周期，它最初的种类就是柳叶鳗，古希腊称之为"苗条的头"，这是指欧洲鳗的幼仔的头——鳗鱼中被深入研究过的一个品种以及一种神奇的来源，因为亚里士多德曾宣布鳗鱼是来源于蚯蚓。但是，直到1893年，人们才把欧洲鳗和大家已经知道的柳叶鳗联系起来。这并不奇怪。谁能想到海洋里一条1～2毫米厚、透明的、扁平的小鱼形状的生物会与欧洲淡水中的蛇形居住者属于同种动物呢？

生物学家认为事情的经过是这样的：鳗鱼长到10～14岁时，成年鳗鱼迫切需要顺流而下，穿过大西洋来到马尾海。至于具体过程和原因人们还不清楚。生物学家相信它们在马尾海里产卵（但是没有人真正见过）并且死亡。卵孵化成柳叶鳗，然后在海湾里漂流3年，最后到达欧洲。这时它们长到4.5厘米，变成了幼鳗，然后向上游游去。数年后它们长成了成年鳗鱼，仿佛接到了号召一样又开始了一次长途艰辛的旅行来到马尾海，生出又一代特别扁平的鳗鱼。

最胖的食肉动物

名称：北极熊　分布：北极和亚北极区　体重增速：雌北极熊能在一个季度里增重4倍

北极熊的体形很大。它们的平均体重相当重，达到了200～600千克，但是还有一项有待证实的纪录，有人声称在阿拉斯加一只被捕杀的雄性北极熊重量达到了惊人的地步，重1002千克。与它相比，来自阿拉斯加湾的阿拉斯加棕熊——最重的灰熊类——最重的纪录只有751千克。

怀孕的雌性北极熊在秋季的大部分时间里和早冬季节都在睡觉，醒着的时候基本上都是在觅食（主要以富含脂肪的海豹和它们的幼崽为食）。到了暖和的春天结束时，有时候它们的脂肪储存量能达到它们体重的 50% 以上。这使它们成为了所有的陆地哺乳动物当中摄入脂肪量最多的动物。雌性北极熊比雄性北极熊的体形要小一点，但是它们每个季节体重的增长不少于 4 倍。

在冬眠时，雌性北极熊的新陈代谢率很低，心跳减速了，呼吸频率也降低了，而且它不吃不喝，也不排尿或排便。但是由于它的体内有大量的脂肪储存着，所以它的体温与正常时候相比只是降低了几摄氏度而已。

北极熊在北冰洋里游泳。夏季到来后，随着冰层的消失，北极熊的食物也更加难以寻觅。

不幸的是，气候变暖使得浮冰结冰时间推迟了，融化时间却提前了，而北极熊主要是在浮冰块上觅食的。因此，这给它们觅食带来了困难，造成了它们在某些地区的平均体重下降。科学家们担心将来雌性北极熊可能无法增加足够的体重来安全地度过冬眠时期，也就没有能力来养育年幼的后代了。

❊ 最大的树荫

名称：印度榕树　分布：亚洲南部和东南部　树的大小：最大的一株直径达 420 米

在公元 70 年，伟大的自然史学家之一的老普林尼写道："在印度有一种树的特性是它能自己种植。它把自己强有力的胳膊伸到土壤里……"他写的是不定根，这就是印度榕树拥有世界上最大的树荫的秘密。

像许多无花果树一样，印度榕树能从枝干上发出根来。当树枝继续生长时，这些根会像柱子一样支撑树枝。在印度加尔各答的植物花园被小心照顾的一棵榕树，有 2800 条支持根，是世界上最大的印度榕树。在亚洲南部，印度榕树被人们仔细地照顾着，并且成为人们聚会的场所——作为市场、学校或者村庄集会的地方，事实上，它们的名字就来源于"商人"或"商贸"，因为那里正是英国商人与当地人进行交易的地方。

枝繁叶茂、根系庞大的印度榕树

还有其他的以不定根而出名的"绞死树"，即无花果树。它从别的树的树荫下生长出来，然后长出根将树缠绕起来。最后，它把那棵原来依靠的树缠死，只剩下一棵高大的无花果树。无花果树的成功之处部分在于它们的根的适应能力很强，但是这些根并不总是不定的。当它像正常的树那样生长时，它们也像树根一样吸收土壤中的水分；当根较细的时候，根就会向外扩展，根长长了就会直接深入到土壤里。有一棵南非的无花果树的根深达120米。

❀ 最小的哺乳动物之一

名称：大黄蜂蝙蝠　分布：泰国和缅甸　大小：只有2.9～3.3厘米长，1.7～3克重。

尽管关于哪个物种是最小的哺乳动物的纪录的保持者至今还有相当大的争议，但是目前多认为像大黄蜂那么大的东南亚蝙蝠应该是最小的哺乳动物了，它也是世界上最罕见的蝙蝠之一。它是在1973年由吉提·桑龙亚博士（因此它的两个名字之一叫吉提，也指它有像猪一样的鼻子）在泰国的一个石灰石的山洞里发现的，后来人们在缅甸也发现过这种蝙蝠。

因为很少有动物被人们称重或者测量过，所以很难确定它们的真正尺寸。但是它看起来好像比别的参与竞争的"最小的哺乳动物"要稍微重一点，普遍被认为很小的小尖鼠的体重只有1.2～2.7克，长度为3.6～5.3厘米，不包括尾巴在内（因为大黄蜂蝙蝠没有尾巴）。

对于哺乳动物而言，身体太小也

大黄蜂蝙蝠

存在一个问题，即：由于它们相对于体形来说体表面积较大，这会导致大量的热量散失。因此它们需要经常吃很多食物。大黄蜂蝙蝠和小尖鼠都是贪婪的掠食者，大黄蜂蝙蝠主要以苍蝇为食，小尖鼠则吃任何很小的或者行动很慢的动物。为了适应这种疯狂的生活方式，它们有较大的、跳动频率很高的心脏，还有特殊的能快速收缩的肌肉。但是如果天气变冷或者食物匮乏时，它们都要选择相同的生存方式——它们会变得行动迟缓，一直等到条件改善。

生活在树上的最重的动物

名称：猩猩　分布：苏门答腊岛和婆罗洲　重量：雄猩猩能长到135千克

树上的生活适合于那些体重较轻的哺乳动物——一部分原因是身体越重，那么能支撑的树枝也就越少，还有一部分原因是体重较大的哺乳动物一般没有攀爬树枝通常所需要的敏捷度。但是灵长类的动物是在树上进化的，毕竟，攀爬使它们进化了手，认识水果是它们发展视力的最初原因。

但是，部分较大的猿类已经离开树枝来到了地上。较小的猿类，如长臂猿是极好的爬树动物，可是较大的猿类——黑猩猩、倭黑猩猩和大猩猩——已经失去了它们的爬树技能。小黑猩猩或倭黑猩猩只是小部分时间待在高处，但是它们却喜欢在树上的巢穴里睡觉。一般的黑猩猩也在树上的巢穴里睡觉，在树上爬行寻找食物，然而它们一生中醒着的大部分时间都在地上用脚和指关节行走。大猩猩是

尽管猩猩身躯庞大，仍不乏其灵活性，它正试图从一根藤上跃到另一边的藤上。

最大的猿类，虽然它们也爬树，但大部分时候它们似乎更喜欢森林的地面。

然而，有一种大猿类，基本上都在树上生活：它就是猩猩。比大猩猩轻点，却比人重，它似乎意识到自己的体重较重，所以不像猴子那样奔跳，也不像长臂猿那样摇摆。相反，它四肢移动得很慢、很小心，也很有技巧，几乎就像是在树林中漫步。

最古老的种子植物

名称：银杏树　分布：原来分布于所有北部的温带地区，现在生长在花园里和街道上
年龄：这一物种能追溯到2.8亿年前

　　银杏树在时间上早于许多植物。当银杏树首先在2.8亿年前出现在地球上时，那时候还没有被子植物——还没有能开花并把种子包入到果实里的植物。其实，作为银杏属家族中的成员之一——最后的幸存者——银杏树刚好处于原始的裸子植物、松类和原始的蕨类植物以及最早的开花植物之间。它经历了翻天覆地的火山的灾害、小行星的碰撞和全面的环境变化，这些变化使得与银杏树早期的同时代的所有植物都逐渐消失，或者进化成别的物种。

银杏树叶

　　银杏树遇到的最大的灾难是冰川。几次巨大的冰川期使得它们于700万年前在北美绝迹，300万年前在欧洲绝迹。但是冰川没有来到中国的东南部的部分地区，并且正是在这些地方它们赢得了一个最新进化的物种——智人的支持。树木被古代的中国人发现，并且被他们种在庭院里。现在，虽然野生的银杏树可能已经灭绝了，但是它们在世界各地的各大城市生长旺盛，因为它们能抵御空气污染，还有治病的疗效。

家族之最

最致命的爱情生活

名称：负鼠　分布：澳大利亚　爱情生活：每只雄鼠交配后数天内就会死亡

这种以昆虫为食的有袋小负鼠生命很短暂，它们在选择性伴侣时也很混乱。像所有的有袋动物一样，敏捷的负鼠主要有 2 周的交配期，这时它们的生活变得具有超动力。作为夜行性的爬树动物，行动很隐蔽，它们在野外的交配行为至今人们还不是很清楚，但是现在生物学家正在研究一些被关起来的负鼠，想要了解生殖对它们产生的影响。

在 7 月或 8 月份，雄负鼠会由于睾丸激素和其他的荷尔蒙而充血，这时正是它们疯狂交配期开始的时候。但是操纵这一切的是较小的雌鼠。雄

正在交配的负鼠

鼠聚集在树上的巢里，等待雌鼠来寻找它们，雌鼠似乎偏爱有优势的雄鼠，所以它们会挑选个头较大的，但是它们不可能太挑别，因为它们要与几只不同的雄鼠交配。雄鼠也要交配几次，射精要持续至少 3 个小时，雄鼠会一直待在它的伴侣身边长达 12 个小时，以便确定它的精子到达雌鼠的子宫里。

荷尔蒙的汹涌和所有的努力对于雄鼠的免疫力来说破坏太大了。压力造成的胃溃疡和肾衰竭虽然不会致死，但是传染病或寄生虫也会杀死它们，性交期之后的数天内它们就会死去——所有雄鼠都会死去。但是，有些雌鼠会活到第 2 年继续交配。它们后代的性别占有优势，因为它们后代的性别比率（放在它们育儿袋里抚养）经常会偏向雌性。

最奇怪的孵化方式

名称：鸭嘴兽蛙　分布：澳大利亚的昆士兰州　孵化方式：在胃里孵育后代

鸭嘴兽蛙，这种不平常的蛙类很可能都灭绝了。在南部发现的最后一只用胃孵育后代的蛙是在 1981 年，而在北部发现的最后一只此种蛙是在 1985 年。奇怪的是，北部的蛙在 1985 年 3 月并没有什么异常，但是 3 个月后却消失了，从此人们再也没有见过它们，它们的消失是自然界的一大损失——不仅仅是这个特殊物种的灭绝，而是一种独一无二的孵育后代的方式的绝迹。

根据它们的名字我们可以知道这种蛙产卵后是在母蛙的胃里孵育的。它们是人们所知的唯一一种这样孵育后代的动物。母蛙把受精卵吞下后，在它的胃里把卵孵化成蝌蚪，再变态生成小蛙。在长达 6 ~ 7 周的怀孕期母蛙不能进食，最后从它的嘴里生出小蛙，一次有 1 ~ 2 只完全成型的幼蛙跳到外面的世界来。在

鸭嘴兽蛙正从嘴里生出小蛙

这段不寻常的过程中，母蛙用于消化的分泌物和盐酸的产生都完全停止了——胃实际上变成了暂时的子宫。

这种蛙，孵育出 20 ~ 25 毫米大小的幼蛙，整个分娩过程需要大约一天半的时间。4 天后，消化道又恢复到正常状态，母蛙可以继续进食了。这些蛙类为什么会灭绝至今人们还是不太清楚，部分原因是由于树木的砍伐。从那以后，人们加强了寻找的力度，但是却无功而返。

配偶最多的雄性动物

名称：南方象海豹　分布：亚南极洲岛屿和阿根廷南部　奇特点：最典型的"一雄多雌"动物

雄性哺乳动物比雌性动物能培育出更多的后代，于是，对于某些动物来说，雄性动物会与更多的雌性动物交配，与别的雄性动物进行竞争，然后尽可能生下更多的后代。这就叫作"一雄多雌"。哺乳动物当中最能体现"一雄多雌"的动物是南方象海豹，在一个交配季节里几只雄性个体就会与多达 100 只雌性个体进行交配（一般是 40 ~ 50 只）。

成年雄性南方象海豹一年中大部分时间都待在海里，在8月份才来到海滩上的繁殖场地。在9月和10月初，最大的个体会占领领土，它们通常会占据一年前雌性象海豹上岸生幼崽的地方。当雌性象海豹产下幼崽后，它们会发情，那些有优势的雄性象海豹会尽可能多地与它们交配，以便在第2年能产下更多的后代。

一对南方象海豹夫妇在海滩上依偎着。

当然一些雄性个体有许多的交配对象，同时也意味着还有很多雄性个体没有交配对象，所以对于每一个繁殖期的群体来说，总会有大量的充满抱怨的单身海豹没事可做，只能偷偷摸摸地与隔壁的雌性象海豹交配。北太平洋南方象海豹与北方象海豹的交配方式相似，但是它们的区别之处就在于，北方象海豹中的单身汉偷偷摸摸进行交配的成功率更高，这使得南方象海豹成为目前一雄多雌的哺乳动物中最高纪录的保持者。

✤ 最敏捷的胎儿

名称：红袋鼠　分布：澳大利亚　出生速度：从母袋鼠的生殖道到育儿袋里不超过3分钟

小红袋鼠真是个不可思议的爬行者。它从母袋鼠的生殖道里出来时还是个胎儿——眼睛没有睁开，只比大颗豆子大一点——几乎小到了它的母亲都没有注意到它已经出生了的地步，然后它只得自己独自爬到育儿袋里。它只有没有完全发育好的前腿，必须拖着身体爬到母亲的口袋里。令人惊奇的是，它能用极快的速度完成这一旅程——不超过3分钟时间。

一旦它紧紧夹住了母亲的乳头，它便恢复了婴儿的状态，依靠母亲富有营养的奶水逐渐长胖，母袋鼠的奶水会提供婴儿成长所需的一切营养物

红袋鼠一般在6个月左右开始离开育儿袋，当遇到危险时，它又会跳进育儿袋寻求保护。

质。4个月后，幼袋鼠断奶，6个月后第1次从育儿袋里爬出来，8个月后永远离开育儿袋。但是在接下来的4个月中，它还会把头伸进育儿袋里吮吸乳头。如果遇到了危险，它还会利用母袋鼠的大袋子，作为临时避难所。

其实，雌性红袋鼠生完小袋鼠后还能继续交配产子，新生儿会一直保持睡眠状态，待它的哥哥或姐姐离开了育儿袋为止。当它的哥哥或姐姐在吮吸较大的奶头时，它会依附着剩下的、短小的奶头。如果幼袋鼠断奶前发生了不幸的事情，那么红袋鼠胎儿会立即成熟，这是在艰难时期一种有效的避险措施。

孢子最多的植物

名称：大马勃菌　　分布：温带地区　　孢子数量：一个实体能产生近20万亿个孢子

生长在温带草地上的大马勃菌

大多数较大的菌类植物通过从特殊的实体——蘑菇和伞菌——向空中释放大量的极其微小的孢子进行繁殖，这些实体是长在地面上的。有些菌类利用动物、水甚至植物来帮助它们传播孢子，但是大多数的菌类还是依靠风帮它们吹走孢子，有时候会吹到很远的地方。孢子通常通过特殊的会膨胀的细胞而释放出来，这也就意味着大多数孢子不可能有干死的风险。当条件达到湿润的状态时，这些蘑菇和伞菌通常就会生长。

然而，大马勃菌不用寻常的方式，即从菌褶或小孔上散播大量的孢子。相反，它会向内散播，使孢子保持非常湿润，然后逐渐释放出来。如果达到足够湿润的状态，它仅仅在1周左右的时间之内就会成熟，同时膨胀到巨大的体积——有时候达到1米多高。随后它便开始裂开，加上偶尔会遇到动物的碰撞和摩擦，它在数周内甚至数月内把千万亿以上的孢子释放到风中。这种传播孢子的方式并不是最有效的，因为大多数孢子既不会散播到很远的地方，也不会存活下来，这可能也是它需要产生如此大量的孢子的原因吧。但是如果只有几个孢子在条件有利的（有丰富的氮）附近草原上安定下来的话，那么就算大功告成了。并不是所有的孢子都能长成大马勃菌，这其实是件好事。因为如果它们都存活的话，那么经过了几代之后，大马勃菌的数量就会达到世界上现有菌的许多倍了。

持续时间最长的孵卵期

名称：皇企鹅　分布：南极地区　孵卵特征：能在南极气候最糟的冬季孵卵

皇企鹅是 17 种企鹅当中最大的、也是唯一一种在南极的冬季孵卵的企鹅。其他诸如鹬鸵之类的鸟有更长的孵化期，但是它们雌雄之间会分担责任，而且会离开巢穴去觅食。然而雄性皇企鹅自始至终都会坐在一个蛋上面，一次孵化需要 62 ～ 67 天。

它的孵化期是在 3 月下旬或 4 月初的南极海洋上的冰块上开始的，在经历了海上整个夏季的觅食活动后，这时好几万只企鹅聚集在一起求爱、交配。到卵被产下的时候为止，大约 50 天过去了——在这期间企鹅什么也不吃。后来，由于海里的冰块面积不断增大，离原来所处的地方越来越远，因此所有的

小企鹅藏在母亲拥有厚厚脂肪的育儿袋里，以躲避恶劣的天气。

雌性皇企鹅开始回到海里觅食，而此时雄性皇企鹅则紧紧用脚尖握住它的卵，并且用像羽毛一样柔软的皮肤——育儿袋覆盖住它。雄性皇企鹅会聚集在一起度过南极的隆冬。天气总是处于黑暗或半黑暗状态，北风呼啸，暴风雪肆虐，温度会降到 -40℃，这还没有算上寒冷的风的因素在内。

两个月过去了，卵孵化出来了，刚孵出的小企鹅待在育儿袋里，几天后雌性皇企鹅开始出现，代替雄性企鹅照料小企鹅。在这之前，雄性皇企鹅除了以雪为食，已经大约 120 天没有进食了，现在它们终于自由了，可以自己去觅食了。只是有一个问题——海水现在已经离它们大约 100 千米远了。

生殖器官最多的动物

名称：绦虫　分布：肠腔内　生殖器官数量：依据自身体节的数量，每节有 4 ～ 14 套生殖器

绦虫是真正值得注意的生物，它们与人类的关系非常密切，自从人类出现后，它们就和人类在一起了。因为它们主要寄生在动物的肠腔内，那么最大的肠腔就

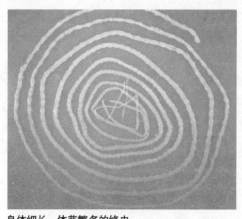

身体细长、体节繁多的绦虫

可能会有最大的绦虫。因此如果一位寄生生物学家能解剖一头巨鲸的话，那应该是十分令人兴奋的事。每一种绦虫都由一个钩状的像头一样的部分组成（但是这一部分没有嘴巴、眼睛或大脑），其功能就是为了能钩住它的寄主的肠子，后面紧跟着脖子。它的身体分成若干节，每一节都包含一套繁殖器官，有睾丸和卵巢，能吸取寄主肠腔内的体液中的养分。世界上最长的绦虫寄居在抹香鲸体内，长达40米，由4.5万节构成。因为每一节都有4～14套生殖器，所以它很可能就有63万个性器官了。它的卵子不断涌出，每天就有数百万个。对于它的寄主来说幸运的是，较大的绦虫似乎只限制在肠腔内百分之一的地方。由于有些绦虫自己会受精，所以它们就不必麻烦去交配了。但是，我们人类很幸运，影响人类的成年绦虫（大约有数百万条）中最大的几乎不会超过10米。

最美味的伴侣

名称：黄黑纹相间的彩色蜘蛛　分布：北美和中美洲
奇特点：交配后雌蜘蛛把死亡的雄蜘蛛吃掉

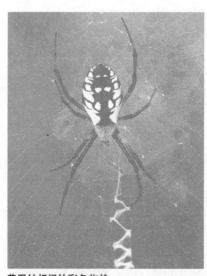

黄黑纹相间的彩色蜘蛛

交配对于大多数雄蜘蛛来说都是一个比较棘手的问题，因为雌蜘蛛体形较大而且极具攻击性。因此雄蜘蛛必须让它未来的伴侣知道它确实能产生精子：它从两只须肢中的生殖器中收集精液。这些性"须肢"的末端呈肿块状，就像钥匙和锁一样，很适合插进雌蜘蛛的生殖器里。

有些雌蜘蛛只是为跳个舞，做一个合适的记号，或者为提供食物来赢得足够的时间进行交配。这些蜘蛛的寿命很短，因此它的未来伴侣只有一个，也许还得牺牲自己的生命来确定自己的精液能使雌蜘蛛受精。当一只雄性的澳大利亚红背蜘蛛把它的第1根须肢插入雌蜘蛛体内时，它把雌蜘蛛翻过来，所以它的腹部直接盖在雌蜘蛛的嘴部，给了雌蜘蛛能吃掉它的机会。一般雌雄蜘蛛交配活动中，有 65% 的雄蜘蛛会真的被雌蜘蛛吃掉。而这种情况通常是在雌蜘蛛体重不足的情况下才会发生。这种最后的牺牲行为，使得它能把它的所有精液全部射入到雌蜘蛛体内。

黄黑纹相间的彩色蜘蛛比一般的蜘蛛更胜一筹：它的第 2 根须肢一插入到雌蜘蛛体内，须肢就会膨胀，然后它立即就会死去。雄蜘蛛不会着急去交配，雌蜘蛛也不会把它的须肢赶走，而是要至少持续一刻钟左右，直到它的精液射入为止。当然雌蜘蛛想要赶走这只压在它身上的雄蜘蛛最有效的方式就是一口吃掉它。

最奇特的求爱礼物

名称：鲜红色的黄蜂蛾　　分布：美洲的热带和亚热带地区
求爱礼物：雄蛾使雌蛾不会受到蜘蛛的攻击

如果雄蛾要给雌蛾占雄蛾 1/5 体重的精液和营养的话，它首先要保证雌蛾不会在产卵之前就死去。雌蛾最大的危险是被蜘蛛吃掉，雄蛾要不顾一切阻止这一切的发生。这就是鲜红色的雄黄蜂蛾为雌蛾所做的。它飞到狗茴香上，以它们含有的毒素（氮杂戊环生物碱）为食。这些化学物质对蜘蛛以及大多数别的无脊椎动物来说具有很强的刺激性，它们会进入蛾子的一对腹囊中，腹囊里有许多精细的、能收放自如的细丝。雄蛾若发现了雌蛾，作为一种求爱的方式，它会用这些黏黏的、含生物碱的细丝来装饰雌蛾。为了确定雌蛾能被保护，它还会随精液射入一些生物碱到雌蛾体内。

鲜红色的雄黄蜂蛾从狗茴香上汲取毒素，这些毒素可以有效地保护雄黄蜂蛾自己或伴侣不受蜘蛛的伤害。

狗茴香产生氮杂戊环生物碱的目的是为了使叶子免于被食草昆虫吃掉，但是自然界似乎给万物都设计好了一种方式——事实上，鲜红色的黄蜂蛾对这种毒素具有免疫力。蜘蛛在进行捕捉的时候，它们能觉察到生物碱的气味，所以它们根本就不想碰到雌蛾，更别说吃它了。生物学家为了证明这一点，他们把一只被含生物碱的细丝装饰的雌蛾放在一个蜘蛛网上：蜘蛛切断网住雌蛾的丝，将它放走了。这种雄性昆虫为了使它的性伴侣免于受伤害的保护方式，确实是人们所知道的独一无二的方式。

持续时间最长的咬合

名称：琵琶鱼　分布：深海里　繁殖方式：性寄生

琵琶鱼

在19世纪30年代，当科学家首次发现这种奇怪的亚目种鱼类时，他们就开始从深海里——在300米到4 000米之间——用拖网把这些待研究物种拖上来。似乎这一物种只有雌性，而没有雄性。后来有人发现，有的雌性琵琶鱼长着奇怪的肉团，令他们震惊的是，在雌鱼身上竟然发现了雄鱼。雄性琵琶鱼如果碰到雌鱼，便会爬到雌鱼身上，与对方的身体完全融为一体，并依靠雌鱼来维持活力，而自己却逐渐失去了独立生活的能力，甚至雌鱼的循环系统也会延伸到雄鱼的体内。

从那以后，人们了解到许多关于这种同种二形的鱼类的一些极特别的事情。雄鱼一般不到雌鱼体形的十分之一。例如，它们当中最大的一种，雄鱼长7.3厘米，而雌鱼却比它大得多，长度有77厘米。

雄鱼开始时在海面上生活，之后逐渐长大变成成鱼，然后沉入黑暗、广漠的海底。它不得不找一条雌琵琶鱼结伴而行，而在1立方千米的海里可能只有少数几条，要找到可不容易，好在它有大鼻孔、大嘴巴、一副钢锯一样的牙齿、发达的嗅觉以及比例很大的眼睛，利用这些优势，寻找雌鱼用来吸引猎物的发光的"鱼竿"。如果它够幸运的话，它能找到一条雌鱼，然后就用颚部牢牢地固定在雌鱼的身上，再也不松开了。慢慢地，它的眼睛、鼻孔等——身体的所有器官除了睾丸以外——都会退化。它的生命当中只有一件事情要做了，那就是使卵受精。

色彩最艳丽的雄性动物

名称：大闪蝶　分布：中美洲和南美洲的热带雨林地区　特征：翅膀呈最鲜艳的彩虹蓝色

在所有的蝴蝶当中，翅膀呈彩虹蓝色的大闪蝶一直是收藏者最爱收藏的，它们的翅膀甚至被视为珍宝。雄性大闪蝶翅膀的鲜艳的色彩，甚至在飞过热带雨林上空的飞机上都看得见。然而，它们这么漂亮的翅膀并不是为了向雌性蝴蝶示爱。事实上，它们鲜艳的色彩是为了恐吓对手以及宣告领地的所有权。

在空中飞行的大闪蝶

如此艳丽的色彩并不是由色素形成的，而是由世界上最复杂的反射装置形成。翅膀上的鳞状物（从翅膀上擦下来的"粉末"）像屋顶的瓦片一样交叠。每个鳞片支持其他层次的鳞片，这些近乎透明的鳞片，可能会被更深的结构盖住。这种安排的目的是为了不但可以向上反射光线，而且还可以向外反射光线。这些结构如此井然有序地排列，仅让某种波长的光线从同样的却是平行的方向反射回来，互相增色，因此产生了反射颜色，最终形成了极端鲜艳的色彩。

然而色彩太艳丽会很危险（相比之下，雌蝶会伪装成褐色）。因此，雄性大闪蝶还有一个防身技巧。当它们飞行时，它们翅膀的上下运动会随着光线照耀在鳞片上而改变方向，色彩也会突然由耀眼的蓝色变成褐色。由于加强了上下起伏无序的飞行以及褐色的后翅的向上摆动，产生了一种这样的效果，好像它们一会儿出现，一会儿又消失了。当它停下来时，它就会合拢翅膀，使褐色的那面露出来，不一会儿就融入到森林里了。

最大的种子

名称：海椰子　分布：非洲塞舌尔群岛的普勒斯兰岛和居里耶于斯岛上
大小：果实直径 48 厘米，重达 22 千克

这些所谓的复椰子在它们生存的岛屿还没有被人类发现时就给人类留下了深刻的印象。它们过去曾被冲到印度洋的海滩上，水手们曾在海面上捡到过它们。在 1743 年塞舌尔群岛被发现以前，人们普遍认为这些复椰子是一种长在海底的

巨树的果实——因此得名"海椰子"或"海上的坚果"。后来，它们被认为来自于马尔代夫群岛，由此得到它的学名。还有一种理论说它们是来自伊甸园的性交之树，而且理由是显而易见的：它非常像一位妇女的腰胯部分。很自然地，它们还被认为是催情剂。

海椰子

现实也是相当奇怪的。海椰子树生长得十分缓慢。它发芽后9个月才长出第1片树叶，第1朵花长出还要过60年的时间（有雄性和雌性海椰子树）。两瓣突出的果实要10年才能成熟，树完全成熟长到约30米高可能要经历100年。完全成熟的叶子长度能达到6米。至于坚果，它们可食，还非常像椰子。但是，现在人们已经不可能吃得到它们了。因为海椰子树如今已濒临灭绝，它们的坚果有时候被卖到植物园，每一个的售价都达到800多英镑。

繁殖能力最强的动物

名称：蚜虫　分布：植物汁液　繁殖能力：一只雌蚜虫一年中能产出10亿只小蚜虫

在雌蚜虫的一生当中，它可以通过无性繁殖而生出一群遗传因子完全相同的后代。平均起来，它每10天就会繁殖一次，因为这些后代本身在出生前就已经怀孕了，也就是说胚胎里含有胚胎，因此，从理论上说，仅仅在一年当中一只蚜虫就可能会复制出10亿只蚜虫。

蚜虫主要靠吸食绿色植物的汁液为生。

自从植物出现在地球上以后就有蚜虫了。它们以刺吸式口器在植物上以吸食汁液为生。如果汁液从人工化肥那吸取了丰富的氮，蚜虫就会长得更快。有些蚜虫对于蚂蚁而言可以起到奶牛的作用，它们给蚂蚁提供蜜露的排泄物。蚂蚁为了回报它们，不仅提供保护，甚至还会为它们建造遮盖物，在冬天把它们的卵储存起来或者搬到新的植物上。蚜虫的数量也许会成功地增加得更快，它们不会受到昆虫等掠食者的攻击，瓢虫、草蜻蛉和飞蝇的幼虫也不会以它们为食。

如果蚜虫的数量对于它们所生存的那棵树来说太多的话，或者当这棵树开始死亡时，蚜虫可能就会开始孕育有翅膀的后代，它们能利用风传到新的植物上。这些长了翅膀的后代会在新的植物上进行有性繁殖，雌虫还会产卵。但是产卵数量的多少要取决于食物的供应。在生态平衡的环境当中，掠食者的数量与猎物的循环周期保持一致，所以数量极大的蚜虫也只不过是大自然中的一个组成部分而已。

最特殊的社会结构

名称：无毛鼹鼠　分布：东非干旱的大草原　结构特征：鼠后统治着大多数的臣民

无毛鼹鼠组成的地下王国（至少有75～80只个体，多的可达300多只）是哺乳动物当中最大的群体。其实它们生活的条件很艰苦，既炎热又潮湿，所以它们根本不需要皮毛以及一般的哺乳动物所需的温度控制。较年轻的无毛鼹鼠组成挖掘队在地表寻找食物，它们用巨大的前齿啃坚硬的土壤，直到找到根茎为止。它们会沿着地道翻转把土壤挖出来，然后来到地表。它们的社会等级森严，当下属在地道里遇到了上级时，下属会蹲伏着让上级先过去。它们的社会还像蚂蚁一样，

无毛鼹鼠的社会里有着森严的等级制度

也有士兵——由较年长的、个头较大的个体担任。

鼠后统治着一切——女王的年龄较大（无毛鼹鼠能够存活25年甚至更长），当前任鼠后死去时，它通过斗争来赢得这一地位。和蚁后一样，它的腹腔能伸长，足够容纳28个胎儿。它管理着一小群的雄性无毛鼹鼠，并且不断威吓这一群体当中其他的成员，以免它们会由于太紧张而不能生育。这个团体是有组织、有纪律的。它们所生活的地方，雨是说来就来的，因此生育季节是不固定的。但是，在地下，只要有其他无毛鼹鼠为它们挖掘根茎，它们就不会饿死，这样的一个社会体系对于如此大的组织是非常有意义的，只有这样才能保证鼠后一年四季都能生育。

最大的蛋

名称：几维鸟　分布：新西兰　蛋大小：重450克，占整个母体的1/4

　　最大的蛋其实应该是鸵鸟蛋，每只重1.0～1.78千克。但是它仅仅占鸵鸟体重的1%。如果以鸟的体重和鸟蛋的比例而论，最大的蛋应该是小海燕、蜂鸟和几维鸟的蛋。相对于几维鸟的母鸡大小的个头而言，它产的蛋如此大，以至于用X光透视它的身体会显示出其体内几乎都是由蛋构成的。虽然蛋的2/3与母体连接在一起，重量占母体的15%～17%，但是仅仅在34天之后它就能产下来——鸟类中最短的孕育期之一。

　　一点也不奇怪，几维鸟每年通常只产2～3枚蛋。虽然它的蛋的孕育期不长，但是它的孵蛋期却是鸟类中最长的，要孵84天，而且还要和雄鸟共同承担（这种鸟是成对生活的）。当小鸟破壳而出时，周身长满了羽毛。这种鸟几乎与哺乳动物的出生方式一样，这对于鸟类而言并不奇怪，奇怪的是它的生活方式也和哺乳动物一样。几维鸟浑身长满蓬松细密的羽毛，没有翅膀，不能飞翔，夜间

几维鸟在照顾它刚刚产下的蛋。

出来活动，生活在洞穴里，具有奇特的、区别于鸟类的嗅觉和听觉（以便找到食物）。它还有像猫一样的胡须，体温也只有38℃，比大多数鸟的体温都要低2℃。几维鸟的祖先可能是巨鸟，它是有着巨鸟血统的后裔，来源于鸸鹋，尽管它的个头相对而言非常矮小，但是它却保留了与鸸鹋蛋同样大小的蛋。

最大的鸟巢

名称：橙脚冢雉　分布：东南亚、新几内亚和澳大利亚北部　巢大小：宽50米，高4.5米

　　据纪录，树上最大的巢是在佛罗里达州的秃鹫所建造的。这些巢加起来可能有数年的历史，宽2.9米，深6米。一般的秃鹫的巢要小得多——与真正建造鸟巢的纪录保持者相比，只是由几根棍子堆起来的。

　　然而，在澳大利亚发现的一群鸟，叫作冢雉，能利用精心准备的土冢来孵卵。长得像鸡一样的橙脚冢雉建的土冢一般尺寸是大约3.5米宽，12米高。成对生活的雌鸟和雄鸟共同用土堆和有机物质来建造土冢。

橙脚冢雉在松软的土壤中觅食

　　建造土冢需要数百吨小石块、木头、土壤、树脂和树叶，要建这样的土冢需要付出巨大的努力，还要大而有力的脚。一个土冢可能被许多代的冢雉使用，在不断的发展过程中，土冢建得越来越大——最大的纪录是一个宽 50 米的土冢，很可能被使用了数百年。太阳给土冢加热，但是，更重要的是，腐烂的植物也产生热量，土冢里面的温度将会达到约 25 ～ 35℃。当雌鸟产卵时——要经历数月的时间——雄鸟会照看着土冢，给巢添加或者移动材料来调节巢内的温度。这非常像一个巨大的、土壤构成的土堆，当雏鸟孵化出来以后会自行破土而出，并能够独立活动。

✿ 最有艺术感的求婚者

名称：园丁鸟　分布：伊里安岛、新几内亚　求婚方式：建造出最精致的鸟窝

　　这种小鸟能创造出真正的艺术品，每一个都是独一无二的展览品。雄性园丁鸟向雌鸟求爱的方式不是靠披上五颜六色的羽毛，而是吸引雌鸟的审美感——一种通过艺术来选择性伴侣的方式。更特别的是，不同地方的园丁鸟形成了不同的风格。

　　在阿法克、坦罗和万达门山上，雄性园丁鸟以一根"饰有飘带的柱子"——一种森林里的小树苗——而开始，它会在这棵树苗周围编织一个圆锥形的棍子搭成的小屋，高 1.2 米，宽 1.8 米，还有一个拱门作为入口。在小屋外它还铺设了一块由绿色的苔藓组成的大地毯，在毯子上它还根据颜色和尺寸把它的财宝一一安置好——有数千种财宝，从浆果、花朵到蝴蝶或甲虫的翅膀。如此精致的结构

雄园丁鸟通过装饰巢穴来吸引异性。

采用的都是新鲜的材料，它需要不断更新，而且还要防备别的雄性园丁鸟来破坏，否则一年的辛苦就白费了，但是至少这个小屋能吸引土褐色的雌鸟的注意。雄鸟建造的小屋的尺寸和色彩留下的印象越深，就会有更多的雌鸟同意与它交配。

然而，在库马瓦和法克法科山上，雌性园丁鸟的艺术品位却与众不同，也许是由当地的装饰材料决定的。在这里，雄鸟建造的小城堡都是由一些颜色不鲜艳的材料构成的，如蜗牛壳和石头等。

数年后，也许雄鸟对于它的小屋的艺术性的选择——实际上就成了它的性的象征——就会被山脉分隔开来，形成两个种类。

规模最大的产卵行动

名称：橄榄龟　分布：奥里萨邦和印度东北部　产卵规模：50万只龟同时到海滩上产卵

每年的 12 月份到第二年 3 月份之间，一大群的雌橄榄龟会来到孟加拉湾筑巢孕育自己的下一代。这一壮观的景象几乎每年都会发生。有数千只，也可能是数百万只橄榄龟妈妈来到海滩上。这一河流入海的三角地带成了世界上最大的海龟产卵地。最多的纪录是在 1991 年，多达 61 万只橄榄龟一起涌向这里。

这些海龟可能是从数千千米远的觅食地长途跋涉而来的，雌橄榄龟在雄龟的

规模庞大的橄榄龟涌向海滩，准备产卵。

聚集地与它们交配，然后晚上停在沙滩上筑巢。它们甚至仅仅只经过几周的时间就能产下更多的蛋。每一只雌橄榄龟一般都会在沙地里埋下100~150个软壳的蛋。如果这些蛋不会被诸如狗、乌鸦之类的掠食者吃掉，或者被海水冲走，它们就会在大约45天之后孵化出来，小龟们在晚上爬出巢穴，向大海奔去。但是海龟的成活率很低，每1000只海龟蛋里只有1个可以活到成年。

在近14年，估计超过12万只橄榄龟在筑巢期离海岸10~20千米远的地方被非法拖捞船的渔网勒住窒息而死。这一带地区还被开发，并计划要把它建成一个大型港口。这里离海龟产卵的地方不远。世界各地的动物保护者们现在正在敦促当地的政府部门确保做到：这一世界上最大的野生动物奇观之一应该得到人类的保护。

最极端的交配方式

名称：狭长的香蕉鼻涕虫　分布：加利福尼亚　交配结果：配偶会咬掉对方的雄性生殖器

香蕉鼻涕虫可能是鼻涕虫当中最出名的了。对于一只鼻涕虫而言，它不但很美丽，而且还是加利福尼亚圣克鲁斯大学的吉祥物。这一物种被赋予这么高的荣誉，部分原因是由于它的独特性——人们仅仅在加利福尼亚中部沿海地区的红杉林里才能找到它——但是主要原因在于它那令人好奇的交配行为。

像其他的鼻涕虫和蜗牛一样，香蕉鼻涕虫既有雌性生殖器，又有雄性

正在进行交配的香蕉鼻涕虫

生殖器。经过了漫长的、世俗的求爱过程，两只鼻涕虫在铺满黏液的"床上"交配，每一只同时扮演雄性和雌性的角色，每一次交配都要缠绵数小时。但是有时候雌性生殖器会紧紧咬住雄性生殖器不放，使得雄性生殖器根本无法抽回来。被夹住的鼻涕虫能做的唯一一件事就是放弃：咬掉雄性生殖器（通常会由它的配偶帮助进行）。这样做的好处就是能阻止被阉割的鼻涕虫给其他鼻涕虫提供精子而浪费了资源，照此理论，它就会把更多的精力移到孕育受精卵上来。当然，它的伴侣也会在交配后美美地吃上一顿大餐了。

孕期最短的哺乳动物

名称：袋狸　分布：澳大利亚　孕期：9.5～11天

袋狸是有袋的哺乳动物。像所有的有袋动物一样，它们的怀孕期非常短，并且能很快就能生出极小的、未发育完全的胎儿。事实上，这些新生儿发育得很不健全，以至于它们要通过皮肤来呼吸。许多有袋动物的怀孕期都很短，许多种类的孕育期只有12～13天，包括美洲负鼠、毛鼻袋熊。但是袋狸的怀孕期是所有动物当中最短的：随着繁殖季节的推进，它能使孕期缩短到只有9.5天。

与别的哺乳动物一样，有袋动物的胎儿最初在子宫里从母体的血液中（通过胎盘——一种交流器官）获得所需的营养。但是，当其他的哺乳动物的婴儿在子宫里继续长大时，有袋动物却在母体外部——育儿袋里继续成长。这时它们不再从母亲的血液中获得营养了，而是依靠母乳生存。毫不奇怪，有袋动物的产奶期比其他的哺乳动物要长。袋狸能持续给新生儿供奶两个多月——足够喂养8只小袋狸（它能生育更多的小袋狸，但是它只有8个乳头，所以多余的就只有死去了）。当它到处奔跑着捕捉昆虫时，它把小宝宝们放在育儿袋里——直到它们足够大，但是如果遇到危险时，它还会把它们背在背上逃跑。

当遇到危险时，母袋狸会把自己的孩子背在背上迅速逃离。

色彩最斑斓的生物

名称：雄性蓝宝石水蚤　分布：亚热带及热带海洋　特征：闪烁着最美丽的彩虹般的光芒

蓝宝石水蚤只有几毫米大小，是一种土鳖形状的小甲壳动物（虾或蟹的一种小型近亲）。它们组成了海洋中庞大的浮游生物群的一部分。它们的色彩在它们生命中扮演着极为重要的角色。雌性蓝宝石水蚤能自由地游动，并尽可能地长成不显眼的样子；而雄性虽然栖息着不动，但它五彩斑斓的色泽才是真正闪亮夺目的——当太阳照射到它时就会反射出彩虹般的颜色。它的身体覆盖层，或者说表皮是由一层又一层的片状结晶构成的，这种表皮的作用相当于棱镜，当白光穿过它时，它就通过折射和衍射发出彩虹般的色泽。

有趣的是，尽管这些雄性是属于同一种桡脚类的动物，但因为它们的结晶状表皮厚度不同，所以反射出的颜色也各不相同。其中的原因是什么没有人能做出确定的回答。雄性蓝宝石水蚤不自由游动，而是寄居在透明的樽海鞘（一种圆筒状、喷气推进式前进的动物）中。它们在樽海鞘体内吃喝拉撒，而且把樽海鞘当作交通工具。据推测，寄居的雄性可能是使用闪光来告诉雌性它们的位置。实际上，它们潜在的伴侣眼睛比它们发达得多，而且能看到 3D 的景物，可能就是这种本领帮助雌性蓝宝石水蚤找到闪闪发光的雄性。

一旦雌性找到一个颜色合适的雄性并显示出对它的喜欢，雄性蓝宝石水蚤就会游出樽海鞘的身体与之交配。但是这样做对雄性的坏处是它的寄主樽海鞘有可能游走，这样一来它就无家可归，也没有食物来源，直到它能找到另一个寻找住客的樽海鞘让它去寄居。

最擅长改变性别的动物

名称：小丑鱼　分布：太平洋珊瑚礁的南部和西部　奇特点：雄鱼会变性成为雌鱼

小丑鱼可能最出名的一点是它们对海葵的有毒的刺细胞具有免疫力，还有它们终生与某些特殊海葵的共生关系也为人们所津津乐道。但是它们还有一个更加特殊之处：一般来说最多 6 条小丑鱼占据一个海葵，其中只有两条繁殖后代，其余 4 条只是在那里居住，它们遵守着严格的等级制度。

雌鱼占据着主导地位，它的体形也最大。排在第 2 位的是它的配偶雄鱼，第 3 位是剩下的鱼当中最大的，然后依此类推。这种鱼控制着它们自己的生长，每条鱼都按照长幼强弱次序排列，每条排在后面的鱼只是排在它前面的鱼的个头的

躲在海葵丛中的小丑鱼

80%。任何一条失去控制而比规定大小长得大的鱼都会被驱逐出那个海葵的家，再没有海葵的触手的保护（所有其他的海葵通常已经被占据了），所以最后肯定是面临死亡的威胁。

因此小丑鱼对于它们的成长很谨慎，因为它们很长命，它们这个小团体可以不受干扰而存在数十年。但是，当其中一条死去的时候，每一条在它之下的鱼都会受到鼓舞而长大一点，这样就又可以接纳一条幼鱼了。

但是如果当家的雌鱼死了又会怎么样呢？谁来代替它呢？当然是那一对夫妻的雄鱼了。它不但能控制自己的体形，而且还能控制自己的性别，它使自己转变成了雌鱼。

规模最大的排卵奇观

名称：珊瑚虫　分布：澳大利亚大堡礁
事件：数十亿珊瑚虫在同一个夜晚同时将精子和卵子释放出来

珊瑚虫发明了一种壮观的方式来增加它们异体受精的机会：大量释放出精子和卵子。这些生殖事件当中最引人注目的场面发生在大堡礁——世界上最大的珊瑚礁生态系统。在 10 月、11 月，有时候是 12 月，满月后的几个夜晚，在大堡礁一带的珊瑚虫大规模产卵。

这一壮观的现象发生要同时满足 3 个主要的环境因素：春天温暖的海水会促进精子和卵子成熟（大多数珊瑚虫是雌雄同体的）；阴历周期（高峰的产卵期在满月后的第 4 ~ 6 个夜晚）以及黑暗。

当数十亿珊瑚虫同时释放出它们的精子和卵子时，这一大规模的产卵活动创造了一场粉红色和白色的水下暴风雪。它们漂浮在水面上，精子与卵子相遇而受精。它们给鱼类带来了好运，但是只有一些卵子可以吃，因为有些卵子含有抑制作用的化学物质。在数小时的受精期内，卵子会发育成胚胎，胚胎长成幼虫，然后开始浮游，去海床上寻找一块自由的地方定居下来，通过自身不断繁殖形成新的珊瑚群。珊瑚虫大规模的产卵活动是世界奇观之一，但只有部分而不是全部的珊瑚虫都享有此声誉。从太空中可以看到海面上由其卵子形成的壮观景象。

夜晚中正在排卵的珊瑚虫

伤害最深的受精

名称：臭虫　　分布：世界各地　　受精方式：雄性将雌性刺伤以注射入精子

雄性臭虫不仅有用来吸人血的嘴，还有一根用来输送精子和刺穿雌性臭虫身体的针（同时也是它的阴茎）。精子通过针直接被注射到雌性臭虫的血液中，再游到它的卵巢里。不过，刺破的伤口有时可能会引起感染。这种相当粗暴的方式逐渐代替了正常的交配行为，以防止雌臭虫选择受精的时机和使用抗精子的装置（人们认为雌性臭虫有这种装置，因为一旦雄性臭

正在进行交配的臭虫

虫不陪在左右抚育后代，雌性臭虫就会与多个雄性臭虫交配来放宽基因选择，甚至选择用谁的精子来生育后代）。

这种创伤性的受精方法看起来好像是证明雄性臭虫在性别竞争中更胜一筹的例子，不过雌性臭虫发展出了相应的对策。通过雌性臭虫身上的瘢痕判断，当雄性臭虫与之交配时，雄性臭虫的姿势常常导致它的器官刺入雌性臭虫第5节的部分。如果它刺到右边，它的器官就会滑到一个槽中，并被引入一个囊中，其中充满了杀精细胞，不仅可以杀死雌性臭虫不想要的精子，还能杀死细菌和病毒。雌性臭虫通过这种交配方式可以活得更长，生产出更多的卵子。雄性臭虫的刺入器官上有味觉传感器，如果这些传感器在雌性体内探测到其他雄性臭虫的精子，它就仅仅注射很少量的自己的精子，留着资源给其他未受精的雌性臭虫。

最性感的动物

名称：倭黑猩猩（侏儒黑猩猩）　　分布：民主刚果共和国，刚果河以南
能力：用创造性的性关系来建立友谊、维护和平

对倭黑猩猩来说，交配既不是禁忌也不仅仅是繁衍后代的手段，而是社会交往必不可少的一部分。成年倭黑猩猩之间的性接触，不分年龄和性别，可以用来避免冲突、维护和平和建立和谐的社会。它们正常的交配比人类频繁而且迅速，它们也像人类一样通常是面对面进行。雌性倭黑猩猩之间的性接触很普遍，它们互相摩擦和梳理生殖器，以此来维护友谊，而且这样会使年轻的雌性

其乐融融的倭黑猩猩母子

跟着有固定关系的其他雌性迁徙到别的族群里（雄性倭黑猩猩则待在它们出生的族群里）。实际上，跟普通黑猩猩不同，倭黑猩猩的社会是母系社会，而且雌性好朋友会联手控制住进攻性强的雄性倭黑猩猩。雄性倭黑猩猩之间没有这么亲密，但是它们也会互相爱抚。与雄性倭黑猩猩最亲密的雌性是它的母亲，它一生都依恋着它的母亲，它的社会地位取决于它母亲的地位。

倭黑猩猩很像人，有时会直立行走（尽管它们生命中大部分时间都在树上消耗），而且显示出超凡的智慧——被囚禁的时候，它们甚至可以用人类的简单语言进行交流。由于性能够缓和紧张关系，这种和平文化把它们与普通黑猩猩区分开来。

雌性倭黑猩猩通常6～7年才怀孕一次，而且在幼仔5岁前要一直顾它。但是，由于人类无节制地滥伐雨林和猖狂的偷猎已经使它们的种群支离破碎，其数量现在可能已经不到1万只了。

最爱争斗的兄弟姐妹

名称：斑点鬣狗幼仔　　分布：非洲大草原　　能力：兄弟姐妹之间从出生就开始争斗

据说在自然界，甚至连兄弟姐妹间也不能永远互相信赖。比如，第1条孵出来的沙虎鲨会迅速用光卵黄囊中的资源，然后开始吃掉他的小弟弟妹妹们，直到只剩下两条占统治地位的小沙虎鲨，每条占据一个子宫为止。斑点鬣狗幼仔并不会吃掉兄弟姐妹，但是它们从降生那一刻起就开始争斗，甚至大打出手。

斑点鬣狗一胎一般产两子，它们都有非常尖利的牙齿。两个幼仔中的一个常常死于饥饿或者争斗引起的创伤，尤其是当它们是同一性别的时候。但是如果它们是不同性别，则往往两只都能存活下来。它们实际上不是为了争夺奶水而争斗（不过如果弱一些的活下来，它也承认自己的从属地位，让它的同胞幼畜先享用），而是为成年后的生活做准备。

它们狩猎大型动物的成功在很大程度上是宗族合作的结果，但是当吃猎物的时候，斑点鬣狗之间的竞争非常激烈。一只斑点鬣狗能吃到多少肉取决于它的等级。雌性鬣狗的等级比所有的雄性鬣狗都高，在雌性鬣狗和雄性鬣狗内部还有等级划分。在幼仔的母亲级别较低的时候，它们能吃到多少食物在很大程度上取决于它们能否存活到青春期。所以，兄弟姐妹之间的斗争往往是关系到生死存亡的问题。

为了缓解生存的压力，并争取在家族中的较高地位，这些斑点鬣狗从小便开始争斗。

最性感的纯洁之胎

名称：奇瓦瓦斑点鞭尾蜥蜴　分布：美国西南部和墨西哥　繁殖方式：孤雌生殖或单性生殖

虽然不是色彩最鲜艳的蜥蜴，但是鞭尾蜥蜴的生殖方式却是最吸引人的。生物学家花了100多年的时间才意识到，奇瓦瓦斑点鞭尾蜥蜴和其他种类的蜥蜴，根本就没有雄性的存在。鞭尾蜥蜴类的一些蜥蜴都是以雌性个体存在的，采用的是孤雌生殖方式——也就是一种配子未经受精就能发育成新个体的生殖方式。现在人们知道，在高级动物当中，一些别的蜥蜴、火蜥蜴、婆罗门盲蛇和许多鱼类都能进行自身繁殖。还有些蛇类、家鸡和火鸡偶尔也会无性产生受精卵，但是后代却是雄性的，并且没有母体的遗传因子。

其他的鞭尾类蜥蜴也采用孤雌繁殖，它们中有一半也像奇瓦瓦鞭尾蜥蜴一样是三倍体的，也就是说细胞核中的染色体数目三倍于单倍体的染色体数目（大多数动物是二倍体的，只有两套染色体：一套来自于母亲，另一套来自于父亲）。生物学家猜测三倍体的状态使得两种鞭尾蜥蜴杂交，它们杂交产生的后代又与别的鞭尾蜥蜴混合。奇怪的是，它们还保留着性生活的方式：两只雌性鞭尾蜥蜴相互"亲近"假装进行交配，其中的一只雌蜥蜴还会"表现得像个雄性"。生物学家认为采取无

奇瓦瓦斑点鞭尾蜥蜴

性生殖的方式使它们比那些有性繁殖的动物的繁殖速度快，因此它们能迅速蔓延到很远、很广泛的地方——一种速战速决的战略。但是，从长远来看，如果条件发生剧烈变化，理论上说这些小生物不可能进行基因变异，使它们能适应环境存活下来。但是这可能只是一种性别偏见。

最老的幼儿

名称：洞螈，人鱼，或洞穴盲蜥蜴
分布：从意大利的里雅斯特湾至黑山，亚得里亚海沿岸的山脉中石灰岩溶洞的地下溪流
奇特点：保持幼体状态 50 年以上

"幼体持续"的生活方式——保持永久的蝌蚪状态，鳃和鳍齐全——适合这样一群蜥蜴，它们几乎是完全选择了水栖生活的一种两栖动物。在野外只有两个湖泊中能找到墨西哥洞螈，当湖水干涸的时候，它们会转变成合适的陆地生存的蜥蜴。但是其他的幼体两栖动物（包括北美泥螈和赛壬）终生都保持着幼体状态。

它们中最奇怪的是鳗鲡状的洞螈。它天生是瞎子，长着小小的四肢和半透明、婴儿般粉色的皮肤（不过斯洛文尼亚也存在一种黑色的品种）。它们生活在黑暗的地下洞穴中，通过嗅觉和震动捕食昆虫的幼虫和其他小动物。眼睛看不见不是难题，它凭借嗅觉四处走动，而且懂得利用地球的磁场。当情境艰难的时候，它可以几年不吃东西，这时它的状态是迟钝的。

尽管洞螈终生都保持幼体状态的鳃和鳍（据说它能活 100 岁），但是它在 7 岁左右的时候就性成熟了。雌性洞螈通常情况下产卵，但是在某些特殊情况下，例如干旱，有人认为它会直接生出幼仔。生物学家认为洞螈是在上次冰川时期转入地下灰岩的水里生活的。由于它们再也没有回到地面上，就用不着费劲褪掉蝌蚪状态的鳃和鳍，所以会终生保持幼体状态。

生活在黑暗的地下溪流中的洞螈，它们不是靠视觉而是靠嗅觉来捕食。

最明显的性别区别

名称：毛毯章鱼　分布：世界各地的温暖的海洋　性别差异：雌性体积是雄性的 100 倍

雄性和雌性不可避免地有着不同的交配需要和策略，所以它们会有不同的形状、颜色和大小。这就是所谓的性别二态性，在动物王国中这种现象十分普遍。对于大多数雌雄异体的动物，两性的相似程度起码能够让对方辨认出是属于同一种类。但是，仅凭眼睛观察，很难看出雄性和雌性毛毯章鱼有什么亲缘关系。雌性可以达到 2 米长，重 10 千克。雄性最多长到 2.4 厘米，重约 300 克。究其原因，实际上是因为它们定居在远海，那是一个被水流支配的无边的世界。

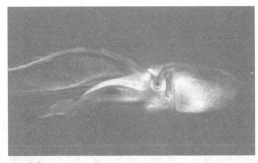
毛毯章鱼

对雌性毛毯章鱼来说，这意味着它要长得尽可能的大，这样才能生产尽可能多的卵子以保证至少有一部分卵子会存活下来，不被其他动物全部吃掉。而对雄性毛毯章鱼来说，长得大是毫无意义的。它所要做的只是生产精子，然后在茫茫大海里寻找雌性毛毯章鱼。如果它找到了一只——如果这条雌鱼很大——它就把一条触须插进雌鱼的鳃腔，这条充满精子的触须就会折断脱落。雄鱼把触须留在雌鱼体内后就完成了雄鱼的使命，浮到水上死掉了。实际上，科学家们直到 2003 年才仅仅看到一次死的雄性毛毯章鱼，而第 1 次看到活的是在手电筒的光束中。

最有想象力的粪便用途

名称：穴居猫头鹰　分布：美国北部、中部和南部草原　粪便用途：用粪便做诱饵捉甲虫

穴居猫头鹰用洞穴作为它的庇护所，它在里面休息、藏身和筑巢。它的学名"穴"意思是"小矿工"，但是它最喜欢的还是现成的洞穴。春天到来时，雄性穴居猫头鹰就会选一个或者挖一个洞穴——草丛中是最佳选择，聚集着大量昆虫和小型啮齿动物，在地面上很容易看到或抓到它们，然后它就开始收集粪便——特别是母牛或者马的碎粪（在过去也许它会用美洲野牛或羚羊的粪）——最后把这些粪放在巢里和入口周围。

穴居猫头鹰以动物粪便作为诱饵来捉甲虫。

过去人们猜测这种发臭的填充物可能起到嗅觉伪装的作用，用来保护它们的卵和幼仔不受掠食者如獾的侵害。但是现在人们发现了它的一种营养价值更高的用途。猫头鹰的食物残留表明，当洞穴用粪便围绕时，这些猫头鹰吃的蜣螂的数量比不用粪便的猫头鹰增加了10倍。由于蜣螂的重要活动就是寻找粪便滚成球并在里面产卵，所以它们肯定会被雄性猫头鹰放置的这些粪便所吸引。

这些粪便为孵卵的雌性穴居猫头鹰提供送餐上门的服务，实际上也为雄性穴居猫头鹰提供这种服务，因为雄性猫头鹰大部分时间都在保卫巢穴，很少有机会外出捕猎。到目前为止，动物并非为了食用而使用粪便的纪录只有人类保持着，因为人类用粪便做燃料，还有就是有一两种鸟类用粪便做巢的衬里。穴居猫头鹰是用粪便做诱饵这种粪便独创性用法的纪录保持者。

❀ 最闪亮的动物

名称：日本萤火虫鱿鱼　分布：西太平洋　奇特点：能上演大规模的水下冷光秀

在3—5月的夜晚，日本本州岛西岸的富山海湾就亮起来了。海水时而发亮，时而闪烁，光线时而微弱跳跃，时而明亮稳定，这一奇观吸引了来自全日本乃至世界各地的游客。富山区甚至已宣布这个海湾为"特别天然纪念碑"。这里到底发生了什么呢？原来是一年一度的萤火虫鱿鱼产卵。成千上万的小鱿鱼聚集在这里，每只4～6厘米长，在它们皮肤上有几百个叫作"发光器"的斑点状组织，能够发出冷光。像这样能发出冷光的动物叫作"发光体"。日本萤火虫鱿鱼可能是地球上最会发光的生物了。

当它们在产卵期（生产卵子和精子）时，毫无疑问使用它们的冷光是为了性交流，但是它们不排卵时这种光也有其他用途。

它们一年里大部分时间都在太平洋或者日本海的远海。白天它们待在海深200～600米的地方，晚上就浮到水面上。人们推测它们利用发光器变化它们的轮廓，迷惑捕食者甚至可能引诱被掠食者。头足类动物（鱿鱼、章鱼、乌贼）视觉很好，而萤火虫鱿鱼能看到几乎所有的色彩，它可能是头足类动物中视觉最好的。

最长的孕期

名称：阿尔卑斯山蜥蜴　分布：阿尔卑斯地区的高山森林　孕期：将近38个月

阿尔卑斯山蜥蜴是所有妈妈中怀着蛋或宝宝的时间最长的一个，它要怀孕3年零2个月——是所有脊椎动物（有一根脊椎骨的动物）中妊娠期最长的。蜥蜴的平均怀孕期是2年——比亚洲象的20～22个月的孕期还要长得多——而且，令人吃惊的是，雌性阿尔卑斯山蜥蜴长度还不到14厘米。那么它为什么要怀孕这么久？线索在于阿尔卑斯山的地理位置：

阿尔卑斯山蜥蜴

潮湿但是寒冷，蜥蜴能够活动的春季和夏季很短。实际上，它活动区域的海拔越高，它的怀孕期就越长。这可能是因为海拔越高，寻找食物的难度越大，它很难在一个季节中找到维持它和正在成长的宝宝需要的足够食物。

奇怪的是，与其他蜥蜴不同，阿尔卑斯山蜥蜴不产卵，而是在体内的两条输卵管（只有哺乳动物有子宫）中养育它的宝宝。它在每条输卵管中生产20个以上的卵子，但是每条输卵管中只有一个卵能发育——其他卵为这两个幼体提供营养。更奇怪的是，这些幼体长着特殊的牙齿能噬咬它们妈妈可再生的组织器官，来为它们提供营养，维持漫长的怀孕期，让它们在出生前就从胚胎变成完全成形的蜥蜴。但是，它们一旦出生，妈妈的使命就完成了，它们就要自力更生了。

最奇怪的筑巢材料

名称：普通乌鸦　分布：日本东京　筑巢材料：利用城市垃圾作为筑巢材料

鸟巢的作用是盛着鸟蛋，为它们做垫子，隔离、保护和隐藏鸟蛋。鸟巢的建筑像鸟儿一样灵活多变，位置和材料多种多样。即使是最保守的鸟巢也可能包含着一些自然界或者人类提供的不寻常的材料。普通梅花雀在巢里放入食肉动物的粪便，可能是为了防御掠食者。有些鹟鹩和京燕使用蛇或者蜥蜴蜕下的皮，而且在它们离巢的时候会收集塑料和玻璃纸。至于其他鸟儿，如果找不到足够的黏土做"瓦匠活儿"，它们就用牛粪。如果没有足够的动物毛发来编织，羊毛、线甚至尼龙纤维和金属剃刀都是很好的替代品。

普通乌鸦趴在由这些特殊材料筑成的巢里，倒也悠闲。

坚持寻找最奇怪的筑巢材料的鸟是鸦类，如乌鸦、鹊、松鸦等。它们中的大部分是杂食动物，这意味着它们喜欢吃很多食物，这样它们就能很好地适应城市生活，因为城市里有无穷无尽的东西来满足它们的食欲和贪得无厌的好奇心。它们尤其喜欢闪光的东西，在它们巢里能找到所有吸引你目光的东西，从戒指、手表到铝箔都能找到。在东京，乌鸦们已经完全过上了城市生活，有些乌鸦把筑巢材料从小树枝换成了闪亮的衣架，这些衣架是它们从垃圾堆袋子里搜集来的。它们甚至发明了携带这些衣架飞行的方法。但是一个严重的问题摆在人类面前：如果乌鸦选择在高压电线铁塔上筑巢而有一两个衣架掉落的话，就可能引起严重的短路。